高职高专建筑工程技术专业规划教材

建筑力学

主　编　陈天柱
副主编　张立柱　马晓健
　　　　黄丽华　白洪彬
主　审　丁春静

中国建材工业出版社

图书在版编目（CIP）数据

建筑力学/陈天柱主编．—北京：中国建材工业出版社，2015.6

高职高专建筑工程技术专业规划教材

ISBN 978-7-5160-1123-2

Ⅰ．①建…　Ⅱ．①陈…　Ⅲ．①建筑科学-力学-高等职业教育-教材　Ⅳ．①TU311

中国版本图书馆 CIP 数据核字（2015）第 035625 号

内　容　简　介

本书根据高职高专建筑工程技术专业人才培养目标、职业标准及岗位能力要求编写而成。主要论述静力学、材料力学、结构力学的基础知识，以适应职业行动为导向的项目法教学实施，具有内容精炼，重点突出，针对性强、适用性强，易于读者学习和理解的特点。

全书共有 3 个学习情境，分别是静力学基础知识、材料力学基础知识、结构力学基础知识，以典型工作任务为驱动形成了 15 个项目，每个项目的最后设有“小结”、“思考题”及“习题”，并配有答案供参考。

本书适合作为高职高专建筑工程技术专业教材，也可作为土建类其他相关专业的教材，还可作为岗位培训及有关的工程技术人员参考用书。

本书有配套课件，读者可登录我社网站免费下载。

建筑力学

陈天柱　主编

出版发行：中国建材工业出版社

地　　址：北京市海淀区三里河路 1 号

邮　　编：100044

经　　销：全国各地新华书店

印　　刷：北京雁林吉兆印刷有限公司

开　　本：787mm×1092mm　1/16

印　　张：18.25

字　　数：456 千字

版　　次：2015 年 6 月第 1 版

印　　次：2015 年 6 月第 1 次

定　　价：49.00 元

本社网址：www.jccbs.com.cn　　微信公众号：zgjcgycbs

本书如出现印装质量问题，由我社网络直销部负责调换。联系电话：（010）88386906

前　言

建筑力学是高职高专土建类专业学生必须学习的专业基础课程，为学生对后续专业课程学习奠定基础，本书根据高职高专建筑工程技术专业人才培养目标、职业标准及岗位能力要求，结合作者多年的教学实践经验编写而成。

本书力求知识构架合理、重点突出、论述准确、内容精炼、图文并茂、适用性强，易于读者学习和理解。以理论力学、材料力学、结构力学的基础知识为项目主体由浅入深，由简单到复杂进行论述，以典型工作任务为驱动形成了15个项目，提出每个项目的学习要点及目标、核心概念，每个项目中有若干个学习任务。

本书本着应用为主的原则，将必要的理论知识与相应的实践案例相结合，以促进理论知识的理解与掌握。强化教学训练所必要的思考题及习题，实现提高学生分析问题及解决工程实践问题的能力。

本书由辽宁建筑职业学院陈天柱担任主编，辽宁建筑职业学院张立柱、黄丽华、白洪彬、山西建筑职业技术学院马晓健四位老师担任副主编。书中项目1、2、3、4、5、6由陈天柱编写；项目12、13、14、15由张立柱编写；项目7、8由马晓健编写；项目9、10由白洪彬编写；项目11、附录由黄丽华编写。本书由丁春静教授主审。

本书在编写过程中，参考了大量近年来出版的建筑力学方面的教材，在此对相关作者表示感谢。

由于编写作者水平有限，加之时间仓促，书中难免有遗漏和不妥之处，恳请广大读者批评指正，提出宝贵意见或建议，以期今后改进。

编　者

2015年5月

目　录

学习情境 3　结构力学基础知识

绪　论

建筑物是人类生产、生活的必要场所。凡是有人类活动的地方就有建筑物存在。它们默默地记载了人类光辉灿烂的历史文化，也彰显着一个国家科学技术的发展成果。古今中外，具有代表性的建筑不胜枚举。不能想象人类没有建筑的生活。

一些与建筑有关的格言：建筑是技术与艺术的结合；建筑是力与美的结合；建筑是凝固的音乐；建筑是一首哲理诗；建筑是空间的结合。

观察建筑物的建造过程可以看到，它们是由许许多多的构件有机地结合起来的。建筑物中用以承受和传递力作用的物体称为**建筑结构**，简称**结构**。结构又可分为多个**构件**，如基础、梁、板、柱等。一个庞大的建筑物，在建造之前，设计人员要对它的所有构件进行受力分析计算。构件的尺寸大小、所用材料、排列位置，都要通过结构计算来确定，这样才能保证建筑物的牢固和安全。这一繁复而细致的计算工作，必须要有科学的计算理论作为依据。

建筑力学便是提供建筑结构受力分析和计算理论依据的一门科学。它将为建筑结构设计和解决施工现场问题打下基础。本教材将研究建筑力学理论最基本的部分。

一、建筑力学的研究对象

一个建筑结构由许多构件组成，如图 0-1a 所示是一个常见的框架结构透视图。

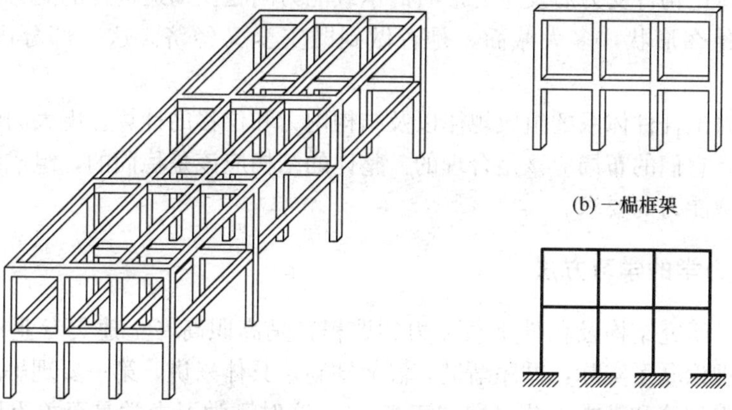

(a) 二层框架主体结构　(b) 一榀框架　(c) 计算简图

图 0-1

框架的主体承重结构，是由基础、梁、板、柱形成立体空间结构。在对此结构进行力学分析时，往往需选取其中一榀框架，如图 0-1b 所示。实际计算时，还需进一步简化为结构的计算简图，如图 0-1c 所示。

建筑物在使用中，会受到各种力的作用，如构件的自重、楼面上的人群、外墙上的风力等，这些作用在建筑物上的力，在工程上称为**荷载**。在对建筑进行结构设计时：通常是先进行结构整体布置，再把结构分为一些基本构件分别进行设计计算，最后通过构造处理，把各个构件联系起来构成一个整体结构。

对土建类专业来讲，建筑力学的主要研究对象就是组成结构的构件和构件体系。

二、建筑力学的主要任务

建筑结构的构件都有承受多大荷载的问题，建筑力学就是研究结构和构件承载能力的科学。结构和构件的承载能力包括**强度**、**刚度**和**稳定性**。所谓**强度**是指结构或构件**抵抗破坏的能力**。结构能安全承受荷载而不破坏，就认为满足强度要求。所谓**刚度**是指结构或构件**抵抗变形的能力**。任何结构或构件在外力作用下都会产生变形，在工程上结构或构件的变形应限制在允许的范围内。**稳定性**是指构件**保持平衡状态稳定性的能力**。有些构件在荷载大到一定数值时，会突然出现不能保持其平衡状态稳定性的现象，称为丧失稳定。这些构件必须通过稳定性的验算才能正常工作。

为了保证结构和构件具有足够的承载力，一般来说，都要选择较好的材料和截面较大的构件，这样才能保证建筑的**安全**。但一味地选用较好的材料和过大的截面，势必会大材小用、优材劣用，造成不必要的浪费，不够**经济**。可见，安全和经济是矛盾的。

建筑力学的主要任务就是为解决这一矛盾提供必要的理论基础和计算方法。

三、建筑力学的内容

建筑力学分为（理论力学中的）**静力学**、**材料力学**和**结构力学**三个部分。

静力学讨论构件及构件之间作用力的问题，主要内容是力系的简化及平衡。例如，一个构件受到哪些力的作用，哪些力已知，哪些力未知，未知力怎么求等等。

材料力学讨论构件受力后发生变形时的承载能力问题。知道构件的受力情况后，构件使用什么材料，什么形状，多大截面，是否做到既安全又经济。这一部分内容就解决上述问题。

结构力学讨论杆件体系的组成规律以及结构内力和位移的计算。庞大的建筑结构是由许多构件组成的，它们的布局应该是合理的，整体的结构应该是稳固的，组成结构的每一个构件都应满足承载能力的要求。

四、建筑力学的学习方法

建筑力学是研究结构及构件承载能力的课程，是高职高专土建类专业重要的技术基础课。学习时要理论联系实际，循序渐进，温故知新。具体来讲，第一要理解地记忆力学中的基本概念、基本理论和基本方法（即“三基”），这对于学习力学是至关重要的。第二要注意例题的分析方法和解题思路。在分析时，既要做定性的分析，也要做定量的计算。第三要及时地完成课堂的练习和课后的习题。做习题是运用理论解决实际问题的基本训练，只有通过自己动手，独立完成课堂练习和课后作业，才能发现问题，解决问题，巩固所学。切忌对公式死记硬背、对例题生搬硬套。

学习情境1　静力学基础知识

项目1　静力学基础

学习要点及目标

◆ 深入理解力、平衡、刚体和约束等基本概念；
◆ 掌握静力学四个公理和两个推论的内容，明确其适用范围；
◆ 掌握几种常见约束和支座的约束特征及其约束反力的确定；
◆ 能正确地画出物体及物体系统的受力图。

核心概念

静力学、力、平衡条件、刚体、约束、支座、公理等。

引导案例

本章学习内容主要是帮助学生建立力学的基本概念，介绍力学分析中常用的力学公理、常见的约束反力形式，重点是对受力杆件的定性分析（即正确绘制杆件的受力图）。

静力学是研究物体在力系作用下处于平衡的规律。

何为力系？在一般情况下，建筑物的结构或构件总是同时受到若干个力的作用。我们把作用于同一物体上的一群力，称为**力系**。

何为平衡？物体在力系作用下，相对于地球静止或作匀速直线运动，称为**平衡**。它是物体运动的一种特殊形式。例如，建筑物结构中的构件相对于地球都是静止的，在直线轨道上匀速行驶的火车等，都是平衡的实例。它们的运动状态没有变化，称为**平衡状态**。一般情况下，物体若在力系作用下处于平衡状态，则该力系为**平衡力系**。使物体处于平衡时力系应满足的条件，称为力系的**平衡条件**。作用在物体上的力系通常是非常复杂的。在讨论力系时，不改变原力系对物体作用效果的前提下，用一个简单的力系来代替原力系，就称为**力系的合成**，或称为**力系的简化**。对物体作用效果相同的力系，称为**等效力系**。

建筑物及其构件在正常情况下都应处于平衡状态。因此，建筑力学首先要研究力系的平衡问题。

任务1　静力学的基本概念

要研究力系的平衡问题，首先要掌握以下静力学的基本概念。

1.1.1　刚体的概念

在任何外力作用下，大小和形状保持不变的物体，称为**刚体**。事实上，物体受力后都会产生程度不同的变形，但这些变形相对于物体的尺寸非常微小，对研究平衡问题没有影响，可以忽略不计。在静力学中所研究的物体都看作是刚体。

1.1.2　力的概念

力的概念是从劳动中产生的，并通过生产实践和日常生活不断加深认识。例如，在建筑工地人们拉车、弯钢筋时，肌肉紧张，就感受到用了“力”；吊车吊起构件时，构件同样受到吊车的拉力等等。

总之，**力是物体间相互的机械作用**，这种相互作用会改变物体的运动状态，产生**外效应**；同时，使物体发生变形，产生**内效应**。

既然力是物体与物体之间的相互作用，力不可能脱离物体而存在，有受力体时必定有施力体。物体间相互接触时，可产生相互间的推、拉、挤、压等作用；物体间不接触时，也能产生力，如万有引力、电荷的引力斥力等。

实践证明：力对物体的作用效果取决于**力的三要素**，即**力的大小、方向和作用点**。

1. 力的大小

力的大小表明物体间相互作用的强弱程度。

国际单位制中力的单位是牛顿（N）或千牛顿（kN）。

$$1\text{kN}=1000\text{N}$$

2. 力的方向

力的方向包含方位和指向两个含义。例如说重力的方向是“铅垂向下”，“铅垂”是方位，“向下”是指向。改变力的方向，当然会改变力的作用效果。

3. 力的作用点

力的作用都有一定的范围，当作用范围与物体相比很小时，可以近似地看作是一个点，该点称为力的作用点，这种力又称**集中力**。

力的三个要素中改变任何一个时，都会改变力对物体作用的效果。因此，在描述一个力时，必须全面表明这个力的三要素。

力是矢量。通常用带箭头的线段来表示。线段的长度（按比例）表示力的大小；线段与某直线或坐标轴的夹角表示力的方位，箭头表示力的指向；

线段的起点和终点都可表示力的作用点。

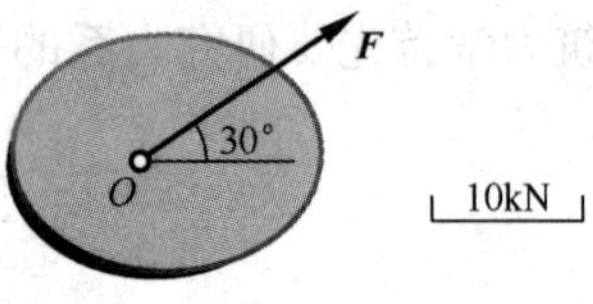

图 1-1

图 1-1 所示的力 $\boldsymbol{F}$，选定的基本长度为 10kN，按比例量出力 $\boldsymbol{F}$ 的大小是 20kN，力与水平线夹角成 30°，指向右上方，作用在物体的 O 点上。这样，一个力就描述清楚了。

注意，用字母表示力矢量时，需用黑体 $\boldsymbol{F}$，普通体 F 只表示力矢的大小。

实际工程中，有时力的作用范围较大，不能看作是一个点，就属于**分布力**，又称**分布荷载**。分布荷载大多是均匀的，又称**均布荷载**。均匀分布在狭长的范围时，简称为**均布线荷载**，用 $\boldsymbol{q}$ 表示，单位为 N/m；均匀分布在较大的平面时，简称为**均布面荷载**，用 $\boldsymbol{p}$ 表示，单位为 N/m^2。$\boldsymbol{q}$ 和 $\boldsymbol{p}$ 是分布力的**荷载集度**，指单位长度或单位面积上作用荷载的密集程度，即均布荷载的大小。如图 1-2 所示。

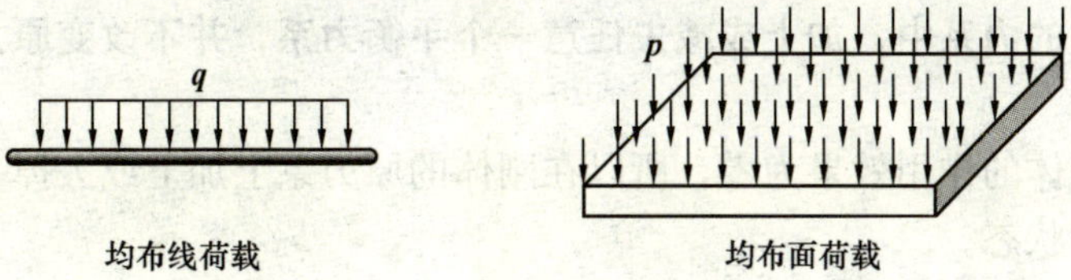

图 1-2

任务 2　静力学公理

静力学公理是人类在长期的生产和生活实践中，经过反复观察和实验，总结出来的普遍规律。它阐述了力的一些基本性质，是研究静力学的基础。

1.2.1　作用与反作用公理

两物体间的作用力与反作用力，总是大小相等、方向相反，沿同一直线，并分别作用在这两个物体上。

这个公理概括了两个物体间相互作用的关系。力总是成对出现的，有作用力必定有反作用力，且总是同时产生又同时消失的。

如图 1-3 所示，物体 A 对物体 B 施作用力 $\boldsymbol{F}$，同时，物体 A 也受到物体 B 对它的反作用力 $\boldsymbol{F}'$，且这两个力大小相等、方向相反、沿同一作用线。

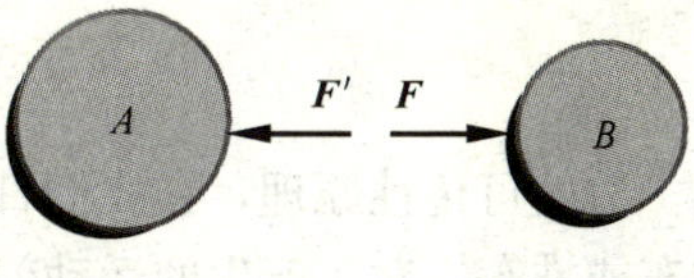

图 1-3

1.2.2　二力平衡公理

作用在同一刚体上的两个力，使刚体平衡的充分与必要条件是：这两个力大小相等、方向相反，且作用在同一直线上。如图 1-4 所示。

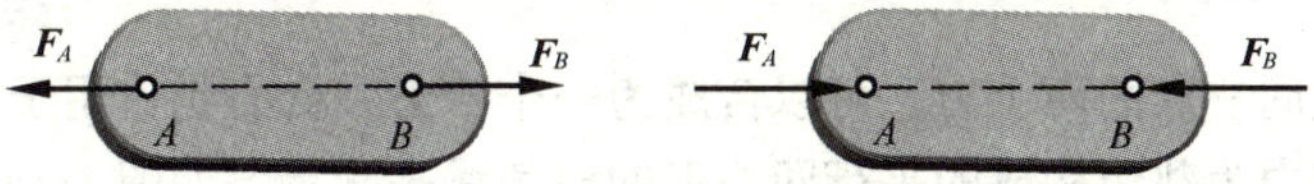

图 1-4

这个公理表明，一个刚体只受到两个力作用而平衡时应该满足的条件。这里必须强调对于刚体而言，平衡条件才是既充分又必要的；而对于非刚体，平衡条件是不充分的。如软绳受到一对拉力的作用可以平衡，而受到一对压力的作用就不能平衡了。

若一根不计自重的直杆只在两点受力作用而处于平衡，则此二力必共线，这种杆称为**二力杆**。如图 1-5 所示。

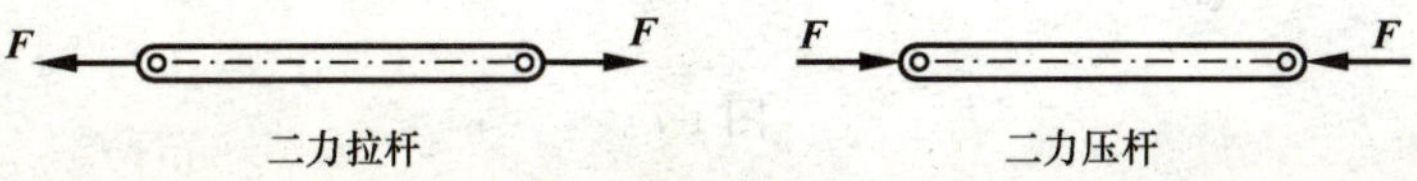

图 1-5

1.2.3　加减平衡力系公理

在作用于刚体的力系中，加上或减去任意一个平衡力系，并不改变原力系对刚体的作用效果。

平衡力系对刚体的作用效果为零，所以在刚体的原力系上加上或去掉一个平衡力系，不会改变刚体的运动状态。

推论一　力的可传性原理

作用于刚体上的力可沿其作用线移动到刚体内任意一点，而不改变原力对刚体的作用效果。

证明过程如图 1-6a、b、c 所示。(图中 $\boldsymbol{F}_1=\boldsymbol{F}_2=\boldsymbol{F}_3$)。

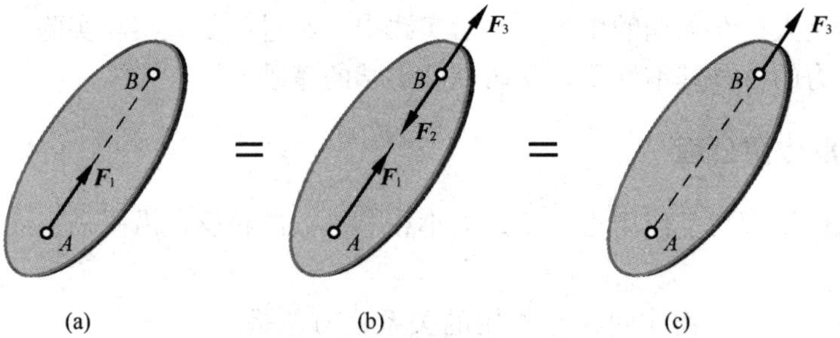

图 1-6

力的可传性原理，在我们日常生活中是常见的。例如，沿同一直线，以同样大小的力，拉车或推车，对车产生的运动效果相同。既然如此，对于刚体而言，力的三要素可改为：**力的大小、方向和作用线。**

应当指出：加减平衡力系公理和力的可传性原理都只适用于研究物体的外效应，而不适用于研究物体的内效应。例如，图 1-5 中的拉杆会伸长，压杆会缩短，直杆的变形显然是不同的。

1.2.4　力的平行四边形公理

作用于物体上同一点的两个力，可以合成为一个合力，合力也作用于该点，合力的大小和方向，由这两个力为邻边构成的平行四边形的对角线来确定。如图 1-7a 所示。

这个公理说明力的合成是遵循矢量加法的，这也是复杂力系合成（简化）的基础。当两个力共线时，便可用代数加法。

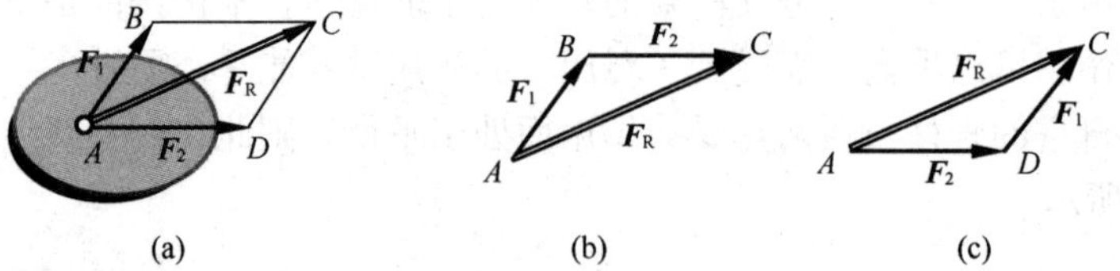

图 1-7

根据这一公理求出合力的方法称为力的**平行四边形法则**。实际上，求合力时，也可以不作出整个的平行四边形。如图 1-7b、c 所示，将各力首尾相接，作出三角形 ABC 或 ADC，合力即为 A 指向 C，这一方法称为力的**三角形法则**。需注意：图 1-7b 中，$\boldsymbol{F}_2$ 的作用点仍为点 A；图 1-7c 中的 $\boldsymbol{F}_1$ 亦然。显然，合力的大小和方向，与分力绘制的顺序无关。

两个共点力可以合成为一个合力，结果是唯一的。反过来，一个力也可以分解为两个分力，却有无数的答案。因为以一个力的线段为对角线，可以作出无数个平行四边形，如图 1-8 所示。

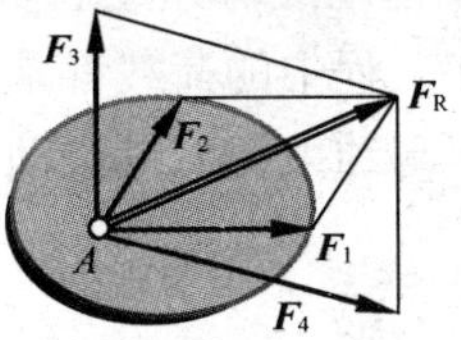

图 1-8

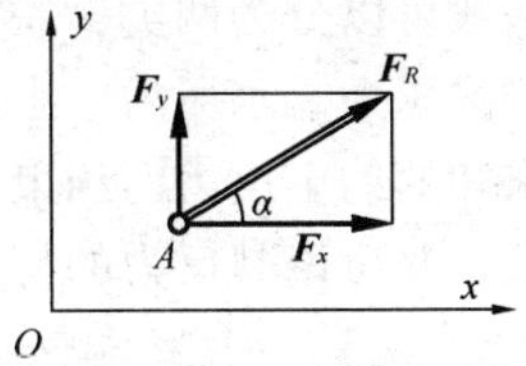

图 1-9

在工程实际问题中，常把一个力沿直角坐标轴方向分解，得出两个互相垂直的分力 $\boldsymbol{F}_x$ 和 $\boldsymbol{F}_y$。如图 1-9 所示。$\boldsymbol{F}_x$ 和 $\boldsymbol{F}_y$ 的大小可由三角公式求得

$$\left.\begin{aligned}\boldsymbol{F}_x &= \boldsymbol{F}_R\cos\alpha\\ \boldsymbol{F}_y &= \boldsymbol{F}_R\sin\alpha\end{aligned}\right\}$$

式中，α 为力 $\boldsymbol{F}_R$ 与 x 轴之间的夹角。

推论二　三力平衡汇交定理

一刚体受共面且不平行的三个力作用而平衡时，这三个力的作用线必汇交于一点。

证明：

(1) 设有三个共面且不平行的力 $\boldsymbol{F}_1$、$\boldsymbol{F}_2$、$\boldsymbol{F}_3$ 分别作用于一刚体上的 B、C、A 三点而平衡，如图 1-10 所示。

(2) 应用力的可传性原理，将力 $\boldsymbol{F}_1$ 和 $\boldsymbol{F}_2$ 移到两力作用线的交点 O，并按力的平行四边形公理合成为合力 $\boldsymbol{F}_R$，$\boldsymbol{F}_R$ 也作用于 O 点。这样，刚体上只受到 $\boldsymbol{F}_R$ 和 $\boldsymbol{F}_3$ 两个力的作用。

(3) 由二力平衡公理可知，$\boldsymbol{F}_3$ 必定与合力 $\boldsymbol{F}_R$ 共线。于是 $\boldsymbol{F}_3$ 也通过 $\boldsymbol{F}_1$ 与 $\boldsymbol{F}_2$ 的交点 O。于是，三力汇交。

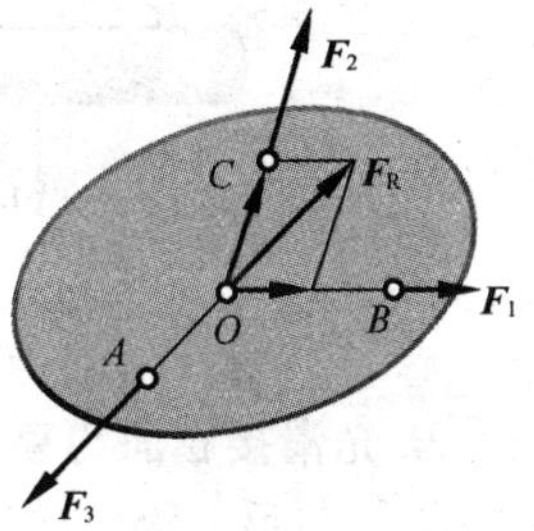

图 1-10

利用三力平衡汇交定理，可确定物体在共面但不平行的三个力作用下平衡时，其中某一未知力的方向。

想一想

一刚体受三力且汇交，是否一定平衡呢？

任务 3　约束与约束反力

1.3.1　约束与约束反力的概念

在工程实际中，任何构件都受到与它联系的其他构件的限制，而不能自由运动。例如，

建筑物中的梁受到柱子的限制，柱子受到基础的限制，桥梁受到桥墩的限制等等。

限制其他物体运动或运动趋势的物体，称为**约束体**，简称**约束**。柱子是梁的约束体，基础是柱子的约束体，桥墩是桥梁的约束体等等。物体欲运动，而约束体通过力的作用，阻碍了物体的运动或运动趋势，这个作用力就是**约束反力**，简称**反力**。不难理解：**约束反力的方向总是与物体欲运动的方向相反**。

物体受到的力一般可以分为两类：一类是使物体运动或有运动趋势的力，称为**主动力**，如构件的自重、人群的压力、水压力、土压力等。在工程中的荷载都是主动力，一般都是已知的；另一类就是未知的约束反力。约束反力的确定与约束类型及主动力有关，下面介绍工程中几种常见的约束，并讨论其反力的特征。

1.3.2　几种常见的约束及其反力

1. 柔体约束

柔软的绳索、链条、皮带等用于阻碍物体的运动时，都称为**柔体约束**。柔体约束只能限制物体沿柔体中心线离开柔体的运动，而不能限制其他方向的运动。因此，柔体约束的反力是：**通过接触点，沿柔体中心线且背离物体的拉力**，常用 $\boldsymbol{F}_{\mathrm{T}}$表示，如图 1-11 所示。

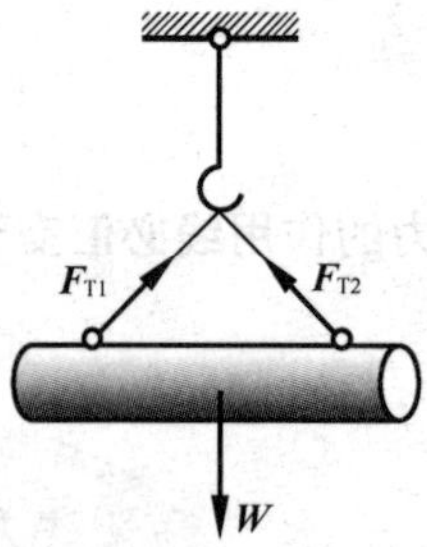

图 1-11

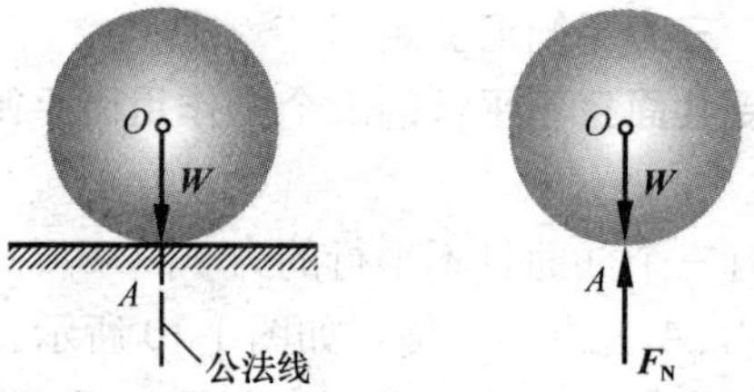

图 1-12

2. 光滑接触面约束

物体与另一物体接触，当接触面之间的摩擦力很小可以忽略不计时，就是**光滑接触面约束**。这种约束只能阻碍物体沿接触表面公法线并指向物体方向的运动，不能限制沿接触面公切线方向的运动。因此，光滑接触面约束对物体的约束反力是：**通过接触点，沿接触面的公法线且指向物体的压力**，常用 $\boldsymbol{F}_{\mathrm{N}}$表示，如图 1-12 所示。

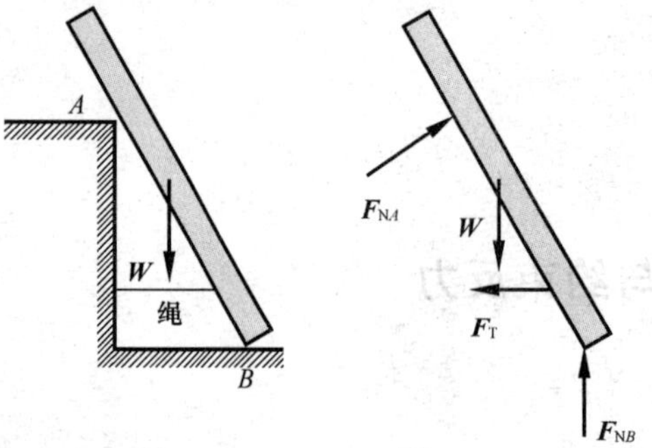

(a)　(b)

图 1-13

例 1-1　杆 AB 自重为 $\boldsymbol{W}$，靠于墙边，如图 1-13a 所示。试画出杆 AB 的受力图。

解　(1) A 点处为光滑接触面约束，其约束反力 $\boldsymbol{F}_{\mathrm{NA}}$，通过点 A 垂直于杆，指向杆 AB；

(2) B 点处亦为光滑接触面约束，其约束反力 $\boldsymbol{F}_{\mathrm{NB}}$，通过点 B 垂直于支承面，指向杆 AB；

(3) 水平绳为柔体约束，其约束反力 $\boldsymbol{F}_{\mathrm{T}}$，通过接触点，沿绳的方向背离杆 AB。

杆 AB 的受力图如图 1-13b 所示。

3. 圆柱铰链约束

圆柱铰链简称**铰链**、**铰**。是由一个圆柱形销钉插入两个物体的圆孔中构成，且销钉和圆孔的表面都是光滑的，如图 1-14 所示。门窗用的合页即是铰链的实例。

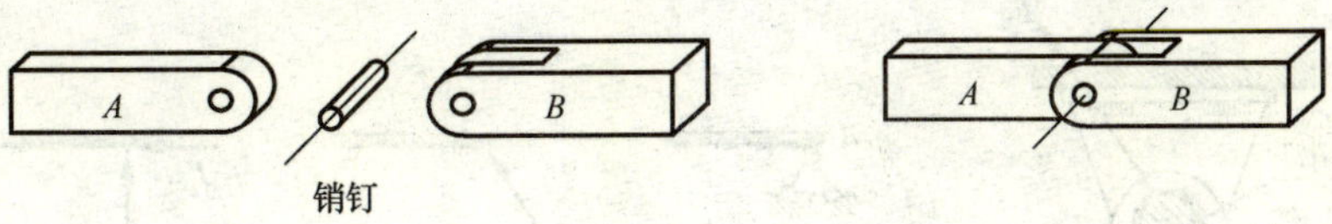

图 1-14

销钉只能限制物体在垂直于销钉平面内任意方向的相对移动，而不能限制物体绕销钉的转动。当物体相对于另一物体有运动趋势时，销钉与圆孔内壁便在某点接触，约束反力通过销钉中心和接触点，由于接触点的位置不能确定，故约束反力的方向未知，如图 1-15a 所示。所以，圆柱铰链的约束反力是：**垂直于销钉轴线并通过销钉中心，而方向未定**。圆柱铰链的简图如图 1-15b 所示。圆柱铰链的约束反力可用一个大小与方向均未知的力表示，也可用两个相互垂直的未知分力来表示，如图 1-15c、d 所示。

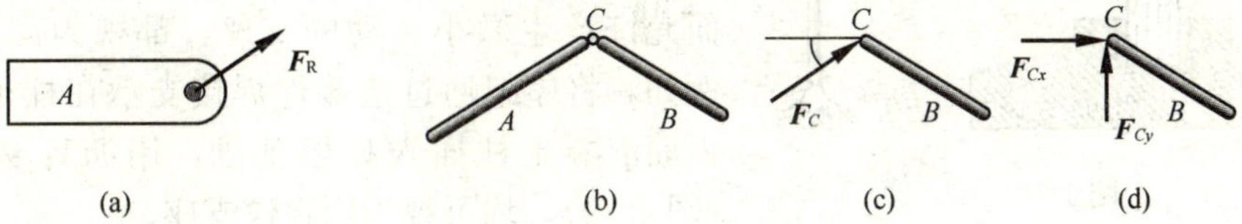

图 1-15

4. 链杆约束

两端用铰链与物体连接且中间不受其他力的直杆，称为**链杆约束**。如图 1-16a 所示支架，斜杆 BC 即为横杆 AB 的链杆约束。链杆只能限制物体沿链杆轴向的运动，而不能限制其他方向的运动。所以，链杆约束的反力是：**沿链杆的中心线，而指向未定**，如图 1-16b 所示。

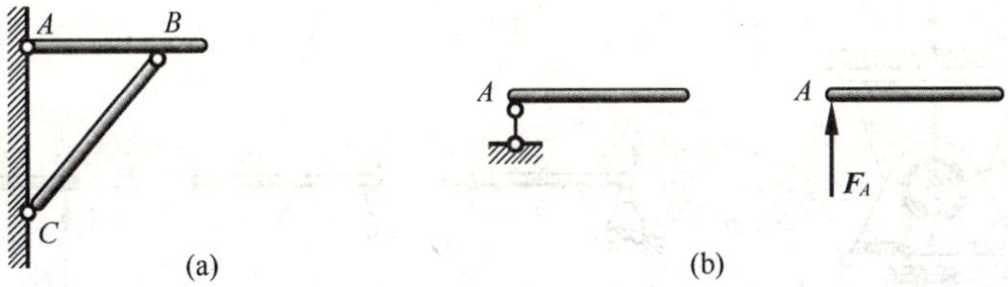

图 1-16

1.3.3　支座及其反力

工程中将结构或构件支承在基础或另一静止构件上的装置称为**支座**，支座也是约束。支座对构件的约束反力称为**支座反力**。建筑工程中常见的三种支座分别为：**固定铰支座**（铰链支座）、**可动铰支座**和**固定端支座**。

1. 固定铰支座

图 1-17 是固定铰支座的结构简图。用圆柱铰链把结构或构件与支座底板连接，并将底板固定在基础或静止的结构物体上，就构成固定铰支座。其计算简图如图 1-18a 所示。

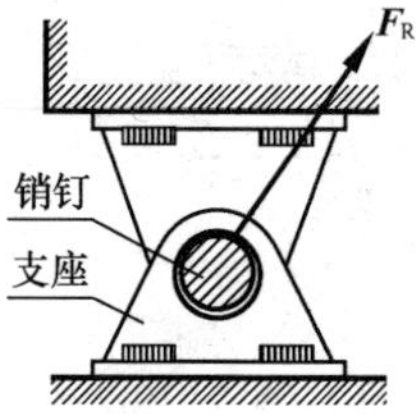

图 1-7

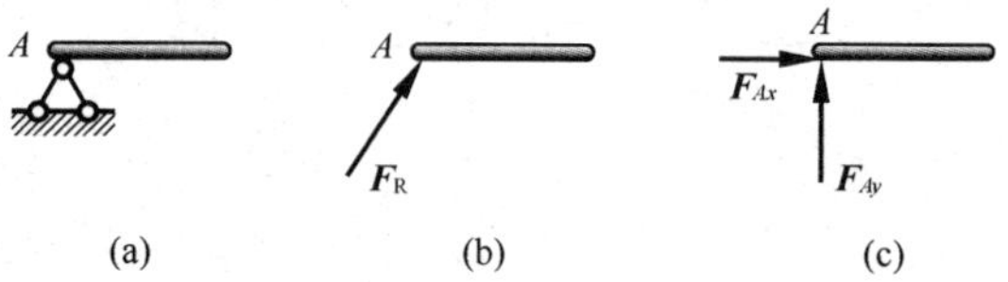

图 1-18

这种支座可以限制构件在垂直于销钉平面内任意方向的移动，而不能限制构件绕销钉的转动。可见其约束性能与圆柱铰链相同。所以，固定铰支座对构件的支座反力也**通过铰链中心，而方向不定**。支座反力如图 1-18b、c 所示。

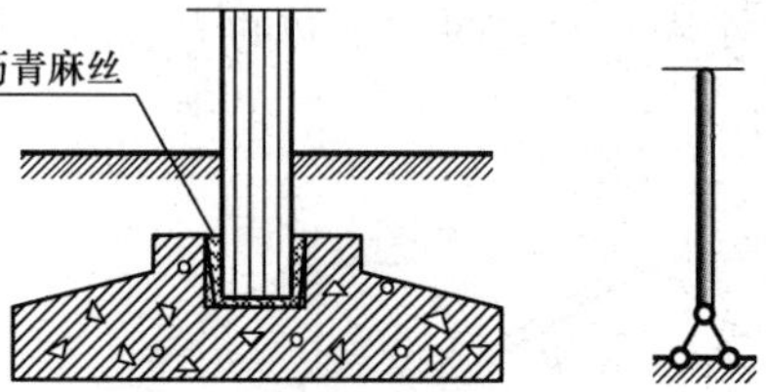

图 1-19

图 1-17 是桥梁上比较理想的固定铰支座，而在房屋建筑中这样的支座很少。通常将限制构件移动，而允许产生微小转动的支座，都视为固定铰支座。例如，将屋架通过连接件焊接支承在柱子上；预制钢筋混凝土柱插入杯形基础，用沥青麻丝填实等（图 1-19），均可视为固定铰支座。

2. 可动铰支座

图 1-20a 为可动铰支座的结构简图。在固定铰支座下面加几个辊轴支承于平面上，就构成**可动铰支座**。其计算简图如图 1-20b 所示。

这种支座只能限制构件沿垂直于支承面方向的移动，而不能限制构件绕销钉转动和沿支承面方向的移动。其约束特性与链杆相近。所以，可动铰支座对构件的支座反力**通过铰链中心，且垂直于支承面，指向未定**。反力可能指向构件，也可能背离构件。支座反力如图 1-20c所示。

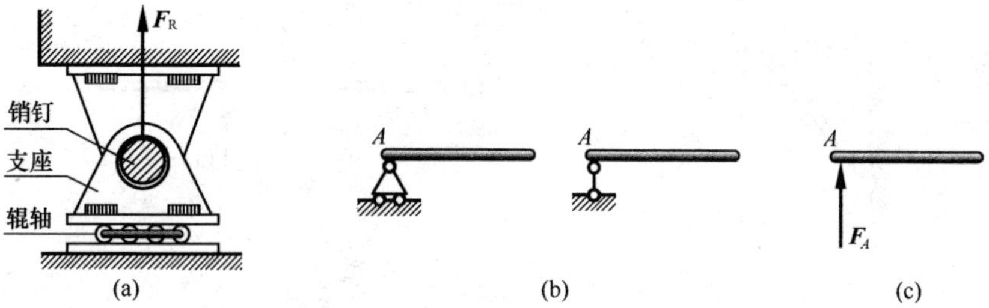

图 1-20

在工程上，钢筋混凝土梁通过混凝土垫块支承在砖墙上，就可视为梁搁置在可动铰支座。如图 1-21 所示。

3. 固定端支座

将构件与支承物完全连接为一整体，构件既不能沿任意方向移动，也不能转动，这种支

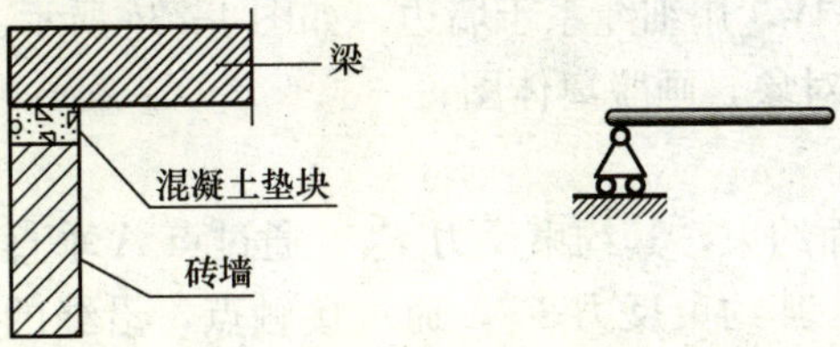

图 1-21

座称为**固定端支座**。其构造简图如图 1-22a 所示，计算简图如图 1-22b 所示。

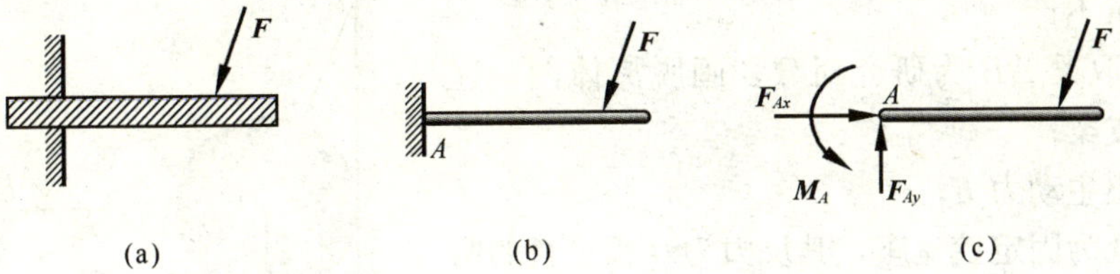

图 1-22

由于这种支座既限制构件的移动，也限制构件的转动，所以，它的支座反力包括：**水平力、竖向力和一个阻止转动的约束反力偶**。其支座反力如图 1-22c 所示。有关力偶的内容，将在以后的学习中详细说明。在工程实际中，插入地基中的电线杆、嵌固在墙壁内的阳台挑梁等，其根部的约束均可视为固定端支座。

任务 4　物体及物体系统的受力分析

1.4.1　受力图

在进行力学计算时，首先要对物体进行受力分析，即这个物体受到哪些力的作用，哪些力已知，哪些力未知等。

分析受力时，往往有许多物体联系在一起。因此，必须清楚是对哪个物体进行受力分析，即需要明确**研究对象**。把研究对象从周围物体上脱离出来，单独画出它的简图，即称为**脱离体**。接着再画出周围物体对它的全部作用力（包括主动力和约束反力），这种表示物体受力的简图，即称为物体的**受力图**。

受力图是进行力学计算的依据，也是解决力学问题的关键，必须认真对待，熟练掌握。

1.4.2　单个物体的受力图

画单个物体受力图的方法和步骤：

（1）明确研究对象，把该物体从周围约束中脱离出来，**画脱离体图**；

（2）画出已知的主动力；原图中已画出的力，可以是集中力，也可是分布力。没有画出重力的物体，便可以不计，不必画蛇添足。

（3）画出未知的约束反力；在解除约束处画上与约束类型相对应的约束反力。约束反力的指向可以确定时，需画出实际方向；指向不能确定时，可先假设。

例 1-2　圆球 O 自重为 $\boldsymbol{W}$，用细绳系于墙边，如图 1-23a 所示。试画出圆球的受力图。

解（1）取圆球为研究对象，画脱离体图；

（2）画出主动力 $\boldsymbol{W}$；

（3）A 处为光滑接触面约束，其约束反力 $\boldsymbol{F}_{\mathrm{N}}$，通过点 A 垂直于墙边，指向球心；

（4）B 处为柔体约束，其约束反力 $\boldsymbol{F}_{\mathrm{T}}$，通过接触点，沿绳的方向背离圆球，同时，反力 $\boldsymbol{F}_{\mathrm{T}}$ 的反向延长线通过球心 O。

圆球 O 的受力图如图 1-23b。

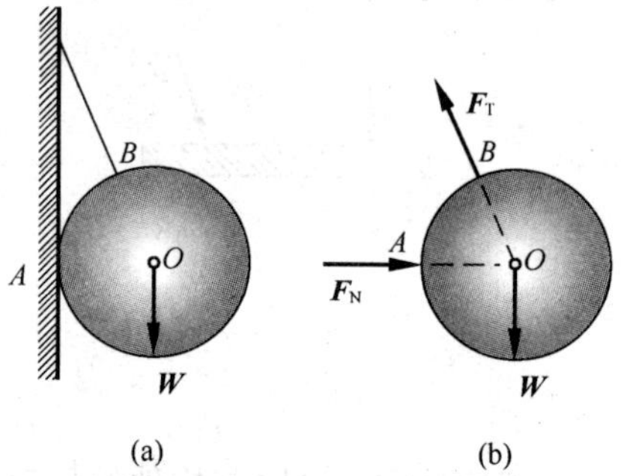

图 1-23

例 1-3　如图 1-24a，试画出水平梁 AB 的受力图。梁的自重不计。

解（1）取梁 AB 为研究对象，画脱离体图，这种梁称为**简支梁**；

（2）画出主动力 $\boldsymbol{F}$；

（3）A 处为固定铰支座，其反力为互相垂直的两个分力 $\boldsymbol{F}_{Ax}$、$\boldsymbol{F}_{Ay}$；

（4）B 处为链杆约束，其反力 $\boldsymbol{F}_{B}$ 沿链杆中心线，指向设为斜向上。（B 处也可视为可动铰支座，其反力相同）

简支梁 AB 的受力图如图 1-24b 所示。

进一步利用三力平衡汇交定理，可确定固定铰 A 处支座反力的方位，如图 1-24c 所示。

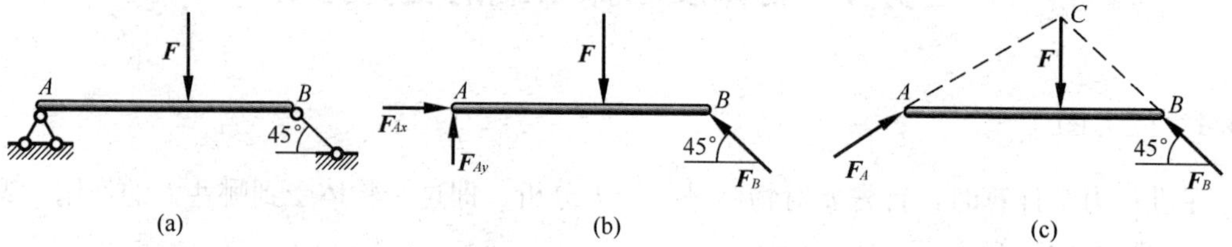

图 1-24

例 1-4　如图 1-25a，试画出水平梁 AB 的受力图。梁的自重不计。

解（1）取梁 AB 为研究对象，画脱离体图，这种梁称为**悬臂梁**；

（2）画出主动力 $\boldsymbol{F}$、$\boldsymbol{q}$；

（3）A 处为固定端支座，其反力为互相垂直的两个分力 $\boldsymbol{F}_{Ax}$、$\boldsymbol{F}_{Ay}$ 以及约束反力偶 $\boldsymbol{M}_{A}$。

悬臂梁 AB 的受力图如图 1-25b 所示。

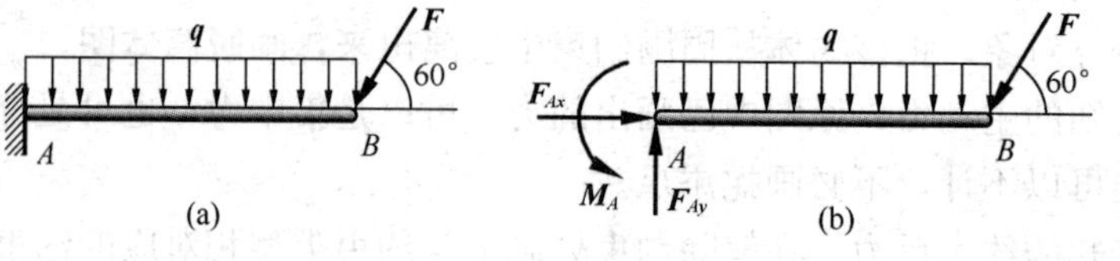

图 1-25

1.4.3　物体系统的受力图

物体系统，即指多个物体，其受力图的画法与单个物体基本相同，只是研究对象可能是整体或某一个体。画整体的受力图时，同单个物体；画系统的某一个体的受力图时，需注意拆开处相应的约束反力，并应符合作用力与反作用力公理。下面举例说明。

例 1-5　如图 1-26a 所示，试画出梁 *AC*、*CD* 及整体的受力图。梁的自重不计。

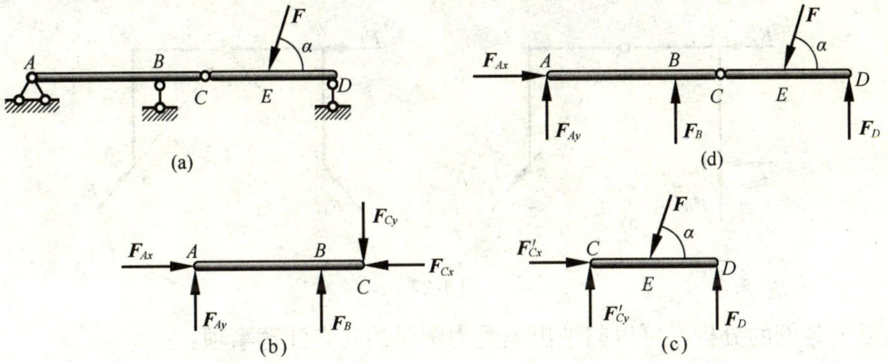

图 1-26

解（1）先取梁 *AC*、*CD* 为研究对象，分别画脱离体图；

（2）画出 *CD* 段主动力 $\boldsymbol{F}$；

（3）对于 *AC* 段：*A* 处为固定铰支座，*B* 处为可动铰支座，分别画出其反力。*C* 处为铰链，设定其两个约束反力 $\boldsymbol{F}_{Cx}$ 和 $\boldsymbol{F}_{Cy}$ 的指向，如图 1-26b 所示。

对于 *CD* 段：*D* 处为可动铰支座，画出其反力。铰 *C* 处两个约束反力的指向，此时已不能再任意设定了，而必须与 $\boldsymbol{F}_{Cx}$、$\boldsymbol{F}_{Cy}$ 的指向相反，如图 1-26c 所示。显然，这里要服从作用与反作用公理。

（4）对于整体：可将 *AC* 和 *CD* 两段的受力图合并，铰 *C* 处的两对作用力与反作用力刚好抵消，不再画出。而 *A*、*B*、*D* 处的支座反力保留下来，并且与单体受力图中的反力保持一致。如图 1-26d 所示。

例 1-6　如图 1-27a 所示的三铰刚架。试画出 *AC*、*BC* 及整体的受力图。

解（1）先画 *AC*、*B C* 脱离体图；

（2）画出 *AC* 部分主动力 $\boldsymbol{F}$；

（3）对于 *BC* 部分：可判断为二力构件，*B*、*C* 两处的反力一定在 *B*、*C* 两点的连线上，是等值、共线、反向的，如图 1-27c 所示。

对于 *AC* 部分：*A* 处为为固定铰支座，画出其两个反力。铰 *C* 处约束反力的指向，与 $\boldsymbol{F}_{\mathrm{C}}$ 的指向相反，仍然要服从作用与反作用公理。如图 1-27b 所示。

（4）对于整体：可将 *AC* 和 *BC* 两部分的受力图合并，铰 *C* 处的一对作用力与反作用力不再画出。*A*、*B* 两处的支座反力，与单体受力图中的反力保持一致。如图 1-27d 所示。

对于整体而言，*A* 处的两个反力可以合成为一个力。这样，整体共受到三个力的作用。利用三力平衡汇交定理，可确定 *A* 处反力 $\boldsymbol{F}_{\mathrm{A}}$ 的方位，如图 1-27e 所示。而 $\boldsymbol{F}_{\mathrm{A}}$ 的指向是假定的，实际的指向可通过计算求得。

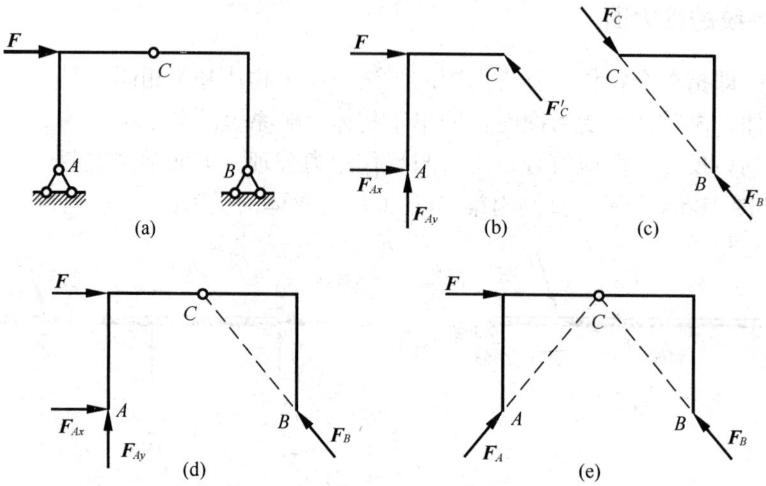

图 1-27

通过以上各例的分析，可以归纳出画受力图时的几点**注意事项**：

（1）明确研究对象

要画哪个物体的受力图，是单个物体，还是整体。

（2）约束反力与约束一一对应

每解除一个约束，就有与它相应的约束反力作用于研究对象；约束反力的方向要依据约束的类型来画，不能根据主动力的方向来简单推断。

（3）注意作用与反作用的关系

在分析两物体之间的相互作用时，要符合作用与反作用的关系。作用力的方向一旦确定，反作用力的方向就必须与其相反。

在整体的受力图中，两物体之间的作用与反作用力是内力，不必画出。

（4）同一约束反力在不同的受力图中，假定的指向必须一致。

小　　结

静力学主要研究力系的合成与平衡两大问题，本章学习的静力学的基本概念、静力学公理，以及物体受力分析的基本方法，正是为今后研究力系问题打基础的。

一、基本概念

1. 平衡

物体相对于地球静止或作匀速直线运动的状态。

2. 刚体

在外力作用下，大小和形状保持不变的物体。

3. 力

力是物体间相互的机械作用，这种作用使物体的运动状态发生改变，同时使物体发生变形。对刚体而言，力的作用效果取决于力的三要素：大小、方向、作用线。

4. 约束

限制物体运动的周围物体。阻碍了物体的运动或运动趋势，这个作用力就是约束反力。约束反力的方向由约束的类型决定。

表 1-1　常见约束及其约束反力

约束类型	计算简图	约束反力	未知量数目
柔体约束	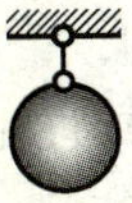	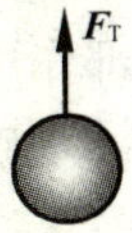 拉力	1
光滑接触面	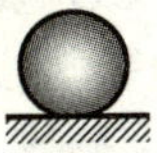	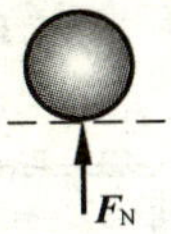 压力	1
圆柱铰链	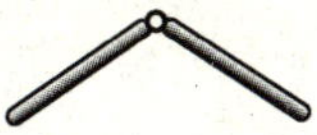	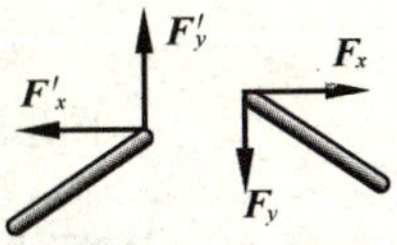 指向假定	2
链杆	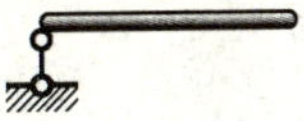	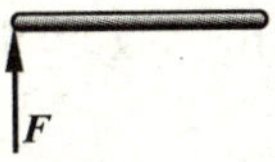 指向假定	1
固定铰支座	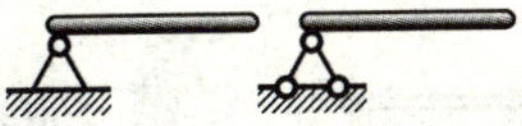	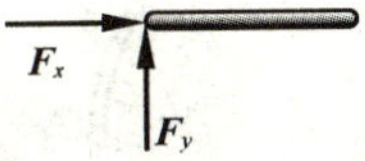 指向假定	2
可动铰支座	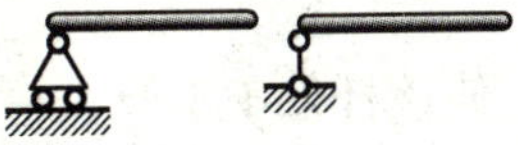	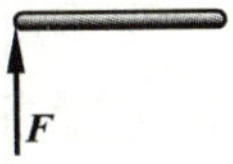 指向假定	1
固定端支座		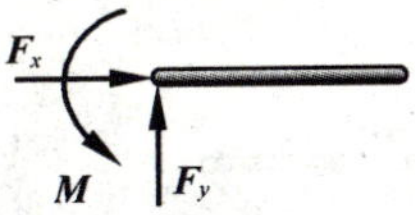 指向、转向均假定	3

二、静力学公理

静力学公理揭示了力的基本性质和力学的基本规律，是静力学的理论基础。

1. 作用与反作用公理说明了物体间相互作用的关系。

2. 二力平衡公理说明了作用在同一刚体上的两个力的平衡条件。

3. 加减平衡力系公理是力系等效代换的基础。

4. 力的平行四边形公理是两个力合成的规律，也是力系合成的基础。

此外，两个推论——力的可传性原理和三力平衡汇交定理，也反映了力学的基本性质。

三、物体受力分析的基本方法——画受力图

受力图要画出物体受到的全部作用力，主动力已知，而未知的约束反力由约束的类型决定。正确画出受力图是力学计算的基础，也是学习本章最重要的目标。

思考题

1-1　如图所示的四种情况下，力 $\boldsymbol{F}$ 对同一小车作用的外效应是否相同？为什么？

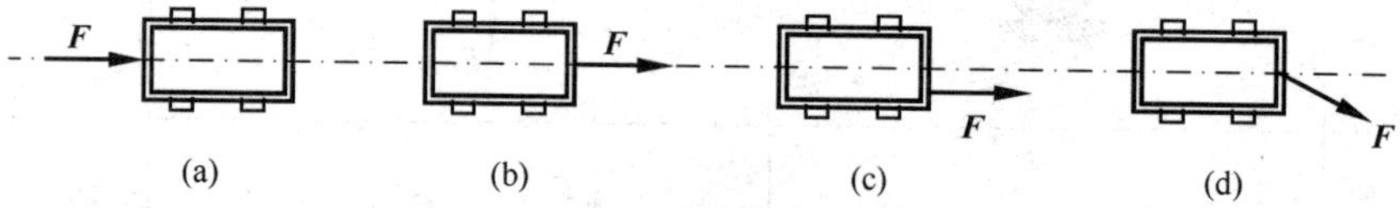

图思 1-1

1-2　二力平衡公理和作用与反作用公理的区别是什么？

1-3　如图所示，A、B 两物体叠放在桌面上，A 物体重 $\boldsymbol{W}_A$，B 物体重 $\boldsymbol{W}_B$。问 A、B 两物体各受到哪些力的作用？这些力的反作用力各是什么？它们各作用在哪个物体上？

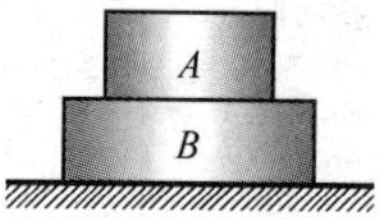

图思 1-3

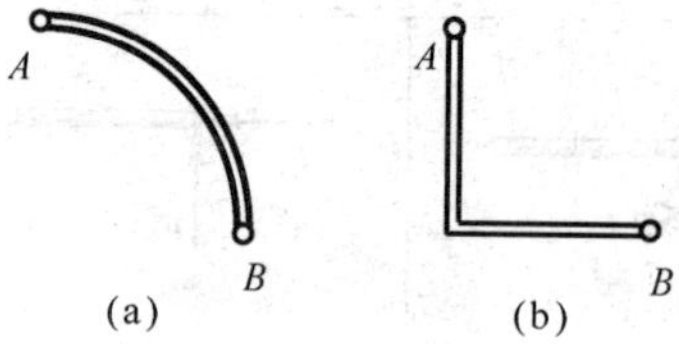

图思 1-4

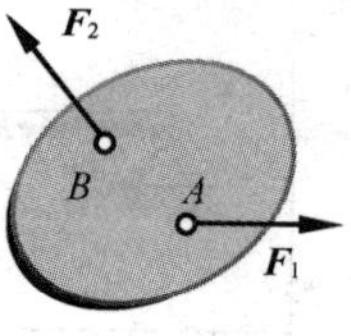

图思 1-5

1-4　试在图示各杆的 A、B 两点上各加一个力，使该杆处于平衡。

1-5　如图所示，试在物体上加一个力，使之处于平衡。

1-6　指出图示哪些杆件是二力杆件？

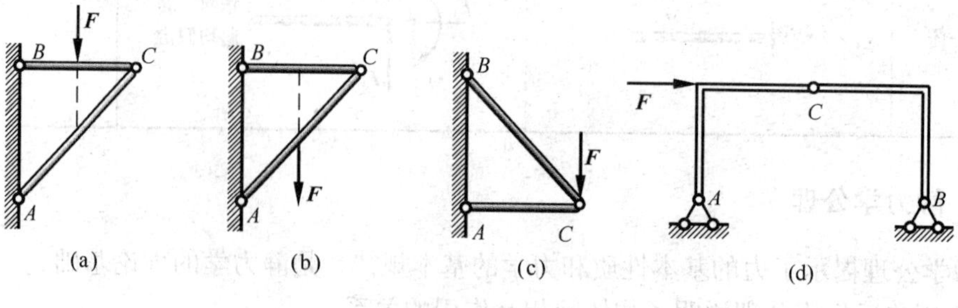

图思 1-6

1-7　指出图中各物体受力图的错误，并加以改正。

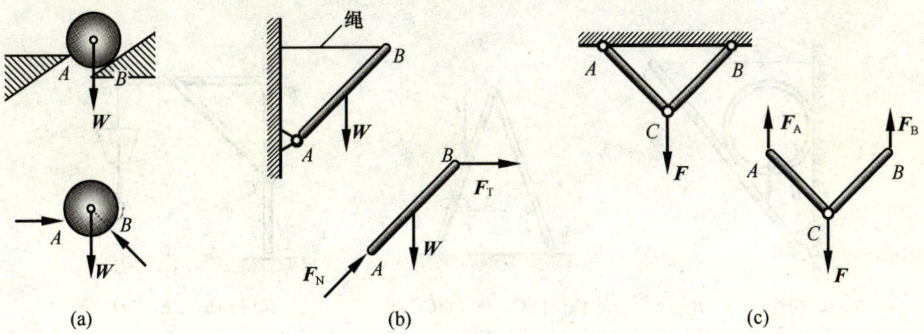

图思 1-7

习题

1-1　画出下列各指定物体的受力图，假定各接触面都是光滑的。

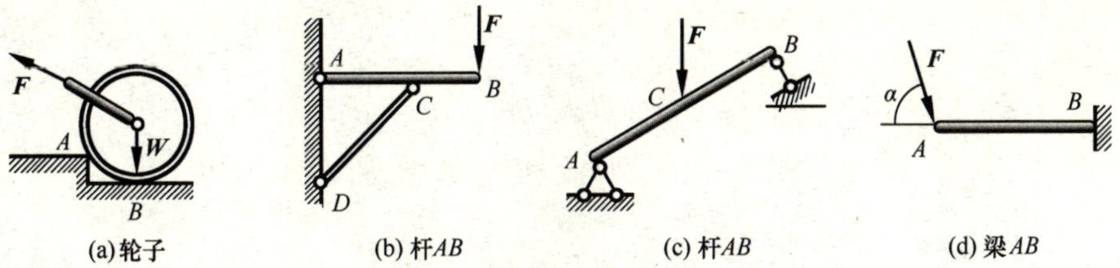

图题 1-1

1-2　试作图示结构各部分及整体的受力图，结构自重不计。

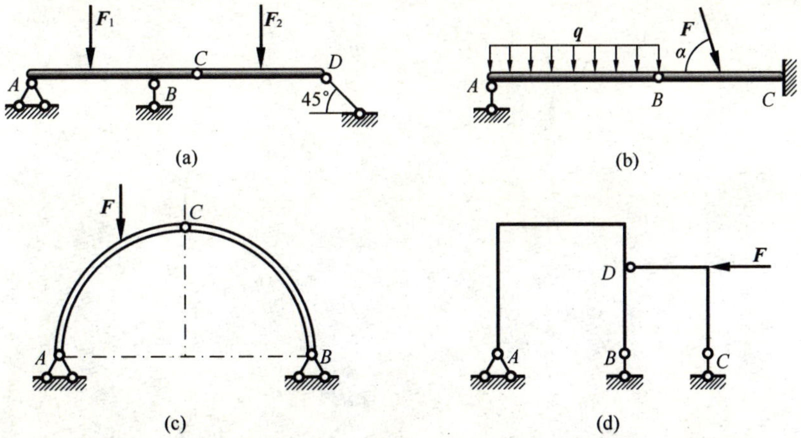

图题 1-2

1-3　试作图示物体系中指定物体的受力图，假定各接触面都是光滑的，结构自重不计。

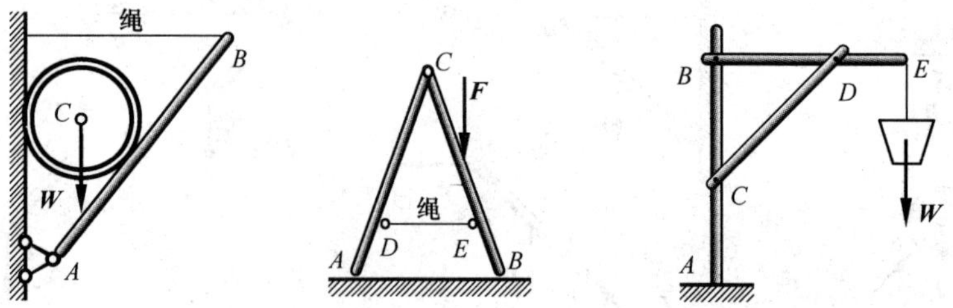

(a) 圆管C、杆AB　(b) 杆AC、BC、ACB　(c) 杆AB、BE、CD

图题1-3

项目2 平面力系的合成与平衡

学习要点及目标

- ◆ 掌握力的投影、力矩、力偶及其性质等基本概念；
- ◆ 掌握合力投影定理、合力矩定理、力的平移定理等基本原理；
- ◆ 熟悉平面汇交力系、平面力偶系、平面一般力系和平面平行力系的平衡方程；
- ◆ 熟练运用平面力系的平衡方程求解单个物体、简单物体系统的平衡问题。

核心概念

力的投影、力矩、力偶、合力投影定理、合力矩定理、力的平移定理、力系的合成与平衡、平衡方程等。

引导案例

本章主要帮助学生建立力学计算基本概念，使学生掌握力学平衡条件的各种表达形式以及不同形式平衡条件的应用前提。

力系多种多样，按力系中各力作用线的分布，可分为平面力系和空间力系。凡各力的作用线都在同一平面内的力系称为**平面力系**；而各力的作用线不在同一平面内，则为**空间力系**。

在工程中有不少结构，其厚度远远小于其他两个方向的尺寸，这些结构称为**平面结构**。如图2-1a所示的平面桁架。作用在平面结构上的各力，一般都在同一平面内，因而组成了平面力系，如图2-1b所示。

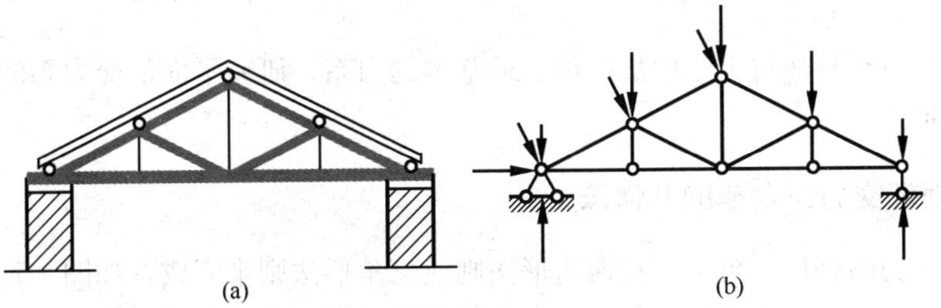

图2-1

在实际工程中，有些结构所受的作用力虽是空间力系，但在一定条件下，可以简化为平面力系。例如，图2-2a所示的水坝（包括挡土墙），纵向很长，其受力情况沿长度方向大致相同，通常就截取1m长度的结构作为研究对象。这样，经过简化后，水坝受到的自重、水压力、地基反力等就可以看作是一个平面力系，如图2-2b所示。

在建筑工程中，很多力学问题都属于平面力系问题，或者可以简化为平面力系问题。平面力系是工程中最常见的力系，本章将讨论平面力系的合成与平衡问题。

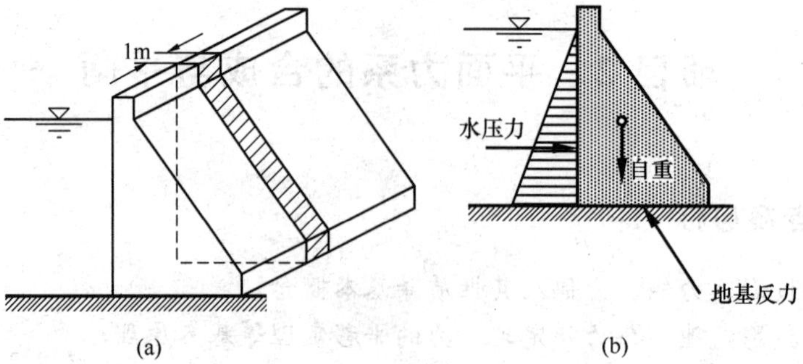

图 2-2

任务 1　平面汇交力系

平面力系中，各力的作用线都汇交于一点，即构成平面汇交力系。例如，起重机起吊重物时，吊钩上点 C 受到的力，如图 2-3 所示。搁置于两斜面间的圆柱体，其所受 $\boldsymbol{W}$、$\boldsymbol{F}_{N1}$ 和 $\boldsymbol{F}_{N2}$ 三个力汇交于点 C，如图 2-4 所示，这都构成了平面汇交力系。

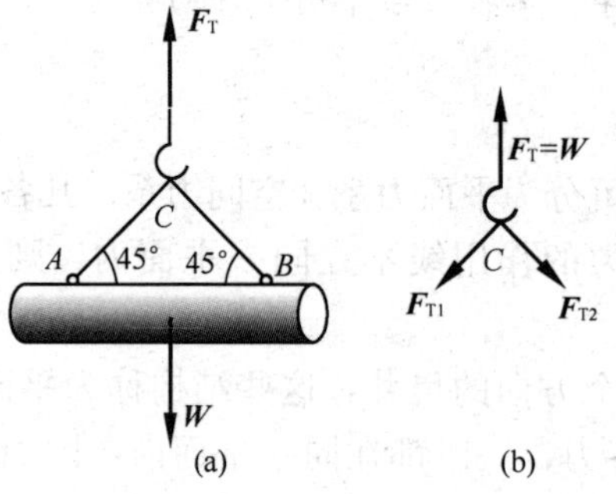

图 2-3

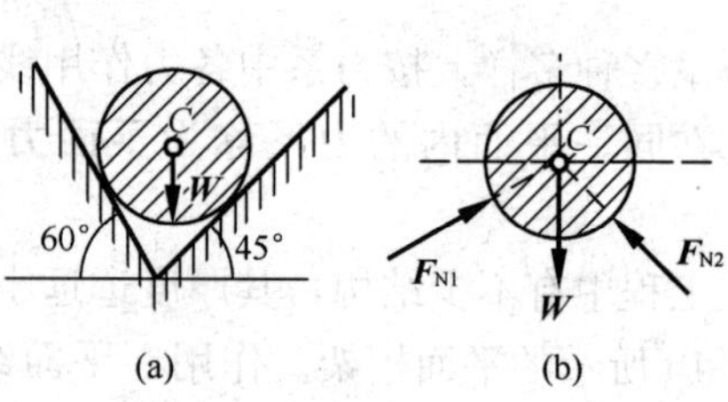

图 2-4

平面汇交力系是建筑力学中最简单、最基本的力系。研究平面汇交力系的方法有几何法和解析法两种。

2.1.1　平面汇交力系合成的几何法

两个汇交力的合成，可由平行四边形法则或三角形法则来完成，如图 1-7 所示。

对于多个汇交力的合成，只是两力合成的简单重复。具体来讲，就是连续应用三角形法则，逐个合成每个力，从而求出多个汇交力的合力。

如图 2-5a 所示，求 $\boldsymbol{F}_1$、$\boldsymbol{F}_2$、$\boldsymbol{F}_3$ 和 $\boldsymbol{F}_4$ 的合力时，先用三角形法则求出 $\boldsymbol{F}_1$ 和 $\boldsymbol{F}_2$ 的合力 $\boldsymbol{F}_{12}$（AC），再求出 $\boldsymbol{F}_{12}$ 和 $\boldsymbol{F}_3$ 的合力 $\boldsymbol{F}_{123}$（AD），最后求出 $\boldsymbol{F}_{123}$ 和 $\boldsymbol{F}_4$ 的合力 $\boldsymbol{F}_R$（AE），就得到这四个力的合力了，如图 2-5b 所示。这一过程可以概括为：连续使用三角形法则，将各力首尾相接，得到一条矢量折线，而合力就是从最初的起点指向最末的终点，这样多边形被合力闭合。合力即是力多边形的闭合边。这种求合力的方法称为力的**多边形法则**。图 2-5c 中的 $\boldsymbol{F}_R$ 与原力系（图 2-5a）等效。

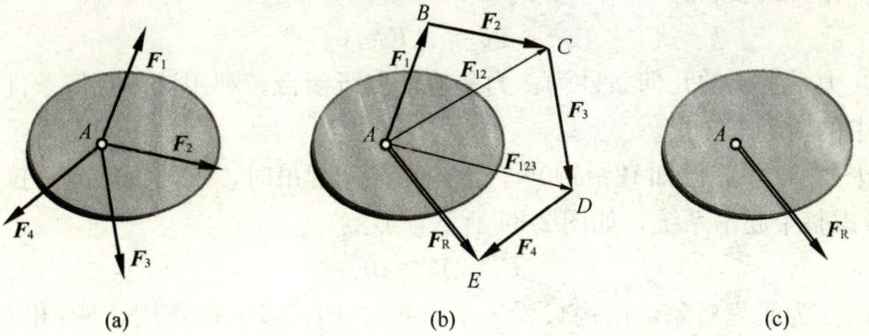

图 2-5

上述的求合力的多边形法则，是通过几何作图来完成的，又称为**几何法**。

应用力的多边形法则求合力时，按照不同的合成顺序，可以得到形状不同的力多边形，但力多边形的闭合边不变，即合力不变。作图时应将各力按照选定的比例、准确的角度绘制，以确保结果的精确度。

力的多边形法则推广到求平面中任意个力的合力时，可表示为

$$\boldsymbol{F}_R = \boldsymbol{F}_1 + \boldsymbol{F}_2 + \boldsymbol{F}_3 + \cdots + \boldsymbol{F}_n \tag{2-1}$$

即，**平面汇交力系合成的结果是一个合力，合力的大小和方向等于原力系中各力的矢量和，其作用点是原力系各力的汇交点。**

例 2-1 吊环上作用共面且共点的三个拉力，如图 2-6a 所示。已知 $\boldsymbol{F}_1=100\text{N}$，$\boldsymbol{F}_2=150\text{N}$，$\boldsymbol{F}_3=200\text{N}$。试用几何法求吊环所受的合力。

解 三力汇交于吊环中心，构成平面汇交力系。选用单位长度 1cm 代表 100 N。

任选一点 A，水平向左作线段 $AB=1\text{cm}$，得到 $\boldsymbol{F}_1$；竖直向下作线段 $BC=1.5\text{cm}$，得到 $\boldsymbol{F}_2$；右下斜 45°线段 $CD=2\text{cm}$，得到 $\boldsymbol{F}_3$。连接 AD 即得到合力 $\boldsymbol{F}_R$。按比例量得

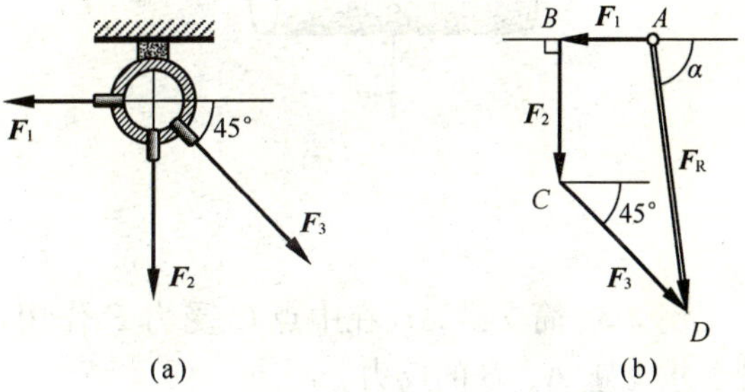

图 2-6

$$\boldsymbol{F}_R = 295\ \text{N}, \qquad \alpha = 82°$$

2.1.2　平面汇交力系平衡的几何条件

平面汇交力系可以合成为一个合力 $\boldsymbol{F}_R$，即 $\boldsymbol{F}_R$与原力系等效。如果力多边形中的最后一个力的终点与第一个力的起点重合，则意味着合力 $\boldsymbol{F}_R=0$，即力多边形自行封闭。如图2-7b所示。

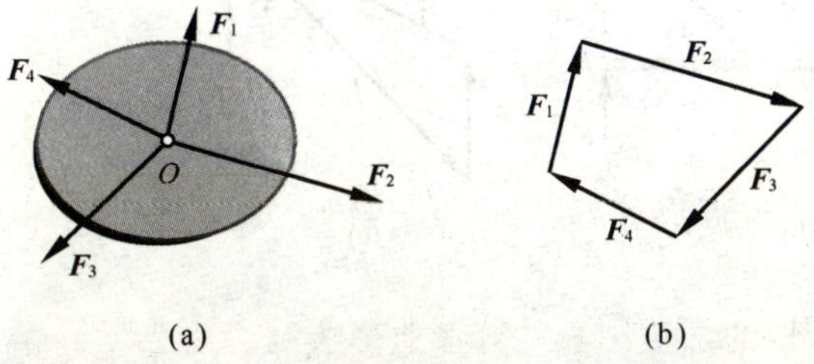

图 2-7

此时的物体处于平衡状态，该力系为平衡力系。反过来，欲使平面汇交力系平衡，必使其合力等于零。所以，**平面汇交力系平衡的必要和充分条件是：该力系的**

合力等于零。用公式表示为

$$F_R = \sum F = 0 \tag{2-2}$$

平面汇交力系平衡的几何条件为：**力多边形自行闭合**。利用这一几何条件，可以求解平面汇交力系中的两个未知量。

例 2-2　图 2-8a 中，已知 $\boldsymbol{W}$=100N。当构件匀速起吊时，求两钢丝绳的拉力。

解　先考虑整个起吊系统，如图 2-8a 所示，显然

$$F_T = W = 100\text{N}$$

再取吊钩 C 为研究对象，吊钩 C 受三个力 $\boldsymbol{F}_T$、$\boldsymbol{F}_{T1}$、$\boldsymbol{F}_{T2}$ 的作用，$\boldsymbol{F}_{T1}$ 和 $\boldsymbol{F}_{T2}$ 的方向已知而大小未知，其受力图如图 2-8b 所示。

选定适当的单位长度，任取一点 C 作 CD 等于 $\boldsymbol{F}_T$（F_T=100N）；按照 $\boldsymbol{F}_{T2}$ 的方位过 D 作 $\boldsymbol{F}_{T2}$；按照 $\boldsymbol{F}_{T1}$ 的方位过 C 作 $\boldsymbol{F}_{T1}$，两力交于点 E，得到封闭的力三角形 CDE，如图 2-8c 所示。

按比例尺量得

$$F_{T1} = F_{T2} = 71\text{N}$$

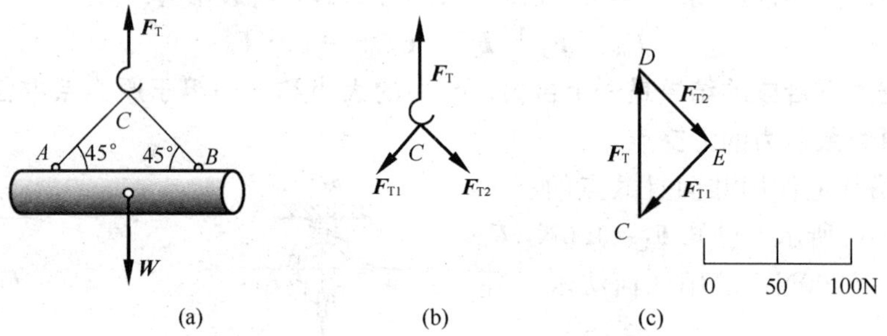

图 2-8

例 2-3　简支梁 AB 在中点 C 受力 $\boldsymbol{F}$ 作用，如图 2-9a 所示。已知 F=10kN，梁自重不计。求支座 A、B 的反力。

解　取梁为研究对象，作其受力图。

梁受主动力 $\boldsymbol{F}$ 和支座反力 $\boldsymbol{F}_A$、$\boldsymbol{F}_B$ 的作用。支座 B 为可动铰支座，$\boldsymbol{F}_B$ 的作用线垂直于支承面，假设指向向上；支座 A 为固定铰支座，$\boldsymbol{F}_A$ 的方向未定。因梁 AB 受三个力的作用而平衡，所以可利用三力平衡汇交定理，确定 $\boldsymbol{F}_A$ 的方位。力 $\boldsymbol{F}$ 与 $\boldsymbol{F}_B$ 的作用线相交于点 O，故 $\boldsymbol{F}_A$ 也必过 O 点，指向假设如图 2-9b 所示。

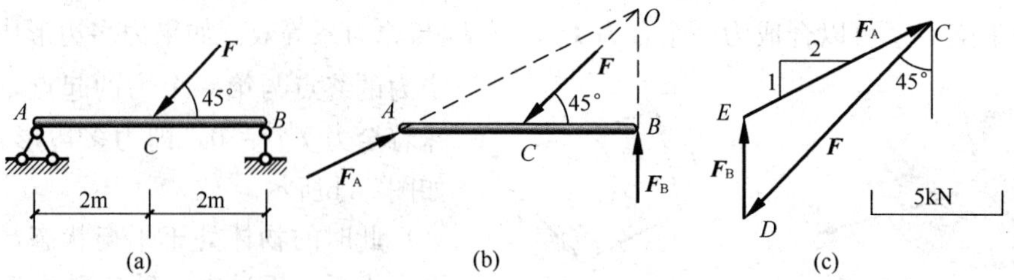

图 2-9

根据平衡的几何条件，按比例作出闭合的力多边形 CDE，如图 2-9c 所示。两反力的实际指向与假设指向相同。按比例尺量得

$$\boldsymbol{F}_A = 7.9\text{kN}, \qquad \boldsymbol{F}_B = 3.5\text{kN}$$

例 2-4 在图 2-10a 的刚架中，若已知 $\boldsymbol{F}$=15kN，各部分尺寸如图所示。试求支座 A、B 的反力。

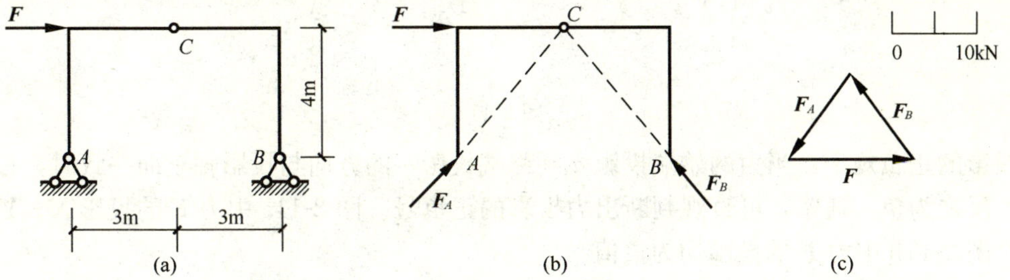

图 2-10

解 取整体为研究对象，通过前述分析过程，可以作出受力图，如图 2-10b 所示。

其中 BC 部分为二力构件，$\boldsymbol{F}_\mathrm{B}$的方位为 BC 的连线；再利用三力平衡汇交定理，确定 $\boldsymbol{F}_A$的方位为 AC 的连线。

根据平衡的几何条件，按比例作出闭合的力多边形，如图 2-10c 所示。反力 $\boldsymbol{F}_A$的实际指向与假设指向相反。按比例尺量得

$$\boldsymbol{F}_A = \boldsymbol{F}_B = 25\text{kN}$$

通过以上例题，可以归纳出几何法求解平面汇交力系平衡问题的步骤如下：

(1) 选取研究对象。根据题意选取与已知力和未知力有关的物体作为研究对象；

(2) 画出受力图。在研究对象上画出全部的主动力和约束反力，注意运用二力构件的性质和三力平衡汇交定理来确定约束反力的作用线。当无法确定约束反力的指向时，可先假设。

(3) 作闭合的力多边形。选择适当的比例尺，作出封闭的力多边形，先画已知力，后画未知力。按**首尾相接**的方法和**自行闭合**的要求，确定未知力的实际指向。

(4) 量出未知量。根据比例尺量出未知力的大小和方向。对于特殊角还可用三角公式计算得出。

2.1.3 平面汇交力系合成的解析法

平面汇交力系的几何法直观、简捷，但其精确度难以保证，在力学应用较多的还是解析法。所谓**解析法**就是通过列代数表达式来求解的方法，又称**数解法**。解析法以力在坐标轴上的投影计算为基础。

1. 力在坐标轴上的投影

设力 $\boldsymbol{F}$ 作用在物体的某点 A，用线段 AB 表示，如图 2-11a 所示。在力 $\boldsymbol{F}$ 的作用平面内建立直角坐标系 xOy，从力 $\boldsymbol{F}$ 的两端 A 和 B 向 x 轴作垂线，垂足分别为 a 和 b，线段 ab 加正号或负号，就称为**力 $\boldsymbol{F}$ 在 x 轴上的投影**，用 X 表示。用同样的方法可以得到 y 轴上的 $a'b'$，$a'b'$ 为**力 $\boldsymbol{F}$ 在 y 轴上的投影**，用 Y 表示。

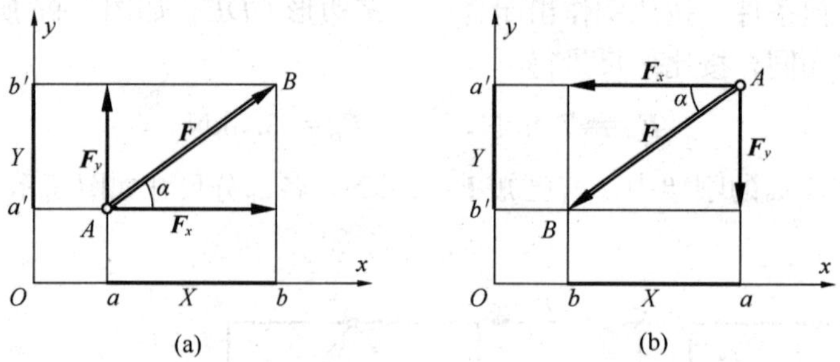

图 2-11

投影的正负规定：当力的始端投影 a 到终端投影 b 的方向与投影轴正向一致时，投影为正值；反之为负。通常，可直观判断出力投影的正负号。图 2-11a 中力 $\boldsymbol{F}$ 的投影 X、Y 均为正值；图 2-11b 中力 $\boldsymbol{F}$ 的投影均为负值。

显而易见，投影 X、Y 可用下式计算：

$$\left.\begin{aligned} X &= \pm \boldsymbol{F}\cos\alpha \\ Y &= \pm \boldsymbol{F}\sin\alpha \end{aligned}\right\} \tag{2-3}$$

式中，α 为力 $\boldsymbol{F}$ 与坐标轴 x 所夹的锐角。

两种特殊情形：

(1) 当力与坐标轴垂直时，力在该轴上的投影为零。

(2) 当力与坐标轴平行时，力在该轴上投影的绝对值等于该力的大小。

图 2-11a、b 中还画出了力 $\boldsymbol{F}$ 沿直角坐标轴方向的分力 $\boldsymbol{F}_x$ 和 $\boldsymbol{F}_y$，分力与力的投影是不同的：力的投影只有大小和正负，是标量；而分力既有大小又有方向，是矢量，二者不可混淆。

例 2-5　试计算图 2-12 中各力在 x 轴和 y 轴上的投影。各力的大小均为 100kN，方向如图所示。

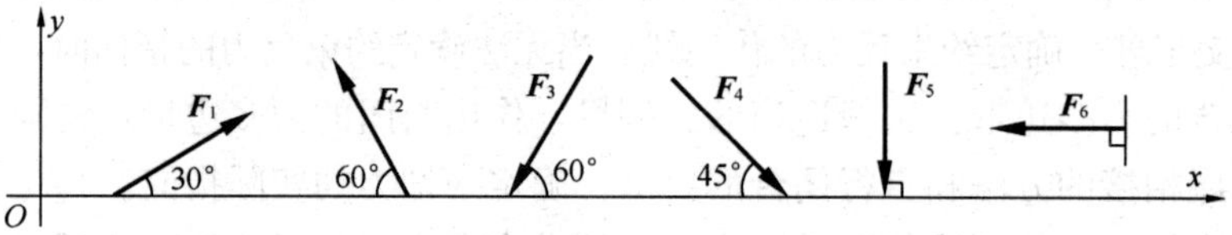

图 2-12

解　由式 (2-3) 分别计算各力投影

$\boldsymbol{F}_1$的投影：$\begin{cases} X_1 = F_1\cos30° = 100\times0.866 = 86.6\text{kN} \\ Y_1 = F_1\sin30° = 100\times0.5 = 50\text{kN} \end{cases}$

$\boldsymbol{F}_2$的投影：$\begin{cases} X_2 = -F_2\cos60° = -100\times0.5 = -50\text{kN} \\ Y_2 = F_2\sin60° = 100\times0.866\text{kN} = 86.6\text{kN} \end{cases}$

$\boldsymbol{F}_3$的投影：$\begin{cases} X_3 = -F_3\cos60° = -100\times0.5 = -50\text{kN} \\ Y_3 = -F_3\sin60° = -100\times0.866 = -86.6\text{kN} \end{cases}$

$\boldsymbol{F}_4$的投影：$\begin{cases} X_4 = F_4\cos45° = 100\times0.707 = 70.7\text{kN} \\ Y_4 = -F_4\sin45° = -100\times0.707 = -70.7\text{kN} \end{cases}$

$\boldsymbol{F}_5$的投影：　$X_5 = 0$　　　$Y_5 = -100\text{kN}$

$\boldsymbol{F}_6$的投影： $X_6=-100\text{kN}$ $Y_6=0$

如果力 $\boldsymbol{F}$ 在坐标轴 x 和 y 上的投影 X 和 Y 已知，由图 2-11 中的几何关系，也可以确定力 $\boldsymbol{F}$ 的大小和方向

$$\left.\begin{aligned}\boldsymbol{F}&=\sqrt{X^2+Y^2}\\ \tan\alpha&=\frac{|Y|}{|X|}\end{aligned}\right\}\tag{2-4}$$

式中，α 为力 $\boldsymbol{F}$ 与 x 轴所夹的锐角。力 $\boldsymbol{F}$ 的指向，由 X 和 Y 的正负号来确定。

想一想

如何由 X 和 Y 的正负号来确定力 $\boldsymbol{F}$ 的指向？

2. 合力投影定理

设某物体上的点 O 受到一平面汇交力系 $\boldsymbol{F}_1$、$\boldsymbol{F}_2$、$\boldsymbol{F}_3$ 作用，如图 2-13a 所示。从点 A 开始做力的多边形 $ABCD$，则线段 AD 为合力 $\boldsymbol{F}_\text{R}$，如图 2-13b 所示。在力系平面内任取一轴 x，并将各力都投影到 x 轴上，得

$$X_1=ab,\ X_2=bc,\ X_3=-cd,\ X_\text{R}=ad$$

而 $ad=ab+bc-cd$。因此得

$$X_\text{R}=X_1+X_2+X_3$$

这一关系可推广到任意个汇交力的情形，即

$$X_\text{R}=X_1+X_2+X_3+\cdots+X_n=\Sigma X\tag{2-5}$$

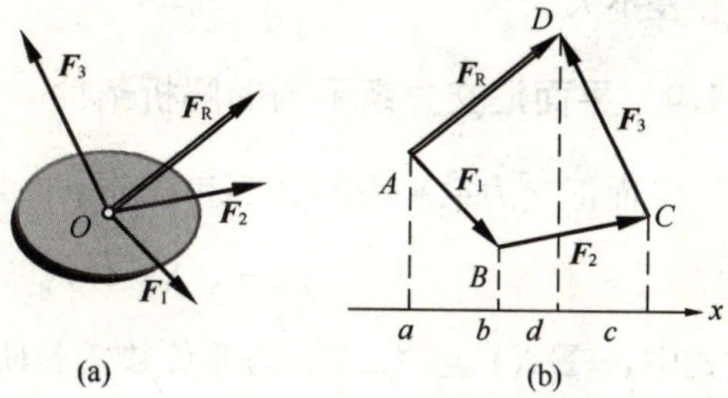

图 2-13

由此可见，**合力在任一坐标轴上的投影，等于各分力在同一坐标轴上投影的代数和**。这就是**合力投影定理**。合力投影定理建立了合力投影与分力投影之间的关系，为进一步用解析法求平面汇交力系的合力奠定了基础。

3. 用解析法求平面汇交力系的合力

(1) 先选取直角坐标系，利用式（2-3）分别计算各力在 x 轴、y 轴上的投影；

(2) 再根据合力投影定理，利用式（2-5）计算合力 $\boldsymbol{F}_\text{R}$在 x 轴、y 轴上的投影；

(3) 最后根据已知投影求力，利用式（2-6）求出合力 $\boldsymbol{F}_\text{R}$的大小和方向，如图 2-14 所示。

$$\left.\begin{aligned}\boldsymbol{F}_\text{R}&=\sqrt{X_\text{R}^2+Y_\text{R}^2}=\sqrt{(\Sigma X)^2+(\Sigma Y)^2}\\ \tan\alpha&=\frac{|Y_\text{R}|}{|X_\text{R}|}=\frac{|\Sigma Y|}{|\Sigma X|}\end{aligned}\right\}\tag{2-6}$$

式中，α 同样为合力 $\boldsymbol{F}_\text{R}$与 x 轴所夹的锐角。$\boldsymbol{F}_\text{R}$的作用线通过力系的汇交点，其指向由 X_R和 Y_R的正负号来确定，如图 2-15 所示。

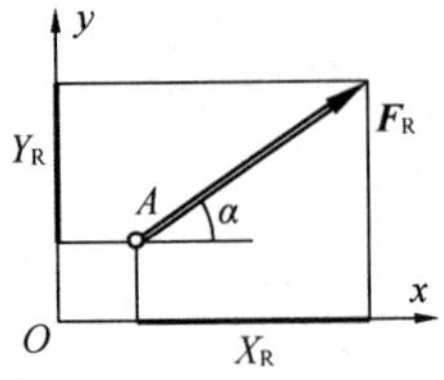

图 2-14

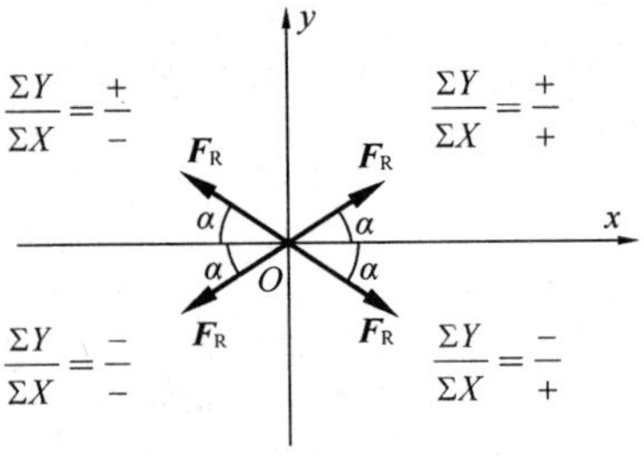

图 2-15

例 2-6　用解析法计算例 2-1。

解（1）建立坐标系，通常水平向右为 x 轴，竖直向上为 y 轴；

（2）计算各力投影，同时计算合力的投影：

$$X_R = \sum X = X_1 + X_2 + X_3 = -100 + 0 + 200 \times 0.707 = 41.4\text{N}$$

$$Y_R = \sum Y = Y_1 + Y_2 + Y_3 = 0 - 150 - 200 \times 0.707 = -291.4\text{N}$$

（3）代入式（2-6）求出合力 $\boldsymbol{F}_R$ 的大小和方向：

$$F_R = \sqrt{(\sum X)^2 + (\sum Y)^2} = \sqrt{41.4^2 + 291.4^2} = 294.3\text{N}$$

$$\tan\alpha = \frac{|\sum Y|}{|\sum X|} = \frac{291.4}{41.4} = 7.04 \qquad \alpha = 82^\circ$$

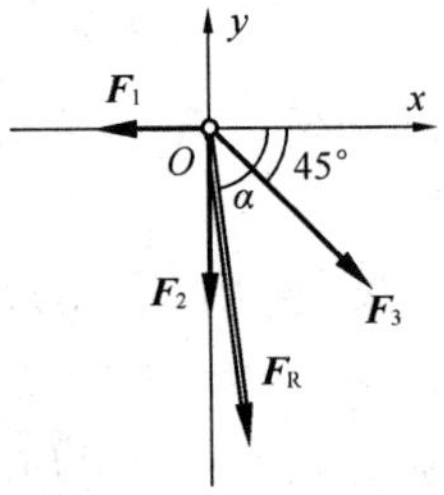

图 2-16

X_R 为正，Y_R 为负，故 $\boldsymbol{F}_R$ 在第四象限，如图 2-16 所示。这一结果是精确的．几何法与此相差不大。

2.1.4　平面汇交力系平衡的解析条件

平面汇交力系平衡的必要和充分条件是：该力系的合力等于零。其解析表达式为

$$F_R = \sqrt{X_R^2 + Y_R^2} = \sqrt{(\sum X)^2 + (\sum Y)^2} = 0$$

上式中，$(\sum X)^2$ 与 $(\sum Y)^2$ 为非负数，若使 $\boldsymbol{F}_R = 0$，必须同时满足

$$\left.\begin{array}{l}\sum X = 0\\ \sum Y = 0\end{array}\right\} \qquad (2\text{-}7)$$

反之，若式（2-7）成立，则力系的合力必为零。所以，平面汇交力系平衡的必要和充分的解析条件是：**力系中所有各力在两个坐标轴上投影的代数和分别等于零**。式（2-7）称为平面汇交力系的**平衡方程**。这是两个独立的投影方程，可以求解两个未知量。这一点与几何法相一致。

平面汇交力系平衡方程的物理意义是：$\sum X = 0$ 表明物体在 x 轴方向的作用效应相互抵消，$\sum Y = 0$ 表明物体在 y 轴方向的作用效应相互抵消。两个方程联立，说明物体在力系平面内的任何方向都处于平衡状态。

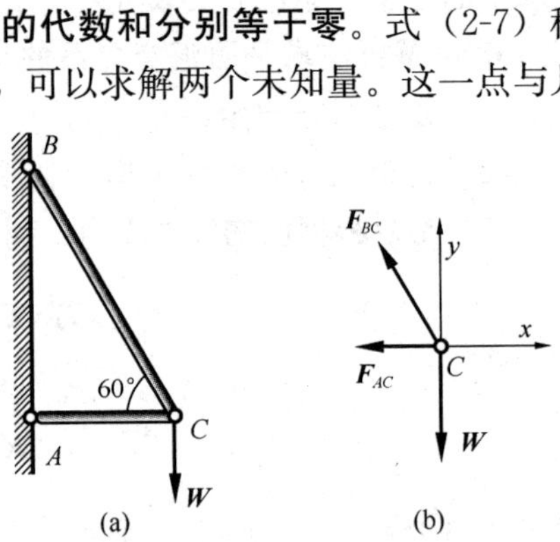

图 2-17

例 2-7　求图 2-17a 所示三角支架中，杆 AC 和杆 BC 所受的力。已知 $\boldsymbol{W} = 8.66\text{kN}$。

解（1）取铰 C 为研究对象。因杆 AC 和杆 BC 均

为二力杆，所以两杆受力的作用线都沿杆轴方向。假设两杆均受拉力，可画出铰 C 的受力图，同时选取坐标系，如图 2-17b 所示。

（2）列平衡方程，并求解未知力。

$$\left.\begin{aligned}\sum X=0:&-\boldsymbol{F}_{BC}\times\cos60^{\circ}-\boldsymbol{F}_{AC}=0\\ \sum Y=0:&\ \boldsymbol{F}_{BC}\times\sin60^{\circ}-8.66=0\end{aligned}\right\}$$

解得

$$\boldsymbol{F}_{BC}=10\text{kN}$$

$$\boldsymbol{F}_{AC}=-5\text{kN}$$

$\boldsymbol{F}_{AC}$的计算结果为 -5kN，说明其实际方向与假设相反。

例 2-8　平面刚架受水平力 $\boldsymbol{F}$ 作用，如图 2-18a 所示。已知 $\boldsymbol{F}=40$kN，不计刚架自重。求支座 A、B 的反力。

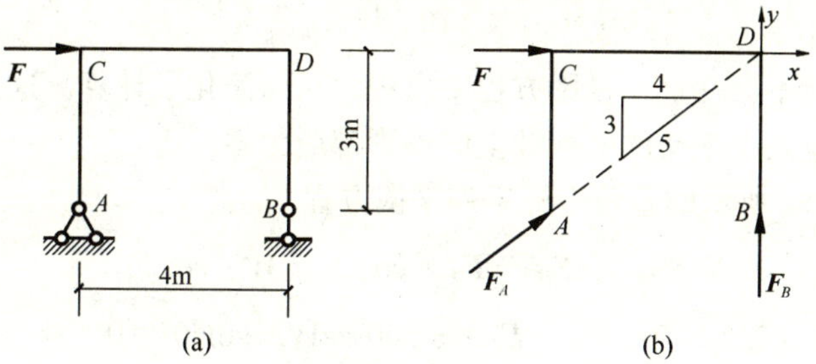

图 2-18

解（1）取刚架为研究对象。它受到水平力 $\boldsymbol{F}$ 及支座反力 $\boldsymbol{F}_A$、$\boldsymbol{F}_B$三个力的作用。利用三力平衡汇交定理，可画出刚架的受力图，如图 2-18b 所示。图中 $\boldsymbol{F}_A$和 $\boldsymbol{F}_B$的指向均为假设。

（2）列平衡方程，并求解未知力。

$$\left.\begin{aligned}\sum X=0:&\ \boldsymbol{F}-\boldsymbol{F}_A\times0.8=0\\ \sum Y=0:&\ \boldsymbol{F}_B-\boldsymbol{F}_A\times0.6=0\end{aligned}\right\}$$

解得

$$\boldsymbol{F}_A=50\text{kN}$$

$$\boldsymbol{F}_B=30\text{kN}$$

例 2-9　如图 2-19a 所示的起重装置，杆 AB 和杆 BC 均铰接于塔架上，重物通过定滑轮 B 由卷扬机 D 用钢索起吊。已知 $\boldsymbol{W}=2$kN，各杆与滑轮的自重不计，滑轮的大小及轴承的摩擦也不计。试求杆 AB 和杆 BC 所受的力。

解（1）取铰 B（包含滑轮）作为研究对象，画出重物重力 $\boldsymbol{W}$、钢索 BD 的拉力 $\boldsymbol{F}_{\mathrm{T}}$、杆 AB 和杆 BC 所受的力。由于不计滑轮的大小，所以可以认为各力都汇交于 B 点，且 $\boldsymbol{F}_{\mathrm{T}}=\boldsymbol{W}=2$kN。受力如图 2-19b 所示。

（2）列平衡方程，并求解未知力。

$$\left.\begin{aligned}\sum X=0:&-\boldsymbol{F}_{BC}\times\cos30^{\circ}-\boldsymbol{F}_{\mathrm{T}}\times\cos30^{\circ}+\boldsymbol{F}_{AB}\times\cos60^{\circ}=0\\ \sum Y=0:&\ \boldsymbol{F}_{BC}\times\sin30^{\circ}-\boldsymbol{F}_{\mathrm{T}}\times\sin30^{\circ}+\boldsymbol{F}_{AB}\times\cos30^{\circ}-\boldsymbol{W}=0\end{aligned}\right\}$$

解得

$$\boldsymbol{F}_{BC}=0$$

$$\boldsymbol{F}_{AB}=3.464\text{kN}$$

我们注意到，所求的两个未知力 $\boldsymbol{F}_{BC}$和 $\boldsymbol{F}_{AB}$都出现在了两个平衡方程中，这就给解算方程带来了不便。为了避免解联立方程，还可以取图 2-19c 所示的直角坐标系，坐标轴与未知

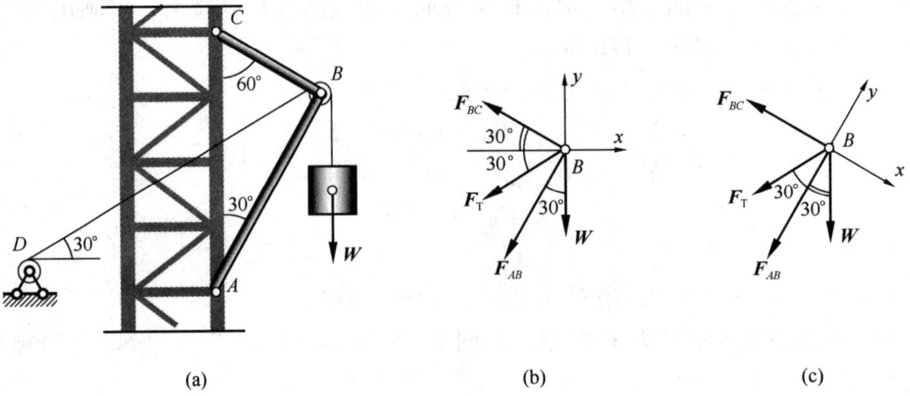

图 2-19

力垂直，该未知力就不会在这一投影方程中出现，从而简化了计算。这是因为作为合力为零的平衡力系，在任意两个正交的坐标轴上的投影都应为零。

(3) 按照图 2-19c 所示的直角坐标系列平衡方程。

$$\left.\begin{aligned}\Sigma X=0:\ -\boldsymbol{F}_{BC}-\boldsymbol{F}_{\mathrm{T}}\times\cos60^\circ+\boldsymbol{W}\times\cos60^\circ=0\\ \Sigma Y=0:\ \boldsymbol{F}_{AB}-\boldsymbol{F}_{\mathrm{T}}\times\sin60^\circ-\boldsymbol{W}\times\sin60^\circ=0\end{aligned}\right\}$$

仍解得

$$\boldsymbol{F}_{BC}=0,\quad \boldsymbol{F}_{AB}=3.464\text{kN}$$

通过以上各例，现将解析法求解平面汇交力系平衡问题时的步骤归纳如下：

1. 选取研究对象。
2. 画受力图。约束反力指向未定可先假设。
3. 选取适当的坐标轴。最好与某一个未知力垂直，以简化计算。
4. 列平衡方程求解未知量。列方程时注意各力的投影的正负号。求出的未知力为负时，表示该力的实际指向与假设相反。

任务 2　力矩与平面力偶系

本节研究力矩及平面力偶理论，为学习更复杂的力系打下基础。

2.2.1　力矩

1. 力矩的概念

力不仅能使物体移动，还能使物体转动。例如用手推门、用扳手拧紧螺母等，都是力使物体产生转动效应的实例。那么，力对物体转动效应与哪些因素有关呢？

在图 2-20 中，力 $\boldsymbol{F}$ 使扳手绕螺母中心 O 转动的效应，不仅与力 $\boldsymbol{F}$ 的大小成正比，而且还与螺母中心 O 到该力作用线的垂直距离 d 成正比。当改变力 $\boldsymbol{F}$ 的指向，扳手的转向也会随之改变。因此，力 $\boldsymbol{F}$ 对扳手的转动效应，可用两者的乘积 $\boldsymbol{F}d$ 再加上表示转向的正负号来量度，称为**力 $\boldsymbol{F}$ 对 O 点的矩**，简称力矩。用符号 $M_O(\boldsymbol{F})$ 表示。即

$$M_O(\boldsymbol{F})=\pm\boldsymbol{F}d \tag{2-8}$$

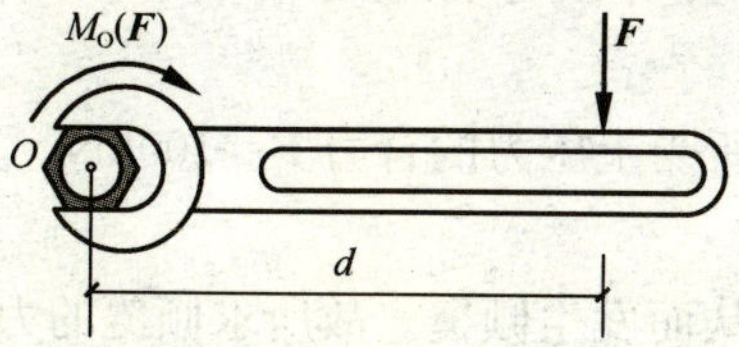

图 2-20

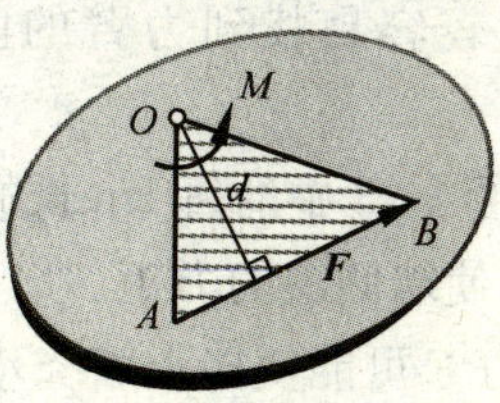

图 2-21

转动中心 O 称为**矩心**。矩心 O 到力 $\boldsymbol{F}$ 作用线的垂直距离 d 称为**力臂**。通常规定：使物体逆时针转动的力矩为正，反之为负。在平面问题中，力矩为代数量。

在图 2-21 中，A、B 为力 $\boldsymbol{F}$ 的起点和终点，力 $\boldsymbol{F}$ 对点 O 的矩的大小等于三角形 AOB 面积的两倍，即

$$M_O(\boldsymbol{F}) = \pm 2\triangle AOB \tag{2-9}$$

力矩的单位是牛顿·米（N·m）或千牛顿·米（kN·m）。

由力矩的定义可知：

（1）当力等于零，或者力臂等于零（即力的作用线通过矩心）时，力矩等于零；

（2）当力沿其作用线移动时，不会改变力对某点的矩。这是因为 $\boldsymbol{F}$ 和 d 均未改变。

2. 合力矩定理

设某物体的 A 点作用力 $\boldsymbol{F}_1$ 和 $\boldsymbol{F}_2$，它们的合力为 $\boldsymbol{F}_R$，如图 2-22。在平面内任选一点 O 为矩心，过点 O 并垂直于 OA 作 y 轴，力 $\boldsymbol{F}_1$、$\boldsymbol{F}_2$ 和 $\boldsymbol{F}_R$ 在 y 轴上的投影分别为

$$Y_1 = Oc \qquad Y_2 = -Od \qquad Y_R = Ob$$

各力对 O 点的矩分别为

$$\left.\begin{aligned} M_O(\boldsymbol{F}_1) &= 2\triangle AOC = OA \cdot Oc = Y_1 \cdot OA \\ M_O(\boldsymbol{F}_2) &= -2\triangle AOD = -OA \cdot Od = Y_2 \cdot OA \\ M_O(\boldsymbol{F}_R) &= 2\triangle AOB = OA \cdot Ob = Y_R \cdot OA \end{aligned}\right\} \quad \text{(a)}$$

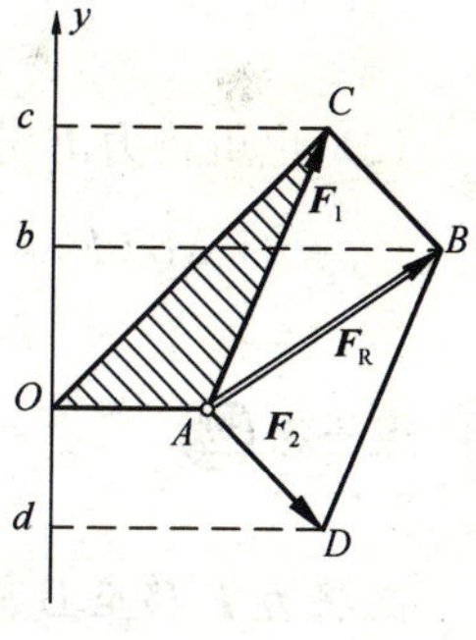

图 2-22

由合力投影定理有

$$Y_R = Y_1 + Y_2$$

同乘以 OA 得

$$Y_R \cdot OA = Y_1 \cdot OA + Y_2 \cdot OA \quad \text{(b)}$$

（a）代入（b）得

$$M_O(\boldsymbol{F}_R) = M_O(\boldsymbol{F}_1) + M_O(\boldsymbol{F}_2)$$

上述表明：合力对平面内任一点的矩，等于两分力对同一点的矩的代数和。

以上结论也可扩展到多个平面汇交力的情况，即

$$M_O(\boldsymbol{F}_R) = M_O(\boldsymbol{F}_1) + M_O(\boldsymbol{F}_2) + \cdots + M_O(\boldsymbol{F}_n) = \sum M_O(F) \tag{2-10}$$

由此可见，**平面汇交力系的合力对平面内任一点的力矩，等于力系中各分力对同一点的力矩的代数和**。这就是平面汇交力系的**合力矩定理**。

应用合力矩定理可以简化力矩的计算。在力矩计算时，若力臂 d 难以确定，就可以

将力分解为比较容易找到力臂的两个分力。计算出分力矩再代数求和，便得到原力的矩了。

例 2-10　图 2-23 中的每 1m 长的挡土墙，所受土压力的合力 $\boldsymbol{F}$=100kN，方向如图所示。试求土压力 $\boldsymbol{F}$ 使墙倾覆的力矩。

解　土压力 $\boldsymbol{F}$ 可能使挡土墙绕 A 点转动，从而发生倾覆。故所求倾覆的力矩就是力 $\boldsymbol{F}$ 对 A 点的矩。而直接找到 $\boldsymbol{F}$ 的力臂 d 有困难。根据合力矩定理，可将力 $\boldsymbol{F}$ 分解为两个分力 $\boldsymbol{F}_x$ 和 $\boldsymbol{F}_y$，两分力的力臂是已知的。故由式（2-10）可得

$$M_A(\boldsymbol{F}) = M_A(\boldsymbol{F}_x) + M_A(\boldsymbol{F}_y) = 100 \times 0.866 \times 2 - 100 \times 0.5 \times 2 = 73.2\text{kN} \cdot \text{m}$$

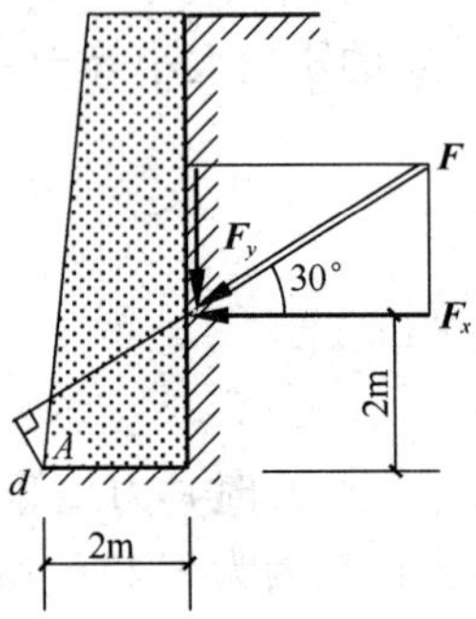

图 2-23

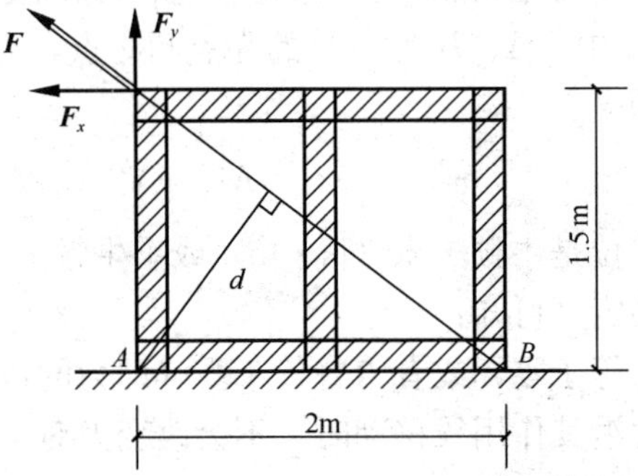

图 2-24

例 2-11　放在地面上的板条箱如图 2-24 所示，受到 $\boldsymbol{F}$=100N 的力作用。试求该力对 A 点的矩。

解（1）力臂 d 容易求得：d=1.2m。所以

$$M_A(\boldsymbol{F}) = 100 \times 1.2 = 120\text{N} \cdot \text{m}$$

（2）也可将力 $\boldsymbol{F}$ 分解为两个分力 $\boldsymbol{F}_x$ 和 $\boldsymbol{F}_y$，利用合力矩定理计算：

$$M_A(\boldsymbol{F}) = M_A(\boldsymbol{F}_x) + M_A(\boldsymbol{F}_y) = 100 \times 0.8 \times 1.5 + 0 = 120\text{N} \cdot \text{m}$$

想一想

若将力 $\boldsymbol{F}$ 移至 B 点，对 A 点的矩如何计算？结果怎样？说明什么？

2.2.2　力偶

1. 力偶的概念

在日常生活和生产实践中，经常见到由大小相等、方向相反、作用线平行的两个力使物体产生转动的例子。例如汽车司机用双手转动方向盘（图 2-25），人们用两手指拧开瓶盖，旋转钥匙开锁等。这种由大小相等、方向相反、作用线平行且不共线的两个力组成的力系，称为**力偶**。用符号（$\boldsymbol{F}$，$\boldsymbol{F}'$）表示，如图 2-26 所示。力偶的两个力之间的距离 d 称为**力偶臂**，力偶中两力所在的平面称为**力偶的作用面**。力偶不能再简化成更简单的形式，力偶与力一样，都是组成力系的基本元素。

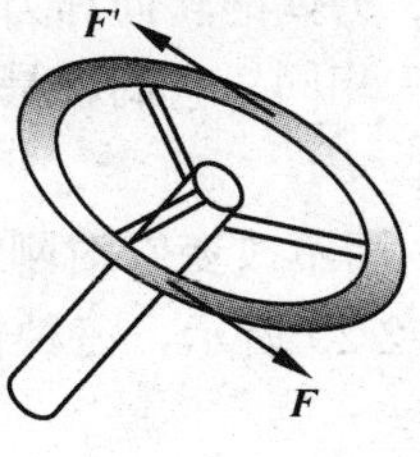

图 2-25

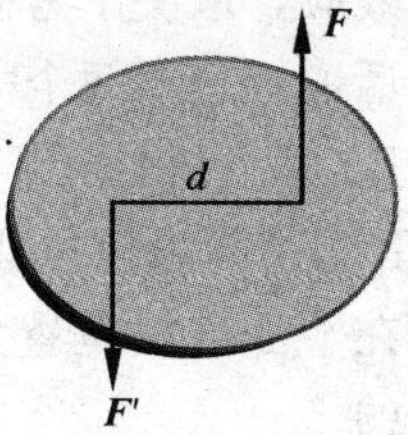

图 2-26

实践证明：力偶对物体的转动效应，不仅与组成力偶的力的大小成正比，而且与力偶臂的大小也成正比。另外，当力偶的两个力大小和作用线不变，而只是同时改变指向，力偶的转向也就相反了。因此，力偶对物体的转动效应，可用力与力偶臂的乘积 $\boldsymbol{F}d$ 再加上表示转向的正负号来量度，称为**力偶矩**。用符号 $M(\boldsymbol{F},\boldsymbol{F}')$ 表示，可简记为 M。即

$$M = \pm \boldsymbol{F}d \tag{2-11}$$

通常规定：力偶使物体逆时针转动时，力偶矩为正，反之为负。在平面力系中，力偶矩为代数量。

力偶矩的单位与力矩相同，也是牛顿·米（N·m）或千牛顿·米（kN·m）。

2. 力偶的基本性质

（1）**力偶在任一轴上的投影恒为零。力偶没有合力，所以不能用一个力来代替。**

力偶中的两个力大小相等、方向相反、作用线平行且不共线，不能合成为一个力。力偶不能用一个力来代替，也不能和一个力平衡。**力偶只能和力偶平衡。**

力偶和力对物体作用的效应不同。一个力可以使物体移动或同时转动，而力偶不会使物体移动，只会转动。如图 2-27 中各图所示。

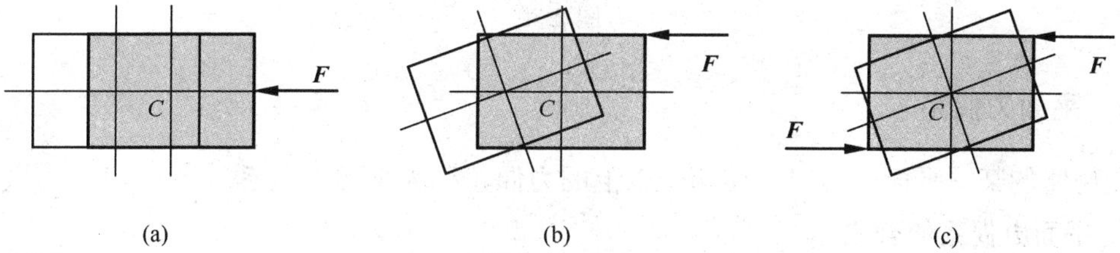

图 2-27

（2）**力偶对其作用平面内任一点之矩都恒等于力偶矩，而与矩心位置无关。**

如图 2-28 所示，设有力偶（$\boldsymbol{F}$，$\boldsymbol{F}'$）作用于某物体上，其力偶矩 $M=\boldsymbol{F}d$。在力偶作用平面内任取一点 O 为矩心，矩心 O 到 $\boldsymbol{F}'$作用线的垂直距离为 x。力偶（$\boldsymbol{F}$，$\boldsymbol{F}'$）对 O 点的矩是力 $\boldsymbol{F}$ 和 $\boldsymbol{F}'$分别对 O 点力矩的代数和，其值为

$$\begin{aligned} M_O(\boldsymbol{F},\boldsymbol{F}') &= M_O(\boldsymbol{F}) + M_O(\boldsymbol{F}') \\ &= \boldsymbol{F}(x+d) - \boldsymbol{F}'x = \boldsymbol{F}d = M \end{aligned}$$

计算结果与 x 无关。可见结论成立。

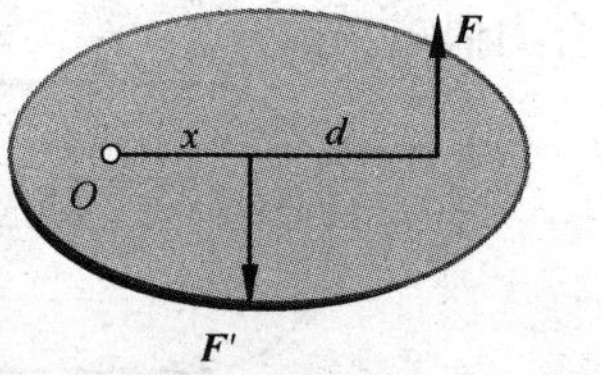

图 2-28

（3）**在同一平面内的两个力偶，如果它们的力偶矩大小相等，转向相同，则这两个力偶等效。**这称为**力偶的等效性。**

力偶对物体的转动效应，取决于力偶矩的**大小**、力偶的**转向**和力偶的**作用平面**。这又称为**力偶的三要素**。换句话说：只要两个力偶的三要素相同，它们就是等效的。

根据力偶的这一性质，可以得出以下两个推论：

推论 1　力偶可在其作用面内任意移动和转动，而不改变它对刚体的转动效应。即力偶对物体的转动效应与它在平面内的位置无关。如图 2-29 所示，三种情形下，力偶移动或转动，但作用效应是相同的。

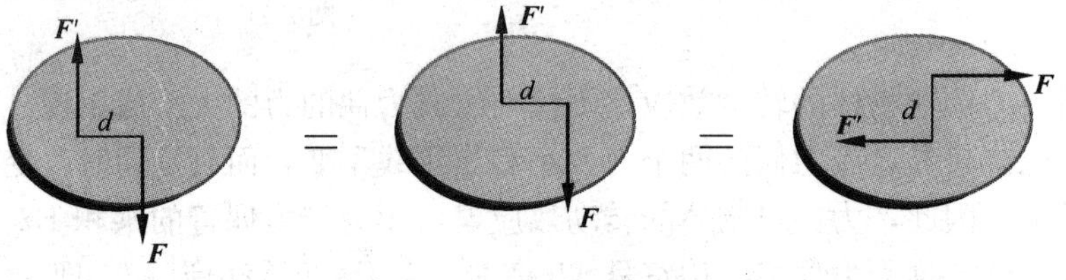

图 2-29

推论 2　只要力偶矩的大小和力偶的转向不变，可以同时改变力的大小和力偶臂的长度，而不改变它对刚体的转动效应。在研究力偶对刚体的转动效应时，只需考虑力偶矩的大小和转向，而不必在意力偶的位置、力的大小及力偶臂的长度。因此在工程中，力偶可用一段带箭头的弧线来表示，如图 2-30 所示。图中的几个力偶的作用效应是相同的。

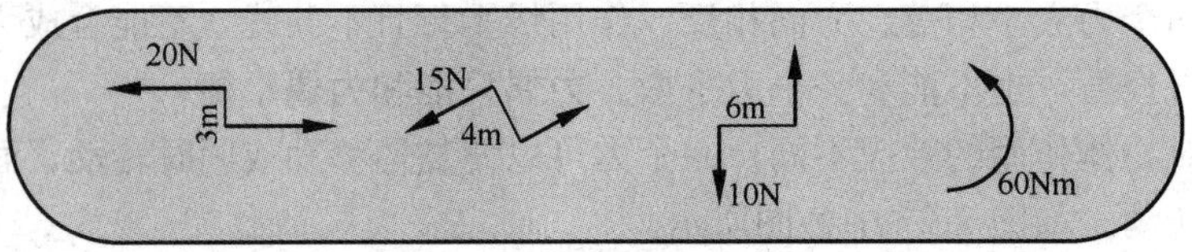

图 2-30

2.2.3　平面力偶系

在物体的某一平面上同时作用两个以上的力偶，称为**平面力偶系**。

1. 平面力偶系的合成

力偶只能使物体转动。因此，平面力偶系的合成，实质上是力偶的转动效应的合成。合成后也只能使物体转动。于是可以得出结论：平面力偶系的合成结果为一个合力偶，其合力偶矩等于各分力偶矩的代数和。即

$$M_R = M_1 + M_2 + \cdots + M_n = \sum M \qquad (2\text{-}12)$$

例 2-12　某物体在平面内受到三个力偶的作用，各力偶的力偶矩如图 2-31 所示。试求合力偶矩。

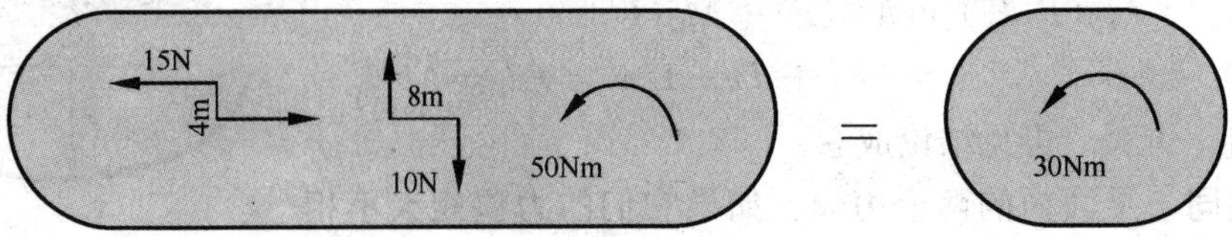

图 2-31

解 由式（2-12）得

$$M_R = \sum M = 15\times4-10\times8+50=30\text{N}\cdot\text{m}$$

合力偶矩为 30N·m，逆时针转向，与原力偶系共面。

2. 平面力偶系的平衡条件

平面力偶系可以合成为一个合力偶，当合力偶矩等于零时，则力偶系中各力偶对物体的转动效应相互抵消，物体平衡；反过来，物体处于平衡状态，则要求合力偶矩等于零。因此，平面力偶系平衡的必要和充分条件是：**力偶系中所有各力偶矩的代数和等于零**，即

$$\sum M=0 \tag{2-13}$$

上式又称为平面力偶系的平衡方程。对于平面力偶系的平衡问题，利用这一方程可以求解一个未知量。

例 2-13 如图 2-32a 所示的简支梁 AB，受一力偶的作用，其力偶矩 $M=20\text{kN}\cdot\text{m}$。试求 A、B 支座的反力。

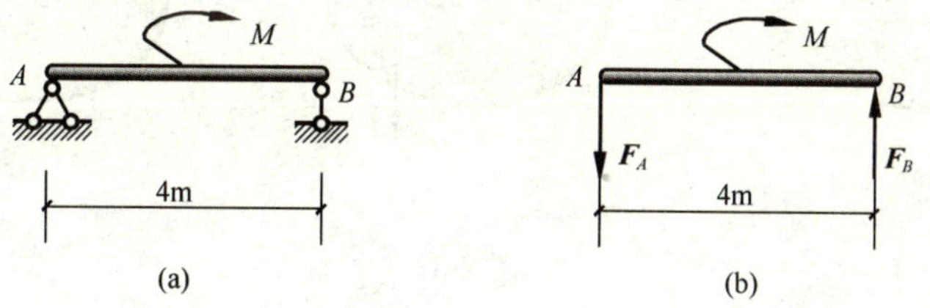

图 2-32

解 取梁 AB 为研究对象，该梁只受到主动力偶 M 的作用。由力偶的性质可知，力偶只能和力偶平衡。所以，A、B 支座的两个反力必定也组成一个力偶。B 支座为可动铰支座，其反力 $\boldsymbol{F}_B$ 的方位可以确定；这样，A 支座反力的方位也随之确定。即 $\boldsymbol{F}_A$ 与 $\boldsymbol{F}_B$ 的大小相等、作用线平行，指向可假设，但必须相反，如图 2-32b 所示。

由平衡方程 $\sum M=0$ 得

$$\boldsymbol{F}_A\times4-M=0$$

解得

$$\boldsymbol{F}_A=\boldsymbol{F}_B=5\text{kN}$$

反力 $\boldsymbol{F}_A$ 与 $\boldsymbol{F}_B$ 的指向与假设相同。

任务3　平面一般力系和平面平行力系

在平面力系中，如果各力的作用线不全汇交于一点，也不全相互平行，这样的力系就是**平面一般力系**。本章前面提到的平面桁架、水坝、挡土墙等，它们的受力都属于平面一般力系。平面平行力系各力的作用线互相平行，是一般力系的特殊情况。平面一般力系是工程中最常见的力系，本节将讨论其简化和平衡问题。平面一般力系简化的理论基础是力的平移定理。

2.3.1　力的平移定理

力对物体的作用效果，取决于它的三要素。如果将一个力平行移动，就改变了其中的一

个要素，也就改变了对物体的作用效果，如图 2-27a、b 所示。那么，如果不改变力的作用效果而把力平移，需要附加什么条件呢？

在图 2-33a 中，物体上 A 点作用有一个力 $\boldsymbol{F}$，要将此力平移到物体的任一点 B。为此，可在 B 点加上一对等值、反向、共线的平衡力 $\boldsymbol{F}'$ 和 $\boldsymbol{F}''$，且两力的作用线与力 $\boldsymbol{F}$ 平行，大小也与力 $\boldsymbol{F}$ 相等，如图 2-33b 所示。显然，这一过程并未改变原力 $\boldsymbol{F}$ 的作用效果。现将力 $\boldsymbol{F}$ 和 $\boldsymbol{F}''$ 组成一个力偶，其力偶矩为

$$M = \boldsymbol{F}d = M_A(\boldsymbol{F})$$

而留在 B 点的力 $\boldsymbol{F}'$，其大小和方向与原力 $\boldsymbol{F}$ 相同，相当于把力 $\boldsymbol{F}$ 从 A 点平移到 B 点，如图 2-33c所示。

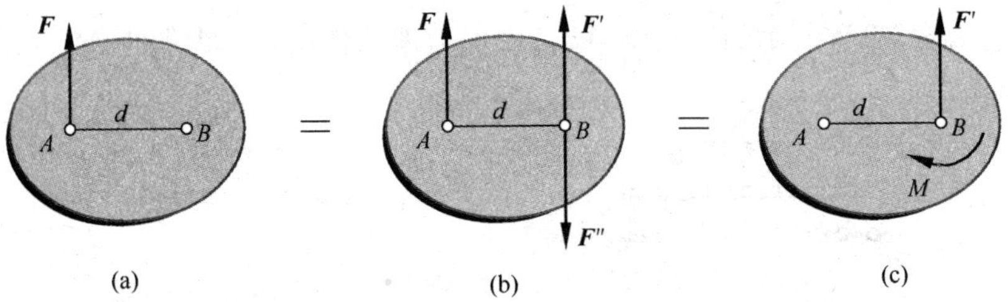

图 2-33

由此可见：**作用于物体上的力，可以平移到该物体上的任一点，但必须附加一个力偶，其力偶矩等于原力对新作用点的矩**。这就是**力的平移定理**。

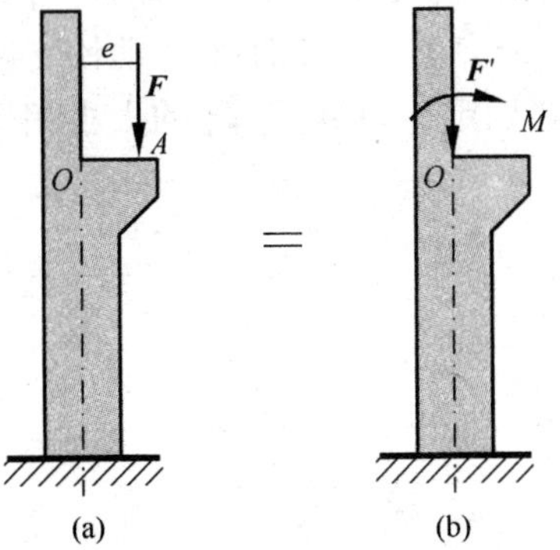

图 2-34

力的平移定理是将一个力转化为一个力和一个力偶。反过来，一个力和一个力偶也可转化为一个合力。即，由图 2-33c 变为图 a，这个力 $\boldsymbol{F}$ 与 $\boldsymbol{F}'$ 大小相等、方向相同、作用线平行，作用线间的垂直距离为

$$d = |M| / \boldsymbol{F}'$$

在实际工程中，应用力的平移定理，可以更清楚地表明力的作用效应。例如，图 2-34a 中柱子上 A 点作用有吊车梁的荷载 $\boldsymbol{F}$，它与柱轴线间的距离为 e。将力 $\boldsymbol{F}$ 平移到柱轴线上 O 点时，附加力偶的力偶矩为 $M = \boldsymbol{F}e$（顺时针转向），如图 2-34b 所示。可以看出：力 $\boldsymbol{F}'$ 使柱子受压，而附加力偶 M 使柱子弯曲。

2.3.2 平面一般力系的简化

1. 简化的方法——向作用面内任一点简化

设在某物体上作用有平面一般力系 $\boldsymbol{F}_1$、$\boldsymbol{F}_2$、…、$\boldsymbol{F}_n$，如图 2-35a 所示。为了简化力系，在其作用面内任选一点 O 作为简化中心。根据力的平移定理，将各力都平移到 O 点，并附加相应的力偶，如图 2-35b 所示。

平移后的各力组成汇交于 O 点的平面汇交力系（$\boldsymbol{F}'_1$、$\boldsymbol{F}'_2$、…、$\boldsymbol{F}'_n$），可进一步合成为作用于 O 点的一个合力 $\boldsymbol{F}'_R$，$\boldsymbol{F}'_R$称为原力系的**主矢**。

各附加力偶则组成一个平面力偶系（M_1、M_2、…、M_n），可进一步合成为对简化中心

O 的合力偶 M_O，M_O 称为原力系的主矩，如图 2-35c 所示。

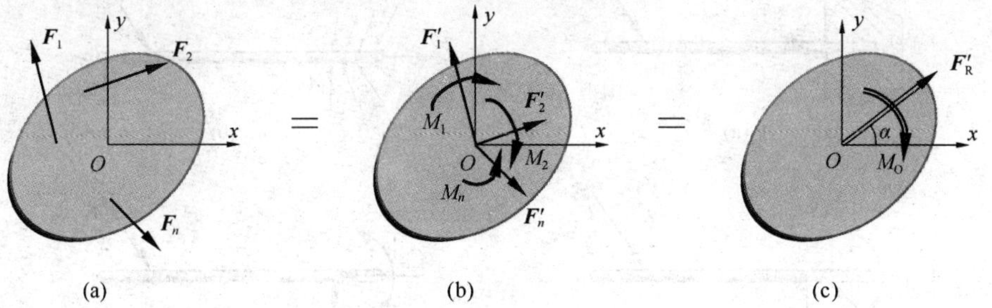

图 2-35

2. 简化的结果——主矢和主矩

计算主矢 $\boldsymbol{F}'_R$。由于力的投影在平移前后是相等的，所以，只要直接将力投影即可，而不必平移后再投影。主矢 $\boldsymbol{F}'_R$ 的大小和方向可由平面汇交力系的合成方法求得

$$\left.\begin{aligned} \boldsymbol{F}'_R &= \sqrt{(\Sigma X')^2 + (\Sigma Y')^2} = \sqrt{(\Sigma X)^2 + (\Sigma Y)^2} \\ \tan\alpha &= \frac{|\Sigma Y'|}{|\Sigma X'|} = \frac{|\Sigma Y|}{|\Sigma X|} \end{aligned}\right\} \tag{2-14}$$

式中，X 和 X' 为各力平移前后在 x 轴上的投影，α 为主矢 $\boldsymbol{F}'_R$ 与 x 轴所夹的锐角。

计算主矩 M_O。可由平面力偶系的合成方法求得

$$M_O = M_1 + M_2 + \cdots + M_n$$

其中

$$M_1 = M_O(\boldsymbol{F}_1), M_2 = M_O(\boldsymbol{F}_2), \cdots, M_n = M_O(\boldsymbol{F}_n)$$

所以

$$M_O = M_O(\boldsymbol{F}_1) + M_O(\boldsymbol{F}_2) + \cdots + M_O(\boldsymbol{F}_n) = \Sigma M_O(F) \tag{2-15}$$

综上所述可知，平面一般力系简化的结果是主矢和主矩。主矢作用在简化中心，等于这个力系中各力的矢量和；主矩等于各力对简化中心之矩的代数和。

主矢描述原力系对物体的平移作用，主矩描述原力系对物体绕简化中心的转动作用。二者组合才能代表原力系对物体的作用。因此，单独的主矢 $\boldsymbol{F}'_R$ 不是原力系的合力；单独的主矩 M_O 也不是原力系的合力偶矩，只有 $\boldsymbol{F}'_R$ 与 M_O 两者相结合才与原力系等效。

主矢与简化中心的位置无关。而主矩一般与简化中心的位置有关。这是因为各力对不同的简化中心之矩是不同的，力矩改变，其代数和一般也随之而变。

工程实际中的悬臂梁，一端嵌入墙体，另一端自由。墙体对梁的约束是固定端约束，其计算简图如图 2-36a 所示。可以认为，嵌入墙体的部分受到了平面一般力系的作用，如图 2-36b 所示。将力系向 A 点简化，可得一主矢 $\boldsymbol{F}_A$ 和一主矩 M_A，如图 2-36c 所示。因 $\boldsymbol{F}_A$ 的大小、方向均未确定，也可用两个未知分力 $\boldsymbol{F}_{Ax}$ 和 $\boldsymbol{F}_{Ay}$ 来代替，它们的指向都是假定的。如图 2-36d 所示。所以，前面述及的固定端支座的反力为两个约束反力 $\boldsymbol{F}_{Ax}$、$\boldsymbol{F}_{Ay}$ 和一个约束反力偶为 M_A，实质上是平面一般力系简化的结果。

3. 简化结果的讨论

上述的简化结果还可以进一步合成，得到最简形式。现根据主矢与主矩是否为零，对可能出现的四种情况进行讨论：

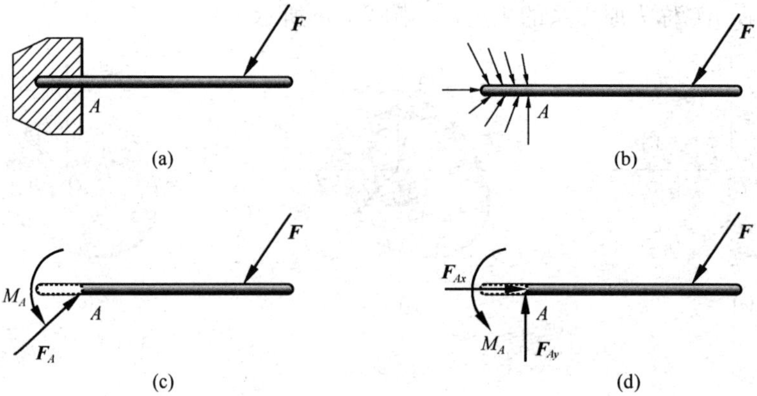

图 2-36

（1）$F'_R \neq 0$，$M_O \neq 0$。

如图 2-37a 所示。根据力的平移定理的逆过程，可以进一步合成为一个合力 $\boldsymbol{F}_R$，合力 $\boldsymbol{F}_R$的大小和方向与原力系的主矢 $\boldsymbol{F}'_R$相同，合力作用线至简化中心的距离

$$d = |M_O| / F'_R$$

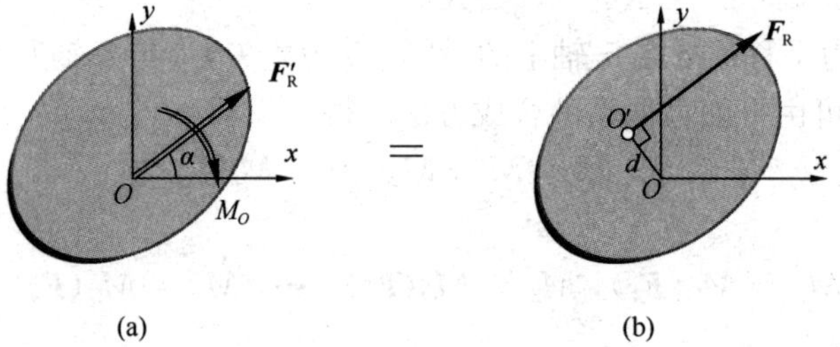

图 2-37

最后的结果如图 2-37b 所示。合力 $\boldsymbol{F}_R$在 O 点的哪一侧，由主矩 M_O的转向来确定。

（2）$F'_R \neq 0$，$M_O = 0$。

说明原力系合成为一个与主矢 $\boldsymbol{F}'_R$相同的合力，合力即主矢，主矢即合力。合力的作用线通过简化中心。

（3）$F'_R = 0$，$M_O \neq 0$。

说明原力系合成为一个与主矩 M_O相同的合力偶，合力偶即主矩，主矩即合力偶。合力偶的力偶矩等于原力系各力对简化中心之矩的代数和。即

$$M = \sum M_O(\boldsymbol{F})$$

由于力偶对其平面内任意一点的矩都相同。因此当力系合成为一个力偶时，主矩与简化中心的位置无关。

（4）$F'_R = 0$，$M_O = 0$。

说明力系平衡，接下来将详细讨论这种情形。

综上所述，不平衡的平面一般力系，其简化的结果只能是一个力，或是一个力偶。

例 2-14　已知挡土墙自重 $\boldsymbol{W}_1 = 240\text{kN}$，$\boldsymbol{W}_2 = 360\text{kN}$，水压力 $\boldsymbol{F}_S = 200\text{kN}$，土压力 $\boldsymbol{F}_T = 400\text{kN}$，各力的方向及作用线位置如图 2-38a 所示。试将各力向底面中心 O 点简化，并求简化的最后结果。

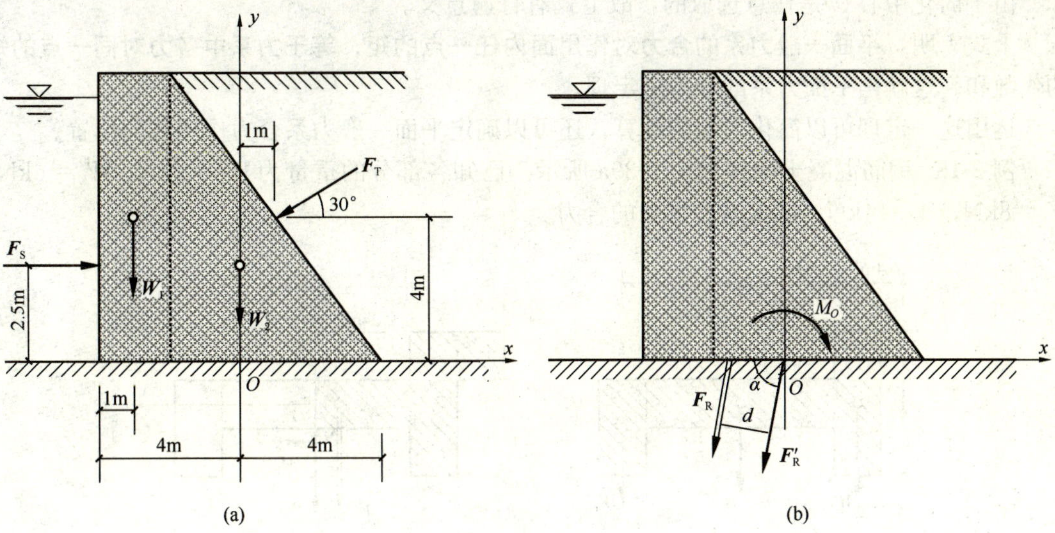

图 2-38

解 (1) 以底面中心 O 为简化中心，建立坐标系如图 2-38a 所示。

(2) 计算主矢 $\boldsymbol{F}'_{\mathrm{R}}$。

$$\sum X = 200 - 400 \times 0.866 = -146.4\mathrm{kN}$$
$$\sum Y = -240 - 360 - 400 \times 0.5 = -800\mathrm{kN}$$

由式 (2.14) 可得主矢的大小和方向

$$\left.\begin{aligned} F'_{\mathrm{R}} &= \sqrt{(\sum X)^2 + (\sum Y)^2} = \sqrt{146.4^2 + 800^2} = 813.3\mathrm{kN} \\ \tan\alpha &= \frac{|\sum Y|}{|\sum X|} = \frac{800}{146.4} = 5.464 \qquad \alpha = 80^\circ \end{aligned}\right\}$$

由于$\sum X$和$\sum Y$都是负值，所以 $\boldsymbol{F}'_{\mathrm{R}}$指向第三象限，与 x 轴夹角为 $\alpha = 80^\circ$。如图 2-38b 所示。

(3) 计算主矩 M_O。可由式 (2.15) 得

$$M_O = \sum M_O(\boldsymbol{F}) = 240 \times 3 - 200 \times 2.5 - 400 \times 0.5 \times 1 + 400 \times 0.866 \times 4 = 1405.6\mathrm{kN \cdot m}$$

计算结果为正，表示 M_O是为逆时针转向，如图 2-38b 所示。

(4) 继续简化到最后结果。

由于主矢 $\boldsymbol{F}'_{\mathrm{R}} \neq 0$，$M_O \neq 0$。所以原力系还可进一步合成为一个合力 $\boldsymbol{F}_{\mathrm{R}}$。$\boldsymbol{F}_{\mathrm{R}}$的大小、方向与主矢 $\boldsymbol{F}'_{\mathrm{R}}$相同，它的作用线与 O 点的距离为

$$d = |M_O| / F'_{\mathrm{R}} = 1405.6/813.3 = 1.73\mathrm{m}$$

根据主矩 M_O的转向，合力 $\boldsymbol{F}_{\mathrm{R}}$应在 O 点左侧，如图 2-38b 所示。

4. 平面力系的合力矩定理

由前面讨论可知，当 $\boldsymbol{F}'_{\mathrm{R}} \neq 0$，$M_O \neq 0$ 时，平面力系可以进一步简化为一个合力 $\boldsymbol{F}_{\mathrm{R}}$，如图 2-37b 所示。合力 $\boldsymbol{F}_{\mathrm{R}}$对 O 点的矩是

$$M_O(\boldsymbol{F}_{\mathrm{R}}) = F_{\mathrm{R}} d$$

而

$$F_{\mathrm{R}} d = M_O, \quad M_O = \sum M_O(\boldsymbol{F})$$

所以

$$M_O(\boldsymbol{F}_{\mathrm{R}}) = \sum M_O(\boldsymbol{F}) \tag{2-16}$$

由于简化中心 O 是任意选取的，故上式有普遍意义。

上式表明：**平面一般力系的合力对作用面内任一点的矩，等于力系中各力对同一点的矩的代数和**。这就是平面力系的合力矩定理。

运用这一定理可以简化力矩的计算，还可以确定平面一般力系合力作用线的位置。

例 2-15 钢筋混凝土构件如图 2-39a 所示。已知各部分的重量为 $\boldsymbol{W}_1=2\text{kN}$，$\boldsymbol{W}_2=6\text{kN}$，$\boldsymbol{W}_3=8\text{kN}$，$\boldsymbol{W}_2=4\text{kN}$。试求这些重力的合力。

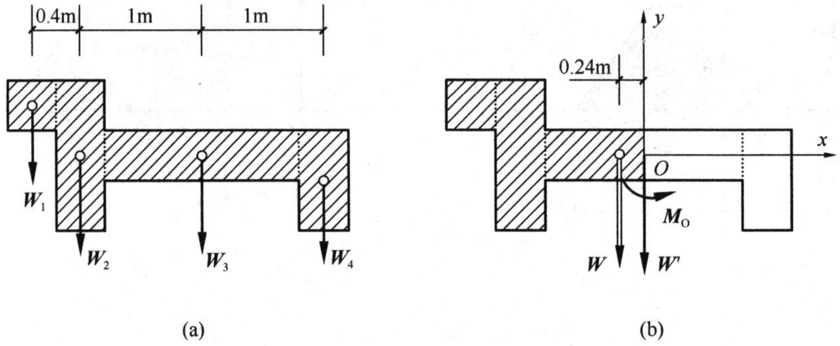

图 2-39

解 这实际上是一个确定复杂物体重心的问题。

（1）以 $\boldsymbol{W}_3$ 的作用点 O 为简化中心，建立坐标系如图 2-39b 所示。

（2）计算主矢 W′。

$$\Sigma X=0$$

$$\Sigma Y=-2-6-8-4=-20(\text{kN})=\boldsymbol{W}'$$

方向为竖直向下。

（3）计算主矩 M_O。可由式（2.15）得

$$M_O=\Sigma M_O(\boldsymbol{W})=2\times1.4+6\times1-4\times1=4.8\text{kN}\cdot\text{m}$$

计算结果为正，表示 M_O 是为逆时针转向。如图 2-39b 所示。

（4）继续简化到最后结果。

由于主矢 $\boldsymbol{W}'\neq0$，$M_O\neq0$。所以原力系还可进一步合成为一个合力 $\boldsymbol{W}$。$\boldsymbol{W}$ 的大小、方向与主矢 $\boldsymbol{W}'$ 相同，它的作用线与 O 点的距离为

$$d=|M_O|/\boldsymbol{W}'=4.8/20=0.24\ (\text{m})$$

根据主矩 M_O 的转向，合力 $\boldsymbol{W}$ 应在 O 点左侧，如图 2-39b 所示。

工程实际中的均布线荷载，可以看作是平面一般力系，如图 2-40a 所示。运用上述方法，可以确定合力的大小为 $\boldsymbol{q}l$，方向同 $\boldsymbol{q}$ 的指向，作用线位于分布范围的中点，如图 2-40b

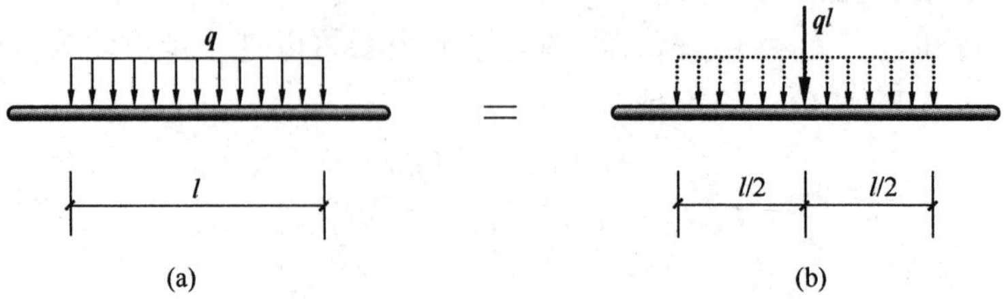

图 2-40

所示。其中 q 为均布线荷载的集度，l 为其分布范围。

三角形分布的线荷载（图 2-41a），其合力的大小为 $ql/2$，方向同 q 的指向，作用线位于分布范围的三分之一处，如图 2-41b 所示。

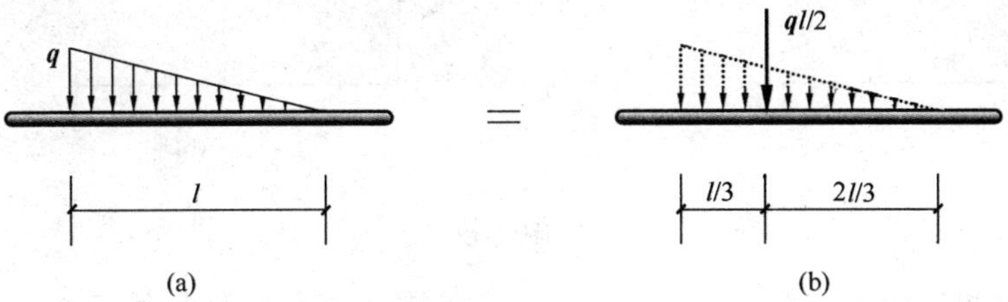

图 2-41

2.3.3　平面一般力系的平衡条件

平面一般力系简化得到主矢和主矩。当 $\boldsymbol{F}'_{\mathrm{R}}=0$，$M_O=0$ 时，力系平衡；反过来，若力系平衡，则 $\boldsymbol{F}'_{\mathrm{R}}=0$，$M_O=0$。所以，平面一般力系平衡的必要和充分条件是

$$\boldsymbol{F}'_{\mathrm{R}}=0, \quad M_O=0$$

1. 平衡方程的基本形式

由于

$$\boldsymbol{F}'_{\mathrm{R}}=\sqrt{(\Sigma X)^2+(\Sigma Y)^2}=0$$

$$M_O=\Sigma M_O(\boldsymbol{F})=0$$

由此可得

$$\left.\begin{aligned}\Sigma X &= 0\\ \Sigma Y &= 0\\ \Sigma M_O(\boldsymbol{F}) &= 0\end{aligned}\right\} \tag{2-17}$$

平面一般力系平衡的条件也可以表述为：力系中所有各力在两个坐标轴上投影的代数和都等于零，且力系中所有各力对任一点力矩的代数和也等于零。

式（2-17）又称为平面一般力系平衡方程，是直接由 $\boldsymbol{F}'_{\mathrm{R}}=0$ 和 $M_O=0$ 导出的基本形式。前两式为投影方程，可以理解为：物体在力系作用下沿 x 轴和 y 轴方向都不能移动；第三式为力矩方程（也可简写作 $\Sigma M_O=0$），可以理解为：物体在力系作用下绕任一矩心都不能转动。这是三个独立的平衡方程，可求解三个未知量。

例 2-16　悬臂梁 AB 承受荷载如图 2-42a 所示，梁的自重不计。求支座 A 的反力。

解（1）以梁 AB 为研究对象，画出其受力图如图 2-42b 所示。特别注意，固定端处的约束反力偶千万不能漏画。这是初学者常犯的错误。梁上所受的荷载和支座反力组成平面一般力系。支座反力的指向为假设。今后，在不做特殊说明时，坐标轴均为 x 轴水平向右，y 轴垂直向上。

（2）列出平面一般力系的平衡方程，并求解未知量。

$$\left.\begin{aligned}&\Sigma X = 0：\boldsymbol{F}_{Ax}-14.14\times 0.707=0\\ &\Sigma Y = 0：\boldsymbol{F}_{Ay}-10\times 2-14.14\times 0.707=0\\ &\Sigma M_A = 0：M_A-10\times 2\times 1-14.14\times 0.707\times 2=0\end{aligned}\right\}$$

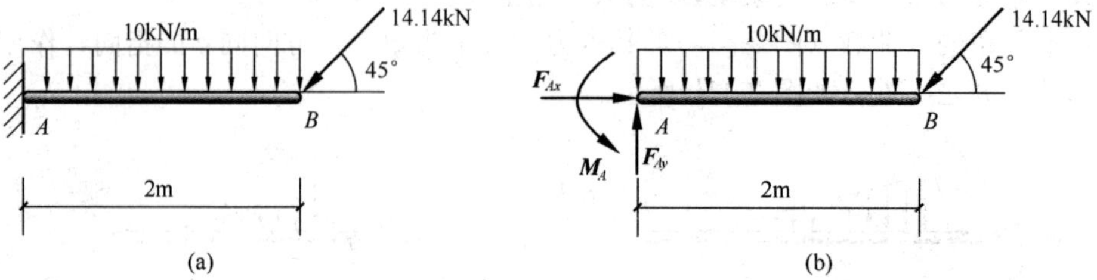

图 2-42

均布荷载在投影时需注意：其合力位于分布范围的中点，大小为 ql。

解得

$$\left.\begin{aligned} \boldsymbol{F}_{Ax} &= 10\text{kN} \\ \boldsymbol{F}_{Ay} &= 30\text{kN} \\ M_A &= 40\text{kN}\cdot\text{m} \end{aligned}\right\}$$

例 2-17　简支刚架承受荷载如图 2-43a 所示，刚架自重不计。求支座 A、B 的反力。

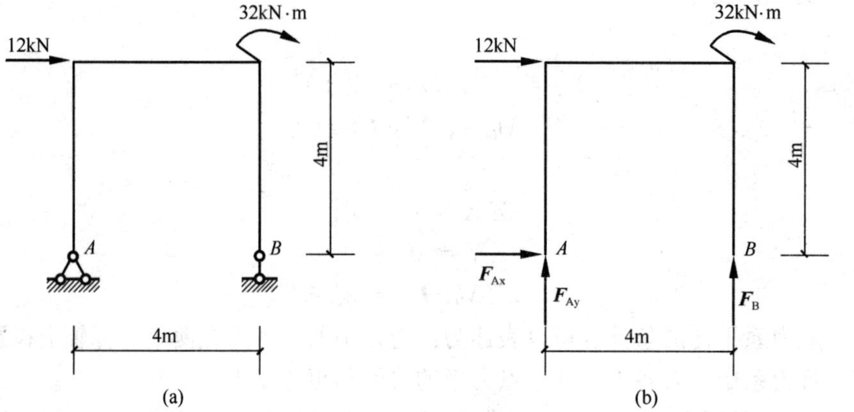

图 2-43

解（1）以刚架为研究对象，画出其受力图如图 2-43b 所示。仍属于平面一般力系问题。支座 A、B 反力的指向为假设。

（2）列平衡方程并求解。

$$\left.\begin{aligned} &\Sigma X = 0：\boldsymbol{F}_{Ax} + 12 = 0 \\ &\Sigma Y = 0：\boldsymbol{F}_{Ay} + \boldsymbol{F}_B = 0 \\ &\Sigma M_A = 0：\boldsymbol{F}_B \times 4 - 12 \times 4 - 32 = 0 \end{aligned}\right\}$$

力偶在投影时需注意：力偶在任一轴上的投影恒为零；

力偶在求矩时需注意：力偶对其作用平面内任一点之矩都恒等于力偶矩，与矩心位置无关。以上都是力偶的性质。

解得

$$\left.\begin{aligned} \boldsymbol{F}_{Ax} &= -12\text{kN} \\ \boldsymbol{F}_{Ay} &= -20\text{kN} \\ \boldsymbol{F}_{B} &= 20\text{kN} \end{aligned}\right\}$$

计算结果中有负值，说明反力的实际指向与假设相反。

在求解出未知量以后，为了保证其正确性，可列出未曾使用的另一力矩方程来加以**校核**，也仅能用来校核。这是因为当力系满足三个平衡方程时就已经平衡，任何第四个平衡方程都是力系平衡的必然结果，而不再是独立的。校核计算结果也是十分必要的。

（3）校核。可列出$\sum M_B$，检查其是否等于零。

$$\sum M_B = -12\times4-32-\boldsymbol{F}_{Ay}\times4=-80-(-20)\times4=0$$

说明计算无误。

2. 平衡方程的其他形式

平面一般力系在保证三个独立平衡方程的前提下，还可以转变为二力矩式或三力矩式。

二力矩式的平衡方程

$$\left.\begin{aligned} \sum X &= 0 \\ \sum M_A &= 0 \\ \sum M_B &= 0 \end{aligned}\right\} \tag{2-18}$$

式中，x 轴不可与 A、B 两点的连线垂直。

三力矩式的平衡方程

$$\left.\begin{aligned} \sum M_A &= 0 \\ \sum M_B &= 0 \\ \sum M_C &= 0 \end{aligned}\right\} \tag{2-19}$$

式中，A、B、C 三点不可共线。

平衡方程的二力矩式和三力矩式之所以有附加条件，是因为它们只是维持了三个独立平衡方程的数量，是基本形式的推论，可能存在“漏洞”。例如，图 2-44a、b 所示的力系，分别满足二力矩式和三力矩式，但显然不平衡。因此，必须补上这一“漏洞”。

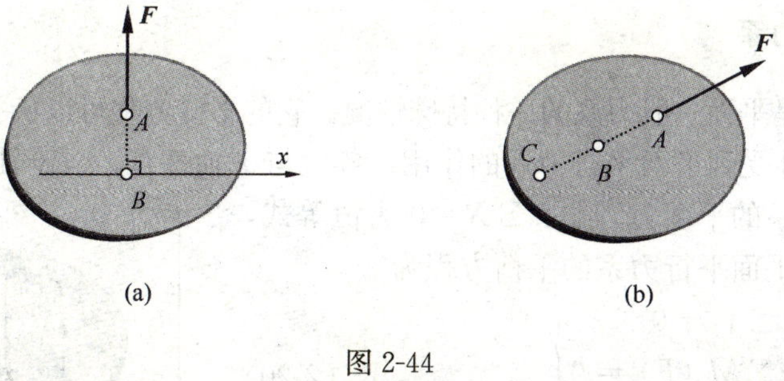

图 2-44

总之，在实际计算列平衡方程时，我们不必拘泥于一定要列二力矩式或三力矩式。为了简化计算，平衡方程可以一个一个地列出，每个平衡方程最好只包含一个未知量，避免解联立方程组。而校核时采用未使用过的平衡方程即可。

例 2-18　外伸梁承受荷载如图 2-45a 所示，梁的自重不计。求支座 A、B 的反力。

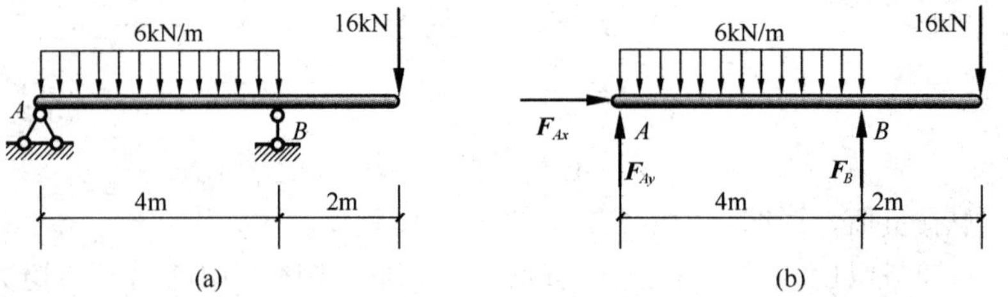

图 2-45

解（1）以梁为研究对象，画出其受力图如图 2-45b 所示。

（2）列平衡方程并求解。

$$\left.\begin{array}{l}\sum X=0:\ \boldsymbol{F}_{Ax}=0\\ \sum M_A=0:\ \boldsymbol{F}_B\times 4-6\times 4\times 2-16\times 6=0\\ \sum M_B=0:\ 6\times 4\times 2-\boldsymbol{F}_{Ay}\times 4-16\times 2=0\end{array}\right\}\Rightarrow\left.\begin{array}{l}\boldsymbol{F}_{Ax}=0\\ \boldsymbol{F}_B=36\text{kN}\\ \boldsymbol{F}_{Ay}=4\text{kN}\end{array}\right\}$$

（3）校核。未曾使用$\sum Y=0$ 这一方程，可用来校核。

$$\sum Y=4+36-6\times 4-16=0$$

说明计算无误。

通过以上例题的分析，可将求解平面一般力系平衡问题的解题步骤和方法归纳如下：

（1）根据题意选取适当的研究对象。

（2）分析受力并画出受力图。画出研究对象受到的所有主动力和约束反力，约束反力根据约束类型来画。当约束反力的方向未定时，可用两个互相垂直的分力表示；当约束反力的指向未定时，可先假设。如果计算结果为正，则表明实际指向与假设一致；如果计算结果为负，则表明实际指向与假设相反。

（3）列平衡方程并求解未知量。为简化计算，避免解联立方程，尽量减少未知量出现的次数。列投影方程时，尽量使坐标轴与多个未知力垂直；列力矩方程时，尽量选取多个未知力的交点为矩心。

（4）校核。为保证计算结果的正确，应重视校核。可采用未使用过的（已不再独立）平衡方程即可。

2.3.4　平面平行力系

平面平行力系是平面一般力系的一种特殊情况。它的平衡方程可以从平面一般力系的平衡方程导出。设某物体受到平面平行力系的作用：各力与 x 轴垂直，与 y 轴平行，如图 2-46 所示。在平面一般力系的平衡方程中，$\sum X=0$ 为恒等式，可以去掉。所以，平面平行力系的平衡方程为

$$\left.\begin{array}{l}\sum Y=0\\ \sum M_O(F)=0\end{array}\right\}\qquad(2\text{-}20)$$

可求解两个未知量。

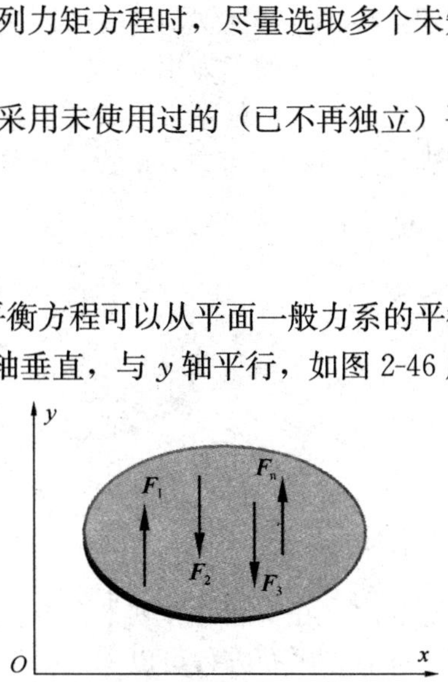

图 2-46

因为各力与 y 轴平行，所以$\sum Y=0$ 就表明各力的代数和等于零。这样，平面平行力系平衡的必要和充分条

件是：**力系中所有各力的代数和等于零，且各力对任一点的矩的代数和等于零。**

同理，由平面一般力系平衡方程的二力矩式，可导出平面平行力系平衡方程的二力矩式

$$\left.\begin{aligned}\sum M_A = 0\\ \sum M_B = 0\end{aligned}\right\} \tag{2-21}$$

式中，A、B 的连线不可与各力平行。

例 2-19　平面桁架承受荷载如图 2-47a 所示，桁架自重不计。求支座 A、B 的反力。

解（1）以平面桁架为研究对象，由于主动力中没有水平分量，所以，固定铰支座也就没有水平分力，桁架受力构成平面平行力系。画出其受力图如图 2-47b 所示。

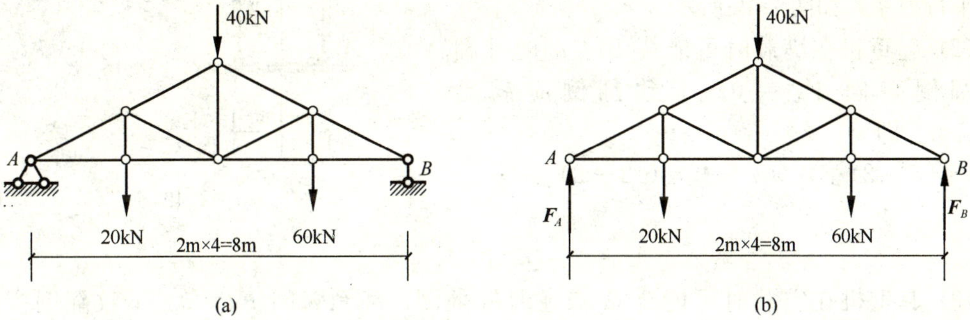

图 2-47

（2）列平衡方程并求解。

$$\left.\begin{aligned}\sum M_A = 0: \boldsymbol{F}_B\times 8-20\times 2-40\times 4-60\times 6=0\\ \sum M_B = 0: -\boldsymbol{F}_A\times 8+20\times 6+40\times 4+60\times 2=0\end{aligned}\right\} \Rightarrow \left.\begin{aligned}\boldsymbol{F}_B = 50\text{kN}\\ \boldsymbol{F}_A = 70\text{kN}\end{aligned}\right\}$$

（3）校核。

$$\sum Y=70+50-20-40-60=0$$

说明计算无误。

例 2-20　简支梁承受荷载如图 2-48a 所示，梁的自重不计。求支座 A、B 的反力。

解（1）以梁为研究对象，受力仍构成平面平行力系。画出其受力图如图 2-48b 所示。

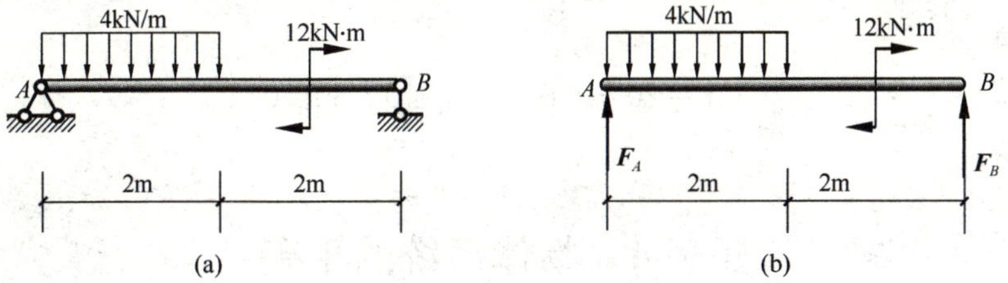

图 2-48

（2）列平衡方程并求解。

$$\left.\begin{aligned}\sum M_A = 0: \boldsymbol{F}_B\times 4-4\times 2\times 1-12=0\\ \sum M_B = 0: -\boldsymbol{F}_A\times 4-12+4\times 2\times 3=0\end{aligned}\right\} \Rightarrow \left.\begin{aligned}\boldsymbol{F}_B = 5\text{kN}\\ \boldsymbol{F}_A = 3\text{kN}\end{aligned}\right\}$$

（3）校核。

$$\sum Y=3+5-4\times 2=0$$

说明计算无误。

例 2-21　图 2-49 中的塔式起重机，轨道间距 AB 为 4m。机身总重量 $\boldsymbol{W}$=210kN，作用线通过塔架的中心。最大起重量 $\boldsymbol{P}$=50kN，最大悬臂长为 12m；平衡锤重 $\boldsymbol{Q}$，到机身中心线距离为 6m。试求：(1) 保证起重机在满载和空载时都不致翻倒，平衡锤重 $\boldsymbol{Q}$ 的范围；(2) 如平衡锤重 $\boldsymbol{Q}$=20kN，求满载时轨道 A、B 处的反力。

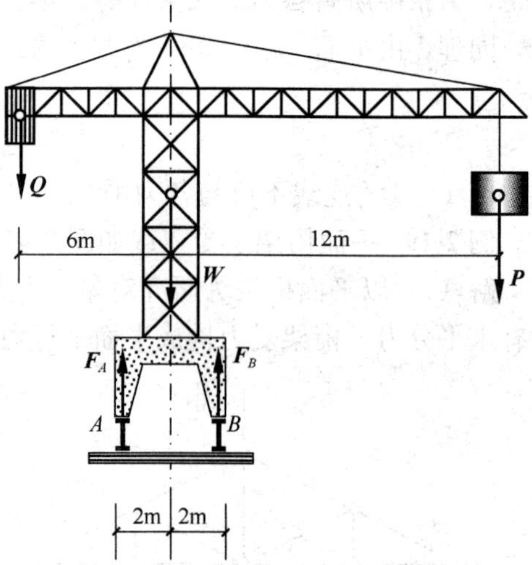

图 2-49

解　(1) 取起重机为研究对象。作用力构成平面平行力系，如图 2-49 所示。

(2) 起重机在满载时可能绕 B 点顺时针翻倒，翻倒瞬间 $\boldsymbol{F}_A=0$。不致翻倒应满足 $\sum M_B \geqslant 0$。即

$$\boldsymbol{Q}\times(6+2)+\boldsymbol{W}\times 2-\boldsymbol{P}\times(12-2)\geqslant 0$$

得

$$\boldsymbol{Q}\geqslant 10\text{kN}$$

(3) 起重机在空载时可能绕 A 点逆时针翻倒，翻倒瞬间 $\boldsymbol{F}_B=0$。不致翻倒应满足 $\sum M_A \leqslant 0$。即

$$\boldsymbol{Q}\times(6-2)-\boldsymbol{W}\times 2\leqslant 0$$

得

$$\boldsymbol{Q}\leqslant 105\text{kN}$$

所以，平衡锤重 $\boldsymbol{Q}$ 的范围应是：

$$10\text{kN}\leqslant \boldsymbol{Q}\leqslant 105\text{kN}$$

(4) 当 $\boldsymbol{Q}$=20kN 且满载时，求轨道 A、B 处的反力即成为平面平行力系的平衡问题。

列平衡方程并求解。

$$\left.\begin{aligned}\sum M_A=0：4\boldsymbol{Q}+4\boldsymbol{F}_B-2\boldsymbol{W}-14\boldsymbol{P}=0\\ \sum M_B=0：8\boldsymbol{Q}+2\boldsymbol{W}-4\boldsymbol{F}_A-10\boldsymbol{P}=0\end{aligned}\right\}\Rightarrow\left.\begin{aligned}\boldsymbol{F}_B=260\text{kN}\\ \boldsymbol{F}_A=20\text{kN}\end{aligned}\right\}$$

(5) 校核。

$$\sum Y=20+260-20-210-50=0$$

说明计算无误。

任务 4　物体系统的平衡

前面我们研究了单个物体的平衡问题，但是在工程实际问题中，往往遇到几个物体通过一定的约束联系在一起的系统，这种系统称为**物体系统**，简称物系。例如图 1-26a 中的组合梁，就是由梁 AC 和 CD 通过铰链 C 连接，并支承在支座 A、B、D 上，组成的一个物系。

物体系统的平衡问题，一般都是求解未知量的问题。未知量可能是整个物系受到外部约束的反力——**外力**，也可能是物系中物体与物体之间连接处相互的作用力——**内力**。当整个物体系统处于平衡时，物系中的每一个物体也处于平衡。如果系统有 n 个物体，而每个物体又有 3 个独立的平衡方程，则整个系统共有 $3n$ 个独立的平衡方程，可以求解 $3n$ 个未知量。

如果系统中的物体受平面汇交力系或平面平行力系作用，则独立平衡方程的个数将减少，能求未知量的个数也相应减少。

总之，在解决物体系统的平衡问题时，既可选整个系统为研究对象，也可选其中某个物体为研究对象。一般有以下两种思路：

(1) 先局部，后整体（或另一局部）；

(2) 先整体，后局部。

下面分别举例说明。

例 2-22　组合梁承受荷载如图 2-50a 所示，梁的自重不计。求支座 A、D 的反力。

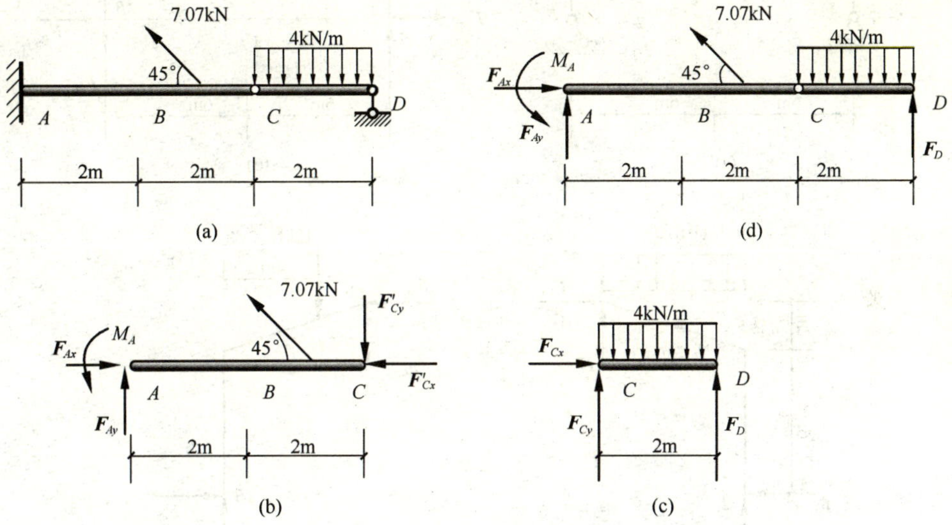

图 2-50

解（1）先作出梁 AC、CD 和整体的受力图，如图 2-50b、c、d 所示。梁 AC 有五个未知量；梁 CD 有三个未知量；整体有四个未知量。而独立的平衡方程只有三个。故只能先以梁 CD 为研究对象，采用**"先局部，后整体"**思路。

（2）先取梁 CD，求出 $\boldsymbol{F}_D$（只求出 $\boldsymbol{F}_D$即可）。

$$\sum M_C=0:\ \boldsymbol{F}_D\times2-4\times2\times1=0 \quad \Rightarrow \quad \boldsymbol{F}_D=4\text{kN}$$

这时再考虑整体，其未知量减少到三个。

（3）再取整体，即可全部求出支座 A 的三个反力。

$$\left.\begin{aligned}&\sum X=0:\ \boldsymbol{F}_{Ax}-7.07\times0.707=0\\&\sum Y=0:\ \boldsymbol{F}_{Ay}-7.07\times0.707-4\times2+\boldsymbol{F}_{\mathrm{D}}=0\\&\sum M_A=0:\ M_A+\boldsymbol{F}_D\times6-7.07\times0.707\times2-4\times2\times5=0\end{aligned}\right\}\Rightarrow\left.\begin{aligned}\boldsymbol{F}_{Ax}&=5\text{kN}\\\boldsymbol{F}_{Ay}&=9\text{kN}\\M_A&=26\text{kN}\cdot\text{m}\end{aligned}\right\}$$

（4）校核。可取梁 AC，并列出$\sum M_C$

$$\sum M_C=7.07\times0.707\times2+26-9\times4=0$$

说明计算无误。

本例也可以先取梁 CD，算出全部三个未知量后。根据作用与反作用关系，此时梁 AC 的未知量减至三个，再取 AC 便能解出其余未知力。这自然属于"先局部，后另一局部"的思路。

例 2-23 钢筋混凝土三铰刚架受荷载如图 2-51a 所示。求支座 A、B 及顶铰 C 处的约束反力。

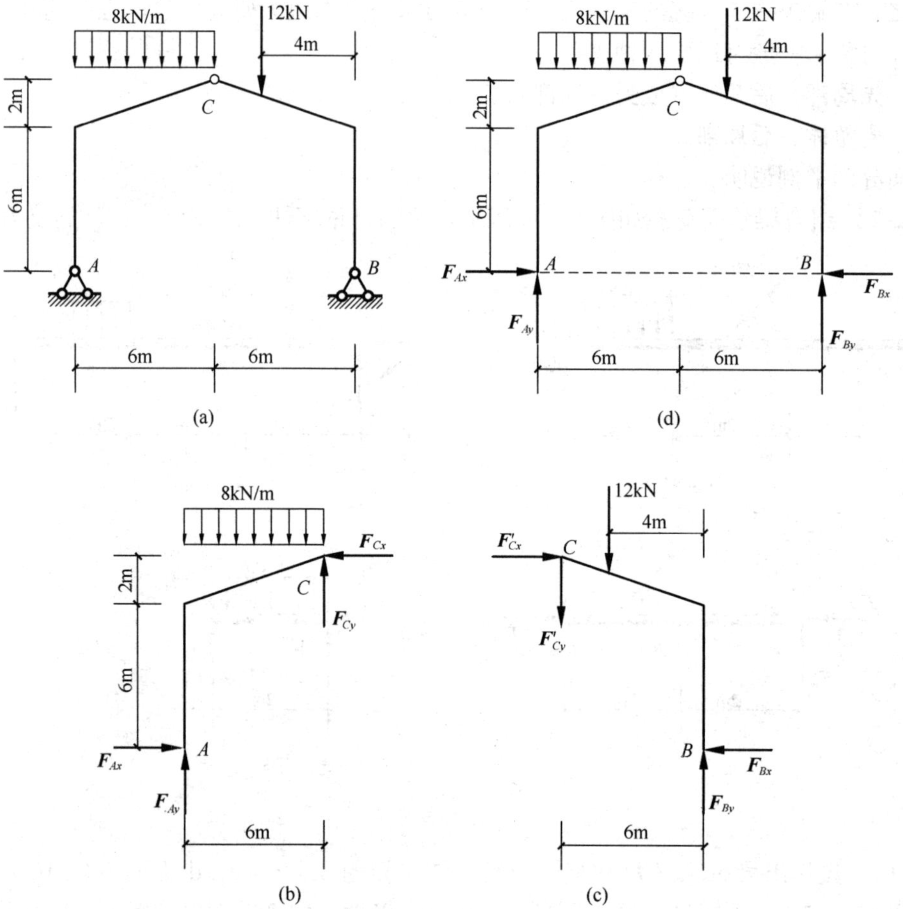

图 2-51

解 三铰刚架由左、右两部分组成。

(1) 先作出左、右两部分和整体的受力图，如图 2-51b、c、d 所示。

AC、BC 各有四个未知量（有两对是相同的）；整体也有四个未知量。系统内没有少于三个未知量的物体。而系统总的未知量是六个，且独立的平衡方程也是六个，因而是可解的。只是需要解算联立方程，比较繁琐。

我们注意到：整体虽然也有四个未知量，但 $\boldsymbol{F}_{Ax}$、$\boldsymbol{F}_{Ay}$、$\boldsymbol{F}_{Bx}$ 这三个未知量都交于 A 点，可以列出 $\sum M_A=0$ 单独求出 $\boldsymbol{F}_{By}$ 来；$\boldsymbol{F}_{Bx}$、$\boldsymbol{F}_{By}$、$\boldsymbol{F}_{Ax}$ 这三个未知量都交于 B 点，可以列出 $\sum M_B=0$ 单独求出 $\boldsymbol{F}_{Ay}$ 来。这样，在取得局部突破之后，再考虑左半部或右半部的平衡（都只剩下三个未知量），问题就迎刃而解了。这属于“先整体，后局部”的思路。具体计算如下：

(2) 取整体图 2-51d

$$\left.\begin{aligned}\sum M_A=0:\ \boldsymbol{F}_{By}\times 12-8\times 6\times 3-12\times 8=0\\ \sum M_B=0:\ 8\times 6\times 9+12\times 4-\boldsymbol{F}_{Ay}\times 12=0\end{aligned}\right\}\ \Rightarrow\ \left.\begin{aligned}\boldsymbol{F}_{By}=20\text{kN}\\ \boldsymbol{F}_{Ay}=40\text{kN}\end{aligned}\right\}$$

（3）取左部图 2-51b

$$\left.\begin{array}{l}\sum M_C=0:\ \boldsymbol{F}_{Ax}\times 8+8\times 6\times 3-\boldsymbol{F}_{Ay}\times 6=0\\ \sum X=0:\ \boldsymbol{F}_{Ax}-\boldsymbol{F}_{Cx}=0\\ \sum Y=0:\ \boldsymbol{F}_{Ay}+\boldsymbol{F}_{Cy}-8\times 6=0\end{array}\right\}\Rightarrow\left.\begin{array}{l}\boldsymbol{F}_{Ax}=12\text{kN}\\ \boldsymbol{F}_{Cx}=12\text{kN}\\ \boldsymbol{F}_{Cy}=8\text{kN}\end{array}\right\}$$

（4）取右部图 2-51c

$$\sum M_C=0:\ \boldsymbol{F}_{By}\times 6-12\times 2-\boldsymbol{F}_{Bx}\times 8=0\quad\Rightarrow\quad \boldsymbol{F}_{Bx}=12\text{kN}$$

至此，六个未知量全部求出。

（5）校核。可取整体，并列出$\sum X$

$$\sum X=\boldsymbol{F}_{Ax}-\boldsymbol{F}_{Bx}=12-12=0$$

说明计算无误。

通过以上实例的分析，可见物体系统的平衡问题与单个物体基本相同。现将解题要领与注意事项归纳如下：

（1）单个物体直接建立了未知力与已知力间的关系，研究对象别无选择。计算时主要考虑的是如何简化，解决**“好解不好解”**的问题。而在物体系统的平衡问题中，则应适当选取研究对象，研究对象的未知量数不能超过平衡方程数。计算时主要解决**“能解不能解”**的问题。

（2）在研究物体系统与单个物体的平衡问题时，都应合理地列出平衡方程，以避免解联立方程。力矩方程的矩心宜选在多个未知力的交点上，投影方程的投影轴宜与多个未知力垂直或平行。

物体系统的平衡问题是静力学理论的综合应用。它是静力学的重点，也是难点。熟练运用平面力系的平衡方程求解单个物体及简单物体系统的平衡问题，也是本章最重要的学习目标。

小　　结

平面力系是工程中最常见的力系，本章主要讨论了平面力系的合成与平衡问题。

一、基本概念

1. 力的投影

力的两端向坐标轴作垂线后垂足之间的线段再加上正号或负号，就称为力在某坐标轴上的投影。与分力不同，力的投影是标量。计算公式为

$$\left.\begin{array}{l}X=\pm \boldsymbol{F}\cos\alpha\\ Y=\pm \boldsymbol{F}\sin\alpha\end{array}\right\}$$

式中，α为力$\boldsymbol{F}$与坐标轴x所夹的锐角。

当力与坐标轴垂直时投影为零；当力与坐标轴平行时，投影的绝对值为力的大小。

2. 力矩

量度力对物体上某点的转动效应的物理量，可用力乘以点到力作用线的距离再加上表示

转向的正负号来表示：

$$M_O(\boldsymbol{F})=\pm\boldsymbol{F}d$$

力的作用线通过矩心时力矩为零。

3. 力偶

大小相等、方向相反、作用线平行的两个力组成的特殊力系。力偶对物体的转动效应，可用力与力偶臂的乘积 $\boldsymbol{F}d$ 再加上表示转向的正负号来量度：

$$M=\pm\boldsymbol{F}d$$

4. 力偶的性质

(1) 力偶在任一轴上的投影恒为零。力偶没有合力，所以不能用一个力来代替。力偶只能和力偶平衡。

(2) 力偶对其作用平面内任一点之矩都恒等于力偶矩，而与矩心位置无关。

(3) 力偶的三要素为力偶矩的大小、力偶的转向和力偶的作用平面。两个力偶的三要素相同，则这两个力偶等效。

据此可知：力偶可在其作用面内任意移动和转动；只要力偶矩和转向不变，同时改变力的大小和力偶臂的长度，不会改变力偶对物体的转动效应。

二、基本原理

1. 合力投影定理

合力在某坐标轴上的投影，等于各分力在同轴上投影的代数和。

2. 合力矩定理

合力对平面内某点的力矩，等于力系中各分力对同一点力矩的代数和。

这一结论不仅对平面汇交力系，对于其他平面力系也是成立的。

3. 力的平移定理

作用于物体上的力，可以平移到该物体上的任一点，但必须附加一个力偶，其力偶矩等于原力对新作用点的矩。

三、平面力系的平衡方程

力系类别	平衡方程	附加条件	可求未知量数
平面一般力系	一般式：$\Sigma X=\Sigma Y=\Sigma M=0$		3
	二矩式：$\Sigma X=\Sigma M_A=\Sigma M_B=0$	x 轴不可垂直于 AB	
	三矩式：$\Sigma M_A=\Sigma M_B=\Sigma M_C=0$	A、B、C 三点不可共线	
平面平行力系	一般式：$\Sigma Y=\Sigma M=0$		2
	二矩式：$\Sigma M_A=\Sigma M_B=0$	AB 不可与各力平行	
平面汇交力系	$\Sigma X=\Sigma Y=0$		2
平面力偶系	$\Sigma M=0$		1

平面各力系关系如下图所示：

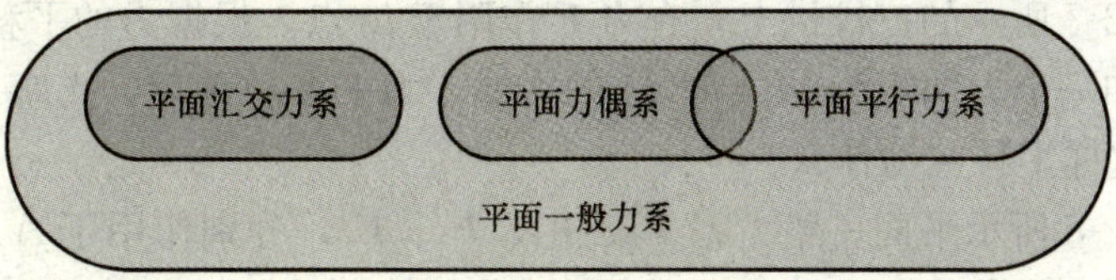

四、平衡方程的应用

单个物体的平衡问题应尽量避免解联立方程，简化为目的；物体系统的平衡问题应选择适当的思路，可解为前提。

思考题

2-1　合力一定比分力大吗？

2-2　作用于某物体的两平面汇交力系如图思 2-2 所示。两个力多边形中各力的关系如何？

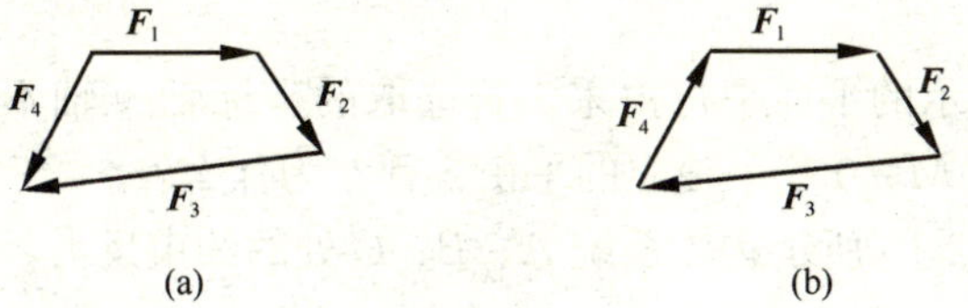

图思 2-2

2-3　如图所示，各物体受三个不等于零的力作用，各力的作用线都汇交于一点，图思 2-3a中力 $\boldsymbol{F}_2$和 $\boldsymbol{F}_3$共线。试问它们是否可能平衡？

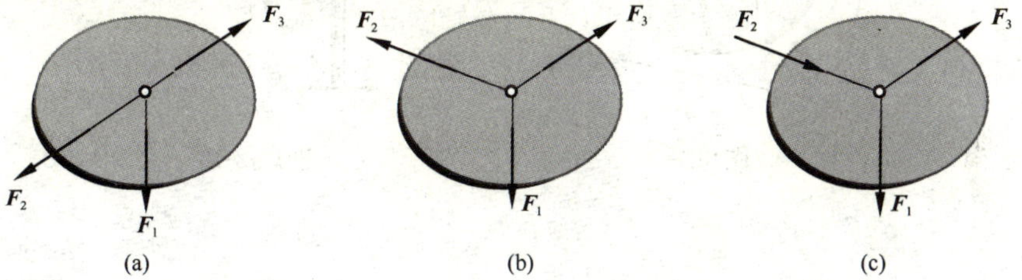

图思 2-3

2-4　力偶不能用一个力来平衡。如图思 2-4 所示的结构为何能平衡？

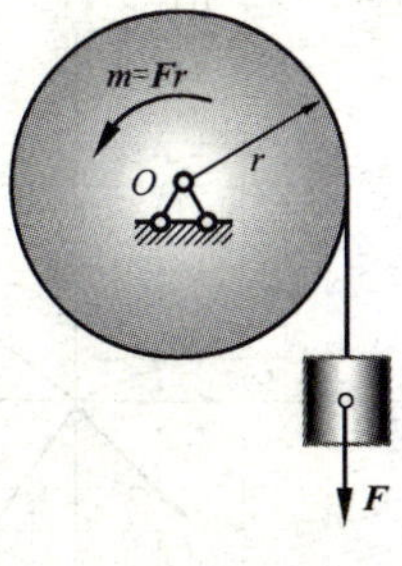

图思 2-4

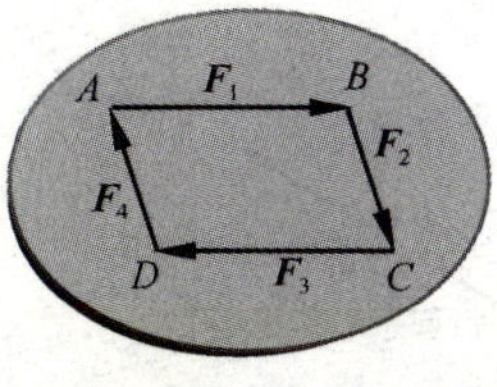

图思 2-5

2-5　在物体 A、B、C、D 四点作用两个平面力偶，其力多边形封闭，如图思 2-5 所示。试问物体是否平衡。

2-6　试比较力矩与力偶矩的异同点。

2-7　如图思 2-7 所示的三铰拱上，有力 $\boldsymbol{F}$ 作用于 D 点。根据力的平移定理，将力 $\boldsymbol{F}$ 平移至 E 点，并附加一个力偶矩为 $M(=\boldsymbol{F}d)$ 的力偶。力 $\boldsymbol{F}$ 平移前后，支座 A、B 的约束反力有无变化？能否这样平移？为什么？

2-8　如图思 2-8 所示平面一般力系 $\boldsymbol{F}_1$、$\boldsymbol{F}_2$、$\boldsymbol{F}_3$、$\boldsymbol{F}_4$，分别作用于 A、B、C、D 四点，刚好首尾相接。问：该力系是否平衡？该力系简化的结果是什么？

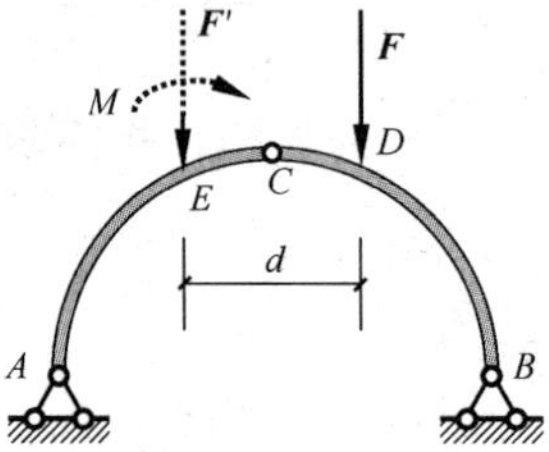

图思 2-7

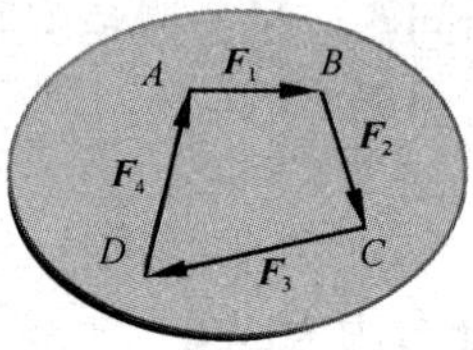

图思 2-8

2-9　如图思 2-9 所示的平面平行力系，若选取的坐标轴 y 轴不与各力平行，是否可列出$\sum X=0$，$\sum Y=0$ 和$\sum M=0$ 三个独立的平衡方程？为什么？

2-10　欲求如图思 2-10 所示物体系统 A、B、C 处的约束反力，研究对象怎样选取？

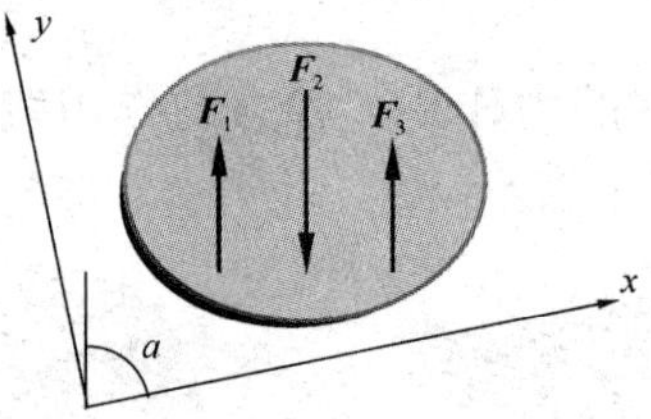

图思 2-9

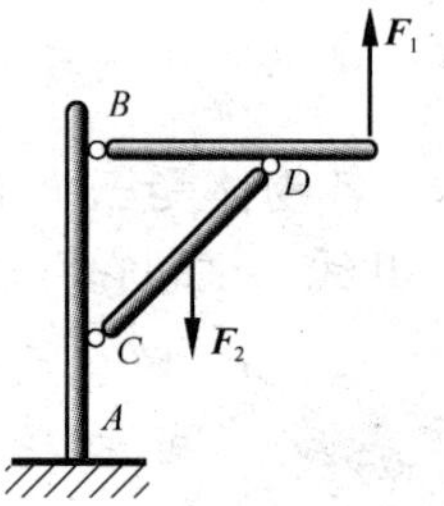

图思 2-10

习题

2-1　已知 $\boldsymbol{F}_1=200\text{N}$，$\boldsymbol{F}_2=400\text{N}$，$\boldsymbol{F}_3=600\text{N}$，$\boldsymbol{F}_4=300\text{N}$，各力的方向如图题 2-1 所示。试用几何法求该平面汇交力系的合力。

2-2　某平面汇交力系，各力的方向如图题 2-5 所示，每小格为 10N。试用几何法求其合力。

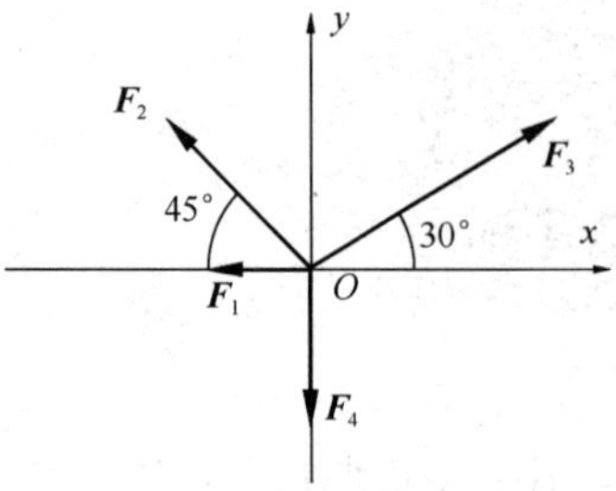

图题 2-1

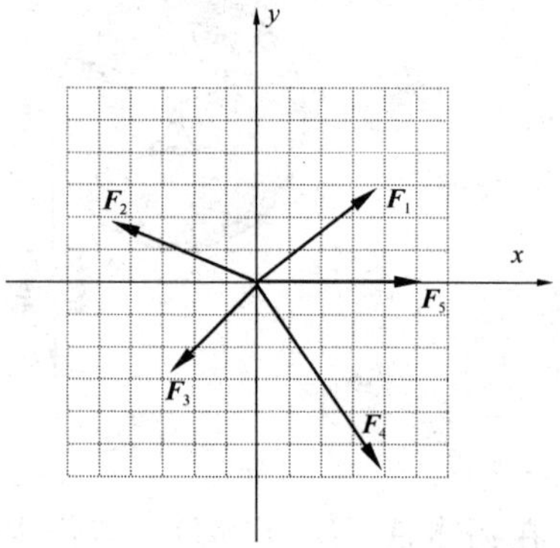

图题 2-2

2-3　已知一钢管重 $\boldsymbol{W}$=10kN，放置于斜面中，如图题 2-8 所示。试用几何法求斜面的反力。

2-4　已知梁的跨中作用一集中力 $\boldsymbol{F}$=20kN。试用几何法求支座 A、B 的反力。

2-5　已知 $\boldsymbol{F}_1=\boldsymbol{F}_2=\boldsymbol{F}_3=200\text{N}$，$\boldsymbol{F}_4=100\text{N}$，各力方向如图题 2-5 所示。试分别计算各力在 x 轴和 y 轴上的投影以及该力系的合力。

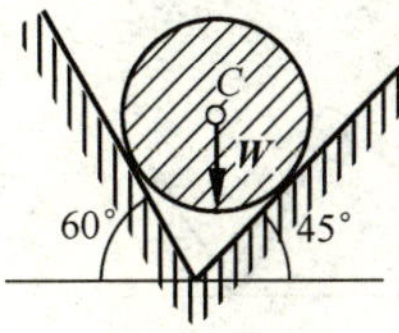

图题 2-3

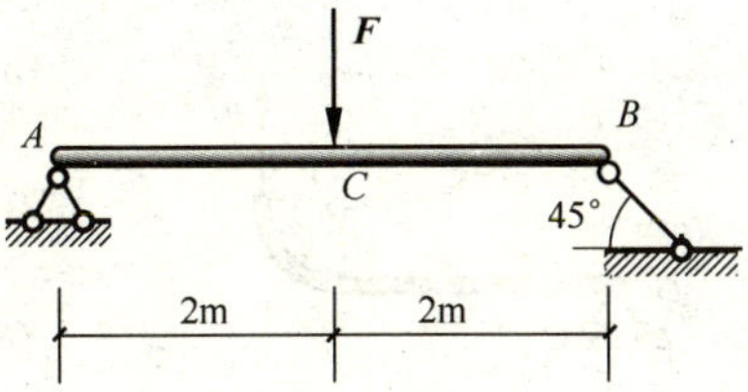

图题 2-4

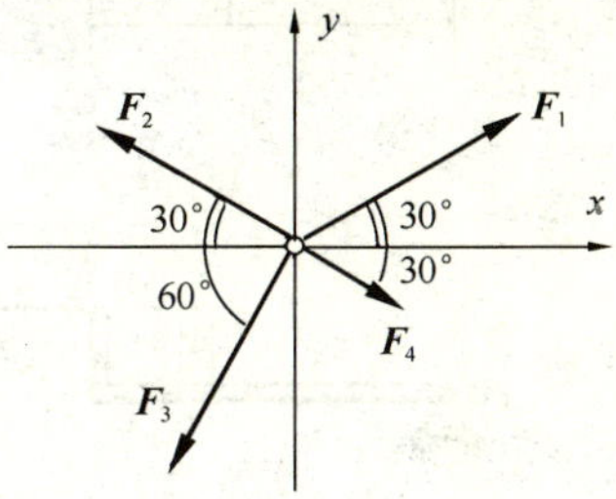

图题 2-5

2-6　用解析法计算题 2-4。

2-7　杆件 BC 和 AC 由铰 C 连接，A、B 处也为固定铰支座。在 C 点作用一铅垂力 $\boldsymbol{F}$=10kN。试求图示三种情况下，杆 BC、AC 所受的力，杆件自重不计。

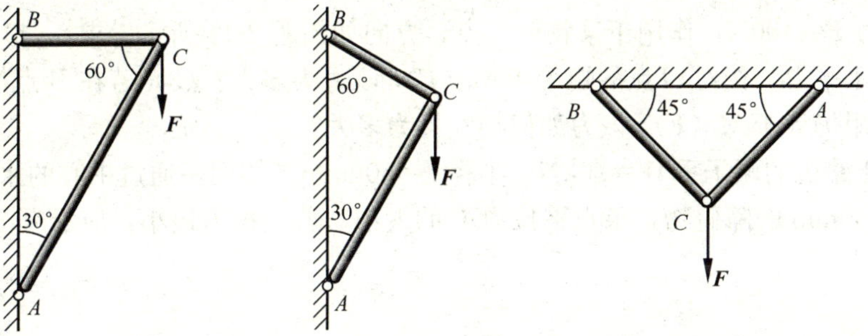

(a)　(b)　(c)

图题 2-7

2-8　如图题 2-8 所示，用一组绳索悬挂一重 $\boldsymbol{W}$=1000N 的物体。求各绳索的拉力。

2-9　相同的两根钢管 C 和 D 搁置在斜坡上，并用两根铅垂立柱挡住，如图题 2-9 所示。已知每根管子重 4kN。求管子作用在每根立柱上的压力。摩擦不计。

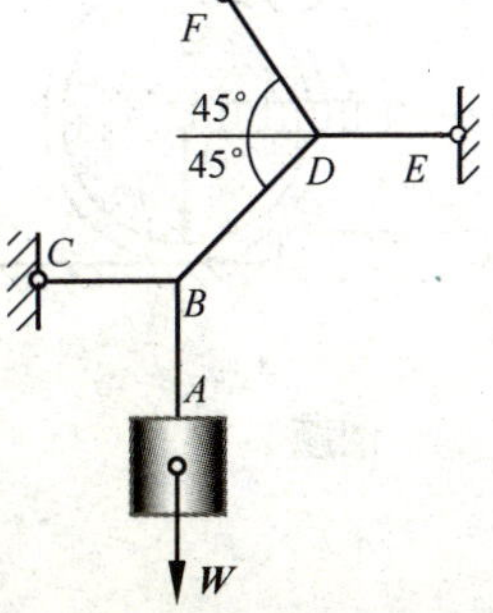

图题 2-8

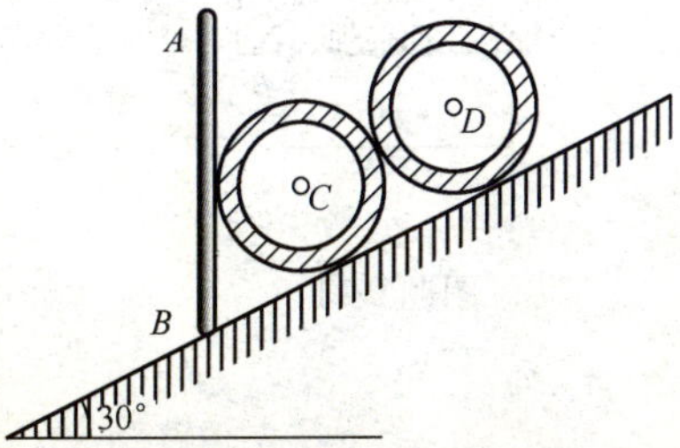

图题 2-9

2-10　计算下列各图中力 $\boldsymbol{F}$ 对 O 点的矩。

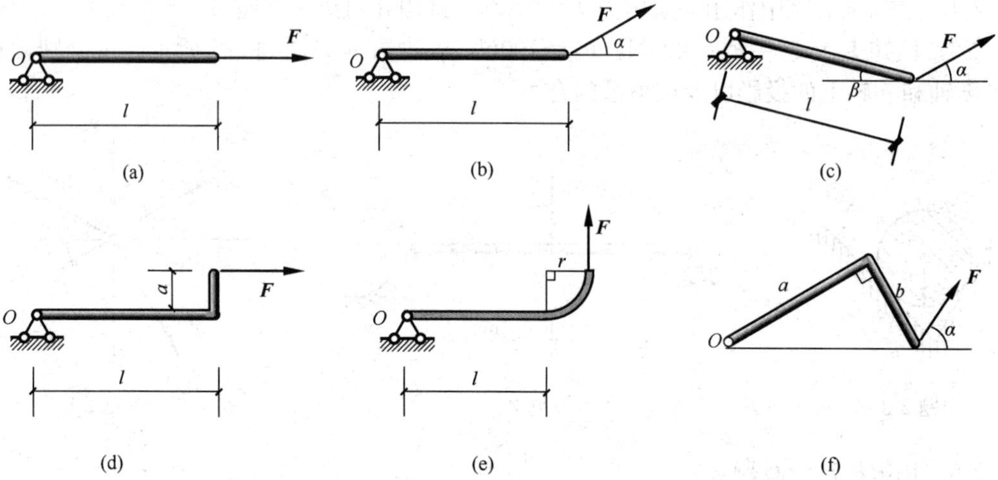

图题 2-10

2-11　力 $\boldsymbol{F}$=400N，作用于某物体的点，方向如图题 2-11 所示。求：(1) $M_O(\boldsymbol{F})$；(2) 在 B 点加一水平力，使对 O 点的矩等于 $M_O(\boldsymbol{F})$，该力为多大？(3) 若在 B 点加一最小的力，使对 O 点的矩仍等于 $M_O(\boldsymbol{F})$，该力如何加？又为多大？

2-12　压路机的碾子重 $\boldsymbol{W}$=20kN，半径 r=500mm。如用一通过中心的水平拉杆使碾子越过高 h=100mm 的障碍物，求水平拉力 $\boldsymbol{F}$ 的大小。若使拉力最小，应沿哪个方向？$\boldsymbol{F}_{\min}$ 为多大？

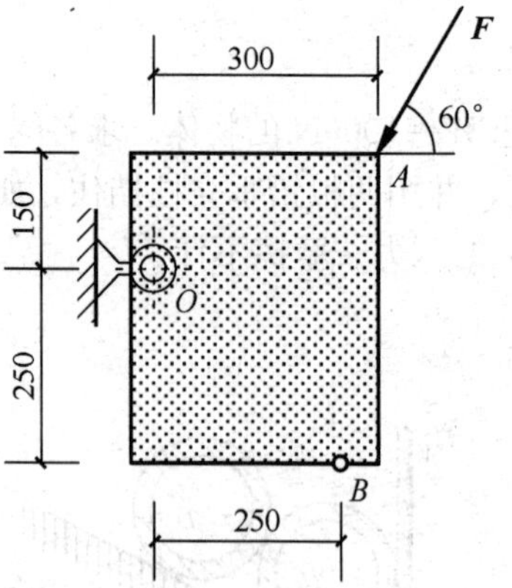

图题 2-11

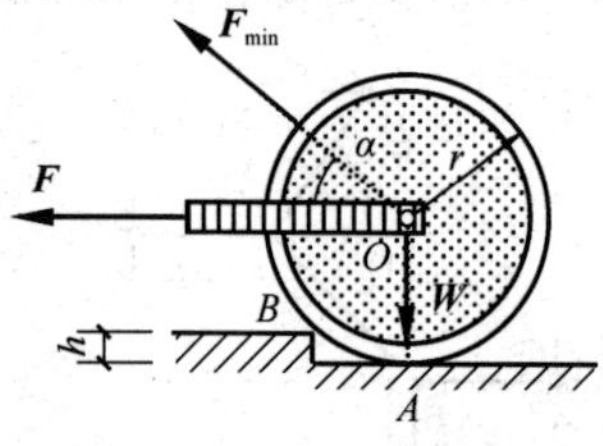

图题 2-12

2-13　求如图题 2-13 所示各梁的支座反力。

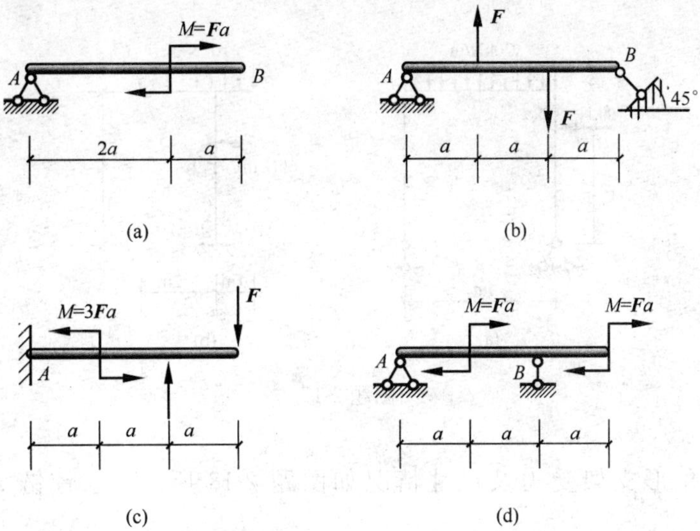

图题 2-13

2-14　桥墩所受各力如图题 2-14 所示。已知 $\boldsymbol{W}$＝2750kN，$\boldsymbol{F}_1$＝1250kN，$\boldsymbol{F}_2$＝250kN，$\boldsymbol{F}_3$＝150kN。试将力系向底面中心 O 点简化，并求简化的最后结果。

2-15　如图题 2-15 所示绞盘，有三根长度为 l 的绞杠，杠端各作用一垂直于绞杠的力 $\boldsymbol{F}$。求该力系向绞盘中心 O 点的简化结果。如果向 A 点简化，结果怎样？为什么？

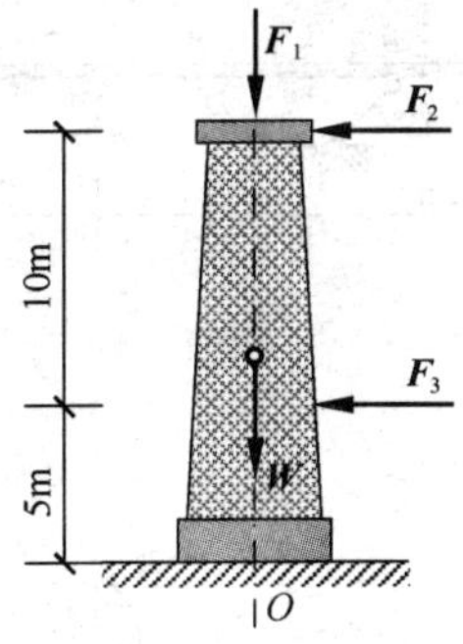

图题 2-14

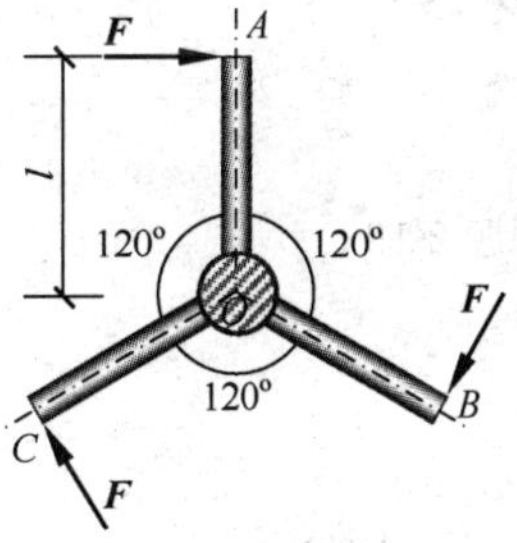

图题 2-15

2-16　求图示各梁的支座反力。

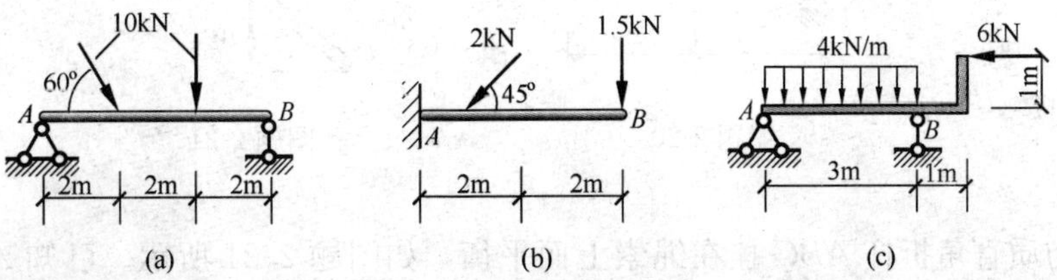

图题 2-16

2-17　求如图题 2-17 所示各刚架的支座反力。

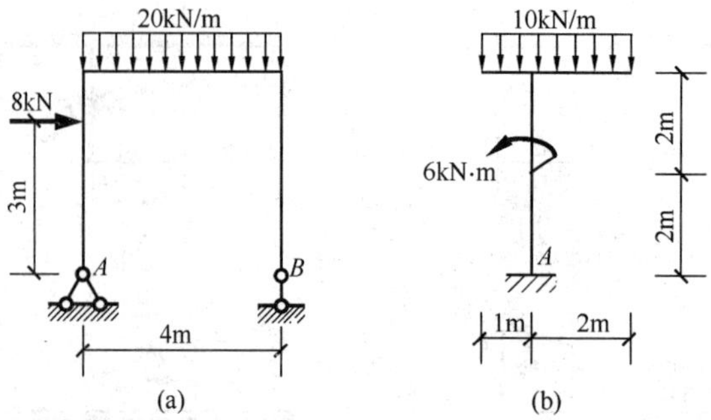

图题 2-17

2-18　一三角形支架受力及尺寸情况如图题 2-18 所示。求铰链 A、B 处的约束反力。

2-19　求如图题 2-19 所示梁三根链杆 A、B、C 的反力。

2-20　求如图题 2-20 所示桁架中支座 A、B 的反力。

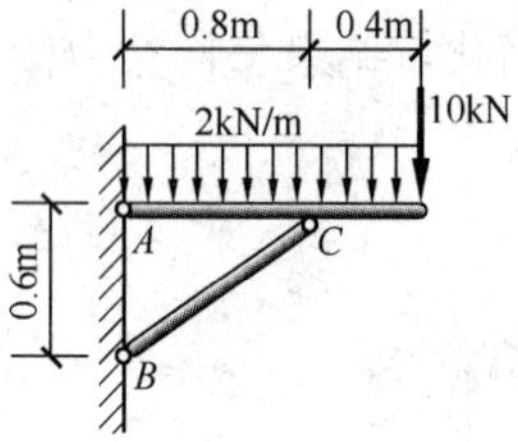

图题 2-18

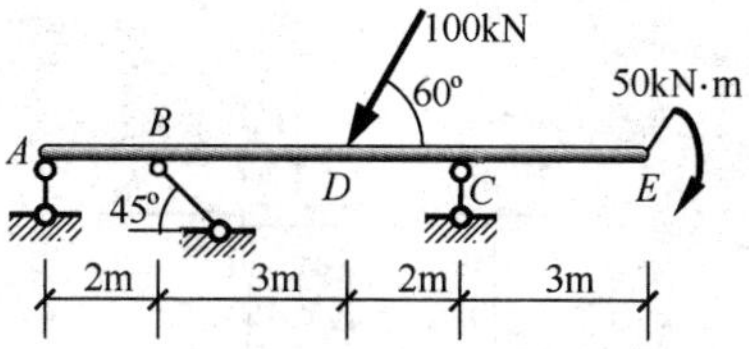

图题 2-19

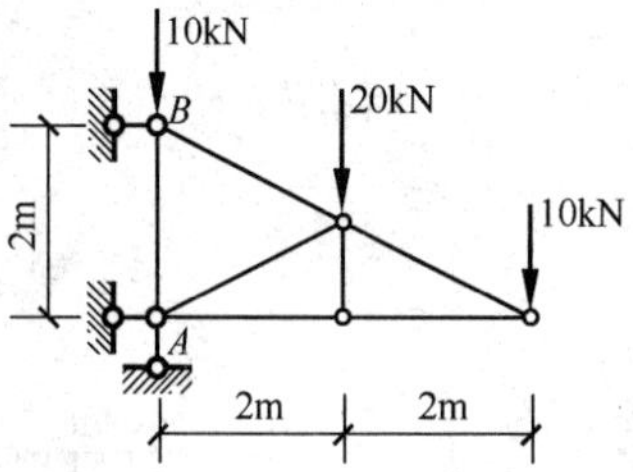

图题 2-20

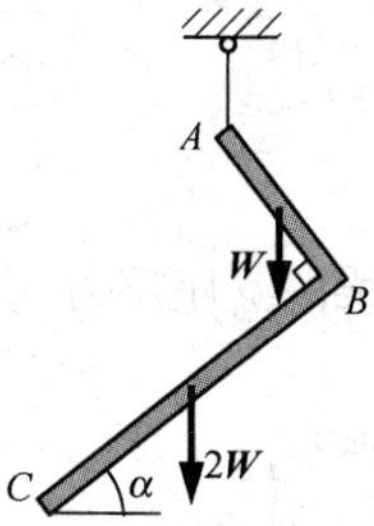

图题 2-21

2-21　匀质直角折杆 ABC 挂在绳索上而平衡，如图题 2-21 所示。已知 AB 段长为 l，重为 W；BC 段长为 $2l$，重为 $2\mathbf{W}$。求 α 角。

2-22　求如图题 2-22 所示各梁的支座反力。

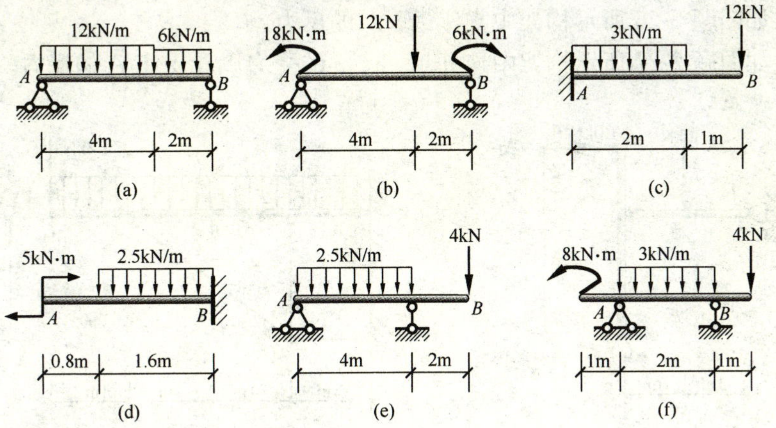

图题 2-22

2-23　求如图题 2-23 所示楼梯斜梁的支座反力。

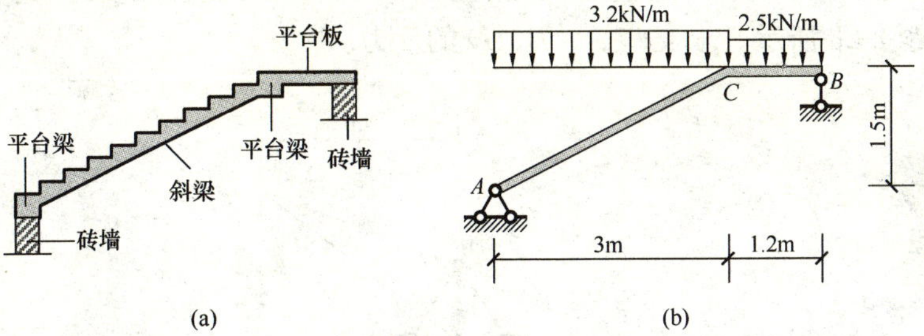

图题 2-23

2-24　求如图题 2-24 所示各多跨梁的支座反力。

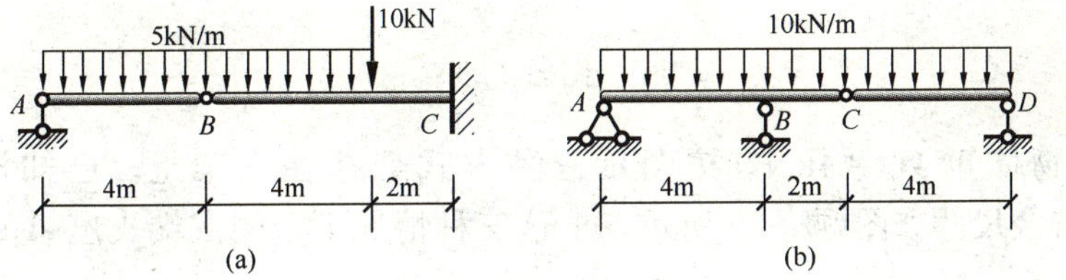

图题 2-24

2-25　求如图题 2-25 所示各刚架的支座反力。

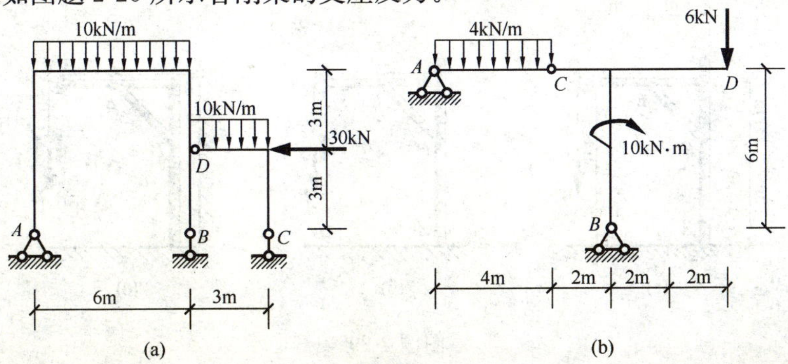

图题 2-25

2-26　求如图题 2-26 所示构架中支座 A、B 的反力。

2-27　求如图题 2-27 所示构架中连杆 1、2、3 的受力以及支座 A 的反力。

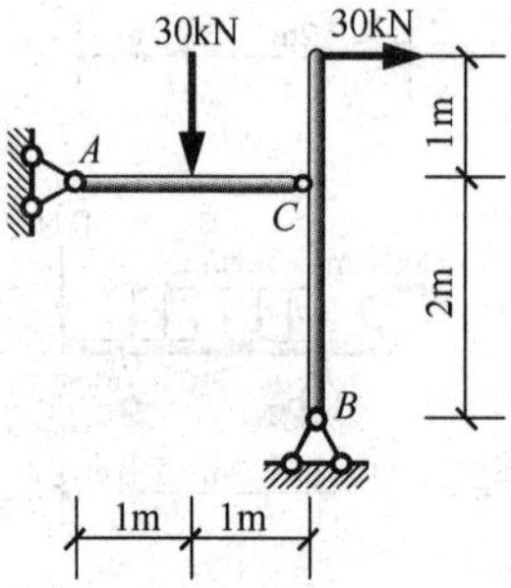

图题 2-26

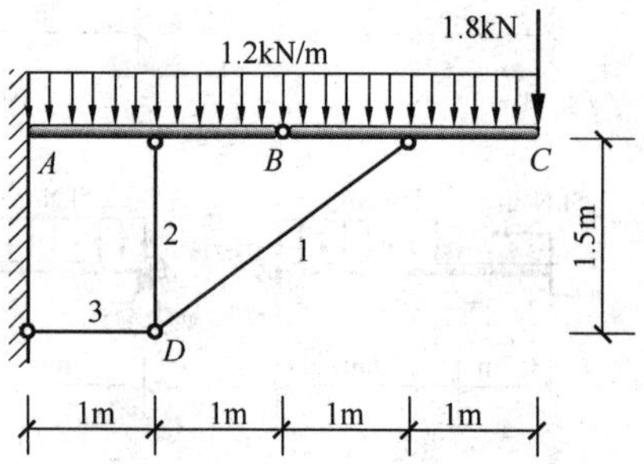

图题 2-27

2-28　一自重 $\boldsymbol{W}$=50kN 的起重机，载有重物 $\boldsymbol{P}$=10kN，搁置在多跨梁上，各力位置及梁的尺寸如图题 2-28 所示。求支座 A、B、D 的反力。

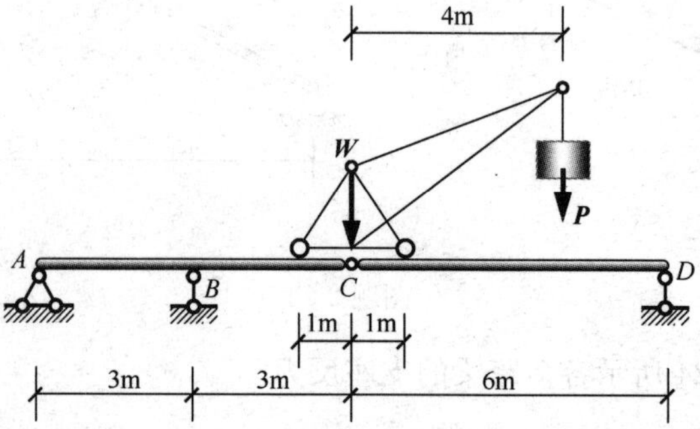

图题 2-28

2-29　一物体重 $\boldsymbol{W}$ = 4kN，按图示三种方式悬挂在支架上。已知滑轮 C 直径的 d=300mm，其余尺寸如图题 2-29 所示。求这三种情况下，固定端支座 A 的反力及杆 DE 的受力。

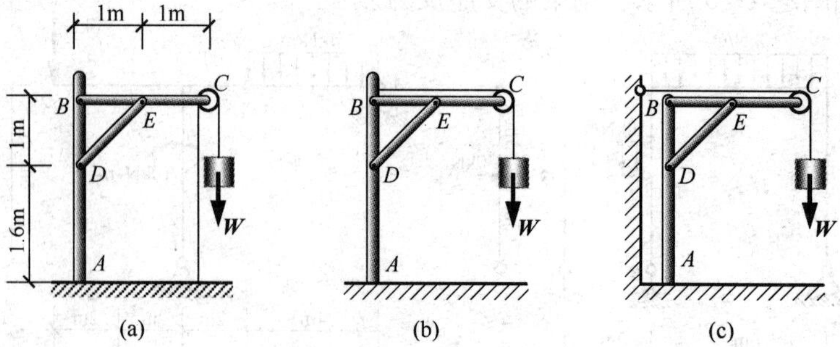

图题 2-29

2-30　求如图题 2-30 所示多跨梁中连杆 1、2、3、4 的受力。

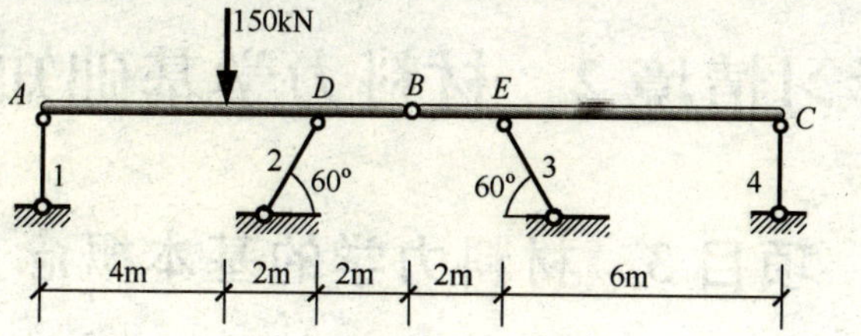

图题 2-30

学习情境2　材料力学基础知识

项目3　材料力学的基本概念

学习要点及目标

◆ 理解变形固体及其基本假设；

◆ 熟悉杆件变形的基本形式。

核心概念

变形、变形固体、杆件、变形基本形式等。

引导案例

本章主要介绍材料力学研究变形固体的基本假设及杆件变形的基本形式。

任务1　变形固体及其基本假设

在静力学中，我们将物体视作不会发生变形的刚体，是由于物体变形很小不会影响到静力计算的结果。然而，这样的物体实际上是不存在的。事实上，物体受力后都会产生程度不同的变形。从本章开始的材料力学，需要把物体看成变形固体。

3.1.1　变形固体

在外力作用下能产生一定变形的固体称为**变形固体**。建筑结构中的构件，如梁、板、墙、柱等，都属于变形固体。变形固体的变形可分为两种：一是外力解除后，变形也随之消失，称为**弹性变形**；二是外力解除后，变形不能全部消失，残余的那部分变形，称为**塑性变形**。只产生弹性变形的外力范围称为**弹性范围**。建筑构件所用的材料，都可以近似地认为只有弹性变形而没有塑性变形。只有弹性变形的物体称为**理想弹性体**或**完全弹性体**。变形固体的变形相对于构件尺寸特别微小，称为**小变形**。材料力学中只研究杆件在弹性范围内的小变形问题。

3.1.2　变形固体的基本假设

工程中所用的材料多种多样，其力学性质也各不相同。为了简化研究，通常对变形固体作如下基本假设：

1. 均匀连续假设

这一假设认为：在变形固体的整个体积内，均匀地、连续不断地充满了物质，无任何空隙、孔洞，任何位置都无疏密之别。变形固体内各点处的力学性质完全相同，变形固体内任一点的力学性质都能代表整个固体。

2. 各向同性假设

这一假设认为：材料在各个方向上具有相同的性质。实际上工程中所用的固体材料并不完全符合这个假设。例如，工程中常用的金属是由晶粒组成，在不同方向，晶粒的性质并不完全相同，但很接近。可以将金属看成各向同性材料。木材以及有些复合材料，其力学性质具有明显的方向性，需视为各向异性材料。本书不作讨论。

总之，材料力学所研究的构件是均匀连续、各向同性的理想弹性体，且限于小变形范围内。

任务2　杆件变形的基本形式

杆件是指某一个方向的尺寸远大于其他两个方向尺寸的构件。垂直于杆件长度方向的截面称为**横截面**；各横截面形心的连线称为杆的**轴线**，如图3-1所示。

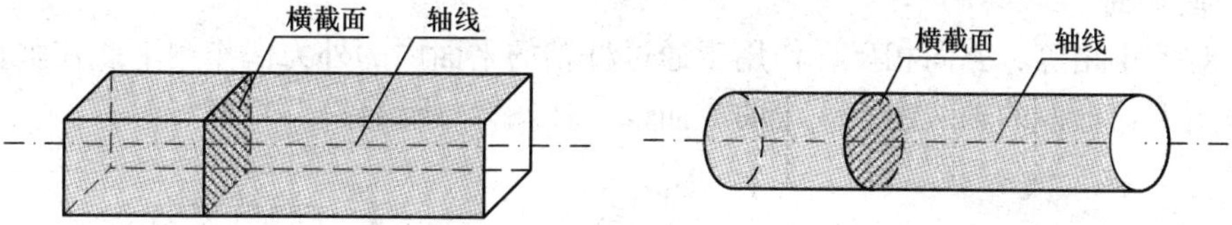

图3-1

按照杆件的轴线情况可分为直杆和曲杆；按照杆件横截面是否有变化又可分为等截面杆和变截面杆，如图3-2所示。在建筑力学中主要研究等直杆。

(a) 变截面直杆　　(b) 等截面曲杆

图3-2

杆件在不同形式的外力作用下，将产生不同形式的变形。杆件变形的基本形式有下列四种：

1. 轴向拉伸或轴向压缩

在一对大小相等、方向相反、作用线与杆轴线重合的外力作用下，杆件将发生长度的改变，如图3-3a、b所示。

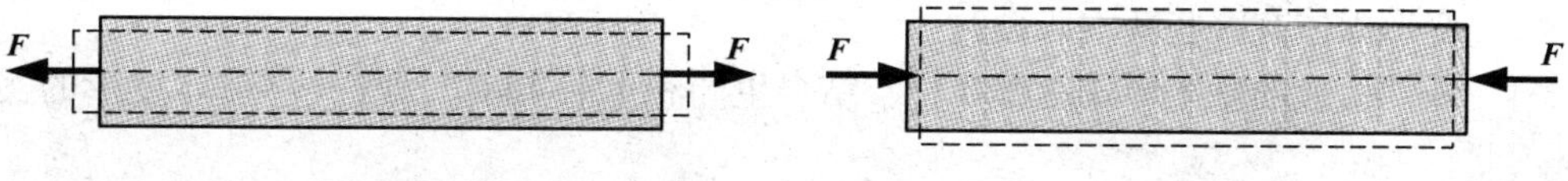

(a) 轴向拉伸　　(b)轴向压缩

图3-3

2. 剪切

在一对相距很近、大小相等、方向相反、作用线垂直于轴线的外力作用下，杆件的两个力之间的横截面将沿外力方向发生相对错动，如图 3-4 所示。

3. 扭转

在一对大小相等、方向相反、作用面垂直于杆轴的外力偶作用下，杆件的任意两个横截面将绕轴线发生相对转动，如图 3-5 所示。

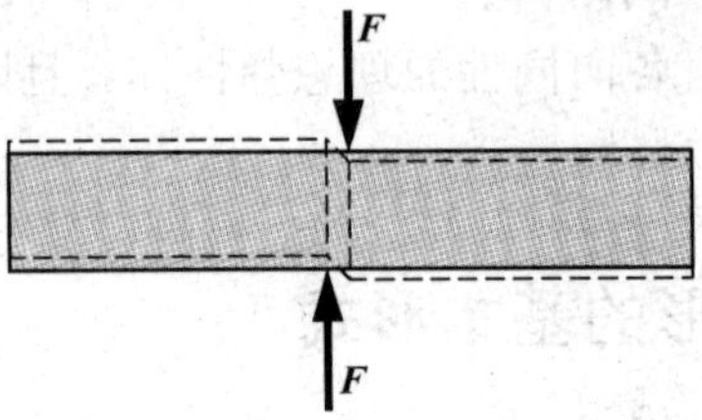

图 3-4

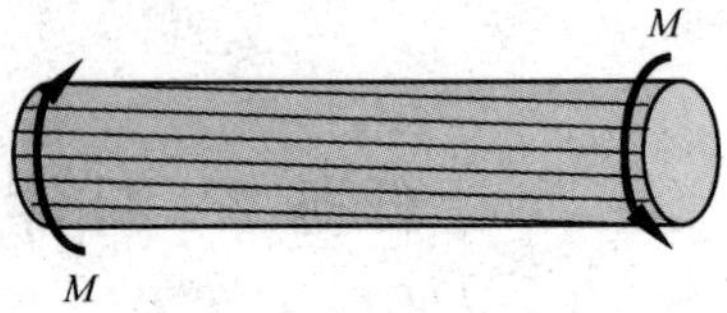

图 3-5

4. 平面弯曲

在一对大小相等、方向相反、作用于通过杆轴的平面内的外力偶作用下或在垂直于轴线的外力作用下，杆件的轴线由直线弯曲成曲线，如图 3-6 所示。

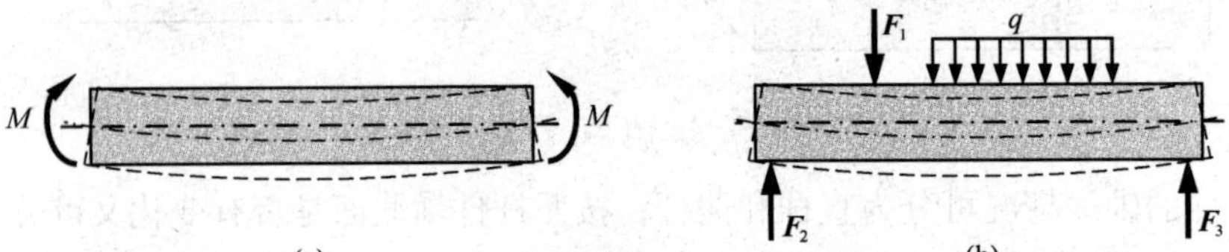

(a)　　(b)

图 3-6

在以后各章中，我们将分别讨论杆件的这四种基本变形。

想一想

发挥你的想象，还有没有其他的基本变形?

思考题

3-1　什么是杆件？如何描述杆件的主要特征？杆件的分类有哪些？杆件变形的基本形式有哪几种？

3-2　指出下列概念的区别：刚体与变形体；弹性变形与塑性变形。

3-3　变形固体有哪些基本假设?

3-4　杆件变形的基本形式有哪几种？结合生产和生活实际，列举一些基本变形的实例。

项目 4 轴向拉伸和压缩

学习要点及目标

◆ 了解轴向拉压时的受力特点和变形特点，掌握用截面法求轴力，并绘制轴力图；

◆ 正确理解应力、应变、弹性模量等概念，熟练掌握胡克定律，正确计算轴向拉压杆件的应力和变形；

◆ 熟悉低碳钢和铸铁的拉压试验，理解应力-应变图中的各特征点的物理意义；

◆ 明确工作应力、极限应力、安全系数和许用应力等概念，熟练掌握轴向拉压杆件的强度条件及强度计算；

◆ 了解应力集中的概念以及对杆件强度的影响。

核心概念

内力、截面法、应力、应变、胡克定律、轴力、强度、强度条件等。

引导案例

本章学习内容主要是建立内力图、强度、容许应力等概念，要求学生掌握强度计算方法，重点培养学生运用强度条件的能力，对轴向拉压杆进行三大类强度计算。

轴向拉伸和压缩，是材料力学中最简单、最基本的变形形式。在建筑工程中，有很多轴向拉伸和压缩的杆件，例如三角支架和平面屋架中的许多杆件，都是轴拉或轴压杆，如图 4-1 所示。轴向拉压杆的受力特点是：杆件的轴线方位受到外力的作用；变形特点是：杆件沿轴线方向伸长或缩短。

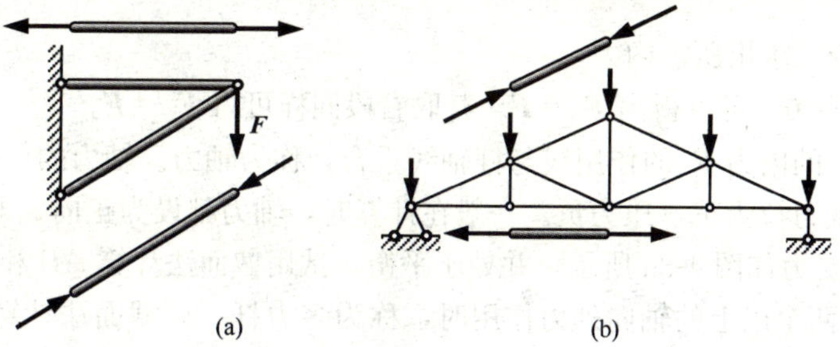

图 4-1

任务 1 轴向拉伸和压缩时的内力

4.1.1 内力的概念

当杆件受到外力作用后，整个杆件会产生小变形，杆件内相连两部分之间的作用力也会发生改变。这一改变量称为**内力**。外力越大，内力就越大，同时变形也越大。当内力达到某一限度时，杆件就会破坏。因此，内力与杆件的强度、刚度等有着密切的联系。

4.1.2　轴向拉伸和压缩的内力——轴力

为了计算杆件的内力，可以用一个假想的平面将杆件沿所求截面处截开，将杆件分为两部分，取其中一部分作为研究对象。此时，截面上的内力就显示出来，并成为研究对象上的外力。然后，再利用静力平衡条件求出此内力。这种求内力的方法，称为**截面法**。截面法是计算杆件内力的基本方法。

下面以图 4-2a 的轴拉杆为例，介绍截面法求内力的具体步骤。

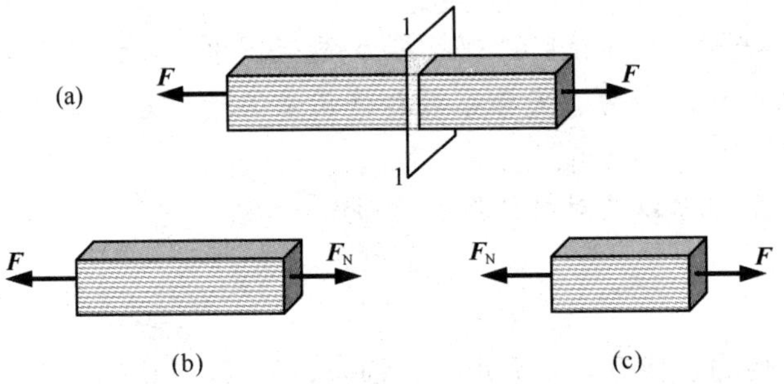

图 4-2

1. 显示内力

用假想的截面，在 1-1 截面处将杆件截开，把杆件分为两部分，取任一部分为研究对象，画受力图。

画左段的受力图时，除了已知的主动力 $\boldsymbol{F}$ 外，在截开处还有右段对它作用的内力，此时已经显示出来。这一内力连续分布于截面上，其大小和方向都是未知的。在这里，我们只画出内力的合力 $\boldsymbol{F}_{\mathrm{N}}$即可，如图 4-2b 所示。若取右段，如图 4-2c 所示。

2. 确定内力

利用平衡方程，求出所求内力。

显然，由$\sum X=0$，可以得出 $\boldsymbol{F}_{\mathrm{N}}=\boldsymbol{F}$。若取右段同样可得 $\boldsymbol{F}_{\mathrm{N}}=\boldsymbol{F}$。

轴拉（压）杆的内力 $\boldsymbol{F}_{\mathrm{N}}$的作用线与杆轴线重合，称为**轴力**。轴力的单位为 N 或 kN。

通常规定：轴力拉为正，压为负。一般在计算时，轴力都设为正向，即拉力。

例 4-1　杆件受力如图 4-3a 所示，并处于平衡。试用截面法计算 AB 和 BC 段的轴力。

解　杆件受到两个以上的轴向外力作用时，称为多力杆。用截面法计算多力杆各段的轴力，需分段进行。

（1）计算 AB 段的轴力。

在 AB 段内任意处，用 1-1 截面将杆截开，取左段为研究对象，画出其受力图如图 4-3b 所示。图中 $\boldsymbol{F}_{\mathrm{N1}}$ 设为正向。显然，$\boldsymbol{F}_{\mathrm{N1}}=6\mathrm{kN}$。

（2）计算 BC 段的轴力。

在 BC 段内任意处，用 2-2 截面将杆截开，取右段为研究对象，画出其受力图如图 4-3c 所示。图中 $\boldsymbol{F}_{\mathrm{N2}}$ 设为正向。显然，$\boldsymbol{F}_{\mathrm{N2}}=-3\mathrm{kN}$。若取左段为研究对象，同样也可以得出 $\boldsymbol{F}_{\mathrm{N2}}=-3\mathrm{kN}$，如图 4-3d 所示。

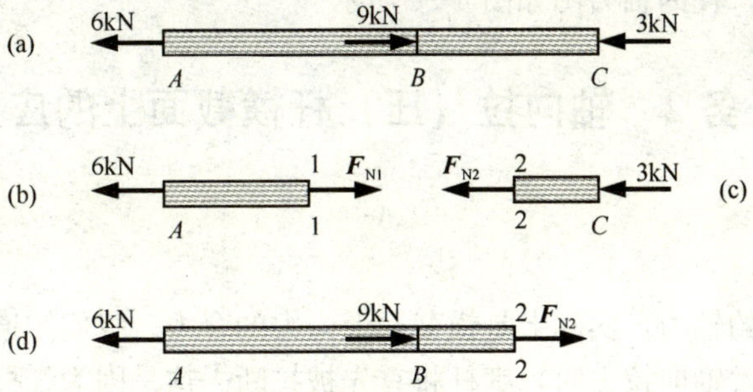

图 4-3

在具体计算时，宜取外力较少的简单一侧为研究对象。

必须指出：在计算杆件的内力时，不能使用力的可传性原理以及力偶的可移性原理。这些原理只有在研究力和力偶对物体的运动效果时才适用，不能用于研究物体的内力和变形。例如，图 4-4a 所示，杆件受拉而伸长，轴力为拉力；若将两力沿其作用线对调，如图 4-4b 所示，杆件则受压而缩短，轴力变为压力。受拉和受压是截然不同的两种变形。

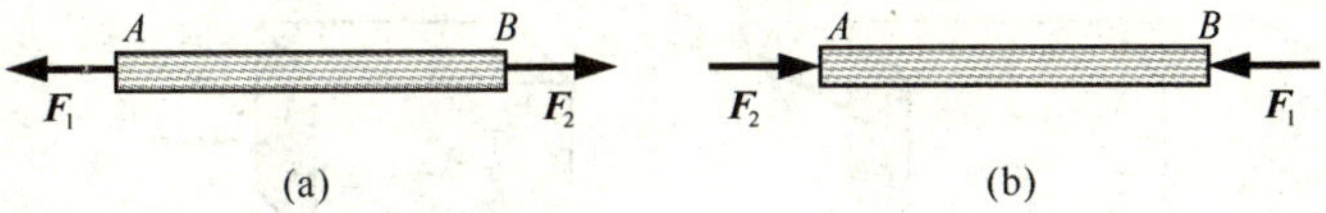

图 4-4

4.1.3　轴力图

二力杆或拉或压，其轴力是不变的；多力杆的轴力则是变化的。表明各横截面的轴力沿杆长变化规律的图形称为**轴力图**。以平行于杆轴线的坐标 x 表示横截面的位置，以垂直于杆轴线的坐标 F_N表示轴力的数值，将各截面的轴力按一定比例画在坐标系中，并连以直线，就得到轴力图。轴力图可以直观地表明轴力变化的规律，以及最大轴力的数值、位置等。一般正轴力画在上侧，负轴力画在下侧，并标明正负。

例 4-2　杆件受力如图 4-5a 所示。试画出杆的轴力图。

解　(1) 如图 4-5b、c、d 所示，用截面法计算杆件 AB、BC 和 CD 段的轴力。其值分别为

$$F_{N1}=20\text{kN},\quad F_{N2}=10\text{kN},\quad F_{N3}=-20\text{kN}$$

注意，这里之所以没有取右段，是因为支座 D 的反力并未求出。

(2) 建立图示坐标系，按一定比

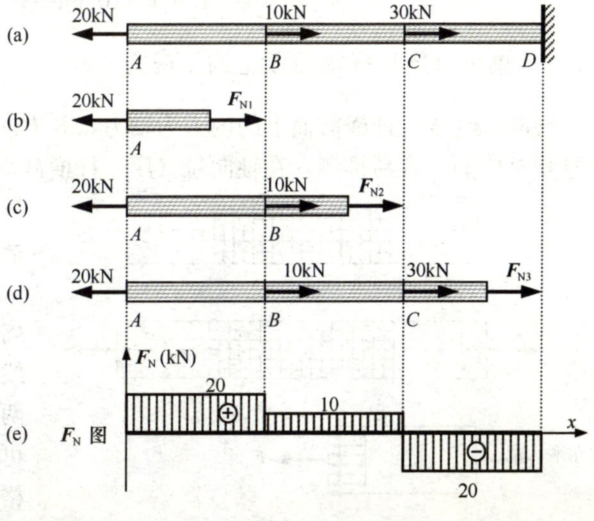

图 4-5

例画出各段的轴力值，杆的轴力图如图 4-5e 所示。

任务 2　轴向拉（压）杆横截面上的应力

4.2.1　应力的概念

利用截面法求出的轴力，实际上是横截面上内力的合力。我们知道：同种材料而粗细不同的两杆，在同步增大轴向拉力时，细杆将首先被拉断。这是因为细杆横截面上内力的分布集度较大而造成的。因此，解决杆件的强度问题，还需进一步研究内力在横截面上的分布集度。内力在一点处的集度称为该点的**应力**。

下面以图 4-6a 为例，说明杆件截面上某点 K 处的应力。先绕 K 点取一微小面积 ΔA，其上内力的合力为 $\Delta \boldsymbol{F}$。当 ΔA 趋近于零时，$\Delta \boldsymbol{F}$ 与 ΔA 的比值，即为 K 点的应力，用式子表示为

$$\boldsymbol{p}=\lim_{\Delta A\to 0}\frac{\Delta F}{\Delta A}=\frac{\mathrm{d}F}{\mathrm{d}A}$$

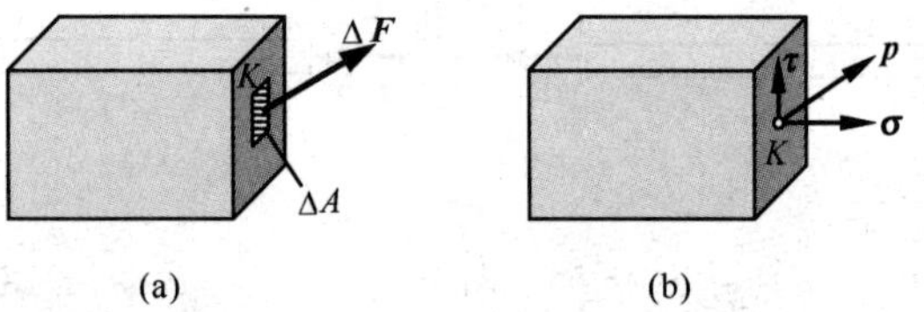

图 4-6

应力 $\boldsymbol{p}$ 是一个矢量，它可以分解为与截面垂直的分量 $\boldsymbol{\sigma}$ 和与截面相切的分量 $\boldsymbol{\tau}$，$\boldsymbol{\sigma}$ 称为**正应力**，$\boldsymbol{\tau}$ 称为**切应力**，如图 4-6b 所示。应力的单位为 Pa 或 MPa。

$$1\mathrm{Pa}=1\mathrm{N/m^2}$$
$$1\mathrm{MPa}=10^6\mathrm{Pa}=1\mathrm{N/mm^2}$$
$$1\mathrm{GPa}=10^9\mathrm{Pa}=10^3\mathrm{MPa}$$

4.2.2　轴拉（压）杆横截面上的正应力

轴向拉（压）杆横截面上的内力为轴力，其方向与横截面垂直。横截面上的内力与应力总是相对应的，容易推测：在轴向拉（压）杆横截面上只能是垂直于截面的正应力。下面以拉杆为例，通过试验观察拉杆的实际变形情况。

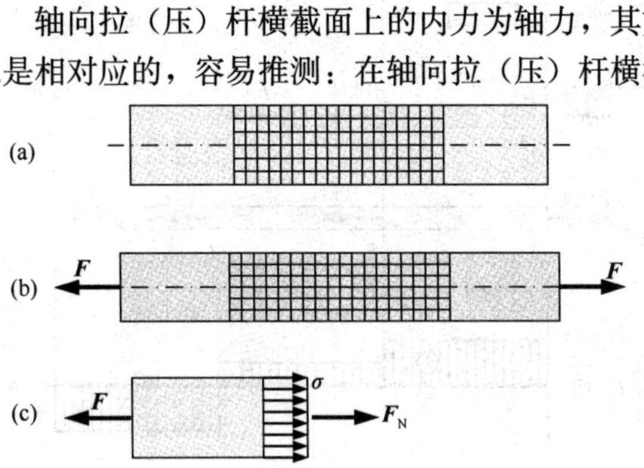

图 4-7

取一橡胶制成的等直杆，在杆的表面均匀地画一些与轴线平行的纵线以及与轴线相垂直的横线，如图 4-7a 所示。然后在两端加一对轴向拉力，如图 4-7b 所示。可以观察到：所有的小方格都变成了长方格，所有的纵线都等量伸长，但仍互相平行；所有的横线仍保持为直线，只是相对

距离增大了。

根据上述现象，可做如下假设：

（1）平面假设。各横线代表的横截面始终与纵向线垂直，变形前后均为平面。

（2）设想杆件是由许多纵向纤维组成，根据平面假设可知，任意两横截面间所有纤维都伸长了相同的长度。

通过上述分析可知：轴向拉（压）杆横截面上只有正应力，且大小相等，如图 4-7c 所示。

所以，等直杆轴向拉（压）时横截面上的正应力计算公式为

$$\sigma = \pm \frac{\boldsymbol{F}_{\mathrm{N}}}{A} \tag{4-1}$$

式中　A——拉（压）杆横截面的面积；

$\boldsymbol{F}_{\mathrm{N}}$——该截面的轴力。

正应力的正负规定为：拉应力为正，压应力为负。

对于等截面直杆，最大正应力位于轴力最大的截面上。其值为

$$\sigma_{\max} = \frac{F_{\mathrm{Nmax}}}{A}$$

例 4-3　杆件受力如图 4-8a 所示。已知 AC 段横截面积 $A_1 = 600\mathrm{mm}^2$，CD 段横截面积 $A_2 = 800\mathrm{mm}^2$。试画出该杆的轴力图，并计算各段横截面上的正应力。

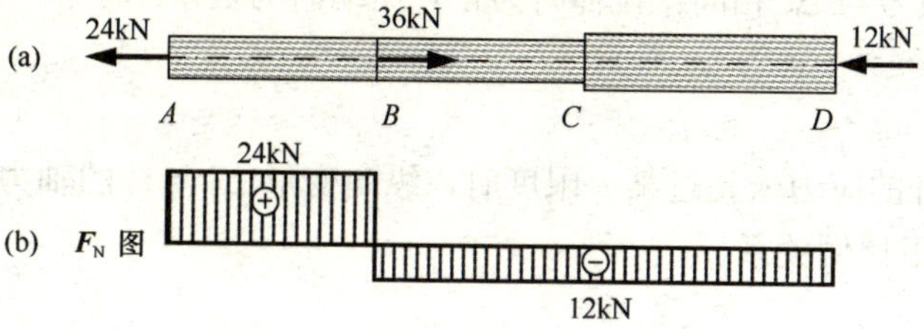

图 4-8

解（1）计算各段的轴力，并画出该杆的轴力图，如图 4-8b 所示。

（2）计算各段横截面上的正应力。代入式（4-1）可得

AB 段：$\sigma_{AB} = \dfrac{\boldsymbol{F}_{\mathrm{N}AB}}{A_1} = \dfrac{24 \times 10^3}{600} = 40\mathrm{MPa}$（拉）

BC 段：$\sigma_{BC} = \dfrac{\boldsymbol{F}_{\mathrm{N}BC}}{A_1} = \dfrac{-12 \times 10^3}{600} = -20\mathrm{MPa}$（压）

CD 段：$\sigma_{CD} = \dfrac{\boldsymbol{F}_{\mathrm{N}CD}}{A_2} = \dfrac{-12 \times 10^3}{800} = -15\mathrm{MPa}$（压）

任务 3　轴向拉（压）杆的变形及胡克定律

轴向拉（压）杆变形特点是：杆件沿轴线方向伸长或缩短。沿轴线方向的变形，称为纵向变形。另外，横截面同时也会变细或变粗，这一变形称为横向变形。如图 4-9a、b 所示。

4.3.1　纵向变形

设杆件变形前长为 l，变形后长为 l_1，杆的纵向变形为

$$\Delta l = l_1 - l$$

显然，拉伸时为正，压缩时为负。纵向变形的单位为 m 或 mm。

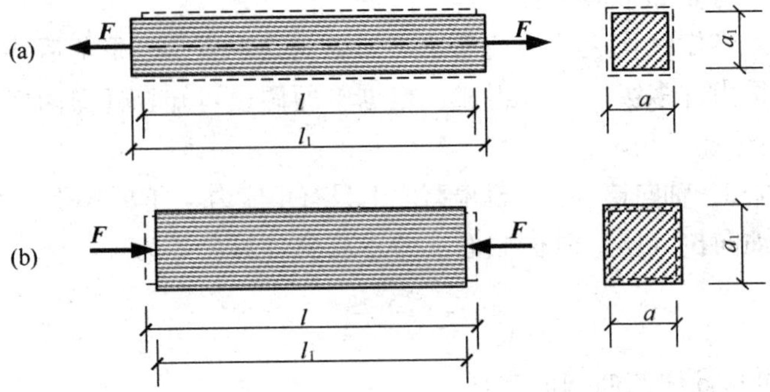

图 4-9

杆件的纵向变形是一绝对量，不能反映杆件的变形程度。若将 Δl 与杆的原长 l 相比，得到单位长度的纵向变形，则可以表明杆件的变形程度。单位长度的纵向变形，称为**纵向线应变**，简称**线应变**，用 ε 表示。其表达式为

$$\varepsilon = \frac{\Delta l}{l} \tag{4-2}$$

线应变 ε 的正负号与 Δl 相同：拉伸时为正，压缩时为负；ε 是一个无量纲的量。

4.3.2　胡克定律

实验表明：当杆的应力未超过某一限度时，纵向变形 Δl 与杆的轴力 $\boldsymbol{F}_{\mathrm{N}}$、杆长 l 及杆的横截面积 A 存在以下比例关系

$$\Delta l \propto \frac{\boldsymbol{F}_{\mathrm{N}} l}{A}$$

引进比例系数 E，可得

$$\Delta l = \frac{\boldsymbol{F}_{\mathrm{N}} l}{EA} \tag{4-3}$$

式（4-3）称为**胡克定律**，它表明：**当杆件应力不超过某一限度时，其纵向变形与轴力及杆长成正比，与横截面面积成反比。**这里的“某一限度”，即指在弹性范围。

比例系数 E，称为材料的**弹性模量**，反映了材料抵抗弹性变形的能力。其单位与应力相同，其值可通过试验测定。

EA 称为杆件的**抗拉（压）刚度**，反映了杆件抵抗拉（压）变形的能力。EA 越大，杆件的变形就越小。

需注意，在利用式（4-3）计算杆件的纵向变形时，在杆长 l 内，$\boldsymbol{F}_{\mathrm{N}}$、$E$、$A$ 都应是常数。

将 $\varepsilon = \dfrac{\Delta l}{l}$ 及 $\sigma = \dfrac{\boldsymbol{F}_{\mathrm{N}}}{\mathrm{A}}$ 代入式（4-3），可得

$$\sigma = E \cdot \varepsilon \tag{4-4}$$

它表明：**在弹性范围内，应力与应变成正比**。式（4-4）是胡克定律的另一形式。

轴拉（压）杆纵向变形时，横向也产生变形，但横向变形是次要的，一般不予考虑。

例 4-4　如图 4-10a 所示为一两层的木排架，其中一根柱子的受力图如图 4-10b 所示。已知圆柱的直径 $D=200\text{mm}$，木材的弹性模量 $E=10\text{GPa}$。试计算木柱的总变形。

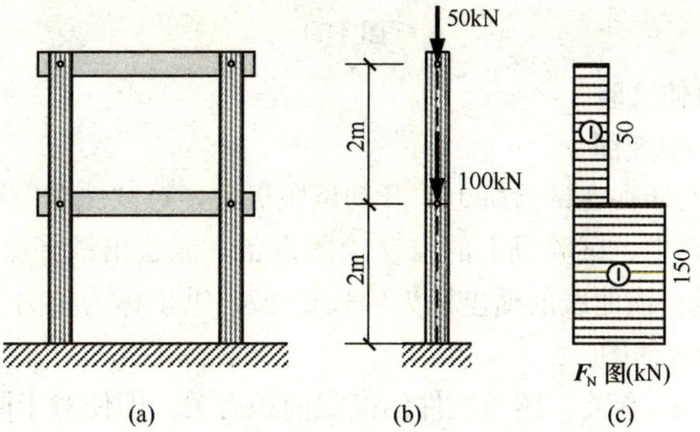

图 4-10

解（1）计算各段的轴力，并画出该杆的轴力图，如图 4-10c 所示。

（2）木柱的横截面积为：$A=\pi\times100^2$（mm^2）

（3）代入式（4-3），计算各段的纵向变形及木柱的总变形。

$$AB\text{ 段：}\Delta l_{AB}=\frac{F_{NAB}\cdot l_{AB}}{EA}=\frac{-50\times10^3\times2000}{10\times10^3\times\pi\times10^4}=-\frac{1}{\pi}=-0.318\text{ mm（压）}$$

$$BC\text{ 段：}\Delta l_{BC}=\frac{F_{NBC}\cdot l_{BC}}{EA}=\frac{-150\times10^3\times2000}{10\times10^3\times\pi\times10^4}=-\frac{3}{\pi}=-0.955\text{ mm（压）}$$

所以，木柱的总变形

$$\Delta l=-0.318-0.955=-1.273\text{mm}$$

任务 4　材料在拉伸和压缩时的力学性能

前面讨论了轴拉（压）杆横截面上的应力，要判断杆件是否会破坏，还需要知道杆件能够承受的应力；应用胡克定律需要知道弹性范围及弹性模量 E 等与材料有关的数据。材料在受力过程中各种物理性质的数据称为**材料的力学性能**。材料的力学性能是通过试验来测定的。本节讨论材料在常温、静载下的力学性能。

工程中使用的材料种类很多，一般可分为脆性材料和塑性材料。脆性材料如石料、铸铁、混凝土等；塑性材料如低碳钢、合金钢、铜、铝等。这两类材料的力学性能有明显的差别。本节主要介绍：以低碳钢为代表的塑性材料和以铸铁为代表的脆性材料的拉压试验。

4.4.1　低碳钢的力学性能

验时采用国家规定的标准试件。金属材料试样有圆截面和矩形截面两种，如图 4-11a、b 所示。试样的中间部分是工作长度 l，称为**标距**。标距与横截面尺寸的比例也作了规定。

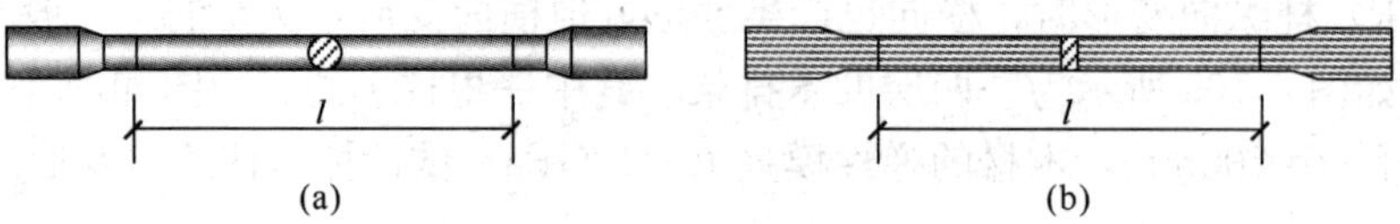

图 4-11

（一）低碳钢的拉伸试验

1. 拉伸图和应力-应变图

将低碳钢的试件两端夹在试验机上，开动试验机后，对试件缓慢施加拉力，直至被拉断为止。在试件拉伸过程中，试验机上的自动绘图设备，能绘出试件所受拉力 $\boldsymbol{F}_{\mathrm{P}}$ 与标距内的伸长量 Δl 的关系曲线。该曲线的横坐标为伸长量 Δl，纵坐标为拉力 $\boldsymbol{F}_{\mathrm{P}}$，通常称为**拉伸图**。图 4-12 即为低碳钢的拉伸图。

拉伸图中的 Δl 与 $\boldsymbol{F}_{\mathrm{P}}$ 有关，还与试件的横截面积有关。即使对于同种材料，当试件尺寸不同，其拉伸图也不相同。为消除试件尺寸的影响，还原材料本身的性质，可将横坐标 Δl 除以标距 l 得 $\frac{\Delta l}{l}=\varepsilon$，纵坐标 $\boldsymbol{F}_{\mathrm{P}}$ 除以横截面积 A 得 $\frac{\boldsymbol{F}_{\mathrm{P}}}{\mathrm{A}}=\sigma$，这样画出的曲线称为**应力-应变图**，如图 4-13 所示。

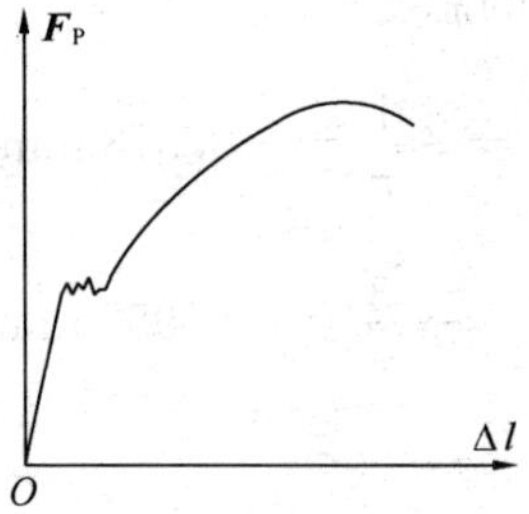

图 4-12　拉伸图

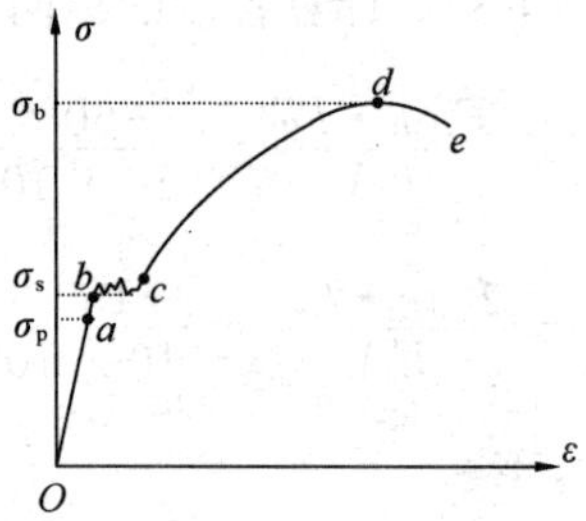

图 4-13　应力-应变图

2. 拉伸过程的四个阶段

根据低碳钢的应力-应变图，可将其拉伸过程分为四个阶段：

（1）弹性阶段（Ob）

实验表明：在这一阶段，材料的变形是完全弹性的。直线 Oa，表明应力与应变成正比，材料服从胡克定律，点 a 对应的应力值称为**比例极限**，用 σ_{p} 表示。低碳钢的比例极限约为 200MPa。Oa 段直线的斜率为

$$\tan\alpha=\frac{\sigma}{\varepsilon}=E$$

可见，在此阶段可测定材料的弹性模量。低碳钢的弹性模量约为 200～210GPa。

（2）屈服阶段（bc）

bc 为接近水平的锯齿形。在屈服阶段应力基本不变，但应变显著增加，好像试件对外力屈服了一样，故此阶段称为屈服阶段。屈服阶段内的最低点对应的应力值称为**屈服极限**，用 σ_{s} 表示。低碳钢的屈服极限约为 240MPa。

（3）强化阶段（cd）

经过屈服阶段后，材料内部的结构重新进行了调整，在一定程度上得到了“优化”，材料又恢复了抵抗变形的能力。若使试件继续变形，就要继续增加荷载。这一阶段称为强化阶段。强化阶段的最高点 d 对应的应力称为**强度极限**，用 σ_b 表示。低碳钢的强度极限约为 400MPa。

在试验过程中，如加载到强化阶段的某点 k 时，将荷载逐渐减小至零，如图 4-14a 所示。可以看到：在卸载过程中应力与应变仍保持直线，且卸载直线 kO_1 与 Oa 平行，图中 O_1g 为卸载后消失的弹性应变，OO_1 为保留下来的塑性应变。

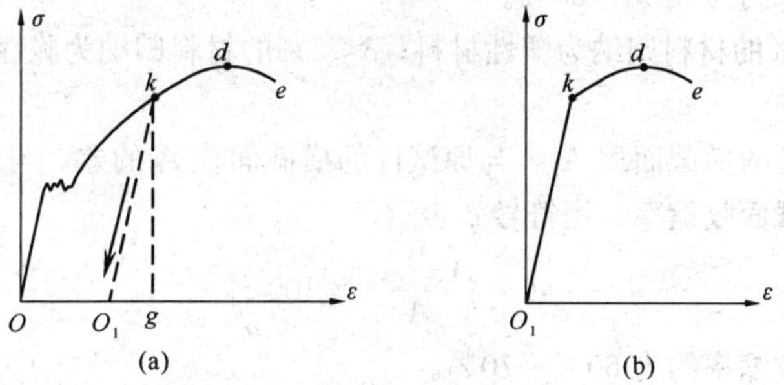

图 4-14

如果卸载后立刻再重新加载，则沿原卸载直线 O_1k 上升到 k 点，然后仍沿原曲线发展，如图 4-14b 所示。比较两图可知：在强化阶段卸载后再加载，材料的比例极限和屈服极限都得到了提高，而塑性降低了，这种现象称为**冷作硬化**。工程中常利用冷作硬化提高受拉钢筋的屈服极限，达到节约钢材的目的。

然而对钢筋进行冷加工后，在提高承载能力的同时也会降低钢材的塑性，使材料变脆、变硬、易断、再加工困难等，这是冷作硬化的弊端所在。

（4）颈缩阶段（de）

当应力到达强度极限后，在试件某一薄弱处，将发生局部收缩，出现颈缩现象（图 4-15b），故这一阶段称为颈缩阶段。

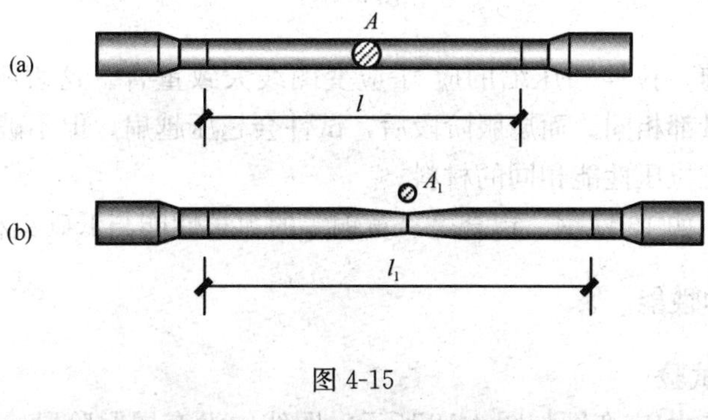

图 4-15

上述低碳钢拉伸的四个阶段中，有三个有关强度性质的指标：比例极限 σ_p、屈服极限 σ_s 和强度极限 σ_b。① σ_p 表示了材料的弹性范围；② σ_s 是衡量材料强度的重要指标，当应力达到 σ_s 时，杆件产生显著的塑性变形，因而无法正常使用；③ σ_b 是衡量材料强度的另一重要指标，当应力达到 σ_b 时，杆件出现颈缩并很快被拉断。

3. 塑性指标

试件拉断后，弹性变形全部消失，而塑性变形保留下来，试件拉断后保留下来的塑性变形大小，常用来衡量材料的塑性性能。塑性指标有两个：

（1）延伸率

如图 4-15 所示，将拉断的试件拼在一起，断裂后标距 l_1减去原标距 l 的差值，与原标距之比的百分率，称为材料的**延伸率**，用符号 δ 表示。

$$\delta=\frac{l_1-l}{l}\times 100\ \% \tag{4-5}$$

低碳钢的延伸率约为 20%～30%。

工程中把 $\delta \geqslant 5\%$的材料归纳为塑性材料；$\delta < 5\%$的材料归纳为脆性材料。

（2）截面收缩率

测出试件颈缩处的横截面积 A_1，与原试件的横截面积 A 的差，与原试件的横截面积之比的百分率，称为**截面收缩率**，用符号 ψ 表示。

$$\psi=\frac{A-A_1}{A}\times 100\ \% \tag{4-6}$$

低碳钢的截面收缩率约为 60%～70%。

（二）低碳钢的压缩试验

金属材料压缩试件，一般做成短圆柱体。试件高度一般为直径的 1.5～3 倍，如图 4-16 所示。低碳钢压缩时的应力-应变曲线如图 4-17 所示。

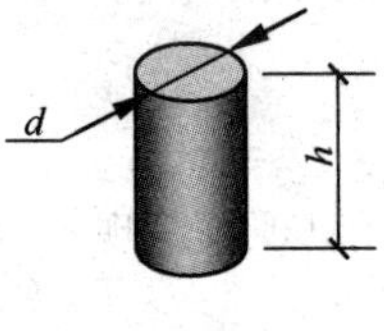

图 4-16

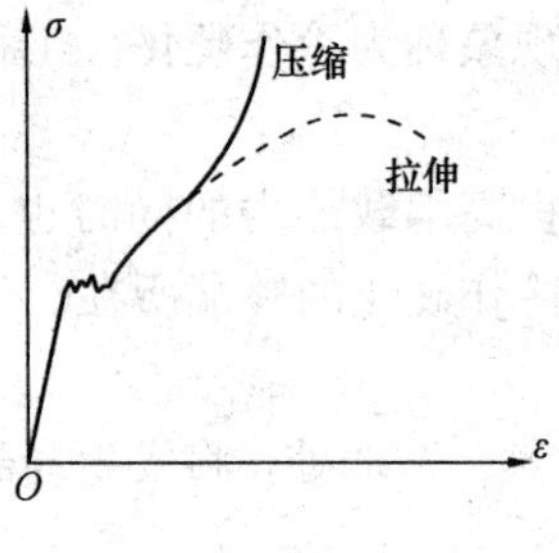

图 4-17

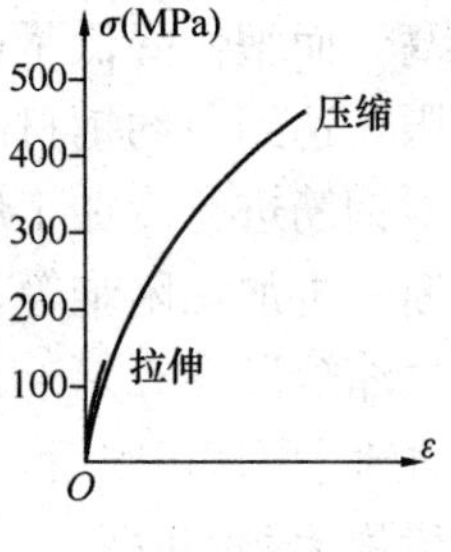

图 4-18

在屈服阶段以前，拉伸和压缩的应力-应变图线大致重合。这表明：两者的比例极限、屈服极限、弹性模量都相同。而屈服阶段后，试件会越压越扁，但不破坏。因而无法测出强度极限。低碳钢是抗拉压性能相同的材料。

其他塑性材料，如 16 锰钢、铝合金、黄铜等的力学性能与低碳钢相似。

4.4.2　铸铁的力学性能

1. 铸铁的拉伸试验

铸铁拉伸时的应力-应变图如图 4-18 所示：图线中没有屈服阶段，没有颈缩现象，强度极限 σ_b是唯一指标。铸铁的延伸率约为 0.4%，是典型的脆性材料。

2. 铸铁的压缩试验

铸铁压缩时的应力-应变图如图 4-18 所示，与拉伸时相似。铸铁压缩破坏时，破坏面与轴线大致成 45°角。强度极限 σ_b 仍为唯一指标，但压缩强度极限为拉伸时的 4～5 倍。可见，铸铁的抗压性能优于抗拉性能，常用于受压杆件。

其他脆性材料，如石料、混凝土等的力学性能与铸铁相似。

4.4.3　两类材料力学性能的比较

塑性材料与脆性材料的分类，是根据常温、静载下拉伸试验的延伸率来区分的。两类材料在力学性能上的主要区别在于：

1. 强度方面

塑性材料拉伸和压缩的比例极限、屈服极限基本相同，有屈服现象；脆性材料的压缩强度极限远远大于拉伸，没有屈服现象，破坏是突然的，适用于受压杆件。

2. 变形方面

塑性材料的延伸率和截面收缩率都较大，构件破坏前有较大的塑性变形，材料可塑性大，便于加工、安装时的矫正；脆性材料则与之相反。

总体而言，塑性材料优于脆性材料。但在实际工程选材时，还要考虑到经济原则。

必须指出：上述关于材料的力学性能是在常温、静载的条件下得到的。当外界因素（如加载方式、温度、受力状态等）发生改变时，则材料的性质也可能随之改变。

4.4.4　极限应力、安全系数和许用应力

通过对材料进行拉伸和压缩试验可知：任何一种材料都存在一个能承受应力的上限，这个应力的上限称为**极限应力**，用 σ^0 表示。

对于塑性材料：　$\sigma^0=\sigma_s$

对于脆性材料：　$\sigma^0=\sigma_b$

然而，试验结果是通过试件个体测定材料力学性能的，并不能完全代表材料整体的情况；在实际工程中，还有许多无法预测的因素（材料的不均匀、物体的振动等）对构件产生不利影响。所以，为了保证构件安全工作，必须将构件的工作应力限制在比极限应力更低的范围内。具体做法是将材料的极限应力 σ^0 除以一个大于 1 的系数，这样得到的应力称为**许用应力**，用 $[\sigma]$ 来表示。这个大于 1 的系数，称为**安全系数**，用 n 来表示。即

$$[\sigma]=\frac{\sigma^0}{n} \tag{4-7}$$

对于塑性材料：　$n=1.4\sim1.7$

对于脆性材料：　$n=2.5\sim3.0$

Q235 钢的许用应力 $[\sigma]=170\text{MPa}$。其他常用材料的安全系数和许用应力，可从有关规范中查到。

任务 5　轴向拉（压）杆的强度条件和强度计算

轴向拉（压）杆横截面上的正应力为 $\sigma=\dfrac{F_N}{A}$，这是拉（压）杆在工作时由荷载引起的应力，故又称**工作应力**。为保证拉（压）杆的安全，杆内最大工作应力不得超过材料的许用应力，即

$$\sigma_{max}=\frac{F_N}{A}\leqslant[\sigma] \tag{4-8}$$

上式称为拉（压）杆的**强度条件**。

根据强度条件，可以解决工程实际中有关构件强度的三类问题：

1. 强度校核

已知杆件所受荷载、截面 A 以及所用材料的 $[\sigma]$，校核杆件是否满足式（4-8）。

2. 设计截面

已知杆件所受荷载、材料的 $[\sigma]$，利用式（4-8）确定满足强度条件时，杆件的横截面积。即

$$A\geqslant\frac{F_N}{[\sigma]}$$

3. 确定许可荷载

已知杆件的截面 A、所用材料的 $[\sigma]$，计算杆件满足强度时的最大轴力，即

$$F_N\leqslant A\cdot[\sigma]$$

再通过最大轴力进一步确定许可的外荷载。

需指出：对于许用拉、压应力不相等的材料，应分别对杆件内的最大拉、压应力进行强度计算。

例 4-5 用钢丝绳起吊钢管的装置如图 4-19a 所示。已知：钢管重 $W=50$kN，钢丝绳的横截面积 $A=350\text{mm}^2$，钢丝许用应力 $[\sigma]=170$MPa。试校核钢丝绳的强度。

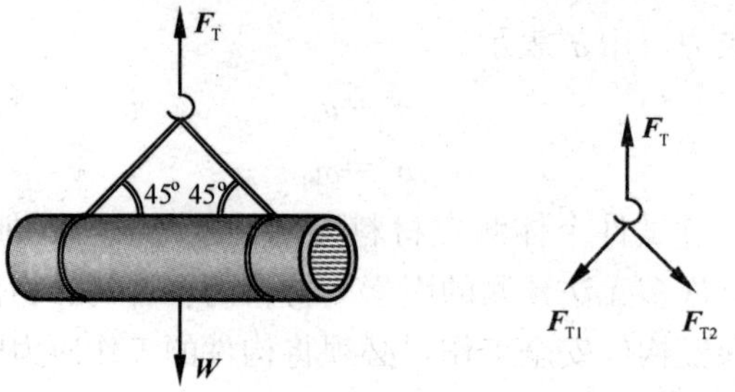

(a)　(b)

图 4-19

解（1）取吊钩为研究对象，画出其受力图如图 4-19b 所示。其中 $F_T=W=50$kN。根据平衡条件可得，$F_{T1}=F_{T2}=35.35$kN。

（2）强度校核。

$$\sigma_{max}=\frac{F_{T1}}{A}=\frac{35.35\times10^3}{350}=101\text{MPa}<[\sigma]=170\text{MPa}$$

所以，钢丝绳满足强度要求。

例 4-6 图 4-20a 为一木构架装置。已知斜杆 AB 为正方形截面木杆，木材的许用应力 $[\sigma]=6$MPa。试设计杆 AB 的截面尺寸。

解（1）取横杆 CD 为研究对象，画出其受力图如图 4-20b 所示。根据 $\sum M_C=0$ 可得

$$F_N=28.28\text{kN}$$

（2）设计杆 AB 的截面。根据强度条件，斜杆 AB 的截面面积为

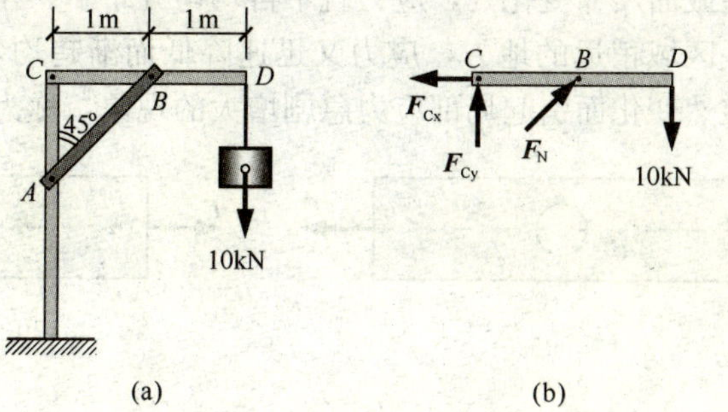

图 4-20

$$a^2 = A \leqslant \frac{F_N}{[\sigma]} = \frac{28.28 \times 10^3}{6} = 4720\ \text{mm}^2$$

即
$$a \leqslant \sqrt{4720} = 68.7\ \text{mm}$$

可取 a=70mm。

例 4-7　图 4-21a 所示结构中，已知 1、2 两杆的材料相同，许用应力 $[\sigma]$=160MPa；两杆的横截面积 A_1=150mm²，A_2=100mm²。横杆自重不计。试计算力 $\boldsymbol{F}$ 的最大值及位置。

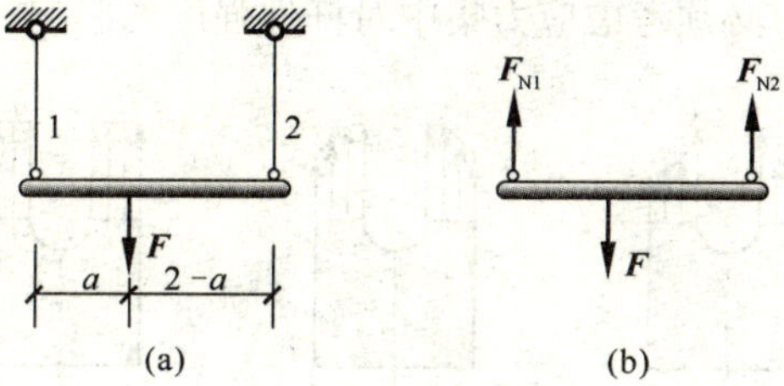

图 4-21

解　这属于确定许可荷载的问题。

(1) 画出横杆的受力图如图 4-21b 所示。

(2) 先根据强度条件，确定两杆各自能承受的最大轴力：

1 杆：　$F_{N1} \leqslant A_1 \cdot [\sigma] = 150 \times 160 = 24000\text{N} = 24\text{kN}$

2 杆：　$F_{N2} \leqslant A_2 \cdot [\sigma] = 100 \times 160 = 16000\text{N} = 16\text{kN}$

(3) 再根据静力平衡条件，确定 F_{max} 及其位置：

显然
$$F_{max} = F_{N1} + F_{N2} = 40\text{kN}$$

而由 $\Sigma M_1 = 0$ 可得
$$F \cdot a = F_{N2} \times 2$$

得
$$a = 0.8\text{m}$$

任务 6　应力集中的概念

4.6.1　应力集中的概念

等截面直杆在轴向拉伸或压缩时，横截面上的正应力是均匀分布的。但是，当杆件的截面尺寸发生突变时，在截面尺寸变化处，应力就不再均匀分布了。在变化处附近的应力会急剧增大，而在离开这一区域稍远的地方，应力又迅速降低而渐趋均匀，如图 4-22 所示。这种因杆件截面尺寸的突然变化而引起局部应力急剧增大的现象，称为**应力集中**。

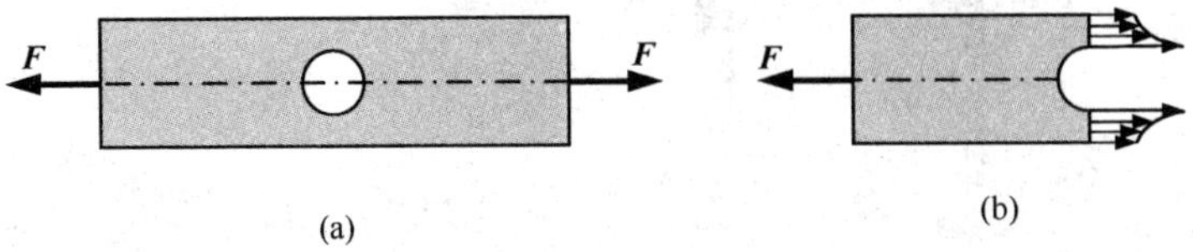

图 4-22

4.6.2　应力集中对杆件强度的影响

应力集中对杆件强度的影响与材料的性能有关。对于有屈服阶段的塑性材料，如图 4-23 所示。当应力集中处的最大应力 σ_{max} 达到材料的屈服极限 σ_s 时，就不再继续增大了。随着外力的增加，邻近点的应力也依次达到 σ_s，直至整个截面都达到 σ_s，这时杆件才失去承载能力。因此，应力集中对塑性材料强度的影响较小。而对于脆性材料，当应力集中处的最大应力 σ_{max} 达到材料的强度极限 σ_b 时，就会引起局部开裂，并很快导致杆件完全断裂，大大降低了构件的承载能力。因此，必须考虑应力集中对杆件强度的影响。

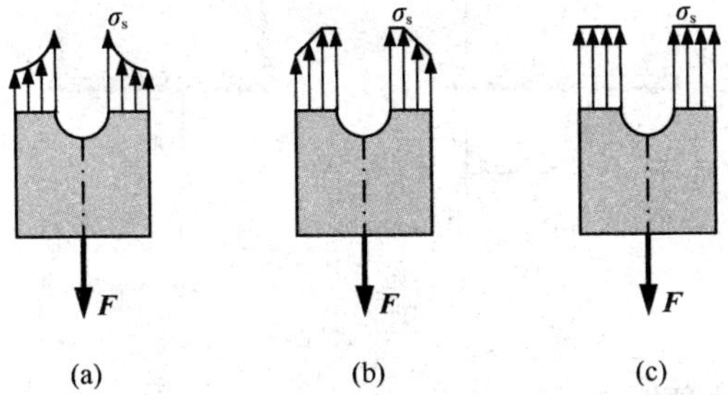

图 4-23

小　　结

轴向拉伸与压缩是杆件最简单、最基本的变形形式。

一、基本概念

1. 内力　杆件受外力作用，杆件内相连两部分之间的作用力。

2. 轴力　轴拉（压）杆与杆轴线重合的内力。拉为正，压为负。

3. 应力　截面上任一点处的分布内力集度。正应力 σ 与截面垂直，切应力 τ 与截面相切。轴拉（压）杆的横截面上只有正应力。

4. 应变　杆件单位长度的变形。

5. 极限应力　材料固有的能承受应力的上限。

6. 安全系数　为保证构件安全，对材料的极限应力进行折算而引入的大于 1 的系数。

7. 许用应力　极限应力与安全系数的比值，是材料正常工作时容许采用的最大应力。

8. 应力集中　由于杆件截面的突变而引起局部应力急剧增大的现象。

二、基本计算

1. 轴拉（压）杆内力的计算　基本方法是截面法。两个步骤：显示内力和确定内力。轴力图可以直观、清晰地看出杆件各段的轴力。

2. 轴拉（压）杆横截面上应力的计算：$\sigma = \dfrac{\boldsymbol{F}_{\mathrm{N}}}{A}$

3. 轴向拉（压）杆的变形计算（胡克定律）：$\Delta l = \dfrac{\boldsymbol{F}_{\mathrm{N}} l}{EA}$ 或 $\sigma = E\varepsilon$

4. 轴向拉（压）杆的强度计算（强度条件）：$\sigma_{\max} \leqslant [\sigma]$

三、材料的力学性能

材料的力学性能是材料在外力作用下所表现出来的强度和变形方面的特性，通过试验测定。以低碳钢为代表的塑性材料，破坏前有屈服现象，屈服极限是其重要的强度指标；以铸铁为代表的脆性材料，破坏是突然的，其强度指标只有强度极限。应力应变图是材料的力学性能的直观体现。

四、强度计算

强度计算是材料力学研究的主要任务，现将材料力学研究问题的基本思路与方法汇总如下：

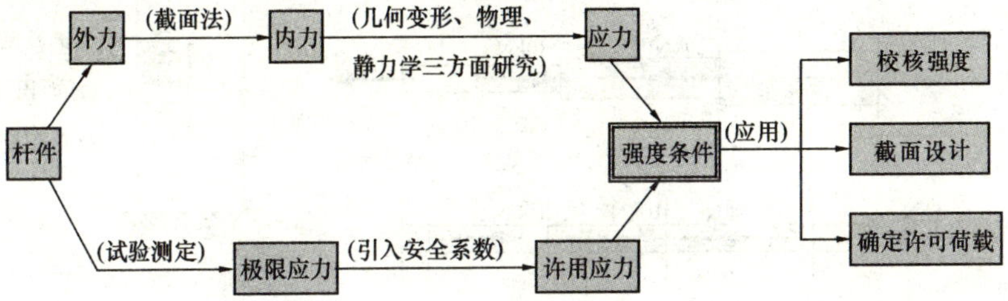

图 4-24

思考题

4-1　指出下列杆件中哪些部位属于轴向拉伸？哪些属于轴向压缩？

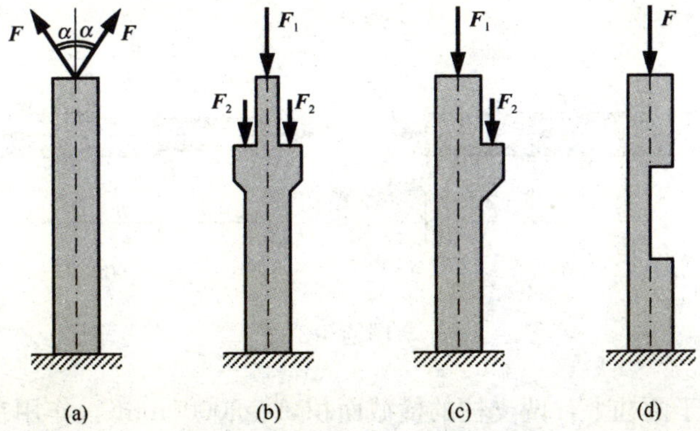

图思 4-1

4-2　指出下列概念的区别：

（1）内力与应力

（2）纵向变形与纵向线应变

（3）材料的拉伸图与应力-应变图

（4）线应变与延伸率

（5）极限应力与许用应力

4-3　正应力恒为正，这种说法对吗？

4-4　两根轴拉杆的受力与横截面积均相同，而材料不同。它们横截面上的内力是否相同？应力是否相同？变形是否相同？

4-5　钢筋经过冷作硬化处理后，其力学性能有何变化？

4-6　什么是延伸率？什么是截面收缩率？如何区别塑性材料与脆性材料？为什么说塑性材料优于脆性材料？

4-7　什么是应力集中？对杆件的强度有何影响？

习题

4-1　试用截面法计算图题 4-1 示各杆指定截面上的轴力，并画出各杆的轴力图。

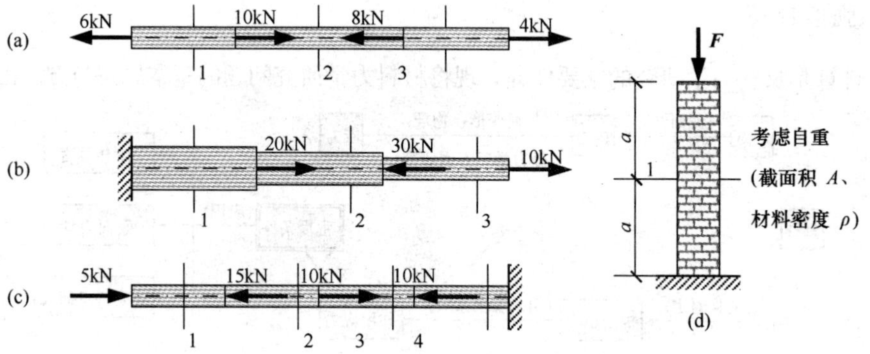

图题 4-1

4-2　直杆的受力及尺寸如图所示。已知材料的弹性模量为 E，试计算：

（1）杆件各段横截面上的应力；

（2）杆的总纵向变形。

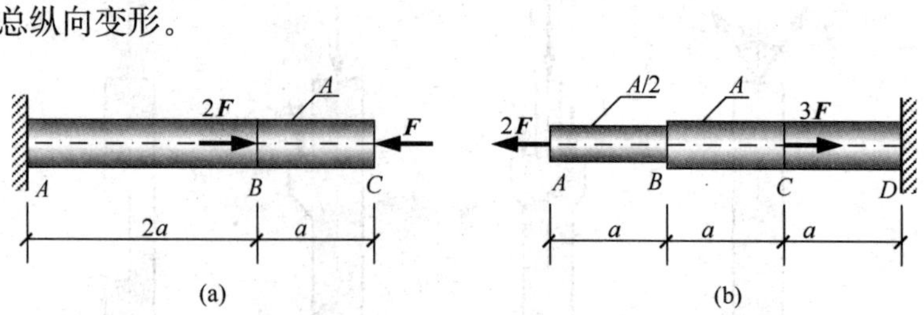

图题 4-2

4-3　横梁支承于两柱上，两支柱的横截面积 $A=90000\text{mm}^2$，作用在梁上的荷载可沿梁移动，其大小如图示。求柱子的最大正应力。

4-4　图示阶梯形砖柱，已知 $H_1=3\text{m}$，$H_2=4\text{m}$，力 $\boldsymbol{F}=40\text{kN}$，砖砌体的弹性模量 $E=3\text{GPa}$，砖柱自重不计。试计算：(1) 各段的应力；(2) 各段的应变；(3) 砖柱的总变形。

4-5　拉伸试验时，低碳钢试件的直径 $d=10\text{mm}$，在标距 $l=100\text{mm}$ 内的伸长量 $\Delta l=0.06\text{mm}$。已知材料的比例极限 $\sigma_p=200\text{MPa}$，弹性模量 $E=200\text{GPa}$。问此时试件的应力是多少？所受的拉力是多大？

4-6　一矩形截面木杆，两端被圆孔削弱，中间被两个切口削弱，尺寸及受力如图所示。已知木材的许用应力 $[\sigma]=7\text{MPa}$，试校核木杆的强度。

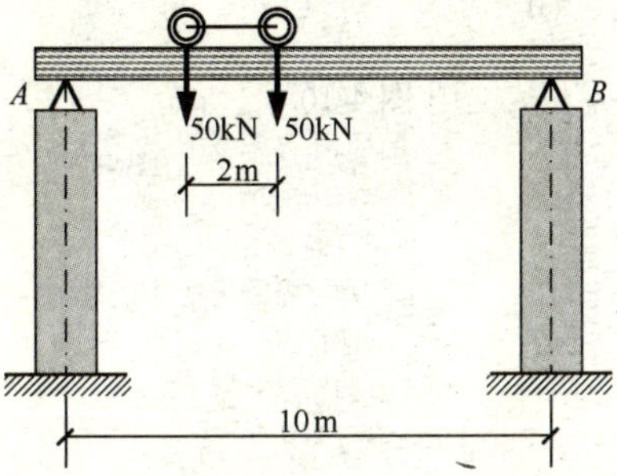

图题 4-3

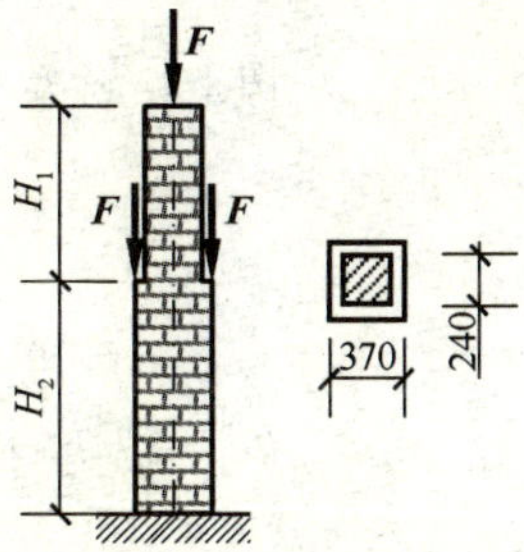

图题 4-4

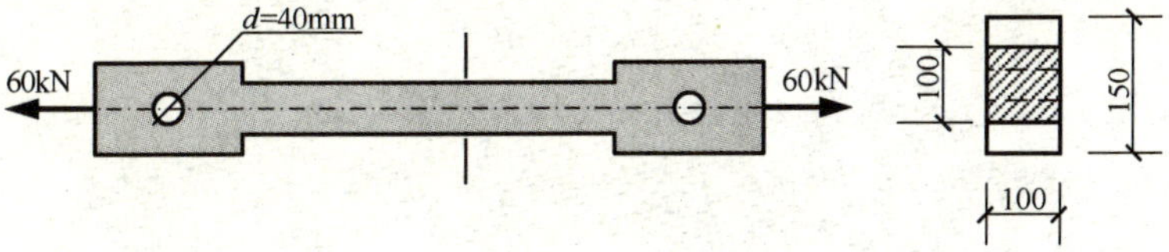

图题 4-6

4-7　简易雨篷结构的尺寸及受力如图所示。斜拉杆 BC 拟用两根等边角钢做成，已知钢材的许用应力 $[\sigma]=160\text{MPa}$。试选择角钢的型号。(可查附录)

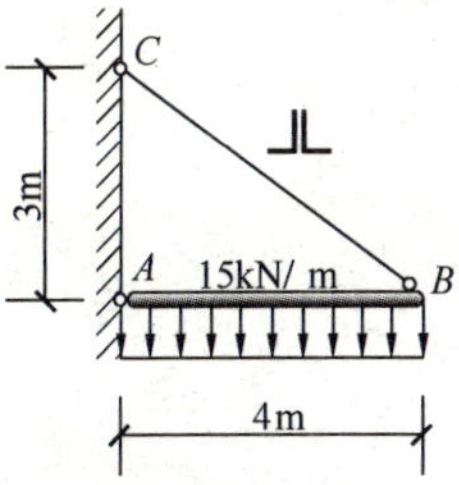

图题 4-7

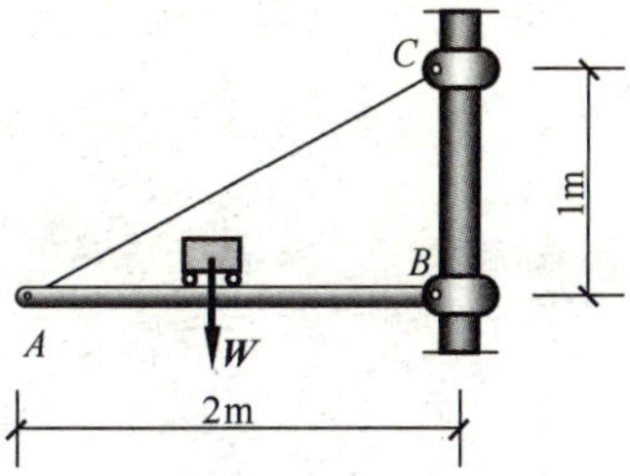

图题 4-8

4-8　悬臂吊车如图所示，小车可水平移动。斜拉杆 AC 为圆截面钢材，许用应力 $[\sigma]=160\text{MPa}$。已知小车荷载 $\boldsymbol{W}=16\text{kN}$。试确定杆 AC 的直径 d。

4-9　如图所示三角支架，杆① 为直径 $d=16\text{mm}$ 的圆钢杆，许用应力 $[\sigma_1]=140\text{MPa}$。杆②为边长 $a=100\text{mm}$ 的方木杆，许用应力 $[\sigma_2]=4.5\text{MPa}$。受力如图所示。试校核两杆的强度。

4-10　如图所示两结构中，杆① 为面积 $A_1=1000mm^2$ 的钢杆，$[\sigma_1]=140MPa$；杆②为面积 $A_2=20000mm^2$ 的木杆，许用应力 $[\sigma_2]=7MPa$。试确定两结构的许可荷载。

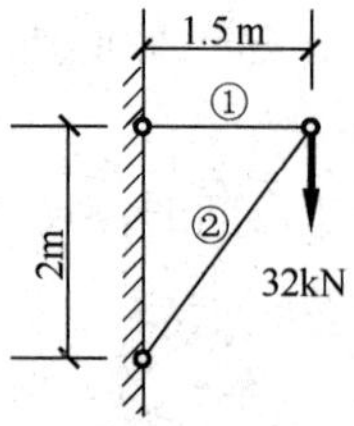

图 4-9

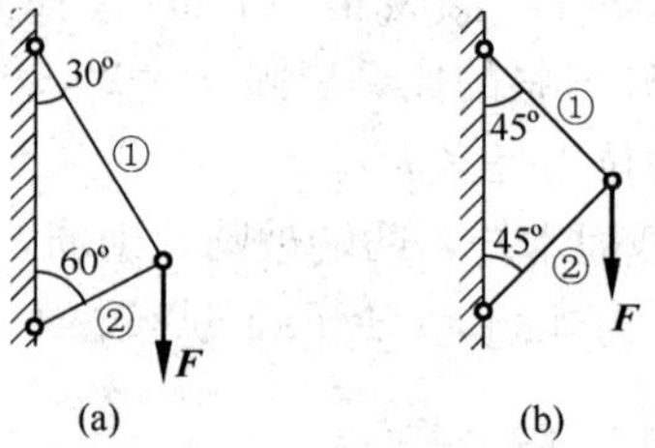

图 4-10

项目 5　剪切与扭转

学习要点及目标

◆ 了解剪切与扭转时的受力特点和变形特点，掌握用截面法求剪力与扭矩，并绘制扭矩图；

◆ 能正确地判断连接件的剪切面与挤压面，掌握剪切与挤压的实用计算；

◆ 熟悉圆轴扭转时的切应力和变形计算公式，掌握圆轴扭转的强度和刚度计算；

◆ 理解和掌握圆形及空心圆形极惯性矩和抗扭截面系数的计算及其意义；

◆ 理解切应力互等定理和剪切胡克定律。

核心概念

剪切、扭矩、挤压、惯性矩、抗扭截面系数、切应力互等定理和剪切胡克定律等。

引导案例

本章内容使学生了解剪切和扭转变形概念，重点是掌握拉（压）连接件连接及扭转强度、刚度计算。

任务 1　剪切与挤压的实用计算

5.1.1　剪切与挤压的概念

当杆件在垂直于轴线的方位，受到一对大小相等、方向相反、作用线平行且相距很近的外力作用，两个力之间的截面会相对错动，这就是**剪切**变形。两个力之间的截面称为**剪切面**。如图 5-1 所示。当两个力足够大时，杆件将沿剪切面剪断。

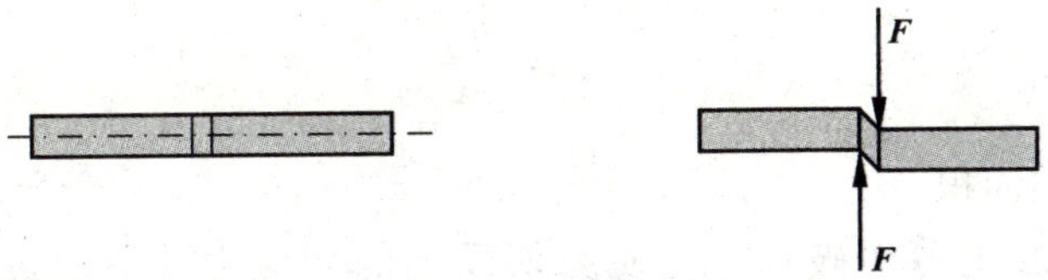

图 5-1

拉（压）杆之间的连接件——铆钉、螺栓、销钉等，都是剪切变形的实例。如图 5-2 所示。

连接件在受剪时，两构件的接触面上会产生局部受压，称为**挤压**。由于接触面积较小，而传递的压力相对较大，可能导致接触表面产生塑性变形，从而影响正常使用。

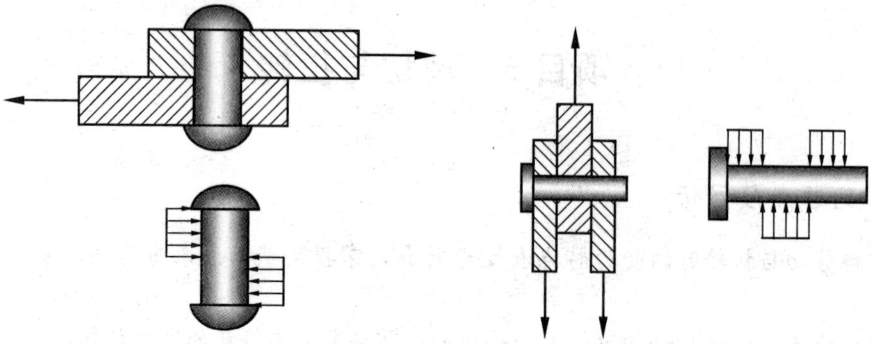

(a)　　　　(b)

图 5-2

5.1.2　剪切的实用计算

剪切面上的内力可由截面法求得，如图 5-3a、b 所示。显然

$$\boldsymbol{F}_{\mathrm{Q}} = \boldsymbol{F}$$

$\boldsymbol{F}_{\mathrm{Q}}$ 称为**剪力**，其方位与剪切面相切。可以推测，剪力引起的应力一定是切应力。

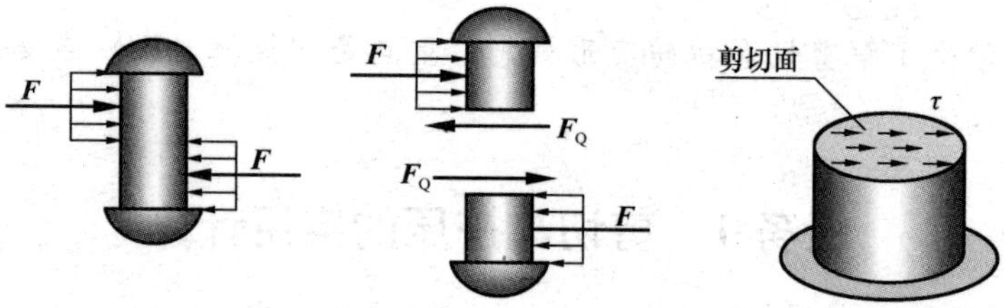

(a)　　　　(b)　　　　(c)

图 5-3

在剪切的实用计算中，假定剪切面上的切应力是均匀分布的，如图 5-3c 所示。切应力的计算公式为

$$\tau = \frac{F_{\mathrm{Q}}}{A} \tag{5-1}$$

式中，A 为剪切面的面积。

为保证杆件不发生剪切破坏，应使剪切面上的切应力，不超过材料的许用切应力 $[\tau]$。即

$$\tau = \frac{F_{\mathrm{Q}}}{A} \leqslant [\tau] \tag{5-2}$$

这就是剪切强度条件。许用切应力 $[\tau]$，可由剪切试验测定。

5.1.3　挤压的实用计算

如图 5-4a 所示：两构件的接触面为挤压面；作用在挤压面上的压力，称为**挤压力**，用

$\boldsymbol{F}_c$ 表示，可由平衡条件求得。在挤压的实用计算中，采用**计算挤压面**，用 A_c 表示。当挤压面为平面时，计算挤压面等于挤压面积；当挤压面为半圆柱面时，计算挤压面为圆柱体的直径平面，如图 5-4b 所示。挤压面上的压应力，称为**挤压应力**，用 σ_c 表示。

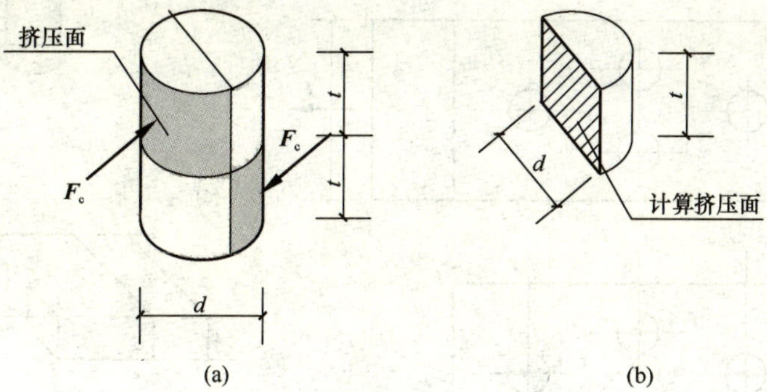

图 5-4

在挤压的实用计算中，假定挤压应力均匀分布在计算挤压面上，即

$$\sigma_c = \frac{F_c}{A_c} \tag{5-3}$$

挤压的强度条件为

$$\sigma_c = \frac{F_c}{A_c} \leqslant [\sigma_c] \tag{5-4}$$

式中，$[\sigma_c]$ 为材料的许用挤压应力，可由试验测定。

剪切强度条件和挤压强度条件，也能解决强度校核、设计截面和确定许用荷载等三类问题。不过，通常的做法是：先用剪切强度设计，必要时再进行挤压强度校核与截面削弱处的抗拉强度校核。

例 5-1 某连接件用四个铆钉搭接两块钢板，如图 5-5a 所示。已知拉力 $\boldsymbol{F} = 110\text{kN}$，铆钉直径 $d = 16\text{mm}$，钢板宽度 $b = 90\text{mm}$，厚度 $t = 10\text{mm}$，钢板与铆钉材料相同，$[\tau] = 140\text{MPa}$，$[\sigma_c] = 300\text{MPa}$，$[\sigma] = 160\text{MPa}$。试全面校核连接件的强度。

解 连接件存在三种破坏的可能性：（1）铆钉被剪断；（2）铆钉或钢板发生挤压破坏；（3）钢板由于钻孔，断面被削弱，在削弱处被拉断。要使连接件安全可靠，必须同时满足以上三方面的要求。

1. 铆钉的剪切强度校核

（1）铆钉的直径相同，且对称于外力作用线布置，可以推断每个铆钉传递的压力相等，如图 5-5b 所示，即

$$\boldsymbol{F}_1 = \boldsymbol{F}/4$$

剪切面上的剪力

$$\boldsymbol{F}_Q = \boldsymbol{F}_1 = \boldsymbol{F}/4$$

（2）根据式（5-2），校核剪切强度：

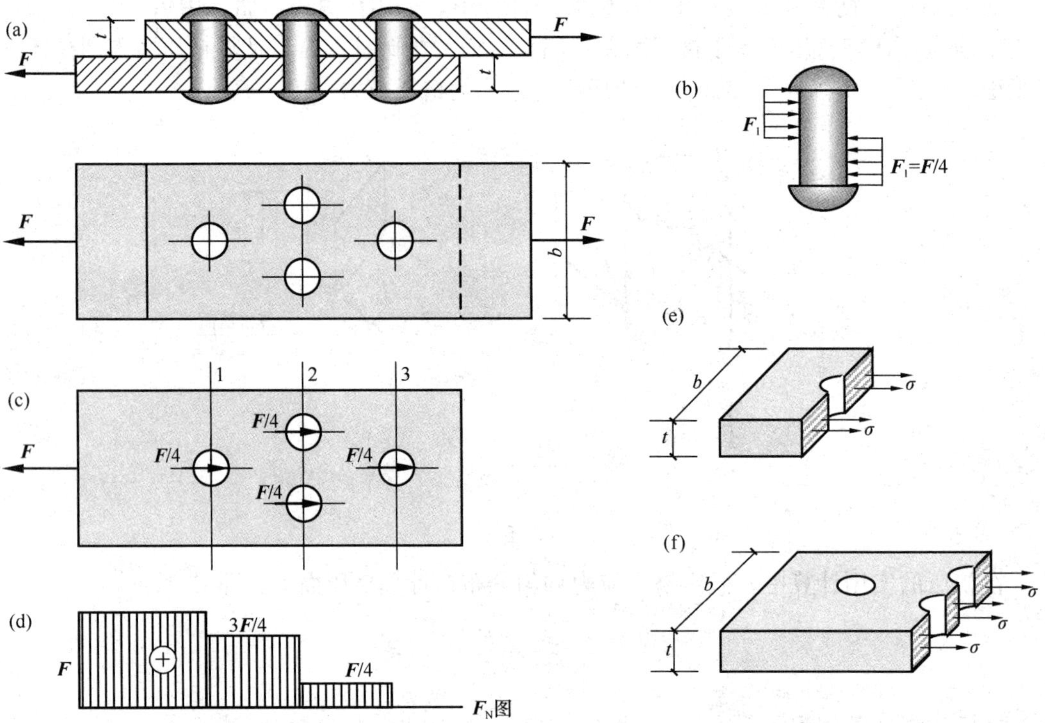

图 5-5

$$\tau=\frac{F_Q}{A}=\frac{F/4}{\pi d^2/4}=\frac{110\times10^3}{\pi\times16^2}=136.8\text{MPa}<[\tau]=140\text{MPa}$$

所以，铆钉满足剪切强度条件。

2. 挤压强度校核

(1) 每个铆钉上的挤压力均相同，即

$$\boldsymbol{F}_c=\boldsymbol{F}/4$$

计算挤压面为圆柱体的直径平面，即

$$A_c=t\cdot d$$

(2) 根据式 (5-4)，校核挤压强度：

$$\sigma_c=\frac{F_c}{A_c}=\frac{F/4}{t\cdot d}=\frac{110\times10^3}{4\times10\times16}=172\text{MPa}<[\sigma_c]=300\text{MPa}$$

所以，满足挤压强度条件。

3. 钢板的抗拉强度校核

两块钢板的受力情况与开孔情况相同，可取下面一块。通过受力分析，画出其受力图及轴力图，如图 5-5c、d 所示。进一步对危险截面和轴力分析可知，截面 1、2 需要校核。

(1) 截面 1 (图 5-5e)：

$$\boldsymbol{F}_{N1}=\boldsymbol{F},\quad A_1=(b-d)\cdot t$$

$$\sigma_1=\frac{F_{N1}}{A_1}=\frac{F}{(b-d)t}=\frac{110\times10^3}{(90-16)\times10}=149\text{MPa}<[\sigma]=160\text{MPa}$$

（2）截面 2（图 5-5f）：

$$F_{N2} = 3F/4, \quad A_2 = (b-2d) \cdot t$$

$$\sigma_2 = \frac{F_{N2}}{A_2} = \frac{3F/4}{(b-2d)t} = \frac{3 \times 110 \times 10^3}{4 \times (90 - 2 \times 16) \times 10} = 142\text{MPa} < [\sigma] = 160\text{MPa}$$

所以，钢板也满足抗拉强度条件。

经过三方面校核，连接件满足强度要求。

例 5-2　两块厚度 $t_1 = 14\text{mm}$ 的钢板对接，上下各加一块厚度 $t_2 = 8\text{mm}$ 的盖板，如图 5-6a所示。已知拉力 $F = 200\text{kN}$，许用应力 $[\tau] = 140\text{MPa}$，$[\sigma_c] = 300\text{MPa}$。若采用直径 $d = 16\text{mm}$的铆钉，求每侧所需铆钉数 n。

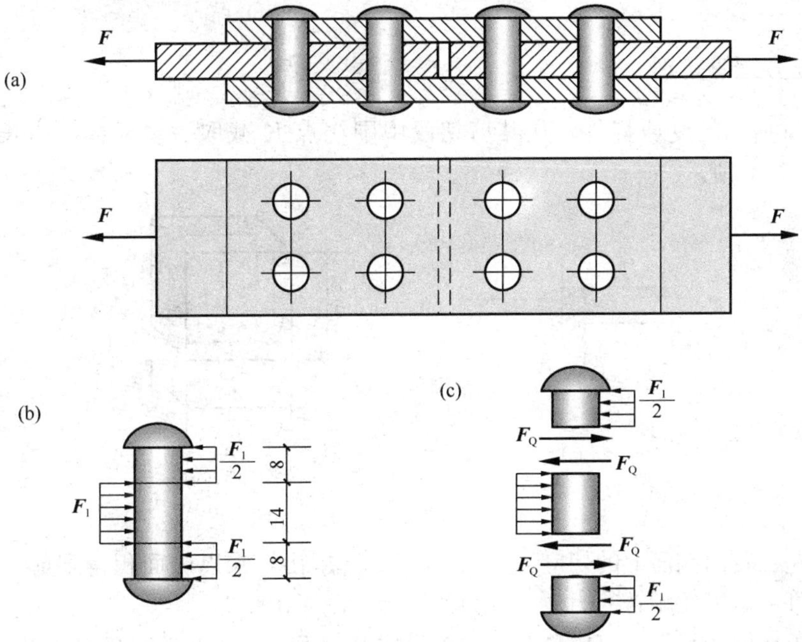

图 5-6

解（1）由剪切强度确定数 n。

取一个铆钉研究，画出其受力图如图 5-6b 所示，受到的作用力

$$F_1 = F/n$$

用截面法求得剪切面上的剪力（图 5-6c）为

$$F_Q = F_1/2 = F/2n$$

由剪切强度

$$\tau = \frac{F_Q}{A} = \frac{F}{2nA} \leqslant [\tau]$$

得

$$n \geqslant \frac{F}{2A[\tau]} = \frac{200 \times 10^3}{2 \times \frac{\pi}{4} \times 16^2 \times 140} = 3.56 \approx 4(\text{个})$$

（2）校核挤压强度。由于 $t_1 < 2t_2$，所以，只需验算钢板与铆钉之间的接触面。

$$\sigma_c = \frac{F_c}{A_c} = \frac{F_1/4}{t_1 \cdot d} = \frac{200 \times 10^3}{4 \times 14 \times 16} = 223\text{MPa} < [\sigma_c] = 300\text{MPa}$$

故，每侧所需的铆钉为 4 个。

想一想

想一想，为什么不需验算盖板与铆钉之间的挤压呢？

任务 2　切应力互等定理与剪切胡克定律

5.2.1　切应力互等定理

如图 5-7a 所示的受剪杆件，从其剪切段中围绕点 K 截取一单元体，边长分别为 $\mathrm{d}x$、$\mathrm{d}y$、t，如图 5-7b 所示。

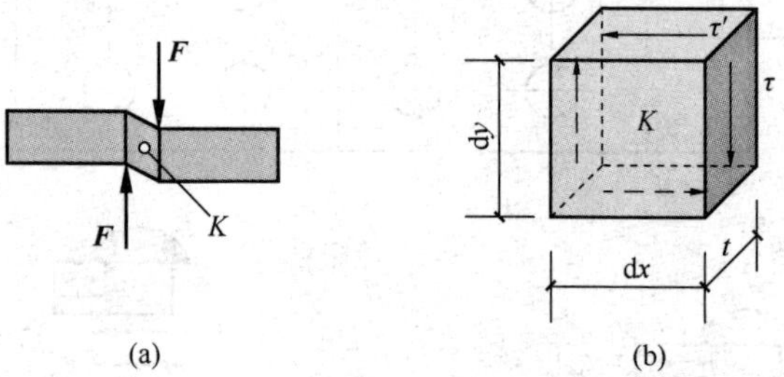

图 5-7

单元体左、右两侧面上的切应力可由式（5-1）求出，乘以侧面积得到剪力 $\tau t\mathrm{d}y$，两侧面上的剪力进一步组成顺转的力偶，其力偶矩为 $\tau t\mathrm{d}y \cdot \mathrm{d}x$。

为保持单元体的平衡，可以推测：在单元体上、下两侧面上必定存在方向相反的切应力 τ'，剪力为 $\tau' t\mathrm{d}x$，组成逆转力偶的力偶矩为 $\tau' t\mathrm{d}x \cdot \mathrm{d}y$（单元体的前、后两面无应力存在）。根据平衡条件可知

$$\tau t\mathrm{d}y \cdot \mathrm{d}x = \tau' t\mathrm{d}x \cdot \mathrm{d}y$$

显然

$$\tau = \tau' \tag{5-5}$$

式（5-5）表明：**单元体在互相垂直的两个平面上，垂直于公共棱边的切应力成对存在，且数值相等，符号相反，**这种关系称为**切应力互等定理**。

图 5-7b 所示单元体的四个侧面上，只有切应力而无正应力，这种受力状态称为**纯剪切状态**。

5.2.2　剪切胡克定律

矩形单元体在切应力作用下，矩形的直角发生微小改变，如图 5-8a 所示。这个直角的改变量 γ 称为**切应变**，其单位为弧度（rad）。

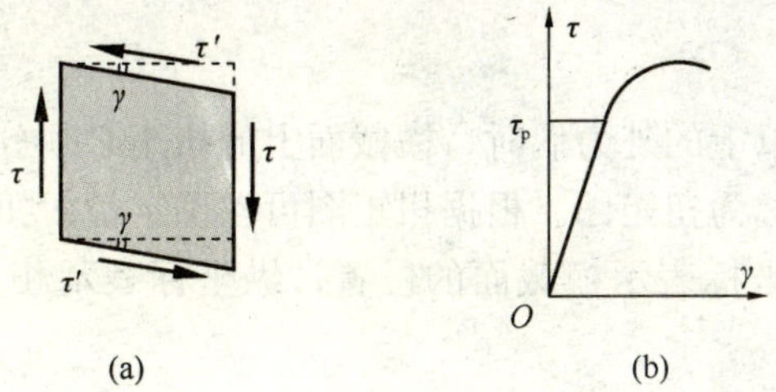

图 5-8

试验表明：**当切应力不超过材料的剪切比例极限 τ_P 时，切应力与切应变成正比**(图 5-8b)，即

$$\tau = G \cdot \gamma \tag{5-6}$$

式（5-6）称为**剪切胡克定律**。式中，比例常数 G 称为材料的**切变模量**，它反映了材料抵抗剪切变形的能力，其单位与弹性模量 E 相同。各种材料的 G 值均可由试验测定，常用工程材料的 G 值可查有关手册。

任务 3　圆轴扭转时的内力

5.3.1　扭转的概念

扭转变形是杆件的一种基本变形。在垂直杆件轴线的两平面内，作用一对大小相等、转向相反的力偶时，杆件就产生**扭转变形**，如图 5-9 所示。圆轴扭转的变形特点是各横截面绕杆轴线发生相对转动。杆件任意两截面间的相对角位移，称为**扭转角**，用 θ 表示。受扭杆件的横截面多为圆形，故又称**圆轴**。汽车方向盘的操纵杆、机械的传动轴等，都是扭转变形的实例。

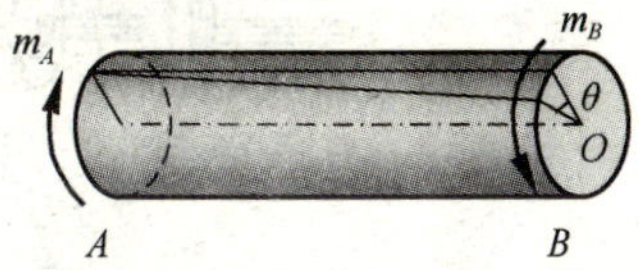

图 5-9

本教材只讨论圆轴扭转时的强度和刚度的计算。

5.3.2　扭转的内力——扭矩

计算圆轴扭转时的内力仍使用截面法。如图 5-10 所示，欲求截面 C 上内力，可用假想截面在 C 处截开，取左段（或右段）。根据“力偶只能和力偶平衡”的性质，截面 C 上必有一个内力偶 T 与外力偶 m_A 平衡，这个内力偶矩称为**扭矩**，用 T 表示，单位为 N · m 或kN · m。显然

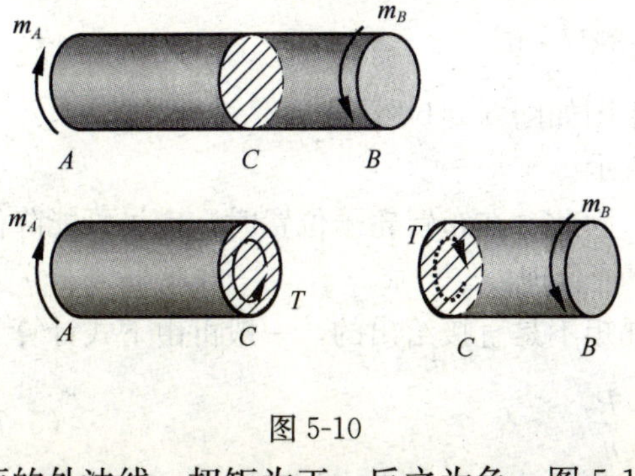

图 5-10

$$T = m_A$$

扭矩的正负规定：右手螺旋法则。以右手握拳，四指表示扭矩的转向，大拇指指向横截面的外法线，扭矩为正；反之为负。图 5-10 中的扭矩即为正值。

5.3.3　扭转图

当轴上同时作用两个以上的外力偶时，横截面上的扭矩必须分段计算。表示轴上各横截面上扭矩变化规律的图形称为**扭矩图**。根据扭矩图可以确定最大扭矩值及其所在位置。扭矩图与轴力图相似，仍以横坐标表示横截面的位置，纵坐标表示相应截面的扭矩，采用正上负下。

例 5-3　图 5-11a 所示为一传动轴，轮 *A*、*B*、*C* 作用着外力偶，试画出轴的扭矩图。若将轮 *A* 和轮 *B* 的位置调换，其扭矩图有何改变？哪一个更合理？

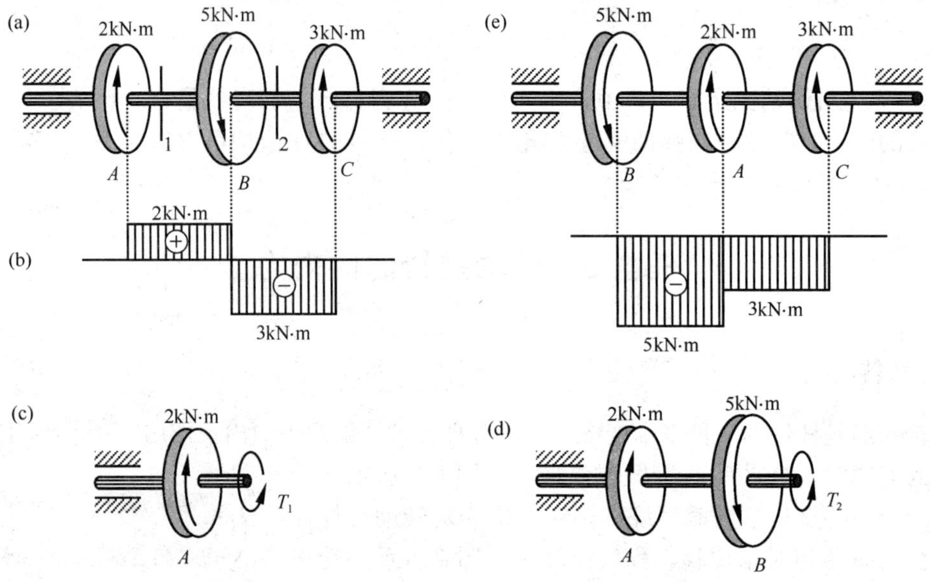

图 5-11

解（1）计算各段轴的扭矩

AB 段（截面 1，图 5-11c）

$$T_1 = 2\text{kN} \cdot \text{m}$$

BC 段（截面 2，图 5-11d）

$$T_2 = 2 - 5 = -3\text{kN} \cdot \text{m}$$

（2）画扭矩图。同轴力图做法，画出轴的扭矩图如图 5-11b 所示。

（3）调换轮 *A* 和轮 *B*，其扭矩图如图 5-11e 所示。

讨论：轴的强度和刚度都与最大扭矩值有关。因此，在布置轮子位置时，应尽可能降低轴内的最大扭矩值。显然，图 5-11a 轮子的布置比较合理。

在实际工程中，有时作用在传动轴上的外力偶矩不是直接给出的，一般可由下式计算

$$m = 9.55\frac{P}{n} \tag{5-7}$$

式中　*P*——轴传递的功率，kW；

n——轴的转速，r/min；

m——轴上的外力偶矩，kN·m。

任务 4　圆轴扭转时横截面上的应力

要解决圆轴扭转的强度问题，在求出横截面上的扭矩后，还要知道应力的分布情况，以便确定危险截面和危险点。本节将通过简要的分析、研究，建立圆轴受扭时横截面上的应力公式。

为观察圆轴扭转时的变形，取一圆轴在其表面画上一些间距相等的纵线和圆周线，形成许多小的矩形网格，如图 5-12a 所示。圆轴受扭后的变形如图 5-12b 所示。

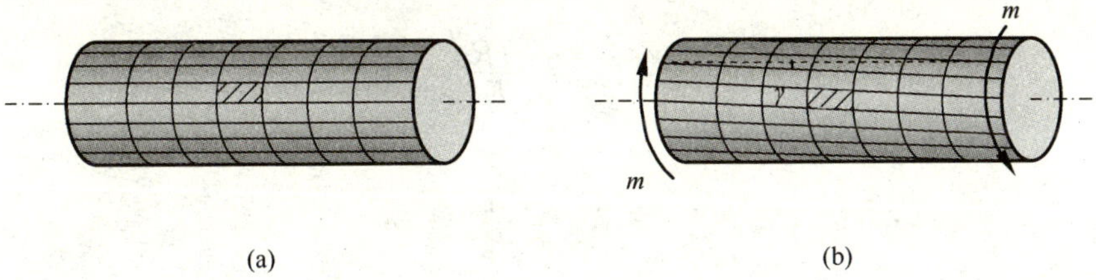

图 5-12

可观察到如下现象：

（1）各圆周线的形状、大小和间距都保持不变，仅绕轴线作相对转动。

（2）各纵向线都倾斜了相同的角度 γ，且仍保持直线，原来矩形方格变成平行四边形。

通过以上现象，可作出以下假设和推断：

（1）平面假设：代表横截面的圆周线，变形前后均保持平面，其形状、大小都不改变，只是绕轴线相对转过一个角度；

（2）两相邻横截面之间的距离也保持不变。

为进一步弄清圆轴横截面上应力的分布情况，用相邻两截面截取受扭圆轴一微段 dx，如图 5-13a 所示。

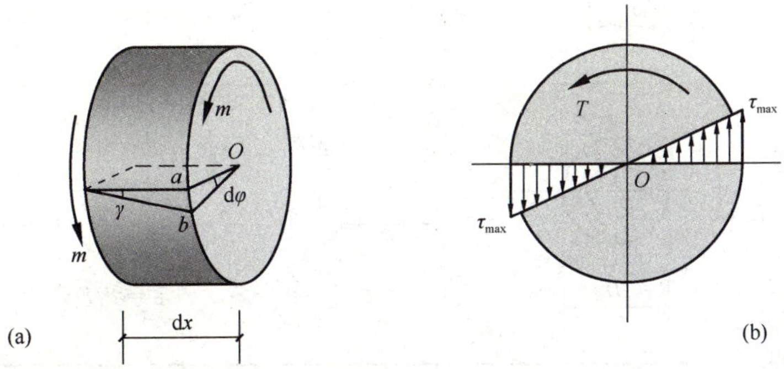

图 5-13

由于横截面的间距保持不变，未发生轴向变形，故横截面上没有正应力；圆轴横截面上的半径 Oa，受扭后其位置转至 Ob，同时产生切应变 γ，且切应变与点到圆心的距离成正比。

由剪切胡克定律可以推测：切应力也与点到圆心的距离成正比。

由以上分析可知：**扭转圆轴的横截面上只存在切应力，方向与半径垂直，指向与截面的扭矩相一致，且呈线性分布**。分布规律如图 5-13b 所示。

据此，我们直接给出圆轴扭转时横截面上任一点切应力的计算公式

$$\tau_\rho = \frac{T\rho}{I_p} \tag{5-8}$$

式中　T——横截面上的扭矩；

ρ——所求点到圆心的距离；

I_p——截面对圆心的**极惯性矩**，与圆截面的尺寸有关，mm^4。

对于一个指定截面，扭矩 T 与极惯性矩 I_p 是定值，$\rho_{max}=R$ 时，切应力 τ 取得最大值，即

$$\tau_{max} = \frac{TR}{I_p}$$

令

$$W_p = \frac{I_p}{R} \tag{5-9}$$

则有

$$\tau_{max} = \frac{T}{W_p} \tag{5-10}$$

式中，W_p 与圆截面的尺寸有关，称为**抗扭截面系数**，是反映圆轴抗扭的几何量，单位为 mm^3。对于实心圆、空心圆的极惯性矩和抗扭截面系数计算见表 5-1。

表 5-1　实心圆、空心圆的极惯性矩和抗扭截面系数

截面形状	有关尺寸	惯性矩	抗扭截面系数
实心圆形	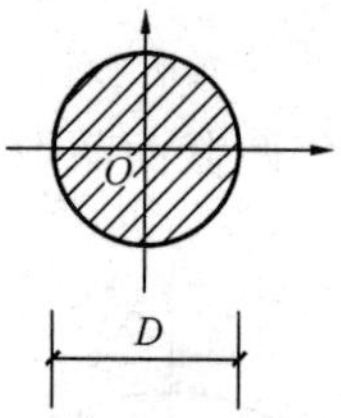	$I_p=\frac{\pi D^4}{32}$	$W_p=\frac{\pi D^3}{16}$
空心圆形	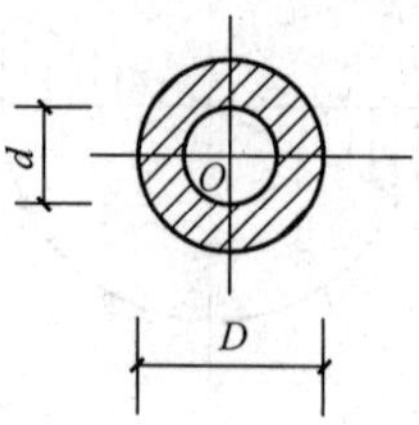	$I_p=\frac{\pi D^4}{32}(1-\alpha^4)$	$W_p=\frac{\pi D^3}{16}(1-\alpha^4)$
		$\alpha=d/D$	

需指出，公式（5-8）、公式（5-10）都只适用于弹性范围内的圆轴。

例 5-4　实心圆轴的直径 $d=40mm$，传递扭矩 $T=628N\cdot m$。试计算距离圆心 $\rho=15mm$ 处某点的切应力以及截面上的最大切应力。

解（1）计算极惯性矩和抗扭截面系数

$$I_p = \frac{\pi D^4}{32} = \frac{\pi \times 40^4}{32} \text{mm}^4; \qquad W_p = \frac{\pi D^3}{16} = \frac{\pi \times 40^3}{16} \text{mm}^3$$

（2）计算 15mm 点的切应力。代入式（5-8）可得

$$\tau_\rho = \frac{T\rho}{I_p} = \frac{628 \times 10^3 \times 15 \times 32}{\pi \times 40^4} = 37.5\text{MPa}$$

（3）计算截面上的最大切应力。代入式（5-10）可得

$$\tau_{max} = \frac{T}{W_p} = \frac{628 \times 10^3 \times 16}{\pi \times 40^3} = 50\text{MPa}$$

任务 5　圆轴扭转时的强度计算

圆轴在扭转时应满足：圆轴横截面上的最大切应力不超过材料的许用切应力，即

$$\tau_{max} = \frac{T_{max}}{W_p} \leqslant [\tau] \tag{5-11}$$

应用式（5-11）可以解决圆轴扭转时的三类强度问题，即进行扭转强度校核、圆轴截面设计及确定许用荷载。

例 5-5　某传动轴横截面上的最大扭矩 $T = 1.5\text{kN} \cdot \text{m}$，材料的许用切应力 $[\tau] = 50\text{MPa}$。试求：

（1）若用实心轴，确定其直径 D_1；

（2）若改用空心轴，且 $\alpha = 0.9$，确定其内径 d 和外径 D；

（3）比较实心轴和空心轴的质量。

解　这属于圆轴截面设计问题。由强度条件可得圆轴所需的抗扭截面系数为

$$W_p \geqslant \frac{T}{[\tau]} = \frac{1.5 \times 10^6}{50} = 3 \times 10^4 \text{mm}^3$$

（1）确定实心轴的直径 D_1。由 $W_p = \pi D_1^3/16$ 可得

$$D_1 = \sqrt[3]{\frac{16 W_p}{\pi}} \geqslant \sqrt[3]{\frac{16 \times 3 \times 10^4}{\pi}} = 53.5\text{mm}$$

取 $D_1 = 54\text{mm}$。

（2）确定空心轴的内径 d 和外径 D。由 $W_p = \pi D^3 (1 - \alpha^4)/16$ 可得

$$D = \sqrt[3]{\frac{16 W_p}{\pi(1 - \alpha^4)}} \geqslant \sqrt[3]{\frac{16 \times 3 \times 10^4}{\pi(1 - 0.9^4)}} = 76\text{mm}$$

$$d = 0.9 \times 76 = 68.4\text{mm}$$

可取 $D = 76\text{mm}$，$d = 68\text{mm}$，外径取大、内径取小。

（3）比较两轴的质量。质量比即面积比，即

$$\frac{A_{空}}{A_{实}} = \frac{D^2 - d^2}{D_1^2} = \frac{76^2 - 68^2}{54^2} = 0.395$$

上例表明：当两轴具有相同的承载能力时，空心轴比实心轴轻得多。选用空心轴既可节省材料，又能减轻自重。因为采用实心轴时，只有横截面边缘处的切应力达到许用切应力，

圆心附近的应力尚很小，这部分的材料没有得到充分利用，如图 5-14a 所示。如果将这部分材料移至截面外围，使其成为空心轴，如图 5-14b 所示，这样便提高了材料的利用率。因此，空心轴较实心轴合理。

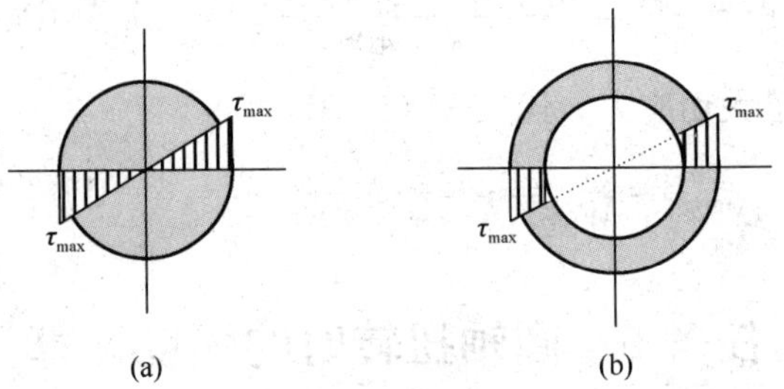

图 5-14

任务 6　圆轴扭转时的变形及刚度计算

5.6.1　圆轴扭转时的变形

实验表明：在弹性范围内，圆轴的扭转角与扭矩 T、轴长 l 成正比，与 GI_p成反比。可用下式计算：

$$\varphi = \frac{Tl}{GI_p} \tag{5-12}$$

式（5-12）与式（4-3）相似。分母 GI_p反映了圆轴抵抗扭转变形的能力，称为圆轴的**抗扭刚度**。两端同除以轴长 l 可得

$$\frac{\varphi}{l} = \frac{T}{GI_p} \tag{5-13}$$

φ/l 称为**单位长度扭转角**，反映了圆轴扭转变形的程度。在杆长 l 的范围内，若 T、GI_p不变，则 φ/l 为一常数。

5.6.2　刚度条件

在工程中，要求受扭圆轴具有足够的刚度。具体规定为：轴的最大单位长度扭转角不超过许用的单位长度扭转角，即

$$\frac{\varphi}{l} = \frac{T}{GI_p} \leqslant \left[\frac{\varphi}{l}\right] \tag{5-14}$$

式(5-14)左边单位长度扭转角的单位为 rad/m，右边许用单位长度扭转角的单位为(°/m)，考虑单位换算，刚度条件变为

$$\frac{\varphi}{l} = \frac{T}{GI_p} \cdot \frac{180}{\pi} \leqslant \left[\frac{\varphi}{l}\right] \tag{5-15}$$

$\left[\frac{\varphi}{l}\right]$ 值，可从有关手册中查到。

与强度条件一样，利用刚度条件，可以校核圆轴的刚度、设计截面及确定许可荷载。

例 5-6　某传动轴如图 5-15a 所示。已知轴的转速 n=382r/min，轮 B 输入功率P_B=40kW，

轮 A、C、D 输出功率 $P_A=20\text{kW}$、$P_C=12\text{kW}$、$P_D=8\text{kW}$，直径 $D=40\text{mm}$，材料的切变模量 $G=80\text{GPa}$，许用切应力 $[\tau]=50\text{MPa}$，$\left[\dfrac{\varphi}{l}\right]=1°/\text{m}$。试校核轴的强度和刚度。

解 (1) 先利用式 (5-7) 计算各轮外力偶矩：

$$m_A=9.55\frac{P_A}{n}=9.55\times\frac{20}{382}=0.5\text{kN}\cdot\text{m}$$

$$m_B=9.55\frac{P_B}{n}=9.55\times\frac{40}{382}=1.0\text{kN}\cdot\text{m}$$

$$m_C=9.55\frac{P_C}{n}=9.55\times\frac{12}{382}=0.3\text{kN}\cdot\text{m}$$

$$m_D=9.55\frac{P_D}{n}=9.55\times\frac{8}{382}=0.2\text{kN}\cdot\text{m}$$

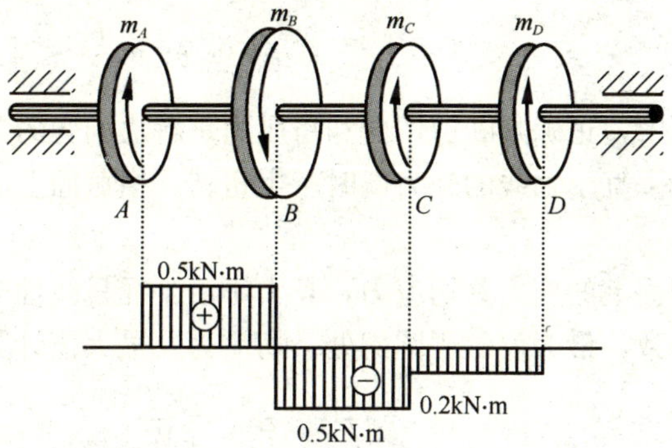

图 5-15

(2) 作扭矩图。用截面法计算各段扭矩，分别为：

$$T_{AB}=0.5\text{kN}\cdot\text{m},\quad T_{BC}=-0.5\text{kN}\cdot\text{m},\quad T_{CD}=-0.2\text{kN}\cdot\text{m}$$

作出轴的扭矩图如图 5-15b 所示。显然，$T_{\max}=0.5\text{kN}\cdot\text{m}$，位于 BC 段和 CD 段。

(3) 校核轴的强度。根据式 (5-11)：

$$\tau_{\max}=\frac{T_{\max}}{W_p}=\frac{0.5\times10^6\times16}{\pi\times40^3}=39.8\text{MPa}<[\tau]=50\text{MPa}$$

满足强度要求。

(4) 校核轴的刚度。根据式 (5-15)：

$$\frac{\varphi}{l}=\frac{T}{GI_p}\cdot\frac{180}{\pi}=\frac{0.5\times10^6\times32}{80\times10^3\times\pi\times40^4}\cdot\frac{180}{\pi}\times10^3=1.42\ °/\text{m}>\left[\frac{\varphi}{l}\right]=1\ °/\text{m}$$

不满足刚度要求。

小　　结

剪切与扭转都属于基本的变形形式。

一、基本概念

1. 剪切　杆件在垂直于轴线的方位，受到一对大小相等，方向相反，作用线平行且相距很近的外力作用。

2. 扭矩　在垂直杆件轴线的两平面内，作用一对大小相等、转向相反的力偶。

3. 切应力互等定理　单元体在互相垂直的两个平面上，垂直于公共棱边的切应力成对存在，且数值相等，符号相反，这种关系称为切应力互等定理。

4. 剪切胡克定律　当切应力不超过材料的剪切比例极限 τ_ρ时，切应力与切应变成正比关系。

二、基本计算

1. 剪切与挤压强度计算：剪切以及伴随的挤压，多见于拉压杆件的连接件，在工程中都只进行实用计算。实用计算假定剪切面上的切应力与挤压面上的挤压应力都是均匀分布的。两个强度条件分别为：

$$\tau=\frac{F_Q}{A}\leqslant[\tau] \qquad \sigma_c=\frac{F_c}{A_c}\leqslant[\sigma_c]$$

在连接件的计算中，正确判断剪切面和挤压面是解决问题的关键。

圆轴受到作用面垂直于轴线的外力偶时产生扭转，横截面上的内力矩为扭矩，可由截面法求得。

圆轴扭转时横截面上的应力为切应力，其大小沿半径呈线性分布，方向垂直于半径并与截面上扭矩的转向一致，最大值位于圆周处。切应力及最大值计算公式分别为

$$\tau_\rho=\frac{T_\rho}{I_p}, \quad \tau_{max}=\frac{T}{W_p}$$

式中 I_p、W_p为横截面的极惯性矩和抗扭截面系数，它们是只与截面的形状和尺寸有关的几何量。

2. 圆轴扭转时的强度计算（强度条件）　$\tau_{max}=\frac{T_{max}}{W_p}\leqslant[\tau]$

应用这一强度条件可以解决圆轴扭转时的三类强度问题：强度校核、截面设计及确定许用荷载。

3. 圆周扭转角计算　圆轴扭转时，横截面绕轴线产生扭转角。其计算公式为

$$\varphi=\frac{Tl}{GI_p}$$

4. 圆轴扭转时的刚度计算（刚度条件）$\frac{\varphi}{l}=\frac{T}{GI_p}\cdot\frac{180}{\pi}\leqslant\left[\frac{\varphi}{l}\right]$

应用刚度条件可以解决刚度校核、截面设计及确定许用荷载。

切应力互等定理和剪切胡克定律是材料力学中的重要关系。

5. 切应力互等定理与剪切胡克定律计算

$$\tau=\tau'$$

$$\tau=G\cdot\gamma\text{（适用于弹性范围）}$$

思考题

5-1　什么是剪切变形？什么是挤压变形？

5-2　什么是剪切面？什么是挤压面？指出图思 5-2 中各构件的挤压面和剪切面，并写

出剪切面与计算挤压面的表达式。

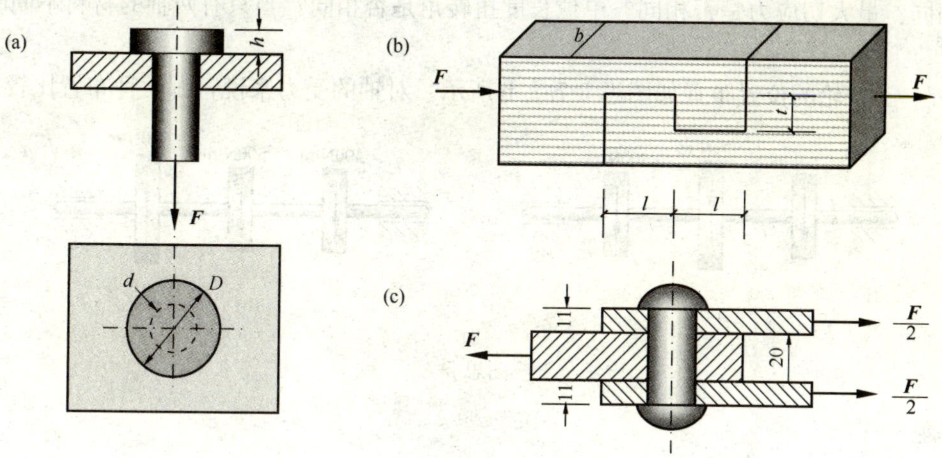

图思 5-2

5-3　两块钢板用四个铆钉连接，如图思 5-3a、b 所示。从铆钉的抗剪和钢板的抗拉强度考虑，哪一种布置较为合理？

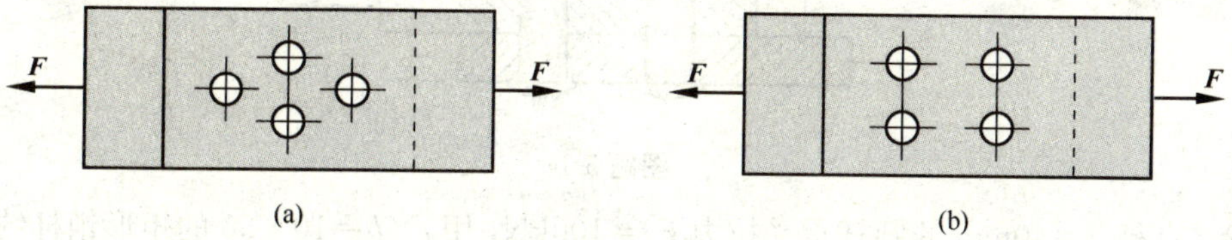

图思 5-3

5-4　指出下列各圆杆中哪些发生扭转变形？

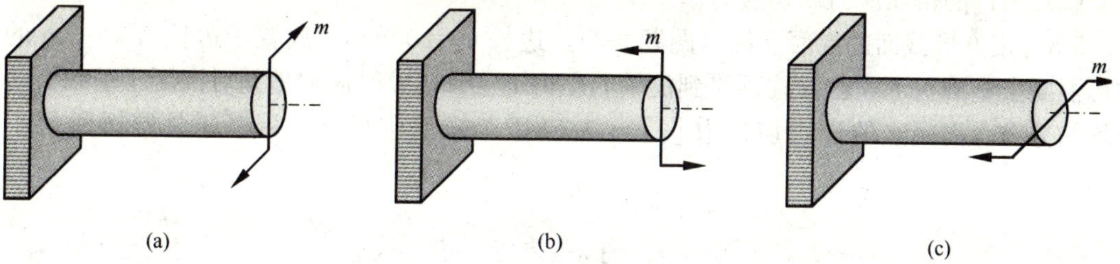

图思 5-4

5-5　指出如图思 5-5 所示各横截面上切应力分布图中的错误。图中 T 为横截面上的扭矩。

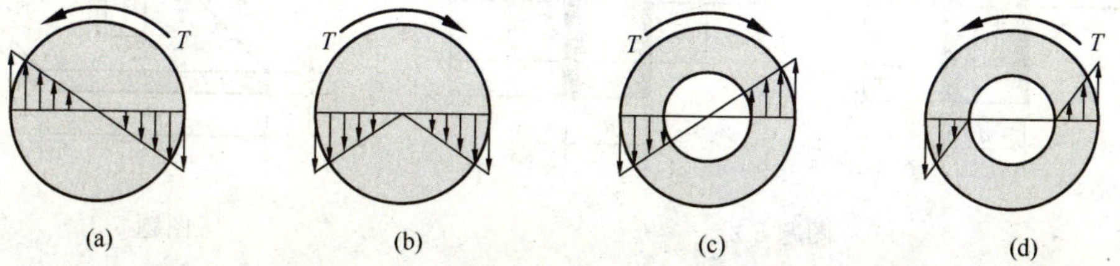

图思 5-5

5-6　已知两根圆轴上作用的外力偶矩相等。当只有两轴的直径不同时，它们的扭矩图是否相同？最大切应力是否相同？单位长度扭转角是否相同？当只有两轴的材料不同时又将如何？

5-7　三个轮的位置布置如图思 5-7a、b 所示。对轴的受力来说，哪一种布置比较合理？

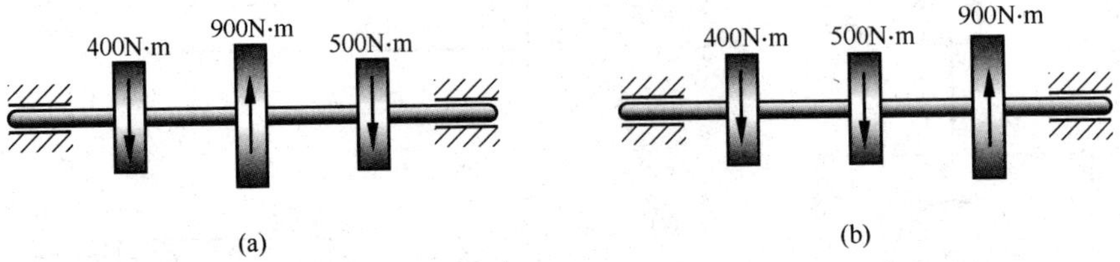

图思 5-7

习题

5-1　两块厚度均为 $t=10$mm 的钢板，用两个铆钉连接，如图题 5-1 所示。若拉力 $\boldsymbol{F}=40$kN，铆钉的直径 $d=16$mm，材料的许用切应力 $[\tau]=100$MPa，许用挤压应力 $[\sigma_c]=280$MPa。试校核铆钉的强度。

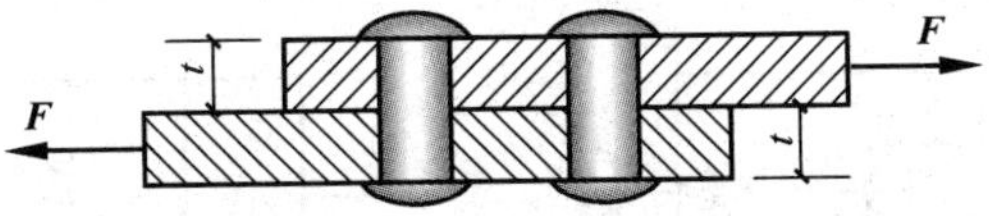

图题 5-1

5-2　直径 $d=40$mm 的圆杆承受拉力 $\boldsymbol{F}=100$kN，用 $t\times b=10\times50$ 的矩形销杆约束，如图题 5-2 所示。已知：$a=40$mm，试计算：

(1) 圆杆的最大拉应力和切应力；

(2) 销杆的挤压应力和切应力。

5-3　正方形截面的混凝土柱（图题 5-3），边长 $b=200$mm，放置于边长为 $a=1$m 的正方形混凝土基础板上，已知柱顶受到的轴向压力 $\boldsymbol{F}=120$kN。假如地基对混凝土基础板的反力均匀分布，混凝土的许用切应力 $[\tau]=1.5$MPa。求基础板不被混凝土柱穿透的最小厚度 t。

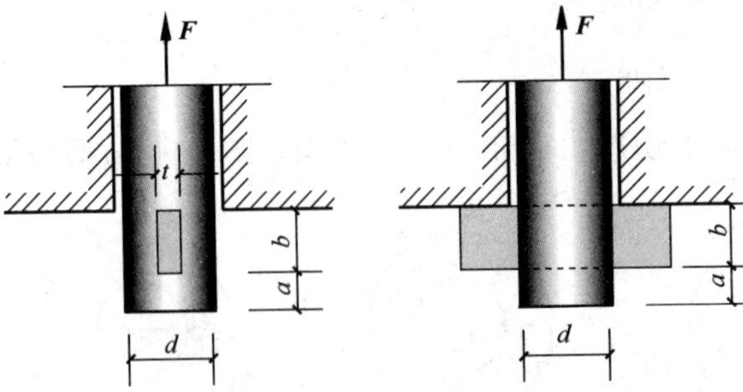

图题 5-2

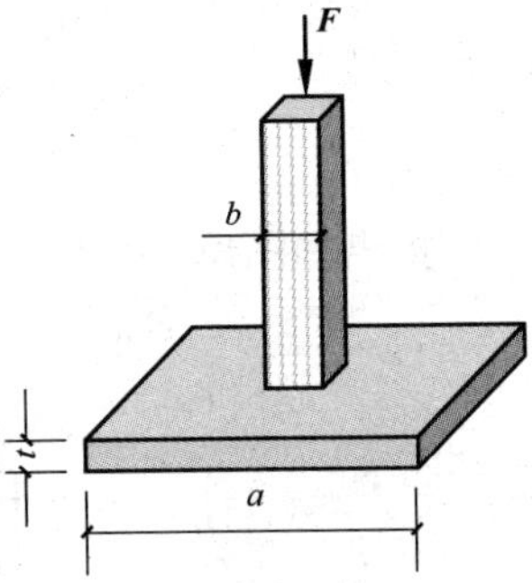

图题 5-3

5-4　试计算图示各圆轴各段的扭矩，并画出扭矩图。（外力偶矩的单位均为 kN·m）

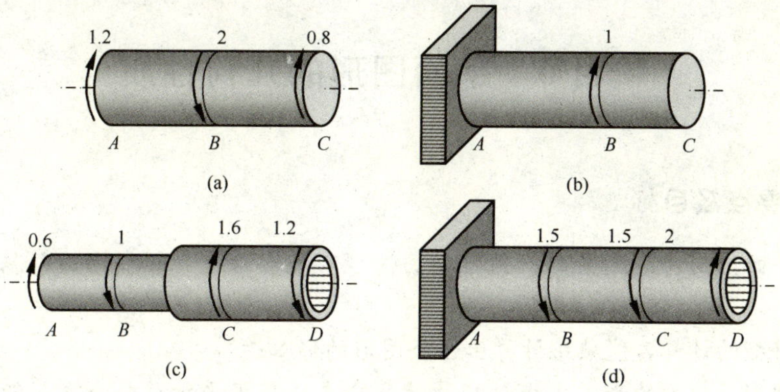

图题 5-4

5-5　传动轴及其受到的外力偶如图题 5-5 所示，已知：各段直径 $d_1=70\text{mm}$，$d_2=50\text{mm}$。材料的切变模量 $G=80\text{GPa}$。(1) 画出扭矩图；(2) 求各段轴内的最大切应力和单位长度扭转角；(3) 轮 C 相对于轮 A 的扭转角。

5-6　一空心圆轴，外径 $D=90\text{mm}$，内径 $d=60\text{mm}$。

(1) 求该轴截面的抗扭截面系数 W_p；

(2) 若改用实心圆轴，在截面面积不变的情况下，求此实心圆轴的直径和抗扭截面系数。

5-7　某圆轴两端受外力偶矩 $m=300\text{N}\cdot\text{m}$ 作用，已知材料的许用切应力 $[\tau]=70\text{MPa}$，试按下列两种情况校核轴的强度：

(1) 实心圆轴，直径 $D=90\text{mm}$；

(2) 空心圆轴，外径 $D=40\text{mm}$，内径 $d=20\text{mm}$。

5-8　图示传动轴，AC 段为空心圆轴，外径 $D_1=100\text{mm}$，内径 $d_1=80\text{mm}$；CD 段为实心圆轴，直径 $D=80\text{mm}$。轮 B 输入功率 $P_B=250\text{kW}$，轮 A 输出功率 $P_A=130\text{kW}$，轮 D 输出功率 $P_D=120\text{kW}$，轴的转速 $n=300\text{r/min}$，材料的 $[\tau]=40\text{MPa}$，$G=80\text{GPa}$，$\left[\dfrac{\varphi}{l}\right]=1°/\text{m}$。试校核轴的强度和刚度。

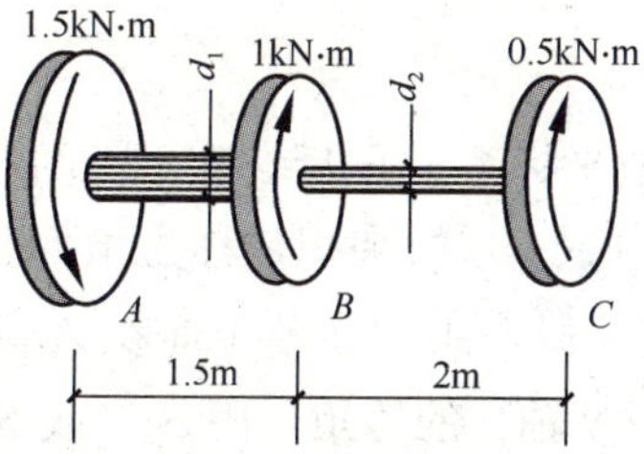

图题 5-5

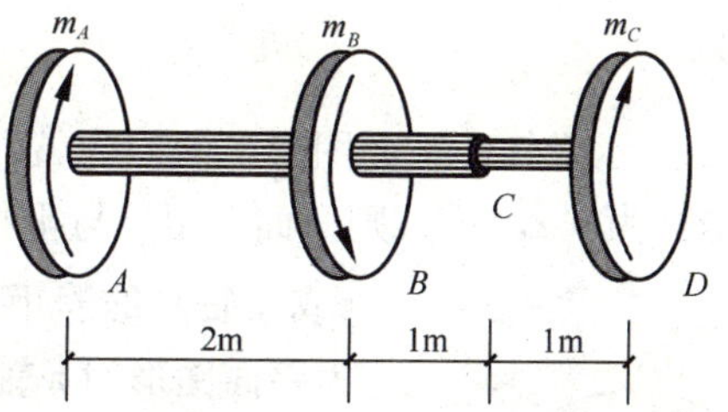

图题 5-8

项目 6　平面图形的几何性质

学习要点及目标

◆ 了解平面图形对轴的静矩、惯性矩、惯性半径和惯性积等概念，包括定义、计算公式和单位等；

◆ 掌握静矩的计算，能熟练计算出组合图形的形心；

◆ 熟悉圆形、矩形的形心主惯性矩的计算公式；掌握平行移轴公式，能熟练地应用它计算组合图形的形心主惯性矩；

◆ 学会使用型钢表。

核心概念

形心、静矩、惯性矩、平行移轴公式、惯性半径和惯性积等。

引导案例

本章学习内容要求学生树立杆件截面的形状会影响杆件受力性能的概念，重点是掌握组合图形形心位置的计算方法及组合图形惯性矩的计算方法。

材料力学所研究的杆件，其横截面都是具有一定几何形状的几何图形。与平面图形形状和尺寸有关的几何量，统称为**平面图形的几何性质**。例如面积 A、极惯性矩 I_p、抗扭截面系数 W_p 等。平面图形的几何性质虽然是几何问题，却与杆件的承载能力密切相关。本章就集中讨论这些平面图形几何性质的概念和计算方法。

任务 1　静　　矩

6.1.1　定义

如图 6-1 所示为任一平面图形，面积为 A。选取坐标系 zOy 后，在平面图形内任取微面积 dA，其坐标为（z，y），则微面积 dA 与坐标 y（或 z）的乘积，称为微面积 dA 对 z 轴（或 y 轴）的静矩，这些微小乘积在整个面积 A 内的总和，称为**平面图形对 z 轴（或 y 轴）的静矩**，用 S_z（或 S_y）表示。即

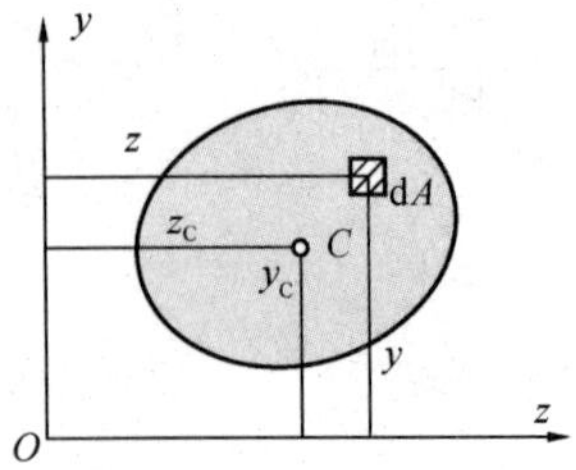

图 6-1

$$\left.\begin{aligned} S_z &= \int_A y\,dA \\ S_y &= \int_A z\,dA \end{aligned}\right\} \qquad (6\text{-}1)$$

由上述定义可知：平面图形的静矩是对指定的坐标轴而言的。同一平面图形对不同的坐标轴静矩不同。静矩的数值可能

为正，可能为负，也可能等于零。常用单位是 m^3 或 mm^3。

6.1.2　简单图形静矩的计算

简单图形，指形心位置已知的图形，如矩形、圆形等。其静矩可由下式计算：

$$\left.\begin{aligned} S_z &= A \cdot y_C \\ S_y &= A \cdot z_C \end{aligned}\right\} \tag{6-2}$$

平面图形对 z 轴（或 y 轴）的静矩，等于图形面积 A 与形心坐标 y_C（或 z_C）的乘积。

当坐标轴通过图形的形心时，其静矩为零；反之，若图形对某轴的静矩为零，则该轴必过图形的形心。

如果图形有对称轴，则对称轴必然是图形的形心轴。故**平面图形对其对称轴的静矩等于零**。

例 6-1　试计算如图 6-2 所示矩形对 z 轴和 y 轴的静矩 S_z 和 S_y。

解　由式（6-2）可得

$$S_z = A \cdot y_C = bh \cdot h/2 = bh^2/2$$
$$S_y = A \cdot z_C = 0$$

6.1.3　组合图形静矩的计算

组合图形由多个简单图形组成，其形心位置不能确定。根据平面图形静矩的定义可以推断：**组合图形对坐标轴的静矩，等于各简单图形对同一轴静矩的代数和**。即

$$\left.\begin{aligned} S_z &= A_1 \cdot y_{C1} + A_2 \cdot y_{C2} + A_3 \cdot y_{C3} + \cdots = \Sigma(A \cdot y_C) \\ S_y &= A_1 \cdot z_{C1} + A_2 \cdot z_{C2} + A_3 \cdot z_{C3} + \cdots = \Sigma(A \cdot z_C) \end{aligned}\right\} \tag{6-3}$$

式中，A_i 为各简单图形的面积，y_{Ci}、z_{Ci} 分别为各简单图形的形心坐标。

例 6-2　试计算如图 6-3 所示组合图形对 z 轴和 y 轴的静矩 S_z 和 S_y（尺寸单位为 mm）。

解　可将“L”形分为图示的两个部分。由式（6-3）可得

$$S_z = A_1 \cdot y_{C1} + A_2 \cdot y_{C2} = 20 \times 60 \times 30 + 20 \times 100 \times 10 = 56000\text{mm}^3$$
$$S_y = A_1 \cdot z_{C1} + A_2 \cdot z_{C2} = 20 \times 60 \times 10 + 20 \times 100 \times 70 = 152000\text{mm}^3$$

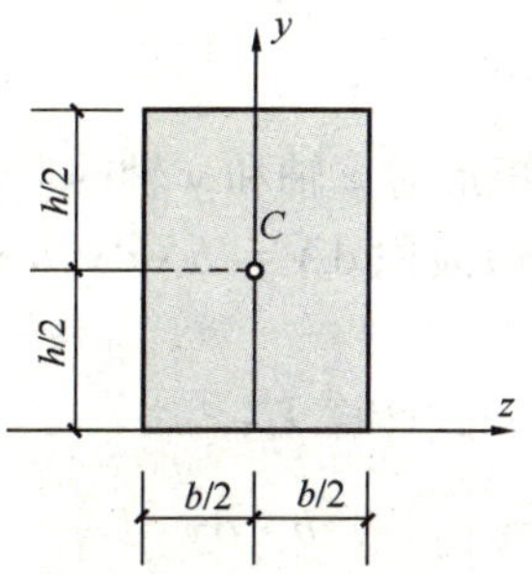

图 6-2

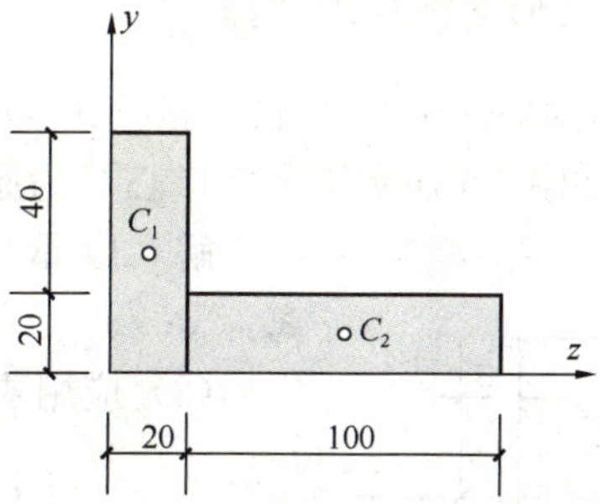

图 6-3

6.1.4　组合图形形心的计算公式

将公式（6-2）移项可得

$$\left.\begin{aligned} y_C &= \frac{S_z}{A} \\ z_C &= \frac{S_y}{A} \end{aligned}\right\} \tag{6-4}$$

这便是组合图形形心的计算公式。这种计算形心的方法又称为**分割法**。式中，S_z、S_y 为组合图形的静矩，A 为组合图形的面积。

若求例 6-2 中“L”形的形心坐标，可由式（6-4）求得

$$y_C = \frac{S_z}{A} = \frac{56000}{1200 + 2000} = 17.5\text{mm}$$

$$z_C = \frac{S_y}{A} = \frac{152000}{1200 + 2000} = 47.5\text{mm}$$

有些组合图形，可以看为从某一简单图形中挖去另一简单图形而成。求解此类组合图形的形心时，仍可采用分割法，不过挖去的面积应作为负值，这种求形心的方法又称为**负面积法**。

任务 2　惯　性　矩

6.2.1　定义

如图 6-1 所示，整个图形微面积 dA 与它到 z 轴（或 y 轴）距离平方的乘积的总和，称为**平面图形对 z 轴（或 y 轴）的惯性矩**，用 I_z（或 I_y）表示。即

$$\left.\begin{aligned} I_z &= \int_A y^2 \mathrm{d}A \\ I_y &= \int_A z^2 \mathrm{d}A \end{aligned}\right\} \tag{6-5}$$

平面图形的惯性矩也是对指定的坐标轴而言的。惯性矩恒为正值，常用单位是 m^4 或 mm^4。

6.2.2　简单图形惯性矩的计算

简单图形的惯性矩，可直接由式（6-5）通过积分求得。

例 6-3　如图 6-4 所示矩形，形心 C 为原点。试计算矩形对 z 轴和 y 轴的惯性矩 I_z 和 I_y。

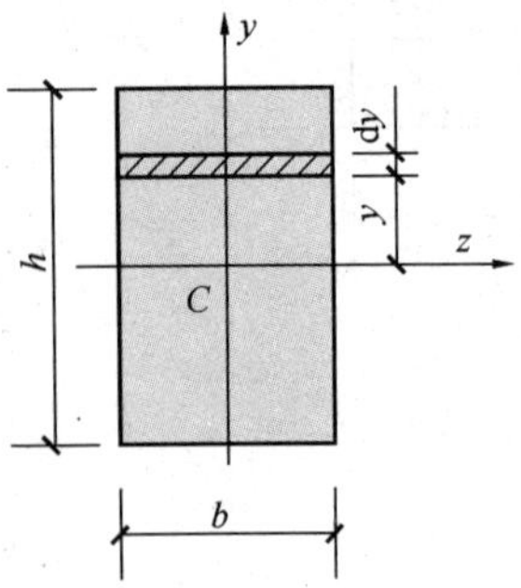

图 6-4

解（1）取平行于 z 轴的微面积 $\mathrm{d}A = b \cdot \mathrm{d}y$，$\mathrm{d}A$ 到 z 轴的距离为 y；

（2）应用式（6-5）的第一式计算 I_z：

$$I_z = \int_A y^2 \mathrm{d}A = \int_{-h/2}^{h/2} y^2\, b \cdot \mathrm{d}y = \frac{bh^3}{12}$$

（3）同理，$I_y = \dfrac{hb^3}{12}$

这里强调两点：（1）z 轴和 y 轴都是形心轴；（2）惯性矩是宽度的一次方、高度的三次方，宽度是与坐标轴平行的方位。

其余常见简单图形的形心轴惯性矩见表 6-1。

表 6-1　常见图形的形心轴惯性矩

截面形状、尺寸	惯性矩	截面形状、尺寸	惯性矩
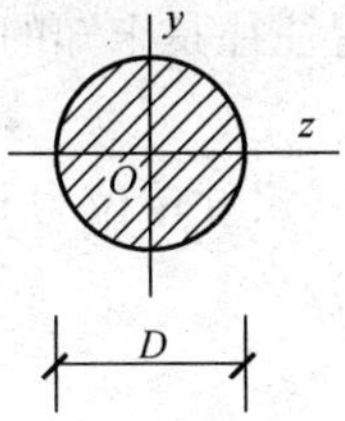	$I_z = I_y = \frac{\pi D^4}{64}$	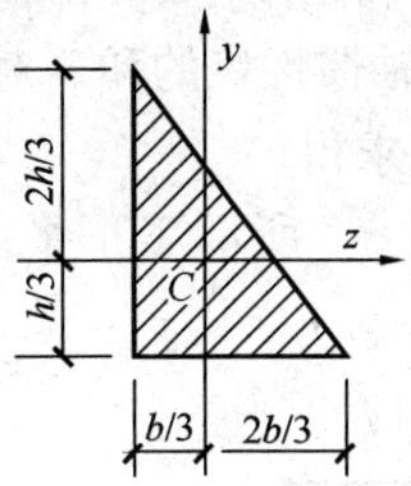	$I_z = \frac{bh^3}{36}$
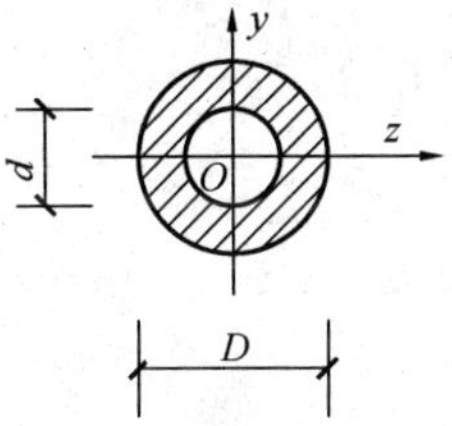	$I_z = I_y$ $= \frac{\pi D^4}{64}(1-\alpha^4)$ $\alpha = d/D$	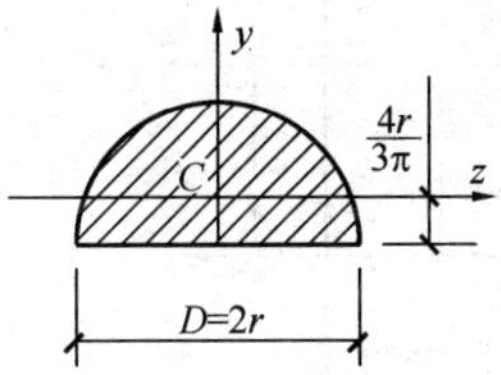	$I_z = \left(\frac{1}{8} - \frac{8}{9\pi^2}\right)\pi R^4$ $I_y = \frac{\pi R^4}{8}$

6.2.3　平行移轴公式

如图 6-5 所示，任一平面图形，其形心为 C，面积为 A，z_C 轴是形心轴，z 与 z_C 平行且两轴间距为 d。现欲求 I_z。

在平面图形上取微面积 dA，其坐标为 $(y+d)$。

由惯性矩的定义可知：

$$I_z = \int_A (y+d)^2 \mathrm{d}A = \int_A (y^2 + 2dy + d^2)\mathrm{d}A$$
$$= \int_A y^2 \mathrm{d}A + 2d\int_A y\mathrm{d}A + d^2\int_A \mathrm{d}A$$

式中　$\int_A y^2 \mathrm{d}A = I_{z_C}$ ——平面图形对其形心轴的惯性矩；

$\int_A y\mathrm{d}A = S_{z_C} = 0$ ——平面图形对其形心轴的静矩；

$\int_A \mathrm{d}A = A$ ——平面图形的面积。

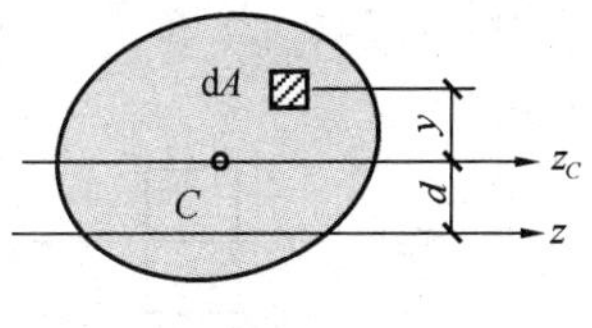

图 6-5

于是可得

$$I_z = I_{z_C} + d^2 A \tag{6-6}$$

这一关系称为**平行移轴公式**。

对于一组互相平行的坐标轴，平面图形对其形心轴的惯性矩最小。利用平行移轴公式，可以求出组合图形的惯性矩。

例 6-4　试计算如图 6-6 所示矩形对 z 轴的惯性矩。

解　$I_{z_C} = \frac{bh^3}{12}$。由平行移轴公式可得

$$I_z = I_{z_C} + d^2 A = \frac{bh^3}{12} + \left(\frac{h}{2}\right)^2 \cdot b \cdot h = \frac{bh^3}{3}$$

6.2.4　组合图形惯性矩的计算

组合图形由多个简单图形组成。由惯性矩的定义可以推断：**组合图形对某轴的惯性矩，等于各简单图形对同一轴惯性矩的和**。对于组合图形而言，其形心位置往往是未知的，需根据形心计算公式（6-4）求得。

例 6-5　试计算如图 6-7 所示 T 形平面对其形心轴 z 和 y 的惯性矩（尺寸单位为 mm）。

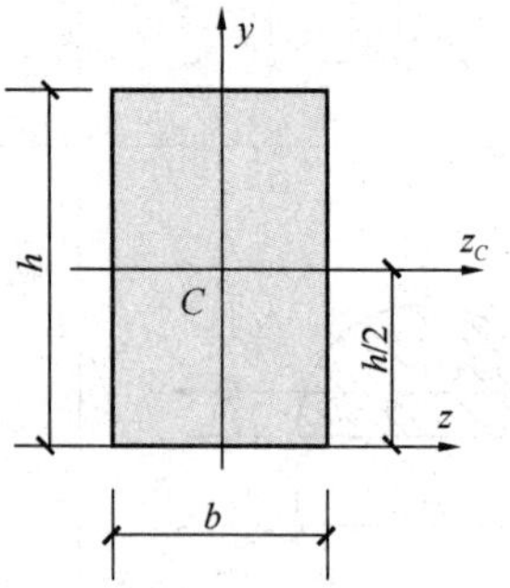

图 6-6

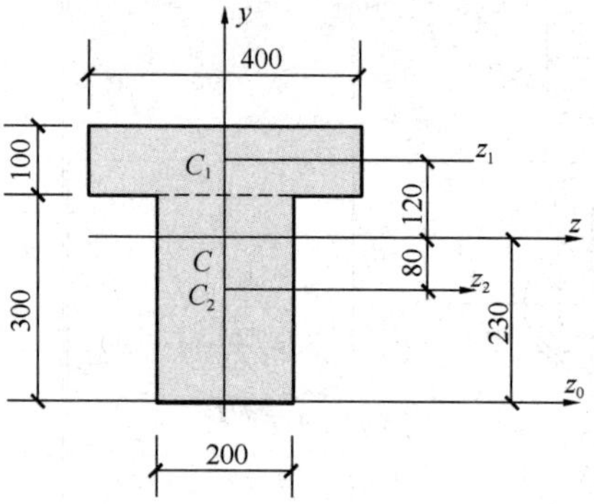

图 6-7

解（1）计算 T 形平面的形心位置：y 为对称轴，故 $z_C=0$，只需求 y_C。

由式（6-4）得

$$y_C=\frac{S_z}{A}=\frac{100\times400\times350+200\times300\times150}{40000+60000}=230\text{mm}$$

同时确定与其他两个矩形形心的相对位置，如图 6-7 所示。

（2）T 形平面对形心轴 z 的惯性矩具体计算过程，可采用以下思路：

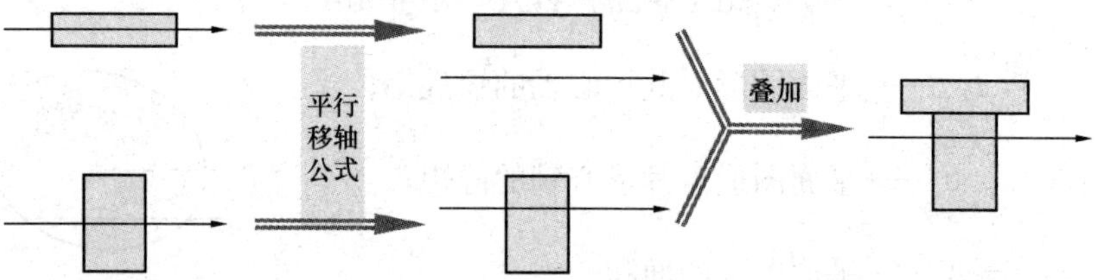

$$\begin{aligned}I_z&=I_{z1}+d_1^2A_1+I_{z_2}+d_2^2A_2\\&=\left(\frac{1}{12}\times400\times100^3+400\times100\times120^2\right)+\left(\frac{1}{12}\times200\times300^3+200\times300\times80^2\right)\\&=(33.33+576+450+384)\times10^6=1443.33\times10^6\text{mm}^4\end{aligned}$$

T 形平面对形心轴 y 的惯性矩计算不需移轴，只需叠加。

$$\begin{aligned}I_y&=I_{1y}+I_{2y}\\&=\frac{1}{12}\times100\times400^3+\frac{1}{12}\times300\times200^3\\&=(533.33+200)\times10^6=733.33\times10^6\text{mm}^4\end{aligned}$$

例 6-6　试计算如图 6-8 所示工字形平面对其形心轴 z 和 y 的惯性矩（尺寸单位为 mm）。

解　工字形有两个对称轴，其形心位置可以确定，可直接计算惯性矩。

（1）计算 I_z。将工字形分为三部分，中间部分不需移轴，上下两部分需要移轴。

$$\begin{aligned}I_z &= I_{1z} + (I_{2z} + d^2 A_2) \times 2\\ &= \frac{1}{12} \times 24 \times 160^3 + \left(\frac{1}{12} \times 120 \times 30^3 + 120 \times 30 \times 95^2\right) \times 2\\ &= [\,8.192 + (0.27 + 32.49) \times 2\,] \times 10^6 = 73.712 \times 10^6 \mathrm{mm}^4\end{aligned}$$

（2）计算 I_z 的"负面积法"。可将看作是 120×220 的大矩形减去两个 48×160 的小矩形，惯性矩的计算也可以这样对待。

$$I_z = \frac{1}{12} \times 120 \times 220^3 - \frac{2}{12} \times 48 \times 160^3 = (106.48 - 32.768) \times 10^6 = 73.712 \times 10^6 \mathrm{mm}^4$$

两种方法所得计算结果相同，这说明：组合图形的惯性矩可视为几个简单图形之和，也可视为几个简单图形之差。两个原则：一是同轴原则，二是面积相等原则。

（3）计算 I_y。

$$\begin{aligned}I_y &= I_{1y} + I_{2y} \times 2\\ &= \frac{1}{12} \times 160 \times 24^3 + \frac{1}{12} \times 30 \times 120^3 \times 2 = (0.184 + 8.64) \times 10^6 = 8.824 \times 10^6 \mathrm{mm}^4\end{aligned}$$

例 6-7　试计算如图 6-9 所示由两根 22a 槽钢组成的平面图形对其形心轴 z 和 y 的惯性矩。

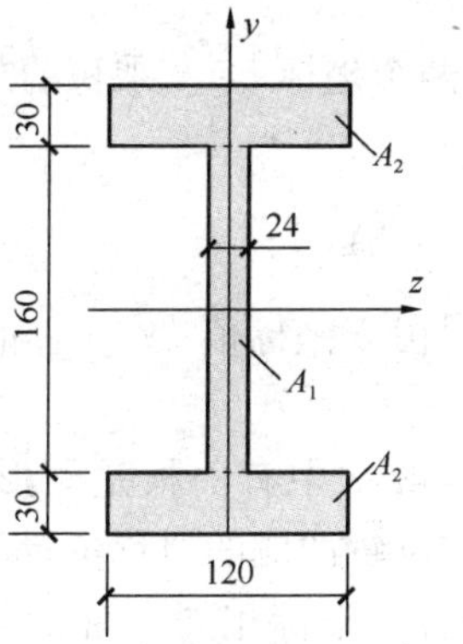

图 6-8

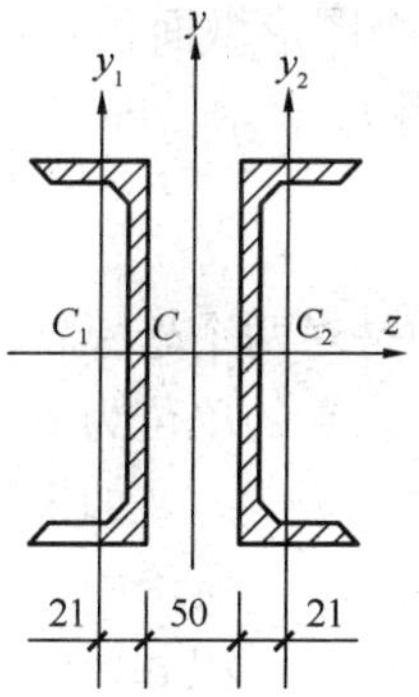

图 6-9

解　两根槽钢组合图形有两个对称轴，其形心位置可以确定，可直接计算惯性矩。

（1）由附录的型钢表查得单根 22a 槽钢的形心位置 $z_0 = 2.1\mathrm{cm}$，并标于图上；其截面面积 $A_1 = 31.84\mathrm{cm}^2$；每根槽钢对本身形心轴的惯性矩为

$$I_{1z} = I_{2z} = 2393.9\mathrm{cm}^4;\quad I_{1y} = I_{2y} = 157.8\mathrm{cm}^4$$

（2）计算 I_z 和 I_y。为简便起见，这里的单位都用 cm。

$$I_z = I_{1z} + I_{2z} = 2393.9 \times 2 = 4787.8\mathrm{cm}^4$$

$$I_y = (I_{1y} + d^2 A) \times 2 = [157.8 + (2.5 + 2.1)^2 \times 31.84] \times 2 = 1663.1\mathrm{cm}^4$$

在计算型钢组合图形时，都需查附录的型钢表。查表时应注意以下几点：（1）用什么查什么；（2）对应关系；（3）单位。

任务3　惯性半径和惯性积

6.3.1　惯性半径

在工程计算中，有时需要将图形的惯性矩表示为图形面积 A 与某一长度平方的乘积。即

$$I_z = A \cdot i_z^2 \quad 或 \quad i_z = \sqrt{\frac{I_z}{A}} \tag{6-7}$$

式中，i_z称为平面图形对 z 轴的**惯性半径**，其单位为 m 或 mm。

如图 6-4 所示的矩形，对其形心轴 z 和 y 的惯性半径可由式（6-7）算得

$$i_z = \sqrt{\frac{I_z}{A}} = \sqrt{\frac{bh^3}{12bh}} = \frac{h}{\sqrt{12}},\quad i_y = \sqrt{\frac{I_y}{A}} = \sqrt{\frac{hb^3}{12bh}} = \frac{b}{\sqrt{12}}$$

直径为 D 的圆形，由于对称，它对任一形心轴的惯性半径都相等，为

$$i = \sqrt{\frac{I}{A}} = \sqrt{\frac{\pi D^4}{64} \cdot \frac{4}{\pi D^2}} = \frac{D}{4}$$

6.3.2　惯性积

如图 6-1 所示，整个图形微面积 dA 与它的两个坐标 z、y 乘积的总和，称为**平面图形对 z、y 两轴的惯性积**，用 I_{zy} 表示。即

$$I_{zy} = \int_A zy\,\mathrm{d}A \tag{6-8}$$

平面图形的惯性积是对两个坐标轴而言的，由于坐标值 z、y 有正负，因而惯性积可能为正或负，也可能为零。它的单位为 m^4 或 mm^4 。

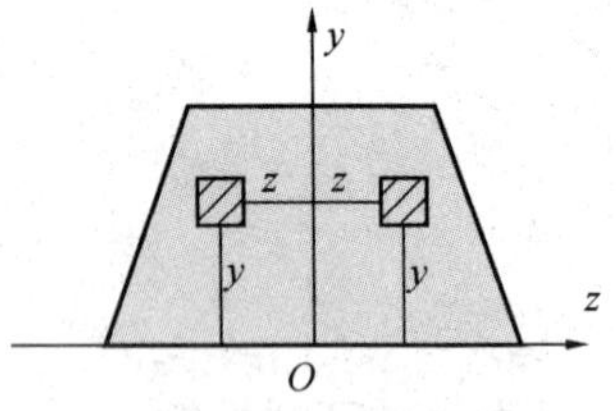

图 6-10

如果坐标轴 z 或 y 中有一根是图形的对称轴，如图 6-10 所示中的 y 轴。在 y 轴两侧的对称位置处，各取一相同的微面积 dA。显然，两者 y 坐标相同，而 z 坐标互为相反数。所以两个微面积的惯性积也互为相反数，它们之和为零。推广到整个图形的惯性积也必然为零。即

$$I_{zy} = \int_A zy\,\mathrm{d}A = 0$$

由此可知：**若平面图形有一根对称轴，则该图形对于包括此对称轴在内的两坐标轴的惯性积一定等于零。**

任务4　形心主惯性轴和形心主惯性矩的概念

若平面图形对某两坐标轴的惯性积为零，则这对坐标轴称为该平面图形的主惯性轴，简称主轴。平面图形对主轴的惯性矩称为主惯性矩，简称主惯矩。通过形心的主惯性轴称为形心主

惯性轴，简称形心主轴。平面图形对形心主轴的惯性矩称为形心主惯性矩，简称形心主惯矩。

确定形心主轴的位置是十分重要的。对于具有对称轴的平面图形，形心主轴的位置可按以下方法确定：

如果图形有一根对称轴，则该轴必是形心主轴，而另一根形心主轴通过图形的形心且与该轴垂直；

如果图形有两根对称轴，则两轴都是形心主轴；

如果图形具有两个以上的对称轴，则任一根对称轴都是形心主轴。

可以证明：形心主惯矩是图形对通过形心各轴的惯性矩中的最大值和最小值。

小　　结

平面图形的几何性质，是与平面图形形状、尺寸有关的几何量。可由一定方法求得。这些几何量对杆件的强度、刚度和稳定性有着极为重要的影响。本章的基本概念及主要内容如下：

几何量	定义	正负情况	单位	计　算
静矩	$S_z=\int_A y\mathrm{d}A$ $S_y=\int_A z\mathrm{d}A$	正负零	m^3、mm^3	简单图形：$S_z=A\cdot y_C$ 组合图形：$S_z=\Sigma(A\cdot y_C)$ 组合图形形心坐标：$y_C=S_z/A$
惯性矩	$I_z=\int_A y^2\mathrm{d}A$ $I_y=\int_A z^2\mathrm{d}A$	恒为正	m^4、mm^4	简单图形：按定义通过积分或查表 组合图形：利用简单图形的结果，通过移轴再进行叠加 平行移轴公式： $I_z=I_{z_C}+d^2A$
惯性半径	$i_z=\sqrt{\frac{I_z}{A}}$　$i_y=\sqrt{\frac{I_y}{A}}$	恒为正	m、mm	根据定义运算
惯性积	$I_{zy}=\int_A zy\mathrm{d}A$	正负零	m^4、mm^4	主要是通过惯性积为零，判断形心主轴

思考题

6-1　如图所示 T 形截面，C 为形心，问 z 轴上下两部分对 z 轴的静矩存在什么关系？

6-2　如图所示矩形截面，C 为形心，问 k-k 线上下两部分对 z 轴的静矩存在什么关系？

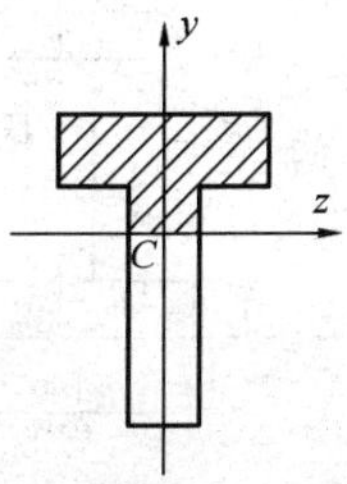

图思 6-1

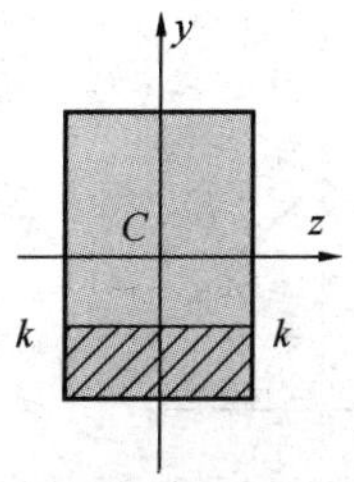

图思 6-2

6-3　图示两截面的惯性矩 I_z、I_y 能否这样计算？

$$I_z = \frac{BH^3 - bh^3}{12}, \quad I_y = \frac{HB^3 - hb^3}{12}$$

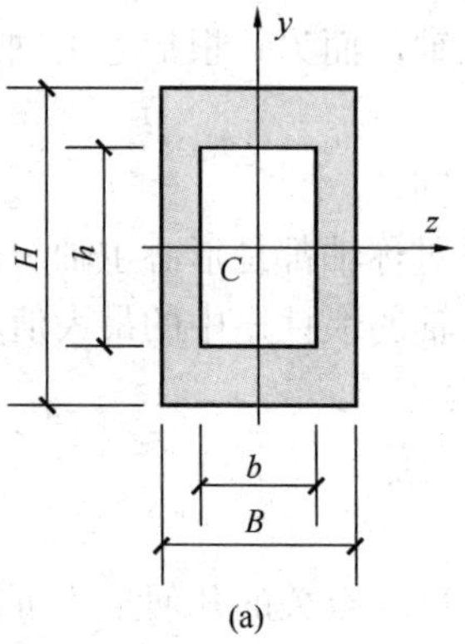

图思 6-3

6-4　惯性矩与惯性积有何不同？

6-5　为什么说平面图形对于包括对称轴在内的一对坐标轴的惯性积一定为零？

6-6　试大致绘出图示平面图形的形心主轴，并指出平面图形对哪一根形心主轴的惯性矩最大。

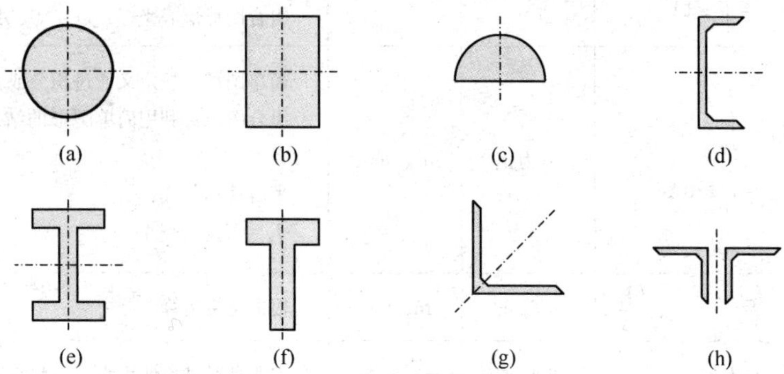

图思 6-6

习题

6-1　试计算如图所示各平面图形对 z 轴的静矩。

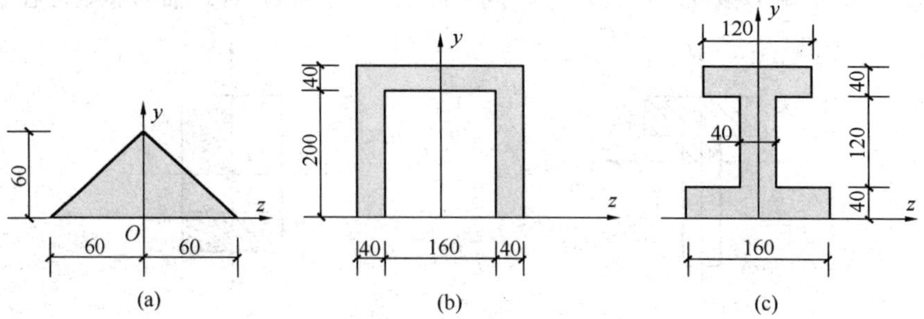

图题 6-1（尺寸单位：mm）

6-2　试计算如图所示倒 T 形截面形心 C 的位置，并计算阴影部分图形对 z 轴的静矩。

6-3　图示矩形截面，已知 $b \times h = 150\text{mm} \times 300\text{mm}$。试计算对其形心轴 z 的惯性矩。如按图中虚线所示，将矩形截面的中间部分，移至上下两边缘变成工字形截面，试计算此工字形截面对 z 轴的惯性矩。求工字形较矩形惯性矩增大的百分比。

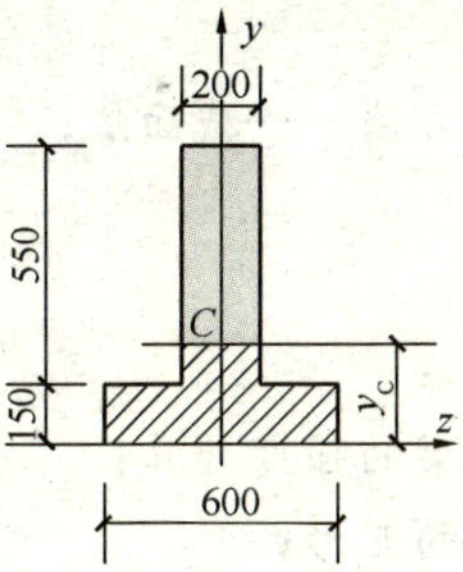

图题 6-2（尺寸单位：mm）

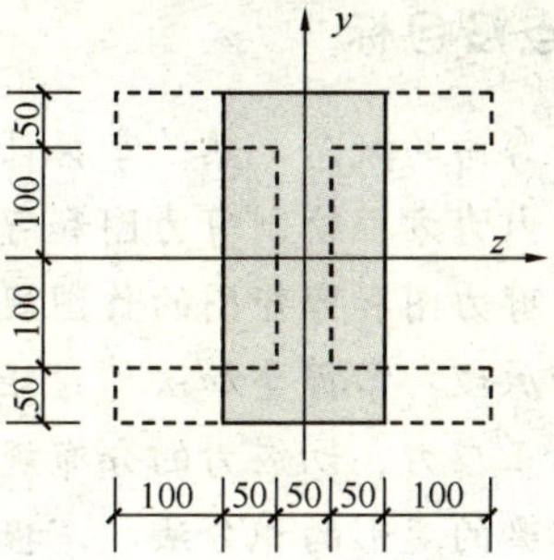

图题 6-3（尺寸单位：mm）

6-4　计算下列图形对形心轴 z、y 轴的惯性矩。

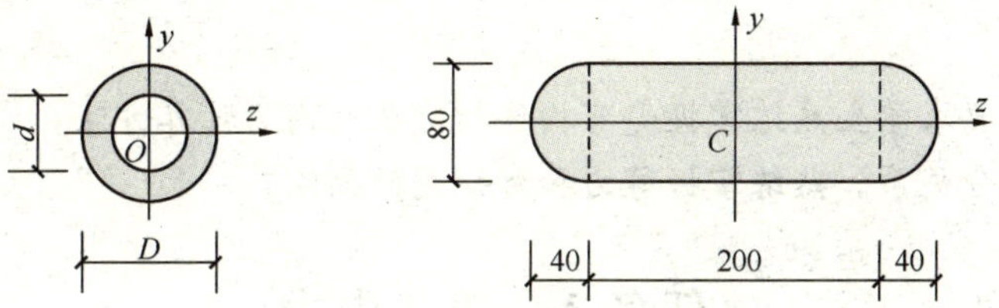

(a)　(b)

图题 6-4（尺寸单位：mm）

6-5　如图 a、b 所示平面图形均由两个 20a 槽钢组成。试分别计算两种组合方式下，图形对形心轴的惯性矩。

6-6　试计算图示各型钢组合图形对形心轴 z 和 y 的惯性矩。

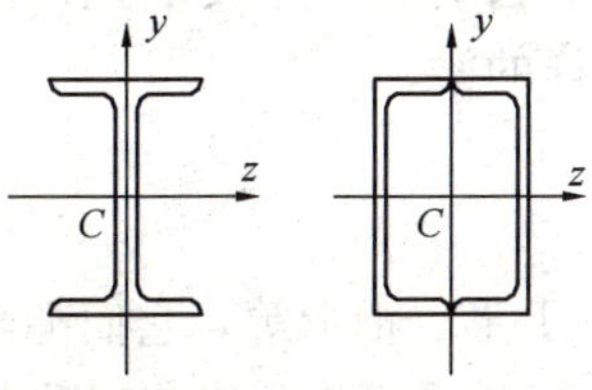

(a)　(b)

图题 6-5

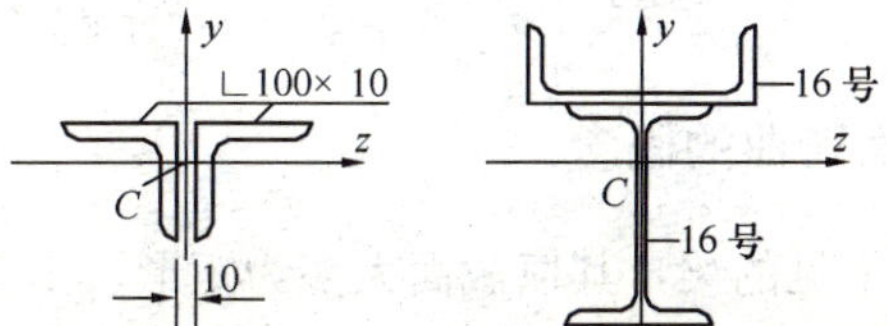

(a)　(b)

图题 6-6（尺寸单位：mm）

项目7　弯　　曲

学习要点及目标

- ◆了解平面弯曲的概念，熟练掌握计算内力的基本方法——截面法；
- ◆熟悉应用内力方程绘制剪力图和弯矩图；
- ◆熟练掌握剪力图和弯矩图的作图规律和作图方法；
- ◆熟悉叠加原理，掌握叠加法作弯矩图的步骤和方法；
- ◆理解弯曲正应力、切应力的分布规律，熟练掌握梁的强度计算；
- ◆理解计算梁的变形的积分法，掌握叠加法计算梁的变形；
- ◆掌握梁的刚度计算。

核心概念

平面弯曲、剪力、弯矩、剪力图和弯矩图、弯曲正应力、切应力、梁的变形等。

引导案例

本章学习内容要求学生熟练掌握受弯构件指定截面内力计算方法，以及熟悉剪力、弯矩与荷载间的微、积分关系。熟练掌握剪力和弯矩图的画法。

任务1　弯曲内力

7.1.1　弯曲变形的概念

当杆件受到垂直于杆轴线的外力作用或在杆轴平面内受到外力偶作用时，杆的轴线由直线变成曲线，如图7-1所示。这种变形称为**弯曲**。凡是以弯曲为主要变形的杆件通常称之为**梁**。

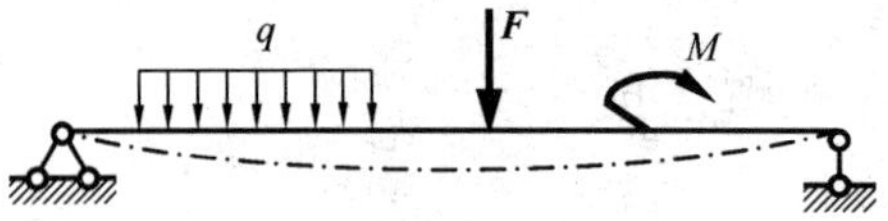

图7-1

梁是工程中最常见的杆件，在建筑工程中更是比比皆是，占有特别重要的地位。如图7-2所示的各种各样的梁。

7.1.2　平面弯曲的概念

工程中常见的梁，其横截面大多为矩形、工字形、T形、槽形等，它们都至少有一个对称轴，如图7-3所示。梁横截面的对称轴与梁轴线所组成的平面称为**纵向对称平面**。如果作用于梁上的外力（包括荷载和支座反力）全部都在梁的纵向对称平面内时，梁变形后的轴线也在该平面内，这种力的作用平面与梁变形的平面相重合的弯曲称为**平面弯曲**。如图7-4所示。

平面弯曲是弯曲问题中最常见、最基本的弯曲。本章只讨论平面弯曲。

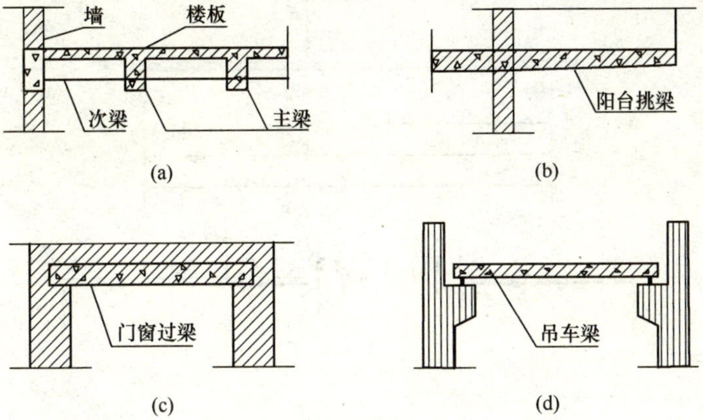

图 7-2

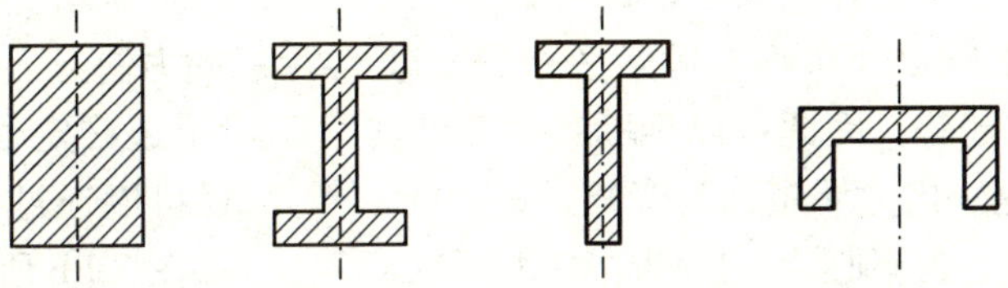

图 7-3

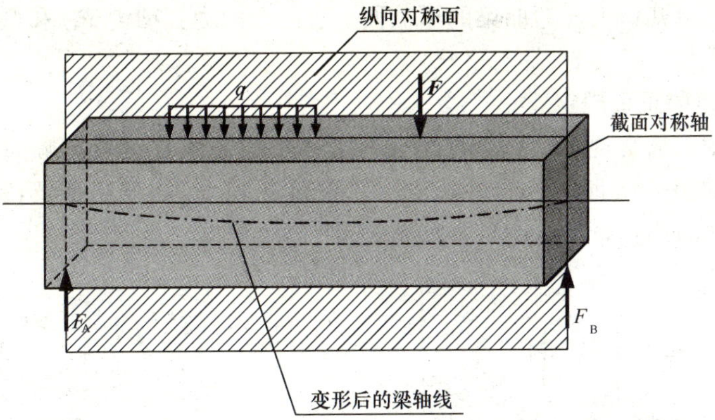

图 7-4

7.1.3　梁的内力——剪力和弯矩

1. 截面法计算梁的内力

如图 7-5a 所示的简支梁，荷载 $\boldsymbol{F}$ 和支座反力 $\boldsymbol{F}_A$、$\boldsymbol{F}_B$ 均作用在梁 AB 的纵向对称平面内，梁处于平衡状态，现在计算截面 C 上的内力。

(1) 首先利用平衡条件求出支座反力 $\boldsymbol{F}_A$、$\boldsymbol{F}_B$；

(2) 然后用一个假想的平面将梁从截面 C 处截开，截断的两段都处于平衡状态；

(3) 现取左段研究。在左段有向上的支座反力 $\boldsymbol{F}_A$，根据平衡条件，在截开的截面 C 上

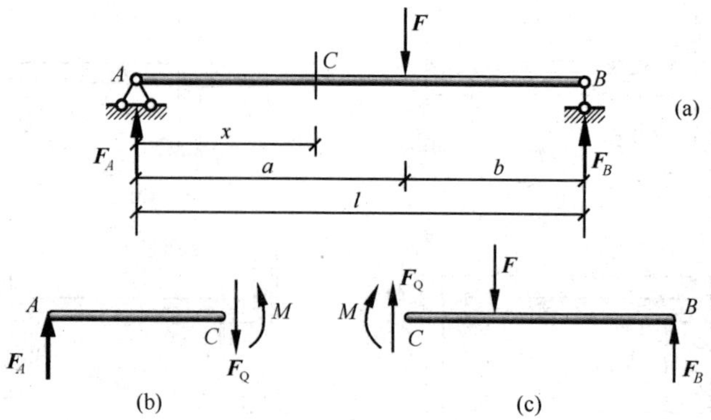

图 7-5

必定存在与 F_A 保持竖向平衡的内力。这一内力与截面相切，称为**剪力**，记作 F_Q，剪力 F_Q 可以通过竖向投影方程求得。在该例中，显然 $F_Q = F_A$。如图 7-5b 所示。

然而，只有剪力 F_Q 还不能使左段梁平衡，F_Q 与 F_A 形成的力偶（力偶矩为 F_Ax）使左段梁尚有顺时针转动的趋势。因此可以推断：在截开的截面 C 上还必定存在一个内力偶，与力偶矩 F_Ax 平衡，这一内力偶矩称为**弯矩**，记作 M，弯矩 M 可以通过力矩平衡方程求得，一般取截开截面的形心为矩心。在该例中，显然 $M = F_Ax$。如图 7-5b 所示。

（4）如果取右段研究，也可以得出一样的结论，请学生自行验证。需要注意的是，截面 C 的内力应符合作用与反作用公理。

通过以上分析可知：平面弯曲梁的横截面上有两个内力：剪力 F_Q 和弯矩 M，它们都可以通过平衡方程求得。

2. 剪力和弯矩的正负规定

在建筑力学中，通常规定：**顺转剪力正**。即，剪力对研究梁段有顺时针转动趋势时为正，反之为负，如图 7-6a 所示。同时规定：**下凸弯矩正**。即，弯矩使梁段弯曲变形时的下部受拉、上部受压时为正，反之为负，如图 7-6b 所示。

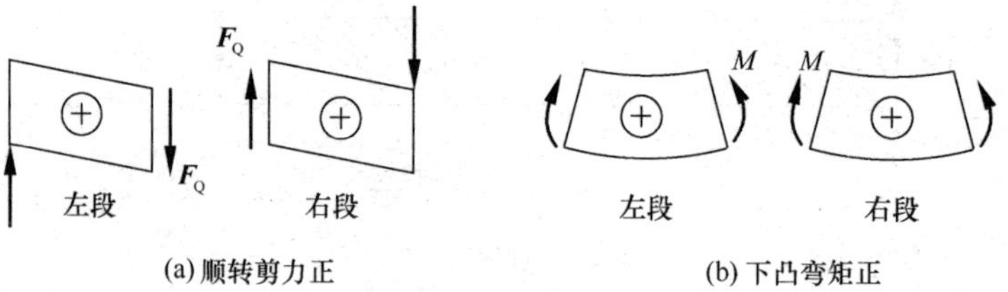

图 7-6

7.1.4　用截面法计算梁指定截面上的内力

计算指定截面上的内力，要用到静力学中力系平衡的知识，又是今后做内力图的必要环节，在力学中十分重要。现将计算步骤归纳如下：

（1）求支座反力（悬臂梁可不求）；

（2）用假想截面将梁从所求内力处截开，取外力较少的简单一侧为研究对象，同时作出其受力图，截面上所求的剪力和弯矩通常都假设为正向；

（3）列平衡方程求出剪力和弯矩。

例 7-1 用截面法计算图 7-7a 所示简支梁截面 C 处的剪力和弯矩。

解（1）求支座反力：

$$\boldsymbol{F}_A = 8(\text{kN})$$

$$\boldsymbol{F}_B = 16(\text{kN})$$

（2）在截面 C 处截开，取左侧为研究对象，同时作出其受力图如 7-7b 所示。

（3）列平衡方程，并求出 $\boldsymbol{F}_Q$ 和 M。

$$\left.\begin{array}{l}\sum Y = 0:\ 8 - \boldsymbol{F}_Q = 0 \\ \sum M_C = 0:\ M - 8 \times 2 = 0\end{array}\right\}$$

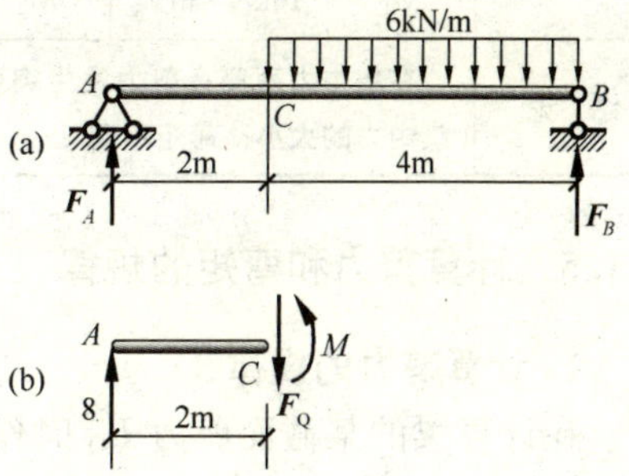

图 7-7

解得

$$\boldsymbol{F}_Q = 8\text{kN}$$

$$M = 16\text{kN} \cdot \text{m}$$

例 7-2 用截面法计算图 7-8a 所示外伸梁 1、2、3、4 各截面上的剪力和弯矩。

解（1）求支座反力：

$$\boldsymbol{F}_A = 9\text{kN}$$

$$\boldsymbol{F}_B = 1\text{kN}$$

计算结果如图 7-8b 所示。

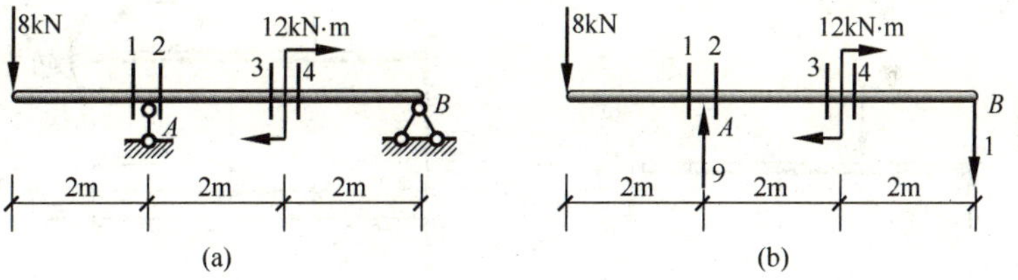

图 7-8

（2）在梁 1、2、3、4 各截面处截开，各受力图、计算结果见表 7-1。

表 7-1

截 面	1	2	3	4
研究对象	左侧	左侧	右侧	右侧
受力图	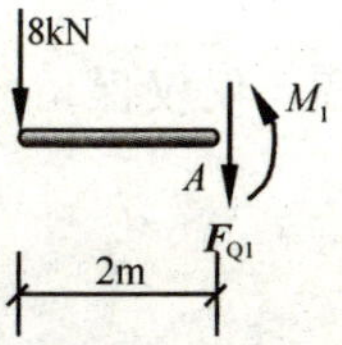	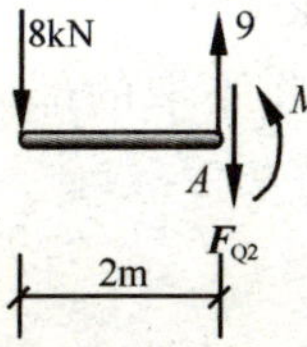	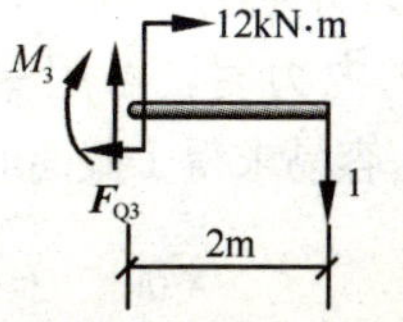	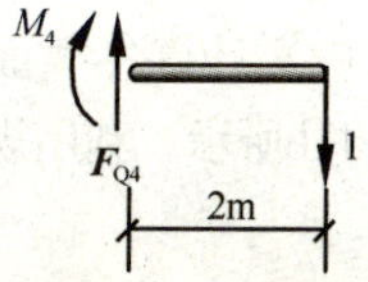

续表

截　面	1	2	3	4
计算结果	$F_{Q1}=-8\text{kN}$ $M_1=-16\text{kN}\cdot\text{m}$	$F_{Q2}=1\text{kN}$ $M_2=-16\text{kN}\cdot\text{m}$	$F_{Q3}=1\text{kN}$ $M_3=-14\text{kN}\cdot\text{m}$	$F_{Q4}=1\text{kN}$ $M_4=-2\text{kN}\cdot\text{m}$
结　论	在集中力两侧：剪力发生突变，突变量等于集中力的大小；弯矩不变		在集中力偶两侧：弯矩发生突变，突变量等于集中力偶的大小；剪力不变	

7.1.5　计算剪力和弯矩的规律

1. 计算剪力的规律

在计算梁的某截面剪力 $\boldsymbol{F}_Q$ 时作出的受力图如图 7-9 所示，由平衡条件 $\Sigma Y=0$ 可得出

$$\boldsymbol{F}_Q=\boldsymbol{F}_1-\boldsymbol{F}_2+\boldsymbol{F}_n=\Sigma \boldsymbol{F}_i \tag{7-1}$$

上式表明：**梁内任一截面上的剪力，等于该截面一侧梁段上所有外力在截面切向投影的代数和**。如果取左侧时，外力向上引起正项的剪力，向下引起负项的剪力。这一结论可以归纳为**左上剪力正**。

2. 计算弯矩的规律

在计算梁的某截面弯矩 M 时作出的受力图如图 7-10 所示，由平衡条件 $\Sigma M_C=0$ 可得出

$$M=\boldsymbol{F}_1 a-\boldsymbol{F}_2 b+\boldsymbol{F}_n c+m=\Sigma M_C \tag{7-2}$$

上式表明：**梁内任一截面上的弯矩，等于该截面一侧梁段上所有外力对截面形心之矩的代数和**。如果取左侧时，顺时针的力矩引起正项的弯矩，逆时针的力矩引起负项的弯矩。这一结论又可以归纳为**左顺弯矩正**。

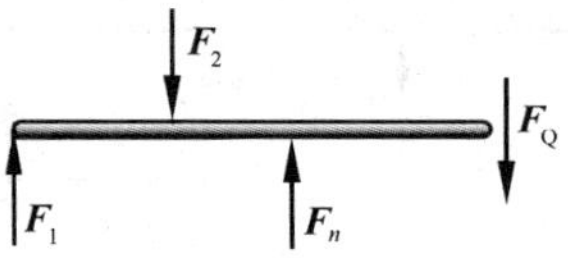

图 7-9

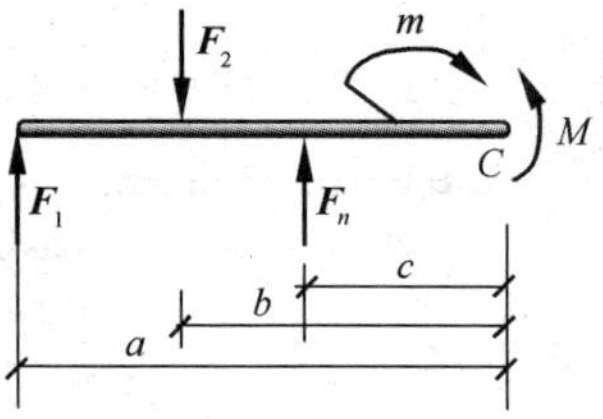

图 7-10

想一想

如果取右侧，你能否给出与**“左上剪力正、左顺弯矩正”**相仿的结论？

例 7-3　利用规律计算图 7-11a 所示简支梁 1、2、3 各截面上的剪力和弯矩。

解　(1) 求得支座反力分别为：70kN 和 50kN

(2) 计算各截面上的内力时，可用一张纸将不取的部分遮盖，仅仅保留研究对象，如图 7-11b所示。利用规律，容易求得 1 截面的内力

$$\boldsymbol{F}_{Q1}=70\text{kN}$$

$$M_1=70\times 2=140\text{kN}\cdot\text{m}$$

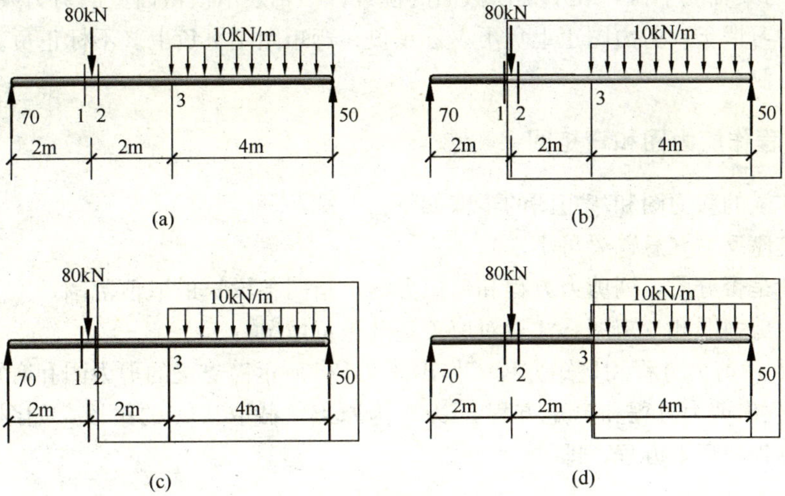

图 7-11

(3) 用同样的方法计算 2、3 截面上的内力，如图 7-11c、d 所示。利用规律，容易求得 2、3 截面的内力

$$\boldsymbol{F}_{Q2}=70-80=-10\text{kN} \qquad \boldsymbol{F}_{Q3}=70-80=-10\text{kN}$$

$$M_2=70\times 2=140\text{kN}\cdot\text{m} \qquad M_3=70\times 4-80\times 2=120\text{kN}\cdot\text{m}$$

利用计算剪力和弯矩的规律，可以省去画出梁段的受力图，省去列出平衡方程，而直接写出所求内力的代数和，简化了求解过程，有较强的实用性。只是需要注意正负号的问题。

任务2 梁的内力图

由上节内容可知：梁上不同截面的内力不同。在对梁进行强度计算时，必须知道内力的变化规律，找到内力的最大值，从而确定危险截面的位置。这一目标可以通过作梁的内力图——剪力图和弯矩图来实现。

7.2.1 剪力方程和弯矩方程

梁横截面上的剪力和弯矩一般随横截面的位置而变化。若横截面的位置，用沿梁轴线的坐标 x 表示，则梁内各横截面上的剪力和弯矩都可以表示为 x 的函数，即

$$\boldsymbol{F}_Q=\boldsymbol{F}_Q(x), \quad M=M(x)$$

$\boldsymbol{F}_Q(x)$、$M(x)$ 分别称为**剪力方程**和**弯矩方程**。梁的剪力方程和弯矩方程，反映了剪力和弯矩沿梁轴线的变化规律。

7.2.2 剪力图和弯矩图

与轴力图和扭矩图一样，为了形象地表明剪力和弯矩沿梁轴线的变化规律，可以根据梁

的剪力方程和弯矩方程，将剪力和弯矩变化的规律用图形来表示，这就是**剪力图和弯矩图**。绘图时，x 轴与梁轴线平行，表示梁横截面的位置；纵轴表示横截面上的剪力或弯矩的数值。在土建工程中习惯于：剪力图正上负下、标正负；弯矩图正下负上、不标正负。弯矩图总画在梁受拉的一侧。

7.2.3　列方程作剪力图和弯矩图

列方程作梁的剪力图和弯矩图的步骤如下：

(1) 求支座反力（悬臂梁可不求）；

(2) 判断是否分段，列剪力方程和弯矩方程，指明各段 x 的取值范围；

(3) 绘制剪力图和弯矩图，注意对应关系及正负情况。

例 7-4　利用剪力方程和弯矩方程，作出图 7-12a 所示简支梁的剪力图和弯矩图。

解 (1) 列出剪力方程和弯矩方程。以 A 为原点，截取长 x 的梁段，如图 7-12b 所示。列出其剪力方程和弯矩方程，即

$$\boldsymbol{F}_{\mathrm{Q}}(x)=-\boldsymbol{F}(0<x<l)$$

$$M(x)=-\boldsymbol{F}x(0\leqslant x\leqslant l)$$

(2) 作出梁的剪力图和弯矩图。如图 7-12c、d 所示。

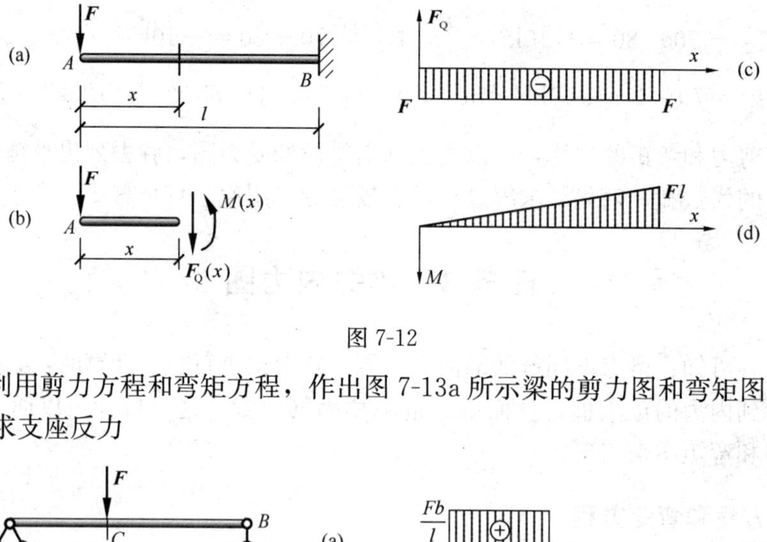

图 7-12

例 7-5　利用剪力方程和弯矩方程，作出图 7-13a 所示梁的剪力图和弯矩图。

解 (1) 求支座反力

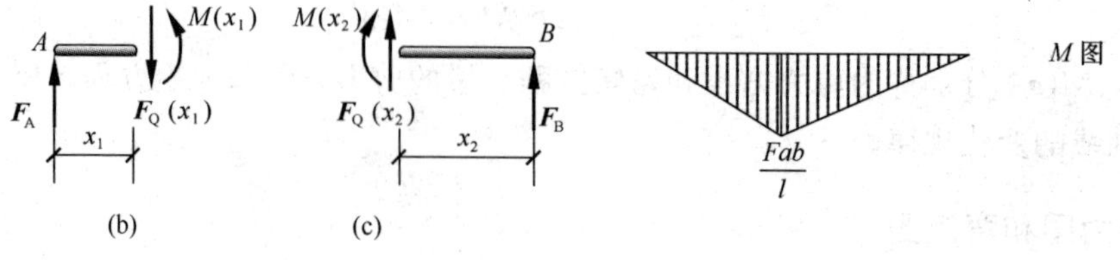

图 7-13

$$F_A=\frac{Fb}{l},F_B=\frac{Fa}{l}$$

（2）列剪力方程和弯矩方程。需分段考虑。

AC 段，坐标原点为 A，如图 7-13b 所示：

$$F_Q(x_1)=F_A=\frac{Fb}{l}$$

$$M(x_1)=F_Ax_1=\frac{Fb}{l}x_1\quad(0\leqslant x_1\leqslant a)$$

BC 段，坐标原点为 B，如图 7-13c 所示：

$$F_Q(x_2)=-F_B=-\frac{Fa}{l}$$

$$M(x_2)=F_Bx_2=\frac{Fa}{l}x_2\quad(0\leqslant x_2\leqslant b)$$

（3）分段作出梁的剪力图和弯矩图，如图所示。

当 $a=b=l/2$ 时，简支梁的剪力图和弯矩图，如图 7-14 所示。

例 7-6　作出图 7-15a 所示简支梁的剪力图和弯矩图。

解（1）求支座反力

$$F_A=F_B=\frac{ql}{2}$$

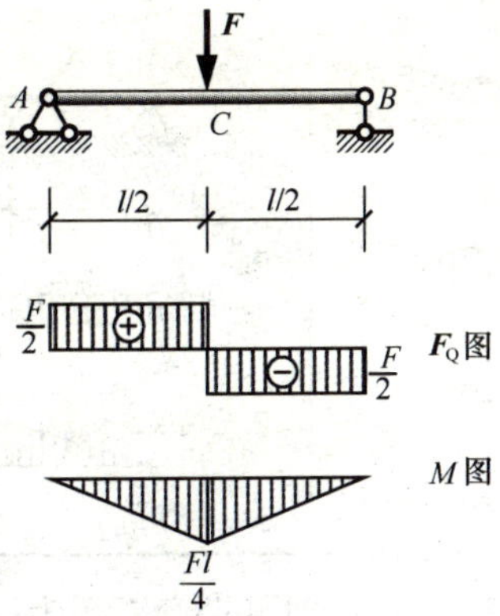

图 7-14

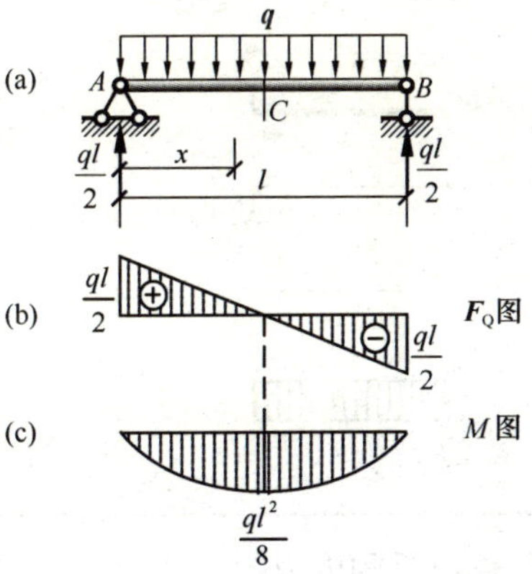

图 7-15

（2）列剪力方程和弯矩方程（无需分段）

$$F_Q(x)=\frac{ql}{2}-qx\qquad(0<x<l)$$

$$M(x)=\frac{ql}{2}x-\frac{qx^2}{2}\quad(0\leqslant x\leqslant l)$$

表 7-2　简单荷载作用下梁的剪力图和弯矩图

计算简图与内力图	梁的类型		
	悬臂梁	简支梁	外伸梁
简图 剪力图 弯矩图	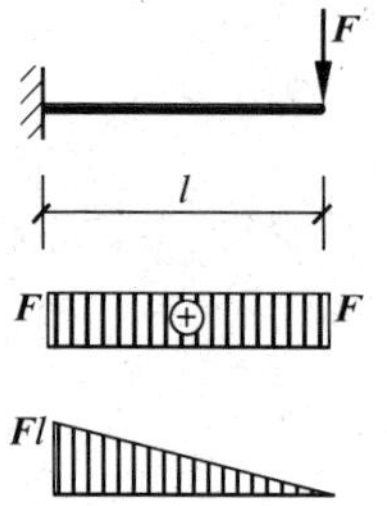	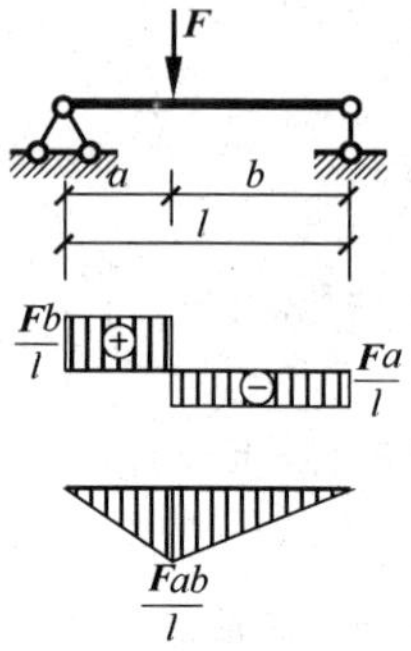	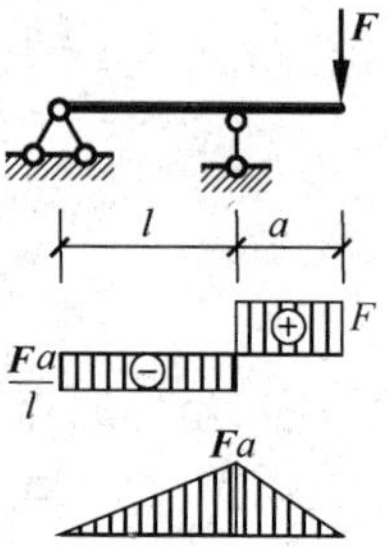
简图 剪力图 弯矩图	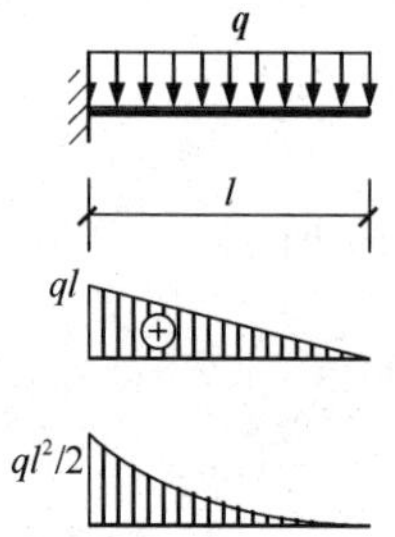	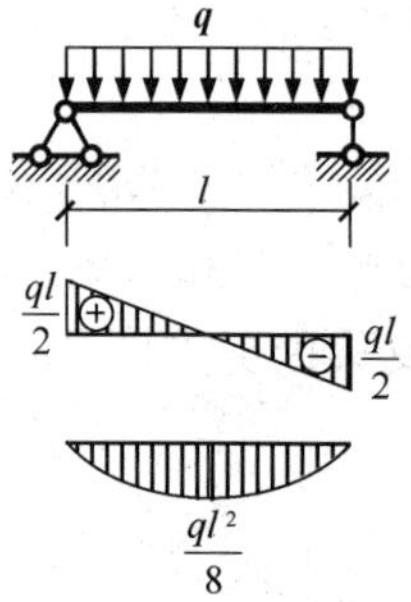	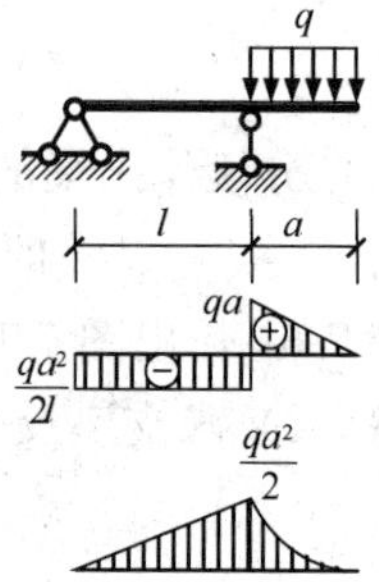
简图 剪力图 弯矩图	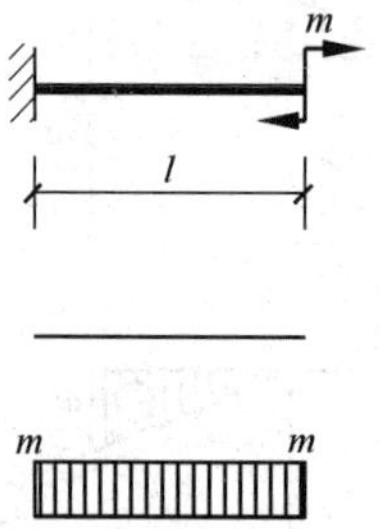	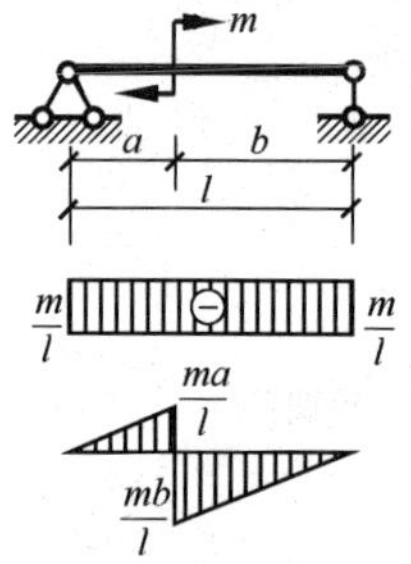	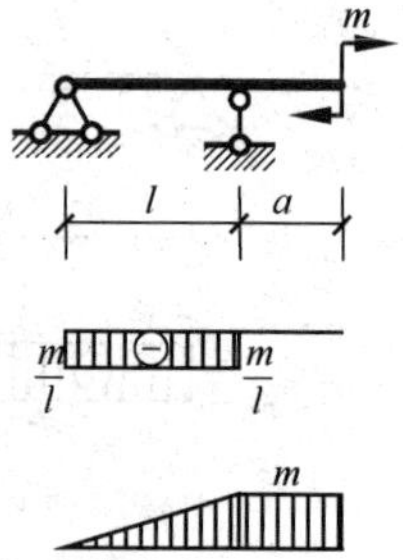

（3）分段作出梁的内力图。剪力图为一斜直线，确定两点即可；弯矩图为一抛物线，需采用描点法作图。如图 7-15b、c 所示。

以上例题的结论，都是在今后的学习中经常用到的，需加以记忆。

表 7-2 列出了梁在简单荷载作用下的剪力图和弯矩图，可供查用。

7.2.4　简捷法作剪力图和弯矩图

利用剪力方程和弯矩方程作梁的剪力图和弯矩图时，需将梁分段、列出各段方程，最后再根据内力方程绘制出内力图。整个过程比较繁琐，实际中应用较多的是简捷法。

1. $M(x)$、$\boldsymbol{F}_{\mathrm{Q}}(x)$ 和 $q(x)$ 三者之间的微分关系

梁上的分布荷载 $q(x)$、剪力方程 $\boldsymbol{F}_{\mathrm{Q}}(x)$、弯矩方程 $M(x)$ 之间存在以下微分关系，反映在剪力图和弯矩图上，也对应一些普遍性的规律和特征，列于表 7-3。

表 7-3　$M(x)$、$F_{\mathrm{Q}}(x)$ 和 $q(x)$ 三者之间的微分关系及其几何意义

微分关系	梁上任一横截面的剪力对 x 的一阶导数等于作用在梁上该截面处的分布荷载集度	梁上任一横截面的弯矩对 x 的一阶导数等于该截面上的剪力	梁上任一截面的弯矩对 x 的二阶导数等于该截面处的荷载集度
数学表达式	$\dfrac{\mathrm{d}F_{\mathrm{Q}}(x)}{\mathrm{d}x}=q(x)$	$\dfrac{\mathrm{d}M(x)}{\mathrm{d}x}=F_{\mathrm{Q}}(x)$	$\dfrac{\mathrm{d}^2M(x)}{\mathrm{d}x^2}=q(x)$
几何意义	剪力图上某点切线的斜率等于该点对应截面处的荷载集度	弯矩图上某点切线的斜率等于该点对应横截面上的剪力	弯矩图上某点的曲率等于该点对应截面处的分布荷载集度

2. 剪力图和弯矩图的规律

(1) 在无均布荷载作用的梁段

由于 $q(x)=0$，即 $\dfrac{\mathrm{d}F_{\mathrm{Q}}(x)}{\mathrm{d}x}=0$，则 $\boldsymbol{F}_{\mathrm{Q}}(x)$ 是常数。所以剪力图是一条平行于 x 轴的水平线。又因 $\dfrac{\mathrm{d}M(x)}{\mathrm{d}x}=\boldsymbol{F}_{\mathrm{Q}}(x)=$ 常数。所以，该段梁的弯矩图中各点切线的斜率为常数，弯矩图为一条斜直线。弯矩图又可分以下三种情况：

当 $\boldsymbol{F}_{\mathrm{Q}}(x)>0$ 时，弯矩图为一条下斜直线（\）；

当 $\boldsymbol{F}_{\mathrm{Q}}(x)<0$ 时，弯矩图为一条上斜直线（/）；

当 $\boldsymbol{F}_{\mathrm{Q}}(x)=0$ 时，弯矩图为一条水平线（—）。

见表 7-4 的第一栏。

(2) 在有均布荷载作用的梁段

若 $q(x)=$ 常数(<0)，均布荷载向下，该段梁的剪力图上各点切线的斜率为一负的常数，剪力图为一条下斜直线。弯矩图则为开口向上的二次抛物线（∪）。见表 7-4 的第二栏。

若 $q(x)=$ 常数(>0)，均布荷载向上，与向下的情形相反。

(3) 集中力与集中力偶两侧的内力情况，与前述的结论一致。见表 7-4 的第三、四栏。

(4) 弯矩的极值

有均布荷载作用时，$\boldsymbol{F}_{\mathrm{Q}}(x)$ 为变量。在剪力由正变负过程中，$\boldsymbol{F}_{\mathrm{Q}}(x)=0$ 处，即 $\dfrac{\mathrm{d}M(x)}{\mathrm{d}x}=0$ 处，弯矩有极大值（见图 7-15）。

利用梁的剪力图、弯矩图与荷载之间的规律绘制梁内力图的方法，通常称为**简捷法**。同时，我们也可以利用这些规律来校核剪力图和弯矩图的正确性。

根据 $M(x)$、$\boldsymbol{F}_{\mathrm{Q}}(x)$ 和 $q(x)$ 三者之间的微分关系，可以总结出梁的内力图与荷载的关系，列于表 7-4。

表 7-4　梁上荷载和剪力图、弯矩图的关系

序号	梁上荷载情况	剪力图	弯矩图
1	无荷载梁段 $q(x)=0$ 	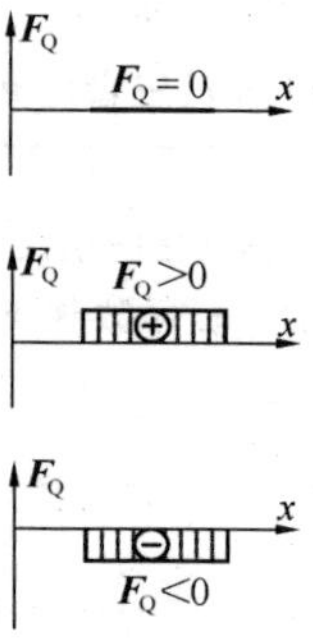	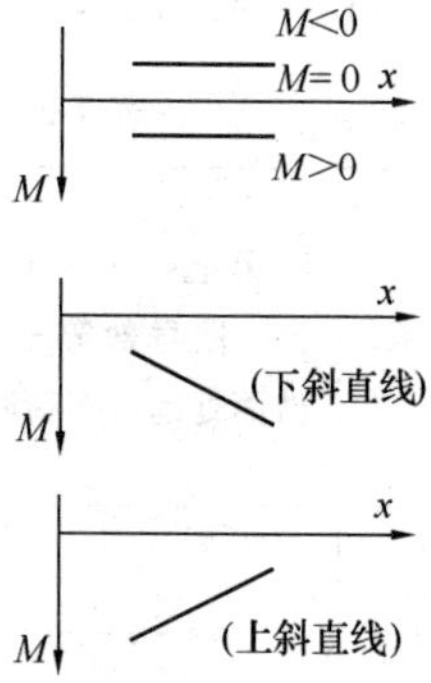
2	向下均布荷载 $q(x)<0$ 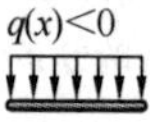	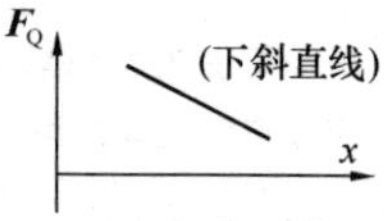	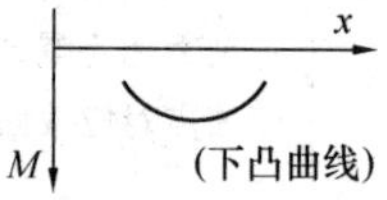
3	集中力作用处 	截面 C 处有突变 	截面 C 处有转折 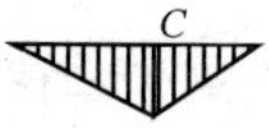
4	集中力偶作用处 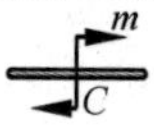	截面 C 处无变化	截面 C 处有突变 
5	均布荷载作用段	$F_Q=0$ 截面	M 有极值

3. 用简捷法绘制剪力图和弯矩图的步骤

(1) 求支座反力;

(2) 将梁进行分段;集中力、集中力偶的作用截面、分布荷载的起止截面,都是梁需要分段之处;

(3) 由各梁段上的荷载情况,根据规律确定其对应的剪力图和弯矩图的形状——**定性**;

(4) 确定控制截面,计算控制截面的剪力值、弯矩值——**定量**;**控制截面**是指对内力图形起到控制作用的截面。

表 7-5　梁的控制截面及其内力计算的数量

内力图	控制截面数	控制截面位置
水平线	1	任一点
斜直线	2	起、止点
曲线	3	起、止点,极值点

（5）绘制剪力图和弯矩图。

例 7-7 用简捷法作出图 7-16a 所示外伸梁的剪力图和弯矩图。

解（1）计算支座反力

$$\boldsymbol{F}_A = 3\text{kN}，\quad \boldsymbol{F}_B = 9\text{kN}$$

（2）分段：根据梁上荷载情况，将梁分为 AC、CB、BD 三段；

（3）根据各梁段上的荷载情况，确定其对应的剪力图和弯矩图的形状；

（4）确定控制截面，计算控制截面的剪力值、弯矩值。分析、计算过程列于下表。

梁段	荷载情况	剪力图	控制截面内力（kN）	弯矩图	控制截面内力（kN·m）	备注
AC	无荷载	水平线	$\boldsymbol{F}\text{Q} = 3$	斜直线	$M_A = 0$	
					$M_C = 6$	
CB	无荷载	水平线	$\boldsymbol{F}_\text{Q} = -5$	斜地线	$M_C = 6$	
					$M_B = -4$	
BD	$q = -2\text{kN/m}$	下线直线	B 右：$\boldsymbol{F}_\text{Q} = 4$	下凸曲线	$M_B = -4$	止点与极值点重合
			D：$\boldsymbol{F}_\text{Q} = 0$		$M_D = 0$	

（5）绘制剪力图和弯矩图如图 7-16b、c 所示。

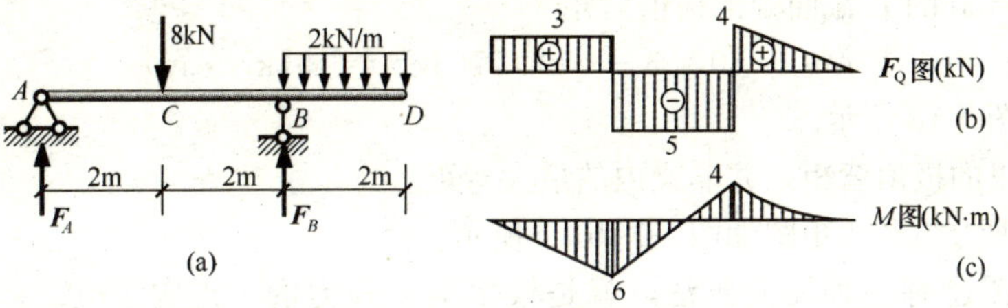

图 7-16

例 7-8 用简捷法作出图 7-17a 所示简支梁的剪力图和弯矩图。

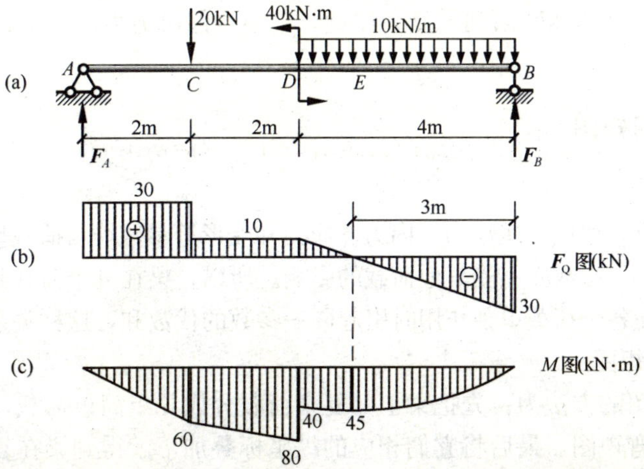

图 7-17

解（1）计算支座反力

$$\boldsymbol{F}_A = \boldsymbol{F}_B = 30\text{kN}$$

（2）分段：根据梁上荷载情况，将梁分为 AC、CD、DB 三段；

（3）根据各梁段上的荷载情况，确定其对应的剪力图和弯矩图的形状；

（4）确定控制截面，计算控制截面的剪力值、弯矩值。分析、计算过程列于下表。

梁段	荷载情况	剪力图	控制截面内力（kN）	弯矩图	控制截面内力（kN・m）	备注
AC	无荷载	水平线	$\boldsymbol{F}_Q = 30$	斜直线	$M_A = 0$	
					$M_C = 60$	
CD	无荷载	水平线	$\boldsymbol{F}_Q = 10$	斜直线	$M_C = 60$	
					D 左：$M_D = 80$	弯矩发生突变
DB	$q=-10\text{kN/m}$	下斜直线	D：$\boldsymbol{F}_Q = 10$ B：$\boldsymbol{F}_Q = 30$	下凸曲线	D 右：$M_D = 40$	
					极值：$M_E=45$	极值点 E 距 B 点 3m
					$M_B = 0$	

其中，$\boldsymbol{F}_Q = 0$ 的 E 截面处的极值弯矩

$$M_E = 30 \times 3 - 10 \times 3 \times 1.5 = 45(\text{kN} \cdot \text{m})$$

受力图如图 7-18 所示。

注意，这里的极值弯矩，并非梁内的最大弯矩。

（5）绘制剪力图和弯矩图如图 7-17b、c 所示。

绘制剪力图还有一种简便画法，就是根据梁上外力的“走向”来画。例如图 7-17b 中，从左端 A 开始，向上 30kN，水平向右至 C 处、向下 20kN 至 10kN，再水平向右至 D 处；DB 段受到均布荷载，相当于“匀速下降”，每米降 10kN，至 B 处 4m，共降 40kN，至 -30kN；最后，$\boldsymbol{F}_B$ 向上 30kN 回到零点。注意，集中力偶对剪力图没有影响。

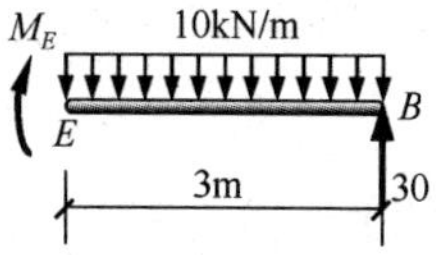

图 7-18

7.2.5　叠加法画弯矩图

1. 叠加原理

在小变形条件下，梁的支座反力、内力、应力和变形等参数均与荷载呈线性关系，每一荷载单独作用引起的某一参数亦不受其他荷载的影响。所以，梁在 n 个荷载共同作用时所引起的某一参数，等于梁在各个荷载单独作用时引起同一参数的代数和，这种关系称为**叠加原理**。

2. 叠加法画弯矩图

叠加法画弯矩图的方法为：先把梁上的复杂荷载分成几组简单荷载，再分别绘出各简单荷载单独作用下的弯矩图，最后将它们相应的纵坐标叠加，就得到梁在复杂荷载作用下的弯矩图。简单荷载的弯矩图，可参阅表 7-2。下面举例说明。

例 7-9 用叠加法作出如图 7-19a 所示简支梁的弯矩图。

解 先将作用在梁上的荷载分为两组；再分别画出集中力偶和均布荷载单独作用下的弯矩图，如图 7-19b、c 所示；最后将这两个弯矩图的相应纵坐标叠加起来，如图 7-19a 所示。就得到简支梁在集中力偶和均布荷载共同作用下的弯矩图了。

这属于“直线＋曲线＝新的曲线”。

注意：(1) 图 7-19a 中的“16”，是梁跨中的弯矩值，而非最大值，最大值要通过剪力为零处再求得；(2) 叠加的含义是简单荷载弯矩图的纵标叠加，而不是弯矩图形的简单拼合。

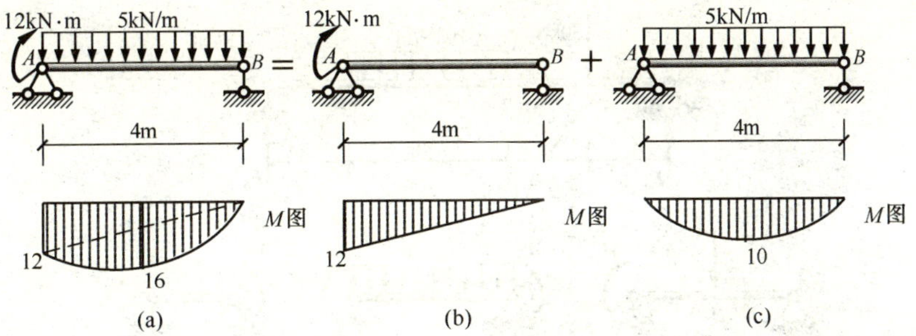

图 7-19

例 7-10 用叠加法作出图 7-20a 所示简支梁的弯矩图。

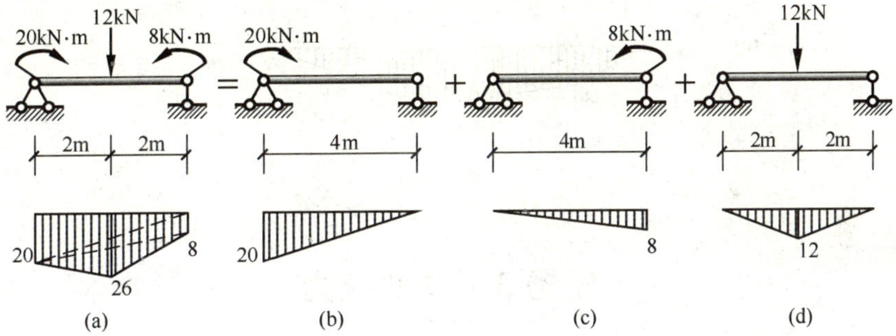

图 7-20

解 这个简支梁的荷载需分为三组；各自单独作用下的弯矩图，如图 7-20b、c、d 所示；最后的弯矩图如图 7-20a 所示。

这又属于“直线＋直线＝新的直线”。

叠加法是一种简便而又实用的方法，尤其在今后画复杂结构的弯矩图时，更是十分重要。当然，其前提是要掌握梁在简单荷载作用下的弯矩图。

3. 区段叠加法画弯矩图

梁可以根据荷载情况分为若干分段，任意分段梁都可以当作简支梁，都可以用简支梁的叠加法来求得该段的弯矩图，而将各分段的弯矩图相加，便是最后全梁的弯矩图，这就是**区段叠加法**。下面举例说明。

例 7-11 用区段叠加法作出图 7-21a 所示简支梁的弯矩图。

解 (1) 计算支座反力

$$\boldsymbol{F}_A = 40\text{kN}, \quad \boldsymbol{F}_B = 30\text{kN}$$

（2）将梁分为 AD、DE、EB 三段，如图 7-21b、c、d 所示，需计算 M_D 与 M_E。

D 处截开取左：$M_D = 40 \times 4 - 30 \times 2 = 100\text{kN}\cdot\text{m}$

E 处截开取右：$M_E = 30 \times 2 = 60\text{kN}\cdot\text{m}$

（3）用同段的叠加法分别作出各分段的弯矩图，如图所示。

（4）拼接各分段的弯矩图，便得到全梁的弯矩图，如图 7-21e 所示。

在熟悉区段叠加法后，可以将梁分段后直接在总图上画各段的弯矩图，省去画各分段及其弯矩图的中间过程。

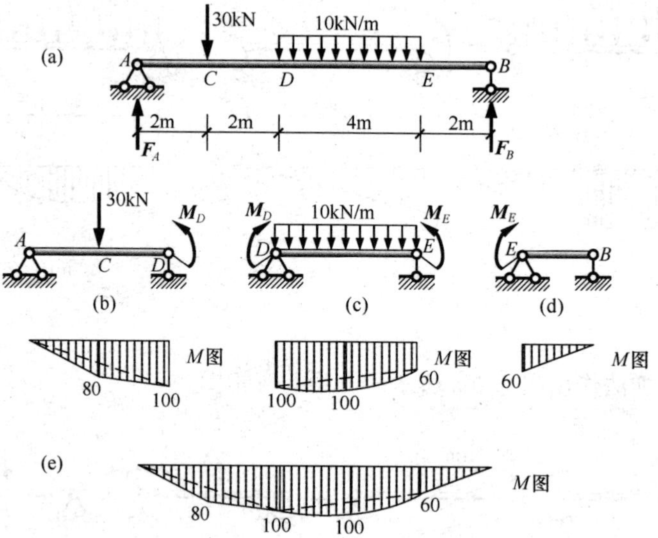

图 7-21

任务 3　弯曲应力

本节将在上节基础上，进一步研究梁的横截面上内力的分布情况，即横截面上各点应力的分布规律，从而找到危险截面与危险点，解决梁的强度计算问题。

7.3.1　弯曲应力与弯曲内力

梁弯曲时有两种内力——弯矩和剪力。可以推测：弯矩的作用面与横截面垂直，引起正应力 σ，如图 7-22a 所示；剪力与横截面相切，引起切应力 τ，如图 7-22b 所示。

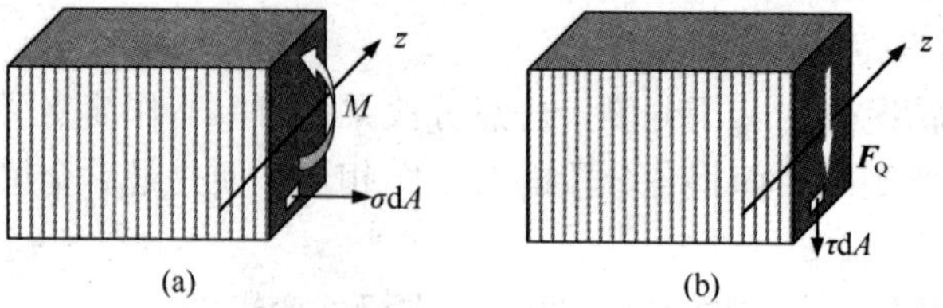

图 7-22

7.3.2 梁的正应力的计算公式

如图7-23a所示的简支梁，其剪力图和弯矩图如图7-23b、c。其中CD段只有弯矩没有剪力，称为**纯弯曲**。AC和BD段的各横截面上既有剪力又有弯矩，称为**横力弯曲**。为了简化计算，取矩形截面梁纯弯曲时，来研究梁横截面上的正应力。

为了便于观察梁弯曲前后的变形，先在梁的表面画上一组与梁轴线平行的纵线，以及一组垂直于梁轴线的横线，且间距相等。纵线代表梁的“纵向纤维”，横线代表各横截面，如图7-24a所示。然后使梁产生纯弯曲，相当于在梁的两端各施加一个外力偶M，如图7-24b。可观察到如下现象：

(1) 纵线由直线都弯成曲线，梁下部的纵线都伸长了，上部的纵线都缩短了。

(2) 横线都跟随纵线倾斜了一定的角度，但仍为直线，仍垂直于弯曲后梁的轴线。

(3) 矩形横截面的上部变宽，下部变窄。

通过以上现象，可作如下假设和推断：

(1) 平面假设　横截面变形前后均保持平面。

(2) 单向受力假设　可以将梁看成由无数根纵向纤维组成，各纤维只受拉伸或压缩，不存在相互挤压。

(3) 梁上部的纵线受压，导致纵线缩短，横截面变宽；下部的纵线受拉，导致纵线伸长，横截面变窄。而且由上至下的变形是连续的。

因此，在这一渐变过程之间必有一层纵向纤维既不伸长也不缩短，这层纤维称为**中性层**，如图7-24b中的cd。中性层与横截面的交线称为**中性轴**。中性轴将梁分为受拉区和受压区。根据平面假设可知，纵向纤维的伸长和缩短是横截面绕中性轴转动的结果。而且，距离中性轴越远，纵向纤维的伸长或缩短也就越大。

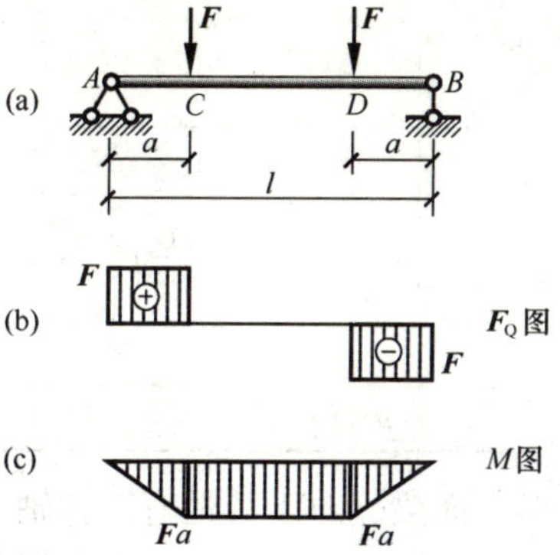

图7-23

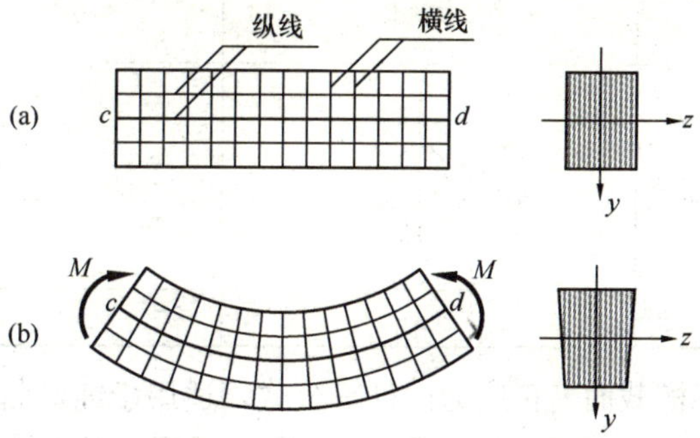

图7-24

据此，我们直接给出梁横截面上正应力的计算公式

$$\sigma = \pm \frac{My}{I_z} \tag{7-3}$$

式中　M——横截面上的弯矩；

y——横截面上所求应力点到中性轴的距离；

I_z——横截面对中性轴的惯性矩，中性轴为通过横截面形心的轴。

仍规定：正应力拉为正，压为负。应力的正负号可根据点的位置与梁的实际变形确定。

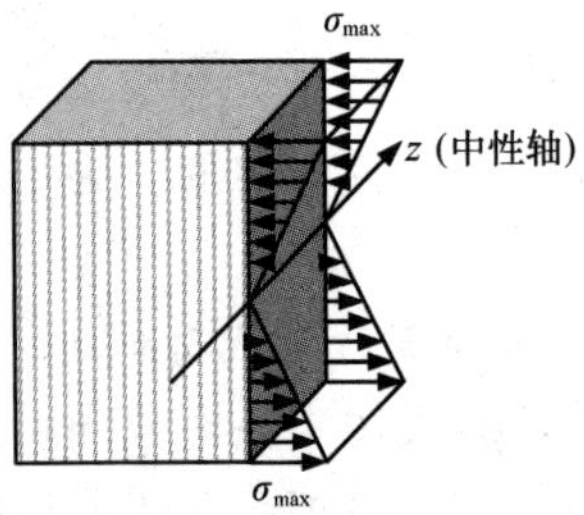

图 7-25

由式（7-3）可知：梁横截面上任一点的正应力 σ，与该点到中性轴的距离 y 成正比，即，沿截面高度呈线性分布。中性轴上各点的正应力为零，距中性轴最远的上、下边缘上各点处正应力最大，其他点的正应力介于零到最大值之间，如图 7-25 所示。

最大正应力值为

$$\sigma_{max} = \frac{My_{max}}{I_z} = \frac{M}{W_z} \tag{7-4}$$

式中，$W_z = I_z / y_{max}$，称为**抗弯截面系数**，反映梁横截面抵抗弯曲变形的能力，它与横截面的形状和尺寸有关，常用单位 m^3、mm^3。对于矩形、圆形及圆环形等简单截面的抗弯截面系数见表 7-6 中，型钢截面的抗弯截面系数见附录。

表 7-6　常用简单截面的惯性矩和抗弯截面系数

截面形状	有关尺寸	惯性矩	抗弯截面系数
矩形	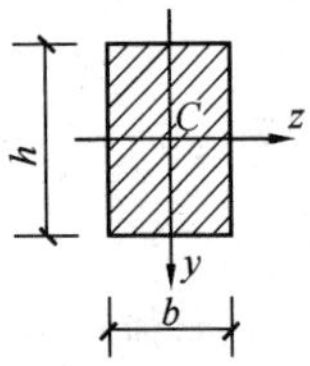	$I_z = \frac{bh^3}{12}$	$W_z = \frac{bh^2}{6}$
		$I_y = \frac{hb^3}{12}$	$W_y = \frac{hb^2}{6}$
圆形	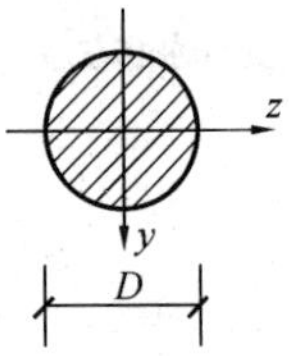	$I_z = I_y = \frac{\pi D^4}{64}$	$W_z = W_y = \frac{\pi D^3}{32}$
圆环形	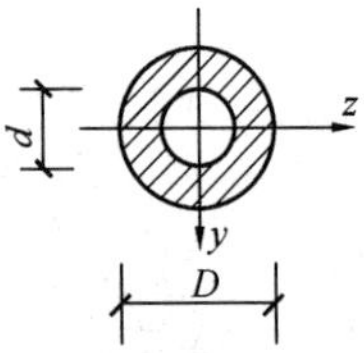	$I_z = \frac{\pi D^4}{64}(1-\alpha^4)$	$W_z = \frac{\pi D^3}{32}(1-\alpha^4)$
		$\alpha = d/D$	

梁横截面上正应力的计算公式，适用于纯弯曲的矩形截面梁。对于其他有对称轴截面的梁（例如，图 7-3 中各截面）也同样适用。对于横截面上既有剪力又有弯矩的横力弯曲，如果梁的跨度与横截面高度之比 $l/h > 5$，则可以忽略剪力的影响，仍采用式（7-3）计算。

例 7-12　如图 7-26a 所示矩形截面简支梁，受均布荷载作用。试计算：

（1）距左端 1m 的截面 C 上 a、b、c、d 四点的正应力；

（2）梁的最大正应力值，并说明最大正应力发生在何处；

（3）作出截面 D 上正应力沿截面高度的分布图。

解（1）计算支座反力

$$\boldsymbol{F}_A = \boldsymbol{F}_B = 12\text{kN}$$

并作出 M 图。其中 $M_C=9\text{kN}\cdot\text{m}$，极值 $M_D=12\text{kN}\cdot\text{m}$，如图 7-26b 所示。

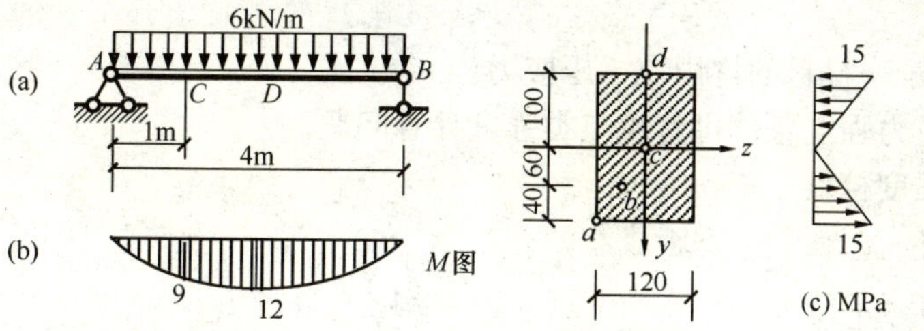

图 7-26

（2）利用式（7-3），计算截面 C 上 a、b、c、d 四点的正应力

先计算矩形截面对中性轴 z 的惯性矩：

$$I_z=\frac{bh^3}{12}=\frac{120\times200^3}{12}=80\times10^6\text{mm}^4$$

则

$$\sigma_a=\frac{M_C\cdot y_a}{I_z}=\frac{9\times10^6\times100}{80\times10^6}=11.25\text{MPa(受拉)}$$

$$\sigma_b=\frac{M_C\cdot y_b}{I_z}=\frac{9\times10^6\times60}{80\times10^6}=6.75\text{MPa(受拉)}$$

$$\sigma_c=0$$

$$\sigma_d=\frac{M_C\cdot y_d}{I_z}=-\frac{9\times10^6\times100}{80\times10^6}=-11.25\text{MPa(受压)}$$

（3）梁的最大正应力发生在截面 D 的上、下边缘处，可利用式（7-4）得出。其值为

$$\sigma_{\max}=\frac{M_{\max}y_{\max}}{I_z}=\frac{12\times10^6\times100}{80\times10^6}=15\text{MPa}$$

截面 D 上正应力沿截面高度的分布图如 7-26c 所示。

7.3.3 梁的正应力强度计算

1. 梁的最大正应力

梁内最大正应力所在的截面，称为**危险截面**。对于中性轴对称的梁，危险截面为弯矩最大值所在的截面；梁的最大正应力就位于危险截面的上、下边缘，其值为

$$\sigma_{\max}=\frac{M_{\max}y_{\max}}{I_z}=\frac{M_{\max}}{W_z} \tag{7-5}$$

对于中性轴不对称的梁，梁的最大拉应力和最大压应力是不相等的，其值应结合弯矩的正、负分别计算，其位置也应视具体情况而定。

2. 梁的正应力强度条件及应用

对于抗拉和抗压能力相同的材料，要求梁最大的正应力不超过材料的许用应力。其正应力强度条件为

$$\sigma_{\max}\leqslant[\sigma] \tag{7-6}$$

对于抗拉和抗压能力不同的材料，要求梁最大拉、压应力分别不超过材料的许用拉、压应力。其正应力强度条件为

$$\left.\begin{aligned}\sigma_{tmax} \leqslant [\sigma_t] \\ \sigma_{cmax} \leqslant [\sigma_c]\end{aligned}\right\} \tag{7-7}$$

式中　$[\sigma_t]$、$[\sigma_c]$——材料的许用拉、压应力。

根据梁的正应力强度条件可解决三类强度计算问题。

(1) 正应力强度校核

检查强度条件 $\sigma_{max} \leqslant [\sigma]$ 是否成立。

(2) 截面设计

计算满足强度时所需的抗弯截面系数 W_z，即

$$W_z \geqslant \frac{M_{max}}{[\sigma]}$$

再由 W_z 值以及截面的几何形状，进一步确定截面的尺寸。

(3) 确定许用荷载

计算满足强度时梁所能承受的最大弯矩 M_{max}，即

$$M_{max} \leqslant W_z \cdot [\sigma]$$

再由 M_{max} 和实际荷载的关系，确定梁所能承受的最大荷载，即许用荷载。

例 7-13　某简支木梁，其荷载及截面尺寸如图 7-27 所示。已知木材的许用应力 $[\sigma]=11\text{MPa}$。试校核木梁的正应力强度。

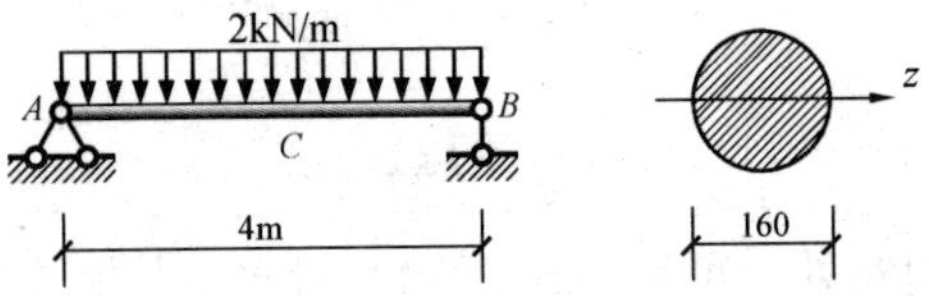

图 7-27

解　这属于强度校核问题。

(1) 计算最大弯矩 M_{max}。发生在跨中截面 C，是梁的危险截面。其值为

$$M_{max} = ql^2/8 = 2 \times 4^2/8 = 4\text{kN} \cdot \text{m}$$

(2) 计算抗弯截面系数 W_z。

$$W_z = \frac{\pi D^3}{32} = \frac{\pi \times 160^3}{32} = 0.402 \times 10^6 \text{mm}^4$$

(3) 校核正应力强度。

$$\sigma_{max} = \frac{M_{max}}{W_z} = \frac{4 \times 10^6}{0.402 \times 10^6} = 10(\text{MPa}) < [\sigma] = 11\text{MPa}$$

说明该梁满足正应力强度条件。

例 7-14　某简支 Q235 工字钢梁，其荷载如图 7-28 所示。已知钢材的许用应力 $[\sigma]=160\text{MPa}$。试选择工字钢的型号。

解　这属于截面设计问题。

(1) 作出梁的弯矩图，可知危险截面 C

$$M_{max} = 26\text{kN} \cdot \text{m}$$

(2) 计算满足强度时所需的抗弯截面系数 W_z，即

$$W_z \geqslant \frac{M_{max}}{[\sigma]} = \frac{26 \times 10^6}{160}$$

$$= 162.5 \times 10^3 \text{mm}^3 = 162.5\text{cm}^3$$

由附录型钢表查得：18 号工字钢，其 $W_z = 185\text{cm}^3$。故选择 18 号工字钢。

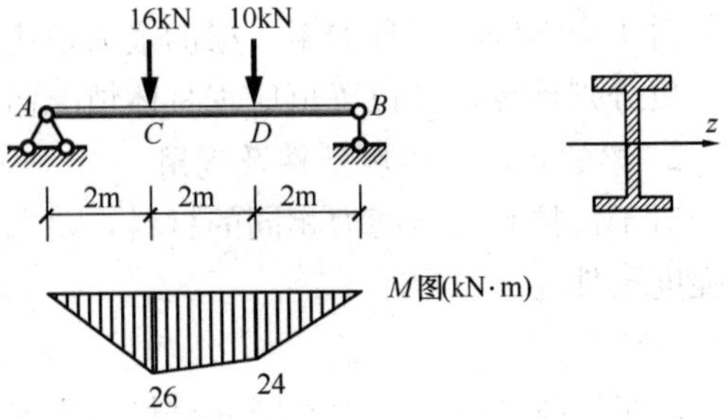

图 7-28

例 7-15 某门式吊车梁由两根 22b 工字钢制成，如图 7-29 所示。已知 Q235 钢材的许用应力 $[\sigma]=160\text{MPa}$。试确定吊车的许用起重量。

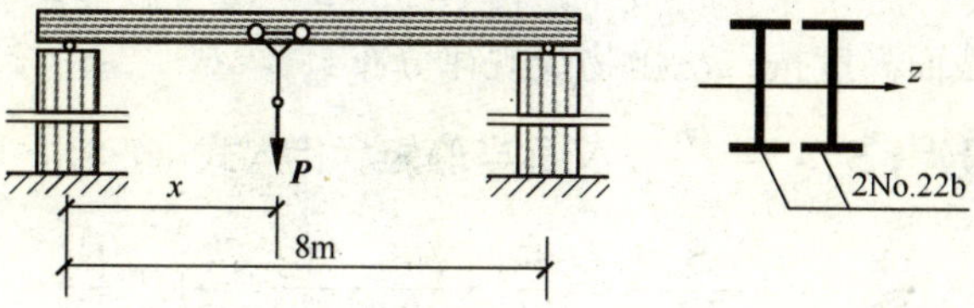

图 7-29

解 这属于确定许用荷载问题。原结构可简化为简支梁作用移动集中力的情形。集中力处的弯矩为最大

$$M_{\max}=\frac{\boldsymbol{P}\cdot x\cdot(8-x)}{8}$$

而当集中力居中，即 $x=4\text{m}$ 时，简支梁的弯矩达到极值，即 $M_{\max}=2\boldsymbol{P}\text{kN}\cdot\text{m}$

由附录型钢表查得：两 22b 工字钢，其 $W_z=2\times325\text{cm}^3=650\text{cm}^3$。

根据正应力强度条件，梁所能承受的最大弯矩

$$M_{\max}\leqslant W_z\cdot[\sigma]$$

即

$$2\boldsymbol{P}\times10^6\leqslant650\times10^3\times160$$

得

$$\boldsymbol{P}\leqslant52\text{kN}$$

7.3.4 梁的切应力强度计算

在梁的内力中，弯矩引起正应力，剪力引起切应力。不过，通常情况下，正应力强度起主导作用，切应力是次要的。梁切应力的方向与剪力一致。

（一）梁的切应力计算公式

对不同形状的横截面，切应力有着不同的计算公式，本教材均不作推导。

1. 矩形截面梁

如图 7-30，矩形截面梁横截面上任一点 a 的切应力计算公式如下：

$$\tau=\frac{F_QS_z^*}{I_zb}\qquad(7\text{-}8)$$

式中 F_Q——所求切应力处横截面上的剪力；

S_z^*——横截面上所求点处水平线以上（或以下）部分面积对中性轴的静矩；

I_z——横截面对中性轴的惯性矩；

b——横截面的宽度。

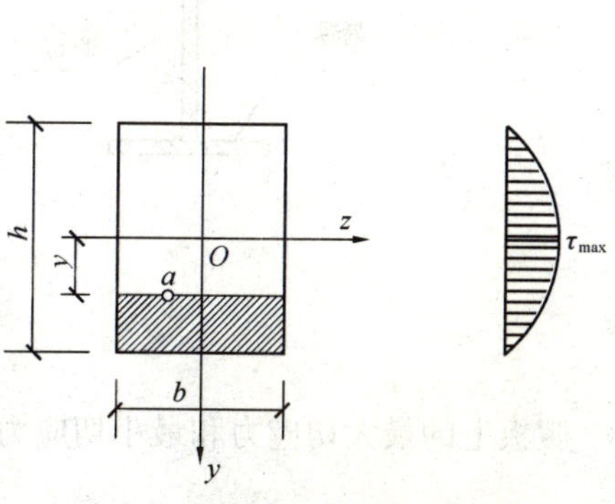

图 7-30

F_Q 与 S_z^* 均以绝对值代入，切应力的方向与 F_Q 一致。对于一个指定截面，F_Q、I_z、b 均为定值。在同一水平线上，S_z^* 又是相等的。所以，切应力

沿宽度均匀分布。沿高度的分布规律，仅取决于 S_z^* 。而

$$S_z^* = b\left(\frac{h}{2}-y\right)\left[y+\frac{1}{2}\left(\frac{h}{2}-y\right)\right]=\frac{bh^2}{8}\left(1-\frac{4y^2}{h^2}\right)$$

所以，切应力沿截面高度按二次抛物线规律分布：

当 $y=0$ 时，S_z^* 最大，$S_{z\max}^*=\frac{bh^2}{8}$，又称**半静矩**。代入式（7-8），可得

$$\tau_{\max}=\frac{F_Q S_{z\max}^*}{I_z b}=\frac{F_Q}{b}\cdot\frac{bh^2}{8}\cdot\frac{12}{bh^3}=1.5\frac{F_Q}{A}$$

当 $y=\pm\frac{h}{2}$ 时，$S_z^*=0,\tau=0$。如图 7-30b 所示。

由以上分析可知：矩形截面梁横截面中性轴上各点的切应力最大，其值为该截面上平均切应力的 1.5 倍。

对于全梁而言

$$\tau_{\max}=1.5\frac{F_{Q\max}}{A} \tag{7-9}$$

2. 工字形截面梁

工字形截面由腹板和翼缘组成。腹板是一个狭长的矩形，其上切应力的合力可以达到剪力 $\boldsymbol{F}_Q$ 的 95%左右，所以它的切应力可按矩形截面的公式计算，即

$$\tau=\frac{F_Q S_z^*}{I_z d} \tag{7-10}$$

式中，d 为腹板的宽度，其余皆与矩形公式相同。

腹板的切应力沿高度也按二次抛物线规律分布，如图 7-31c 所示。中性轴上的切应力最大，其值为

$$\tau_{\max}=\frac{F_Q S_{z\max}^*}{I_z d} \tag{7-11}$$

式中　$S_{z\max}^*$ 仍为半静矩。对于工字型钢，$I_z/S_{z\max}^*$ 可直接查出。

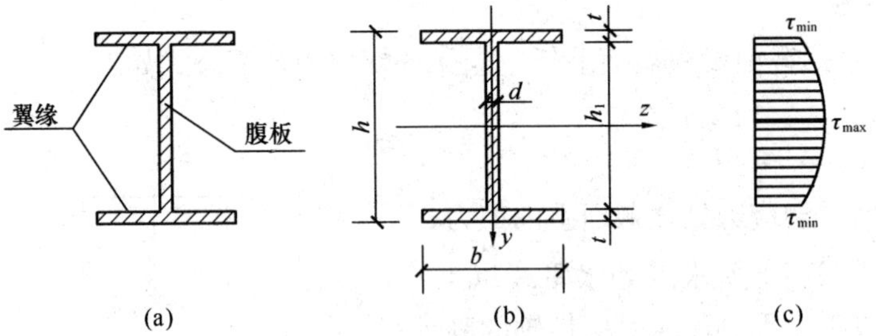

图 7-31

腹板上的最大切应力和最小切应力相差很小。所以，最大切应力也可按下式近似计算为

$$\tau_{\max}\approx\tau_{平均}=\frac{F_Q}{h_1 d} \tag{7-12}$$

翼缘上的切应力比腹板上的切应力小得多，一般不予考虑。

3. 圆形和圆环形截面梁

圆形和圆环形截面梁的最大切应力也在中性轴处，其值分别为

$$\tau_{\max}=\frac{4}{3}\frac{F_{Q\max}}{A}\text{和}\tau_{\max}=2\frac{F_{Q\max}}{A}$$

综上所述，各常见截面的最大切应力都位于中性轴处，而上下边缘的切应力都为零。

例 7-16 某简支梁受均布荷载作用，如图 7-32a 所示。试计算：

（1）若采用图 b 矩形截面时，A 左截面的 a、b、c 各点的切应力；梁内的最大切应力是多少？并与最大正应力比较；

（2）若采用图 c 的 No. 18 号工字型钢截面时，梁内的最大切应力；

（3）若采用图 d 的圆形截面时，梁内的最大切应力。

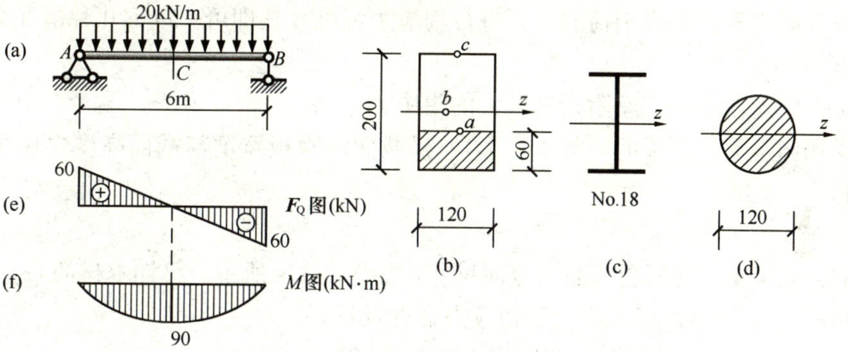

图 7-32

解（1）先作出梁的剪力图和弯矩图，如图 7-32e、f 所示。

（2）计算矩形截面的几何参数：

$$I_z=\frac{bh^2}{12}=\frac{120\times200^3}{12}=80\times10^6\text{mm}^4$$

a 点：　$S_z^*=60\times120\times70=504\times10^3\text{mm}^3$

（3）计算 a、b、c 各点的切应力。代入式（7-8），可得

$$\tau_a=\frac{F_QS_z^*}{I_zb}=\frac{60\times10^3\times504\times10^3}{80\times10^6\times120}=3.15\text{MPa}$$

b 点的切应力，为全梁的最大值，代入式（7-9），可得

$$\tau_b=1.5\frac{F_Q}{A}=1.5\times\frac{60\times10^3}{120\times200}=3.75\text{MPa}$$

$$\tau_c=0$$

（4）计算梁的最大正应力，它位于跨中截面的上下边缘。代入式（7-5），可得

$$\sigma_{\max}=\frac{M_{\max}}{W_z}=\frac{90\times10^6\times6}{120\times200^2}=112.5\text{MPa}$$

这一结果比最大切应力 3.75MPa 要大得多。

（5）查附录型钢表，No. 18 号工字型钢的 $I_z/S_z=15.4\text{cm}=154\text{mm}, d=6.5\text{mm}$。代入式（7-11），可得

$$\tau_{\max}=\frac{F_QS_{z\max}^*}{I_zd}=\frac{60\times10^3}{154\times6.5}=60\text{MPa}$$

（6）计算圆形截面时，梁内的最大切应力。

$$\tau_{\max} = \frac{4}{3} \cdot \frac{F_{Q\max}}{A} = \frac{4}{3} \cdot \frac{60 \times 10^3}{\pi \times 60^2} = 7.1(\text{MPa})$$

（二）梁的切应力强度计算

1. 梁的切应力强度条件

梁除了应满足正应力强度条件外，还应满足切应力强度条件。梁的切应力强度条件为

$$\tau \leqslant [\tau] \tag{7-13}$$

2. 梁的切应力强度条件的应用

梁的切应力强度条件能解决强度方面的三类问题，即切应力强度校核、设计截面和计算许用荷载。

与正应力强度条件相比，切应力强度条件是次要的。所以在实际计算时，通常以正应力强度条件设计截面和计算许用荷载，再进行切应力强度校核即可。以下几种情况必须作切应力强度校核。

（1）梁的跨度较小或支座附近有较大的集中力作用；

（2）采用组合截面钢梁时（如工字形），横截面的腹板宽度与截面高度之比小于型钢的相应比值；

（3）木梁。

例 7-17 某简支木梁所受荷载及截面尺寸，如图 7-33a 所示。已知木材的 $[\sigma] = 10\text{MPa}$，$[\tau] = 1\text{MPa}$。试对该梁进行正应力和切应力强度校核。

解（1）先作出梁的剪力图和弯矩图，如图 7-33b、c 所示。

（2）正应力强度校核

$$\sigma_{\max} = \frac{M_{\max}}{W_z} = \frac{40 \times 10^6 \times 32}{\pi \times 200^3} = \frac{16}{\pi} = 5.1\text{MPa} < [\sigma] = 10\text{MPa}$$

该梁满足正应力强度条件。

（3）切应力强度校核

$$\tau_{\max} = \frac{4}{3} \cdot \frac{F_{Q\max}}{A} = \frac{4}{3} \cdot \frac{15 \times 10^3}{\pi \times 100^2} = \frac{2}{\pi} = 0.64\text{MPa} < [\tau] = 1\text{MPa}$$

该梁满足切应力强度条件。

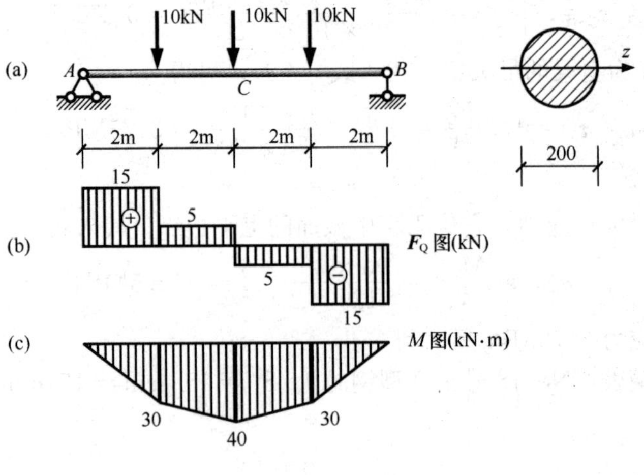

图 7-33

7.3.5　梁的主应力强度计算

由前述内容可知：梁正应力的最大值位于 $\boldsymbol{M}_{\max}$ 所在截面的上下边缘，此处的切应力为零；梁切应力的最大值位于 $\boldsymbol{F}_{Q\max}$ 所在截面的中性轴上，此处的正应力为零。在进行强度计算时，两者是互不相关的。然而，某些梁在弯矩和剪力同时较大的截面上，存在正应力和切应力同时都较大的点，通过组合叠加，可能出现新的危险点。例如，工字梁腹板和翼缘的交界处。这类危险点还需进行主应力强度计算。强度条件如下：

$$\sqrt{\sigma^2 + 4\tau^2} \leqslant [\sigma] \tag{7-14}$$

需强调，式中的 σ 和 τ 是同一点的。

例 7-18　某简支工字钢梁，其荷载及横截面尺寸如图 7-34a、b 所示。已知 $[\sigma] = 160\text{MPa}$。试校核钢梁的正应力强度和 C 左截面上 a 点的主应力强度。

解（1）先作出梁的 $\boldsymbol{F}_Q$ 和 M 图，如图 7-34c、d 所示，可知 $M_C = 80\text{kN}\cdot\text{m}$，$C$ 左截面 $\boldsymbol{F}_Q = 200\text{kN}$。

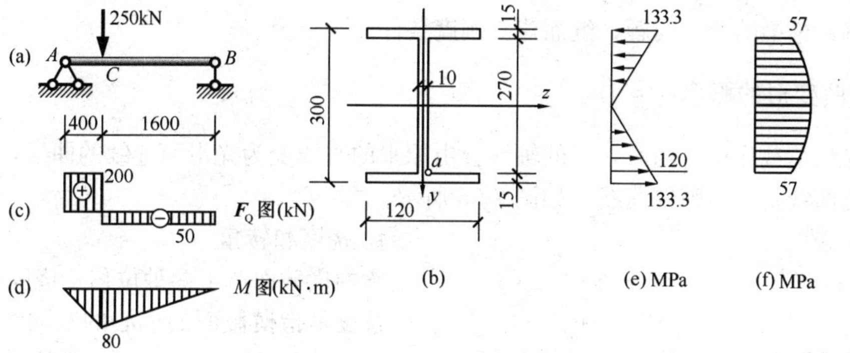

图 7-34

（2）计算 I_z 及 S_{za}^*：

$$I_z = \frac{120 \times 300^3}{12} - \frac{110 \times 270^3}{12} = 90 \times 10^6 \text{ mm}^4$$

$$S_{za}^* = 120 \times 15 \times (150 - 7.5) = 256500\text{mm}^3$$

（3）正应力强度校核：

$$\sigma_{\max} = \frac{M_{\max} y_{\max}}{I_z} = \frac{80 \times 10^6 \times 150}{90 \times 10^6} = 133.3(\text{MPa}) < [\sigma] = 160\text{MPa}$$

该梁满足正应力强度条件。

（4）计算 C 左截面上 a 点处的应力：

$$\sigma_a = \frac{M_c y}{I_z} = \frac{80 \times 10^6 \times 135}{90 \times 10^6} = 120\text{MPa}$$

$$\tau_a = \frac{F_{QC} S_{za}^*}{I_z d} = \frac{200 \times 10^3 \times 256500}{90 \times 10^6 \times 10} = 57\text{MPa}$$

（5）主应力强度校核。根据式（7-14）可得

$$\sqrt{\sigma^2+4\tau^2}=\sqrt{120^2+4\times57^2}=165.5\text{MPa}>[\sigma]=160\text{MPa}$$

超出许用应力 $\left(\dfrac{165.5-160}{160}\times100\%=\right)3.4\%$，未超过工程中 5%的允许范围。

该梁满足主应力强度条件。

综上所述，在梁的三个强度条件中：正应力强度是主导；必要时的三种情况需进行切应力强度校核；必要时在梁 $\boldsymbol{F}_Q$ 和 M 都同时较大的横截面上，σ 和 τ 都同时较大的点处进行主应力强度校核。

任务 4　弯曲变形

梁若安全正常地工作，除满足强度条件外，有些梁还有刚度要求，即变形限制。如果梁的变形太大，即使满足强度要求，不致发生破坏，也会影响正常使用。例如：钢筋混凝土梁的变形过大时，会导致起保护作用的抹灰层开裂、脱落；工业厂房中的吊车梁变形过大时，会导致吊车不再水平行驶；桥梁的变形过大时，车辆通过时会引起较大的振动，等等。

本节就讨论梁的变形问题，继而建立刚度条件。

7.4.1　弯曲变形的概念

梁在受到荷载作用弯曲时，梁的轴线会由原来的直线变为光滑而连续的曲线，称为**挠曲线**，梁的挠曲线是一条弹性曲线，如图 7-35 所示。

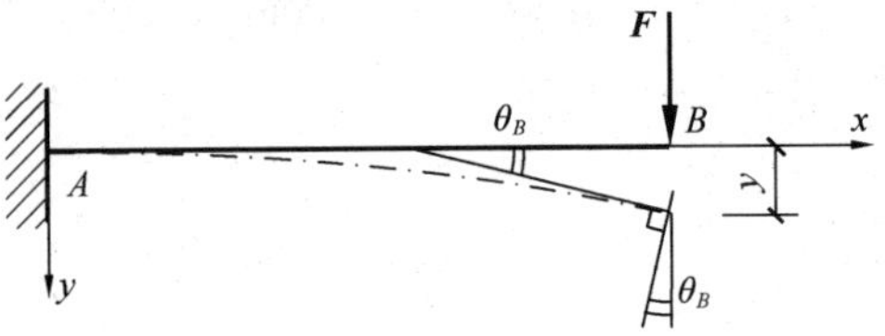

图 7-35

1. 挠度和转角

梁的横截面产生两种位移：挠度和转角。

挠度是指横截面的形心的竖向线位移，用 y 表示。通常规定向下为正，常用单位为毫米(mm)。沿轴向的线位移很小，不予考虑。

转角是指横截面绕中性轴转过的角位移，用 θ 表示。通常规定顺转为正，常用单位为弧度（rad）。

2. 挠曲线方程和转角方程

梁轴线上各点的挠度 y 随截面位置 x 而变化。挠曲线可用函数的形式来表示，即

$$y=f(x) \tag{7-15}$$

上式称为梁的**挠曲线方程**。

而梁上任一截面的转角 θ 等于挠曲线在该截面处的切线与 x 轴所夹的角，即任一截面转角的 θ 正切等于挠曲线该点切线的斜率，也等于挠曲线方程在该点的一阶导数，即

$$\tan\theta=\frac{\mathrm{d}y}{\mathrm{d}x}=y'$$

转角 θ 是很小的量，趋近于零，所以 $\tan\theta=\theta$。于是有

$$\theta=y'=f'(x) \tag{7-16}$$

上式为转角随截面位置 x 变化的函数式，恰好为挠曲线方程对 x 的一阶导数，称为**转角方程**。

因此，计算梁的挠度和转角，关键在于确定梁的挠曲线方程。

7.4.2 梁的挠曲线近似微分方程

梁的挠曲线与梁的内力相关，通过理论推导可以得出以下近似关系

$$-\frac{\mathrm{d}^2 y}{\mathrm{d}x^2}=\frac{M(x)}{EI_z} \text{ 或 } EI_z y''=-M(x) \tag{7-17}$$

式中　EI_z——横截面的抗弯刚度，对于等直梁为常数；

$M(x)$——梁的弯矩方程，必要时需分段。

上式称为**梁的挠曲线近似微分方程**。适用于计算弹性范围内的小变形。

7.4.3 积分法计算梁的变形

将挠曲线近似微分方程两边积分一次，可得到转角方程

$$EI_z y'=EI_z\theta=-\int M(x)\mathrm{d}x+C \tag{7-18}$$

再积分一次，得到梁的挠曲线方程

$$EI_z y=-\int\left[\int M(x)\mathrm{d}x\right]\mathrm{d}x+Cx+D \tag{7-19}$$

式中的积分常数 C、D 可通过梁的边界条件确定。所谓**边界条件**是指梁已知的变形。得到转角方程和挠曲线方程后，即可求得任一截面上的转角和挠度。这种方法称为**积分法**。

例 7-19 悬臂梁受到集中力 $\boldsymbol{F}$ 作用，如图 7-36 所示。已知梁的抗弯刚度 EI_z 为常数。试用积分法计算梁跨中 C 截面的挠度和转角以及梁的最大挠度和最大转角。

解 (1) 以梁的左端点 A 为坐标原点，建立坐标系，同时列出弯矩方程。

$$M(x)=-\boldsymbol{F}x \quad (0\leqslant x\leqslant l)$$

(2) 列出挠曲线近似微分方程，并且积分。

$$EI_z y''=-M(x)=\boldsymbol{F}x$$

积分一次

$$EI_z y'=EI_z\theta=\frac{F}{2}x^2+C \tag{a}$$

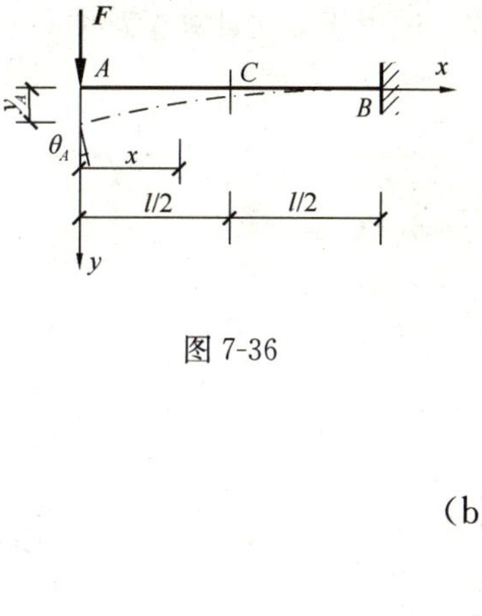

图 7-36

再积分一次

$$EI_z y=\frac{F}{6}x^3+Cx+D \tag{b}$$

(3) 确定积分常数。

悬臂梁在固定端处的转角和挠度均等于零，即

$$\left.\begin{array}{r}x=l\\ \theta=0\end{array}\right\},\quad \left.\begin{array}{r}x=l\\ y=0\end{array}\right\}$$

分别代入式 (a)、式 (b) 可求得

$$C=-\frac{Fl^2}{2},\quad D=\frac{Fl^3}{3}$$

(4) 将 C、D 值代入式 (a)、式 (b)，得出转角方程和挠曲线方程。

转角方程：

$$\theta=\frac{1}{EI_z}\left(\frac{F}{2}x^2-\frac{Fl^2}{2}\right) \tag{c}$$

挠曲线方程：

$$y=\frac{1}{EI_z}\left(\frac{F}{6}x^3-\frac{Fl^2}{2}x+\frac{Fl^3}{3}\right) \tag{d}$$

（5）计算截面 C 的转角和挠度。

将 $x=l/2$ 代入式（c），可得

$$\theta_C=-\frac{3F_Pl^2}{8EI_z}$$

将 $x=l/2$ 代入式（d），可得

$$y_C=\frac{5F_Pl^3}{48EI_z}$$

（6）计算最大转角和最大挠度。

梁的最大转角和最大挠度都发生在自由端，即 $x=0$ 处。

将 $x=0$ 代入式（c），可得

$$\theta_A=\theta_{max}=-\frac{Fl^2}{2EI_z}$$

将 $x=0$ 代入式（d），可得

$$y_A=y_{max}=\frac{Fl^3}{3EI_z}$$

例 7-20　简支梁受到向下均布荷载 q 作用，如图 7-37 所示。已知梁的抗弯刚度 EI_z 为常数。试用积分法计算梁跨中 C 截面的挠度以及支座 A、B 处的转角。

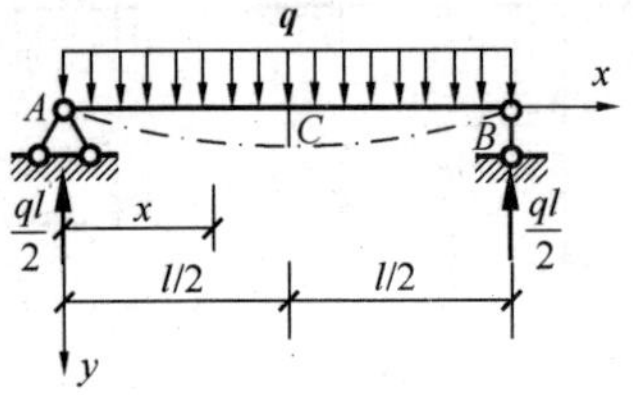

图 7-37

解（1）以梁的左端点 A 为坐标原点，建立坐标系，同时列出弯矩方程。

$$M(x)=\frac{ql}{2}x-\frac{q}{2}x^2\quad(0\leqslant x\leqslant l)$$

（2）列出挠曲线近似微分方程，并且积分。

$$EI_zy''=-M(x)=-\frac{ql}{2}x+\frac{q}{2}x^2$$

积分一次

$$EI_zy'=EI_z\theta=-\frac{ql}{4}x^2+\frac{q}{6}x^3+C \tag{a}$$

再积分一次

$$EI_zy=-\frac{ql}{12}x^3+\frac{q}{24}x^4+Cx+D \tag{b}$$

（3）确定积分常数。

简支梁在支座处挠度为零，即

$$y_A=0\quad y_B=0$$

将 $x=0, y_A=0$ 代入式（b），可得

$$D=0$$

将 $x=l$，$y_B=0$ 代入式（b），可得

$$C = \frac{ql^3}{24}$$

(4) 将 C、D 值代入式 (a)、式 (b)，得出转角方程和挠曲线方程。
转角方程：

$$\theta = \frac{1}{EI}\left(-\frac{ql}{4}x^2 + \frac{q}{6}x^3 + \frac{ql^3}{24}\right) \tag{c}$$

挠度方程：

$$y = \frac{1}{EI}\left(-\frac{ql}{12}x^3 + \frac{q}{24}x^4 + \frac{ql^3}{24}x\right) \tag{d}$$

(5) 计算支座 A、B 处的转角和 C 截面的挠度。
将 $x=0$ 和 $x=l$ 分别代入式 (c)，可得

$$\theta_A = -\theta_B = \frac{ql^3}{24EI}$$

由对称性可知，截面 C 的挠度为最大挠度。
将 $x = l/2$ 代入式 (d)，可得

$$y_C = y_{\max} = \frac{5ql^4}{384EI}$$

通过以上两例可知，积分法计算梁变形的步骤如下：

(1) 建立坐标系，根据梁上的荷载情况列出梁的弯矩方程；

(2) 列出挠曲线近似微分方程，并进行积分；

(3) 利用边界条件确定积分常数；

(4) 确定转角方程和挠曲线方程；

(5) 计算指定截面的转角和挠度。必要时需根据挠曲线的大致形状，判断最大转角和最大挠度的位置。

积分法计算梁变形时，运算过程比较繁琐。尤其是当梁上的荷载比较复杂，列弯矩方程时必须分段时，运算更为繁琐。表 7-7 列出了梁在简单荷载作用下的挠曲线方程、转角和挠度等数据，这些结果都可用积分方法计算得出。

表 7-7　梁在简单荷载作用下的转角和挠度

序号	梁及其荷载	挠曲线方程	转角	挠度
1	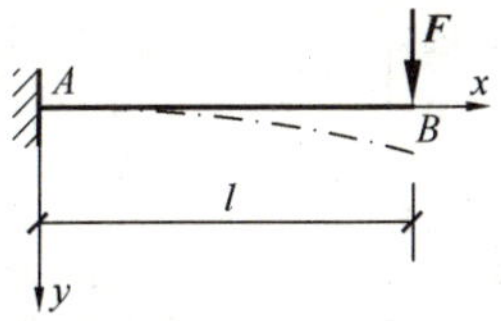	$y = \frac{F_P x^2}{6EI}(3l - x)$	$\theta_B = \frac{Fl^2}{2EI}$	$y_B = \frac{Fl^3}{3EI}$
2	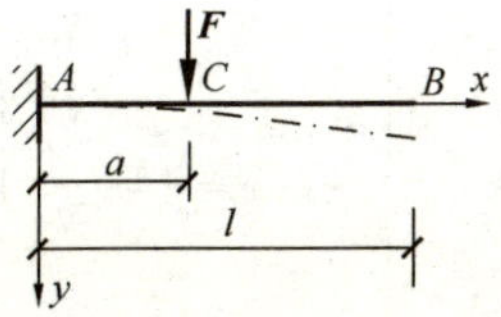	$y = \frac{Fx^2}{6EI}(3a - x)$ $(0 \leqslant x \leqslant a)$ $y = \frac{Fa^2}{6EI}(3x - a)$ $(a \leqslant x \leqslant l)$	$\theta_B = \frac{Fa^2}{2EI}$	$y_B = \frac{Fa^2}{6EI}(3l - a)$

续表

序号	梁及其荷载	挠曲线方程	转角	挠度
3	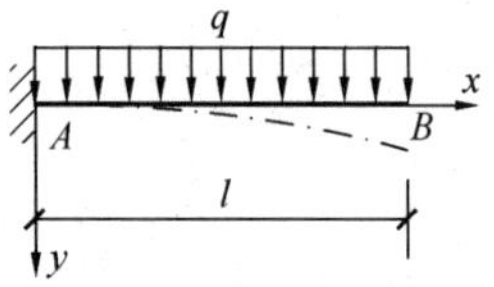	$y=\frac{qx^2}{24EI}(x^2-4lx+6l^2)$	$\theta_B=\frac{ql^3}{6EI}$	$y_B=\frac{ql^4}{8EI}$
4	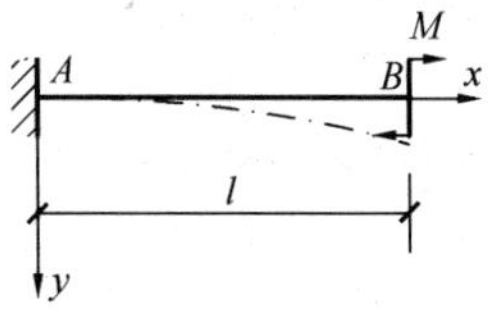	$y=\frac{Mx^2}{2EI}$	$\theta_B=\frac{Ml}{EI}$	$y_B=\frac{Ml^2}{2EI}$
5	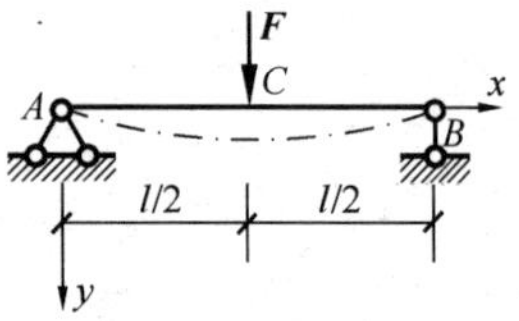	$y=\frac{Fx}{48EI}(3l^2-4x^2)$ $(0\leqslant x\leqslant l/2)$	$\theta_A=-\theta_B$ $=\frac{Fl^2}{16EI}$	$y_{\max}=y_C$ $=\frac{Fl^3}{48EI}$
6	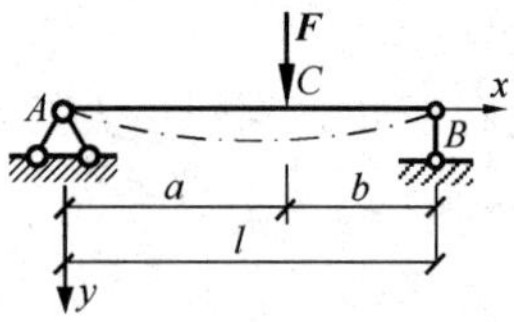	$y=\frac{Fbx}{6EIl}(l^2-x^2-b^2)$ $(0\leqslant x\leqslant a)$ $y=\frac{Fa(l-x)}{6EIl}$ $(2xl-x^2-a^2)$ $(a\leqslant x\leqslant l)$	（假定 $a\geqslant b$） $\theta_A=\frac{Fab(l+b)}{6EIl}$ $\theta_B=-\frac{Fab(l+a)}{6EIl}$	$y_{中}=\frac{Fb(3l^2-4b^2)}{48EI}$ $y_{\max}=\frac{\sqrt{3}Fb}{27EIl}(l^2-b^2)^{3/2}$ 在 $x=\sqrt{\frac{l^2-b^2}{3}}$ 处
7	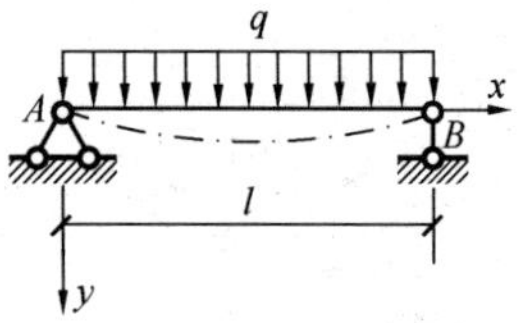	$y=\frac{qx}{24EI}(l^3-2x^2l+x^3)$	$\theta_A=-\theta_B$ $=\frac{ql^3}{24EI}$	$y_{\max}=y_{中}$ $=\frac{5ql^4}{384EI}$
8	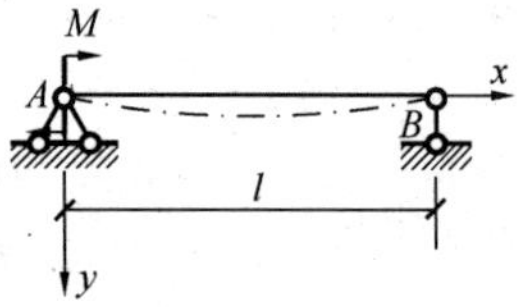	$y=\frac{Mx}{6EIl}(l-x)(2l-x)$	$\theta_A=\frac{Ml}{3EI}$ $\theta_B=-\frac{Ml}{6EI}$	$y_{中}=\frac{Ml^2}{16EI}$ $y_{\max}=\frac{Ml^2}{9\sqrt{3}EI}$ 在 $x=\left(1-\frac{1}{\sqrt{3}}\right)l$ 处

续表

序号	梁及其荷载	挠曲线方程	转角	挠度
9	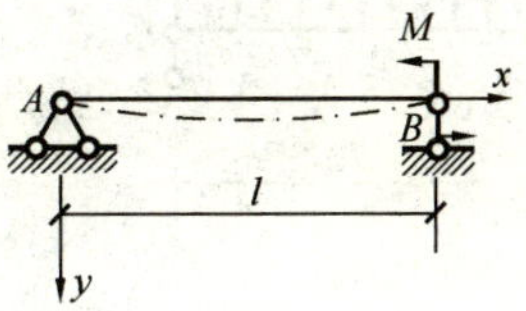	$y=\frac{Mx}{6EIl}(l^2-x^2)$	$\theta_A=\frac{Ml}{6EI}$ $\theta_B=-\frac{Ml}{3EI}$	$y_{中}=\frac{Ml^2}{16EI}$ $y_{max}=\frac{Ml^2}{9\sqrt{3}EI}$ 在 $x=\frac{l}{\sqrt{3}}$ 处
10	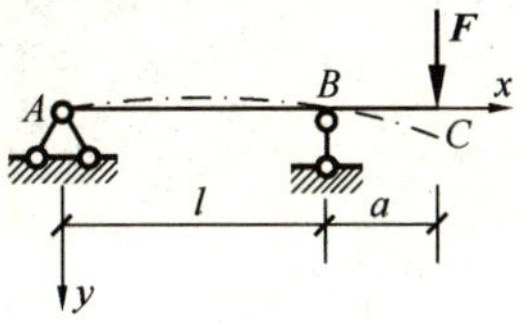	$y=-\frac{Fax}{6EIl}(l^2-x^2)$ $(0\leqslant x\leqslant l)$ $y=\frac{F(l-x)}{6EI}$ $[(x-l)^2-3ax+al]$ $(l\leqslant x\leqslant l+a)$	$\theta_A=-\frac{Fal}{6EI}$ $\theta_B=\frac{Fal}{3EI}$ $\theta_C=\frac{Fa}{6EI}(2l+3a)$	$y_{中}=-\frac{Fal^2}{16EI}$ $y_C=\frac{Fa^2}{3EI}(l+a)$
11	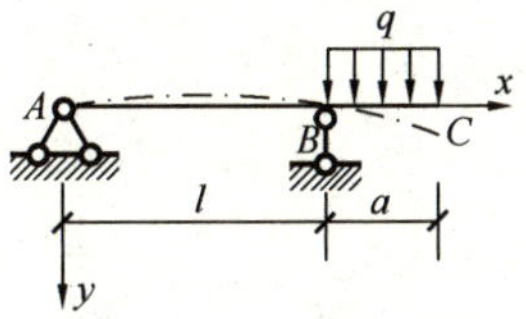	$y=-\frac{qa^2x}{12EIl}(l^2-x^2)$ $(0\leqslant x\leqslant l)$ $y=\frac{q(x-l)}{24EI}$ $[2a^2(3x-l)+$ $(x-l)^2(x-l-4a)]$ $(l\leqslant x\leqslant l+a)$	$\theta_A=-\frac{qa^2l}{12EI}$ $\theta_B=\frac{qa^2l}{6EI}$ $\theta_C=\frac{qa^2(l+a)}{6EI}$	$y_{中}=-\frac{qa^2l^2}{32EI}$ $y_C=\frac{qa^3}{24EI}(4l+3a)$
12	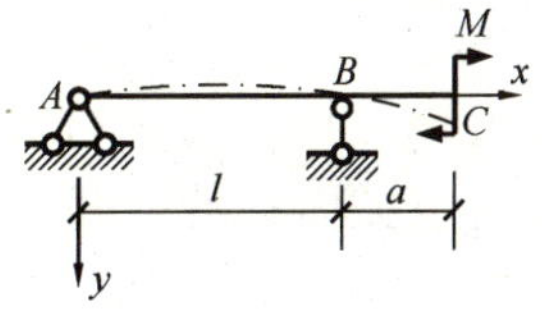	$y=-\frac{Mx}{6EIl}(l^2-x^2)$ $(0\leqslant x\leqslant l)$ $y=\frac{M}{6EI}(3x^2-4xl+l^2)$ $(l\leqslant x\leqslant l+a)$	$\varphi_A=-\frac{Ml}{6EI}$ $\varphi_B=\frac{Ml}{3EI}$ $\varphi_C=\frac{M}{3EI}(l+3a)$	$y_{中}=-\frac{Ml^2}{16EI}$ $y_C=\frac{Ma}{6EI}(2l+3a)$

7.4.4　叠加法计算梁的变形

叠加法计算梁的变形的依据仍是叠加原理。结构在多个荷载作用下产生的变形等于每个荷载单独作用下产生的变形的代数和。简单荷载单独作用的变形，可以直接查表 7-7。利用叠加法计算梁的挠度和转角，可以省去分段、列弯矩方程、积分等繁琐的计算过程。

叠加法计算变形的步骤如下：

（1）将作用在梁上的荷载分组，必须是表 7-7 中的类型；

（2）查表 7-7，找到梁在各简单荷载作用下的变形，特别注意对应关系；

（3）同一截面的变形值叠加，从而求出复杂荷载作用下的变形。

叠加法也可以归纳为：**根据类型查序号，分析变形找公式，代入参数求变形。**

例 7-21　如图 7-38a 所示的简支梁，EI 为常数。试用叠加法计算支座 A、B 的转角和截面 C 的挠度。

解（1）先将荷载分组，如图 7-38b、c 所示。

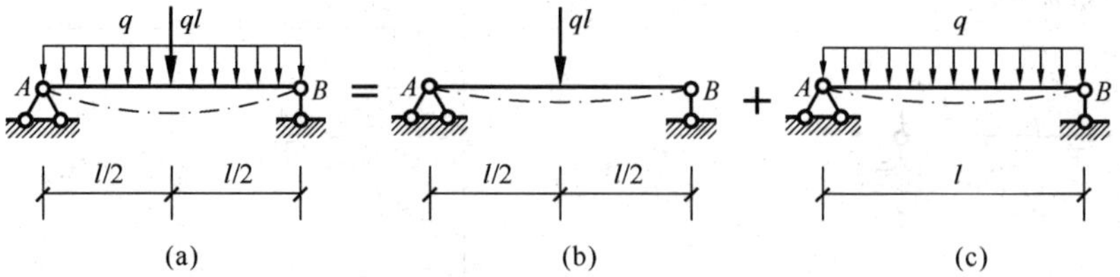

图 7-38

（2）查表 7-7。图 7-38b 集中力单独作用下：

$$\theta_A = -\theta_B = \frac{Fl^2}{16EI} = \frac{ql^3}{16EI}$$

$$y_C = \frac{Fl^3}{48EI} = \frac{ql^4}{48EI}$$

图 7-38c 均布荷载单独作用下：

$$\theta_A = -\theta_B = \frac{ql^3}{24EI}$$

$$y_C = \frac{5ql^4}{384EI}$$

（3）同一截面叠加，得出两种荷载共同作用时的变形：

$$\theta_A = -\theta_B = \frac{ql^3}{16EI} + \frac{ql^3}{24EI} = \frac{5ql^3}{48EI}$$

$$y_C = \frac{ql^4}{48EI} + \frac{5ql^4}{384EI} = \frac{13ql^4}{384EI}$$

例 7-22　如图 7-39a 所示的外伸梁，EI 为常数。试用叠加法计算截面 C 的挠度。

解（1）先将荷载分组，如图 7-39b、c 所示。

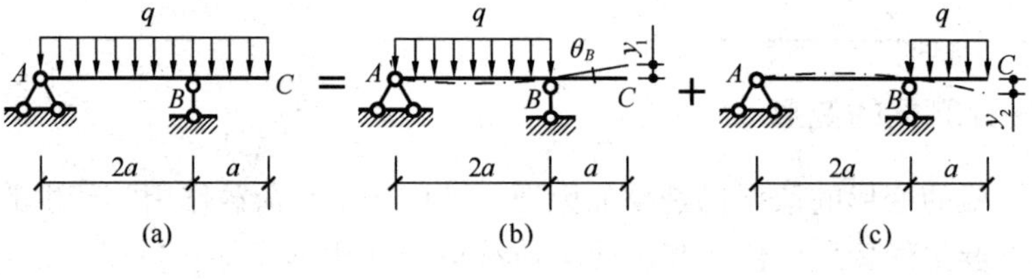

图 7-39

（2）查表 7-7。图 7-39b 属 7 号图，外伸的 BC 段并无荷载作用，按其刚性连续，BC 段应为直线。这样，在图 7-39b 均布荷载单独作用下：

$$y_1 = -a\tan\theta_B = -a\theta_B = -a\frac{q(2a)^3}{24EI} = -\frac{qa^4}{3EI}$$

图 7-39c 外伸段均布荷载单独作用下：

$$y_2 = \frac{qa^3}{24EI}(4l + 3a) = \frac{11qa^4}{24EI}$$

(3) 叠加可得：

$$y = y_1 + y_2 = -\frac{qa^4}{3EI} + \frac{11qa^4}{24EI} = \frac{qa^4}{8EI}$$

7.4.5 梁的刚度校核

梁的刚度是指梁抵抗变形的能力。正常使用的梁，不仅应满足强度条件，也应满足刚度条件。在土建工程中，梁的刚度条件为

$$\frac{y_{max}}{l} \leqslant \left[\frac{f}{l}\right]$$

式中，$\frac{y_{max}}{l}$ 为梁的最大挠度与跨度之比，$\left[\frac{f}{l}\right]$ 为这一比值的许用值。

在土建工程中，$\left[\frac{f}{l}\right]$ 的取值范围为$\frac{1}{250}$～$\frac{1}{1000}$。

刚度条件一般只应用于梁的刚度校核。设计梁的截面通常按强度条件，对有变形限制的梁，再进行刚度校核。一般情况下，梁在满足强度要求时，也能满足刚度要求。否则，再重新按刚度条件设计截面。

例 7-23 如图 7-40 所示的简支梁，采用 25b 工字钢，已知 $E=200\text{GPa}$，$\left[\frac{f}{l}\right]=\frac{1}{500}$。试校核该梁的刚度。

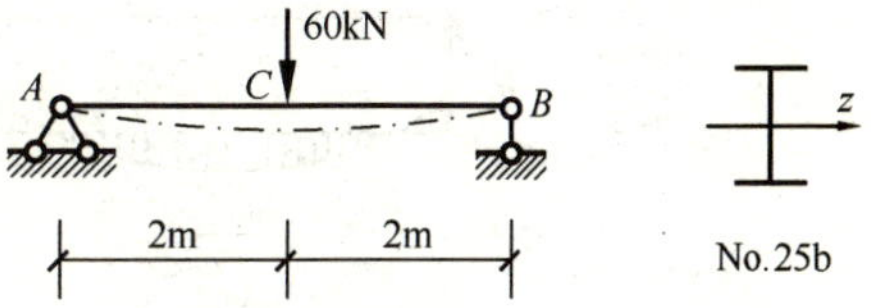

图 7-40

解 (1) 查型钢表，25b 工字钢

$$I_z = 5284\text{cm}^4 = 52.84 \times 10^6 \text{mm}^4$$

(2) 校核梁的刚度

$$\frac{y_{max}}{l} = \frac{y_C}{l} = \frac{Fl^2}{48EI} = \frac{60 \times 10^3 \times 4000^2}{48 \times 200 \times 10^3 \times 52.84 \times 10^6} = \frac{1}{528.4} < \left[\frac{f}{l}\right] = \frac{1}{500}$$

所以，该梁满足刚度要求。

任务 5 提高梁抗弯强度与刚度的措施

提高梁抗弯强度与刚度的各种措施，我们仅仅是从力学的角度来分析的。一切方式必须与工程实际相结合，建立在可行的基础之上。

7.5.1 提高梁抗弯强度的措施

在梁的强度中，正应力强度是主导。因此，提高梁抗弯强度的措施，也要从梁的正应力强度条件 $\sigma_{max} = \frac{M_{max}}{W_z} \leqslant [\sigma]$ 着手。

1. 减小最大弯矩 M_{max}

这里所谓的降低最大弯矩 M_{max}，并不是要减小梁上的荷载，而是通过合理设置梁的支座、合理布置梁上的荷载等方式，来达到提高梁抗弯强度的目的。

如图 7-41a、b 所示的两梁，最大弯矩 M_{max}之比为 5∶1。因此，合理布置支座对提高抗弯强度行之有效。

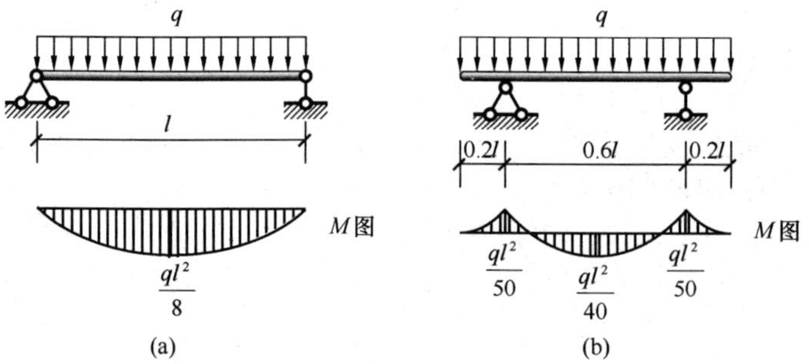

图 7-41

再如图 7-42a、b 所示的两梁，与图 7-41a 相比，M_{max}也有了较大幅度的减小。这又是加强约束、增加支座减小梁的跨度的结果。

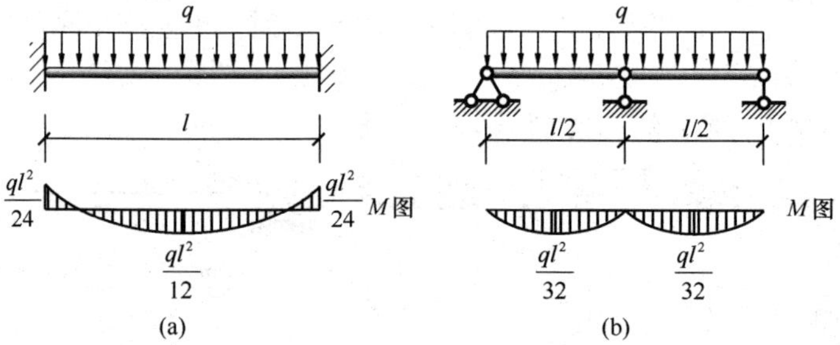

图 7-42

再如图 7-43a 所示的集中力作用时，其弯矩图与图 7-43b 和图 7-41a 相比说明，在荷载总量不变的情形下，使荷载分散，会减小最大弯矩。

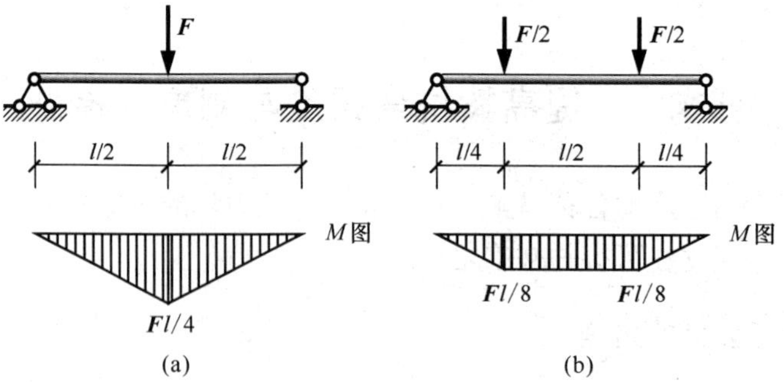

图 7-43

2. 增大抗弯截面系数 W_z

抗弯截面系数是一个几何量，这里所说的增大抗弯截面系数，并不是要增大截面尺寸。通过增加材料用量来提高梁抗弯强度的做法，是不经济的，也不是我们提倡的。合理的截面，应该是在横截面积相等的情况下，具有较大的抗弯截面系数。即，单位面积能提供较大的 W_z。

现在对相同高度、不同形状截面的 W_z/A 值作一比较：

直径为的圆形截面

$$\frac{W_z}{A}=\frac{\pi h^3/32}{\pi h^2/4}=\frac{h}{8}$$

高为 h 宽为 b 的矩形截面

$$\frac{W_z}{A}=\frac{bh^2/6}{bh}=\frac{h}{6}$$

高为 h 的槽形与工字形截面

$$\frac{W_z}{A}=\frac{h}{4}\sim\frac{h}{3}$$

可见，槽形与工字形截面比矩形截面合理，矩形截面又比圆形截面合理。

截面形状的合理性，还可以从正应力的分布来说明。弯曲正应力沿截面高度呈直线规律分布，中性轴附近的应力很小，这部分材料并没有充分利用。如果把中性轴附近的材料移至远离中性轴的上下边缘处，则可以获得较大的抗弯截面系数。所以，工程上常采用工字形、圆环形、箱形等截面形式，如图 7-44a、b、c 所示。

3. 采用变截面梁

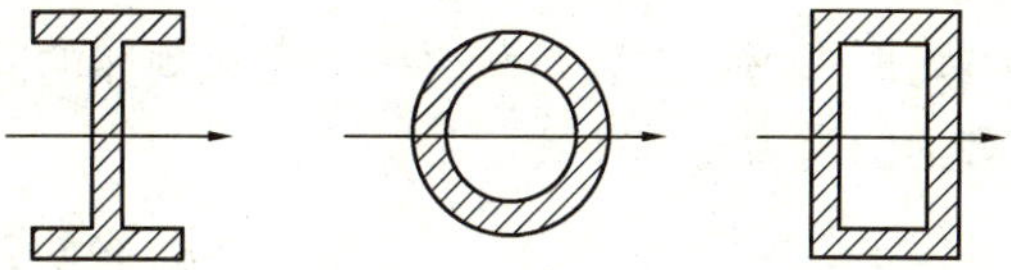

(a)　(b)　(c)

图 7-44

进行梁的强度计算时，梁的截面尺寸是根据全梁内危险截面上的最大弯矩来确定的。而在梁的其他截面上，弯矩值常小于最大弯矩。因此，除危险截面外，其他截面的应力都远小于材料的许用应力。为了充分发挥材料的潜力，可以在弯矩较小的部位采用较小的与之相当的截面。这种横截面沿轴线变化的梁，称为**变截面梁**。理想的情况是：使每一个横截面上的最大正应力都正好等于材料的许用应力，这样的梁称为**等强度梁**。

从强度观点来看，等强度梁是理想的，但因其截面变化较大，梁的制作和施工都比较困难。因此，工程上常采用接近等强度梁的变截面梁。例如阳台、雨篷的挑梁，单层工业厂房中的鱼腹式吊车梁等。如图 7-45a、b 所示。

(a)　(b)

图 7-45

7.5.2　提高梁抗弯刚度的措施

提高梁的抗弯刚度，就是要设法降低梁的最大挠度。梁的挠度与梁上的荷载、梁的跨度以及梁的抗弯刚度等因素有关，可用下式表述：

$$y=\frac{Fl^n}{aEI}$$

所以，提高梁的抗弯刚度，可从以下几方面来考虑。

1. 改善荷载的作用方式

比较表 7-7 中的 5 号图和 7 号图，可以发现若将跨中的集中力分散为等量的均布荷载，最大挠度可减小至原来的 5/8。

2. 减小梁的跨度或者增加支座

梁的挠度与其跨度的 n 次方成正比。因此，若能减小梁的跨度，将会大幅度减小梁的挠度。

3. 增大抗弯刚度 *EI*

相同材料的弹性模量相差不大。因此，增大抗弯刚度 EI 主要考虑增大梁横截面的惯性矩 I_z，这一点与增大梁横截面的抗弯截面系数 W_z 是一致的。所以，梁采用工字形、环形、箱形等截面，比等面积的实心截面，有更高的抗弯刚度。

小　　结

平面弯曲是材料力学乃至整个建筑力学的重要内容，包括弯曲内力、弯曲应力和弯曲变形。

弯曲内力，主要是解决内力变化规律的问题，要求正确迅速地作出内力图，以便确定危险截面的内力及其位置。

表 7-8　绘制梁的内力图的方法

作内力图法	具体方法	特　点	备注
列方程法	列出剪力方程和弯矩方程作内力图	繁琐，尤其需分段时	基本方法
简捷法	利用 $M(x)$、$\boldsymbol{F}_Q(x)$ 和 $q(x)$ 三者之间的微分关系作图	简便实用，需熟练掌握内力图与荷载间的关系等基本规律	常用方法
叠加法	利用叠加原理作弯矩图	简便实用，需理解叠加原理	常用方法

弯曲应力，包括横截面上的正应力、切应力，以及横截面突变处的主应力。要求明确应力的分布规律，确定危险点的应力及其位置，以便进行强度计算。

表 7-9　梁横截面上的应力及强度条件

<table>
<tr><th>弯曲应力</th><th>对应内力</th><th colspan="2">计算公式</th><th>危险点应力值</th><th>危险点位置</th><th>强度条件</th><th>备注</th></tr>
<tr><td>正应力</td><td>弯矩 M</td><td colspan="2">$\sigma=\pm\dfrac{My}{I_z}$</td><td>$\sigma_{\max}=\dfrac{M_{\max}}{W_z}$</td><td>$M_{\max}$的上下边缘</td><td>$\sigma_{\max}\leqslant[\sigma]$</td><td>主</td></tr>
<tr><td rowspan="2">切应力</td><td rowspan="2">剪力 $\boldsymbol{F}_Q$</td><td>矩形</td><td>$\tau=\dfrac{F_QS_z^*}{I_zb}$</td><td>$\tau_{\max}=\dfrac{3F_{Q\max}}{2A}$</td><td rowspan="2">$\boldsymbol{F}_{Q\max}$ 的中性轴上</td><td rowspan="2">$\tau_{\max}\leqslant[\tau]$</td><td rowspan="2">次</td></tr>
<tr><td>工字形</td><td>$\tau=\dfrac{F_QS_z^*}{I_zd}$</td><td>$\tau_{\max}=\dfrac{F_QS_{z\max}^*}{I_zd}$</td></tr>
<tr><td>主应力</td><td colspan="4">M 和 $\boldsymbol{F}_Q$ 同时较大的截面上，σ 和 τ 同时较大的点</td><td>横截面突变处</td><td>$\sqrt{\sigma^2+4\tau^2}\leqslant[\sigma]$</td><td>次</td></tr>
</table>

弯曲变形，包括梁横截面的转角和挠度，计算方法有积分法和叠加法。

积分法是对挠曲线近似微分方程积分两次后，分别得到转角方程和挠曲线方程，再进行计算的方法。积分常数需根据梁已知的变形——边界条件来确定。积分法是计算弯曲变形的基本方法，但较为繁琐。

叠加法是利用叠加原理，计算弯曲变形的常用方法。

梁的刚度条件为

$$\frac{y_{\max}}{l} \leqslant \left[\frac{f}{l}\right]$$

刚度条件一般应用于梁的刚度校核。

思考题

7-1　什么是平面弯曲，其受力特点和变形特点是什么？图示悬臂梁在 B 端作用集中力 $\boldsymbol{F}$。当采用不同的截面，且作用位置又不同时，梁是否发生平面弯曲？为什么？

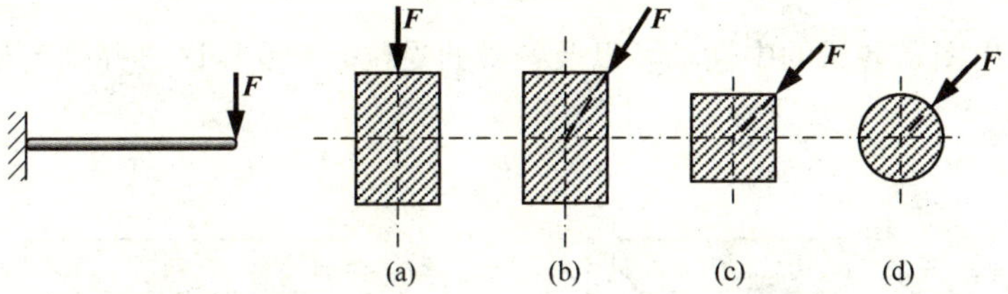

图思 7-1

7-2　什么是剪力？什么是弯矩？剪力和弯矩的正负号如何规定？

7-3　“左上剪力正、左顺弯矩正”的含义是什么？

7-4　在集中力、集中力偶作用处，截面的剪力 $\boldsymbol{F}_Q$ 和弯矩 M 各有什么特点？

7-5　如何确定弯矩的极值？弯矩图上的极值是否一定就是梁上的最大弯矩？举例说明。

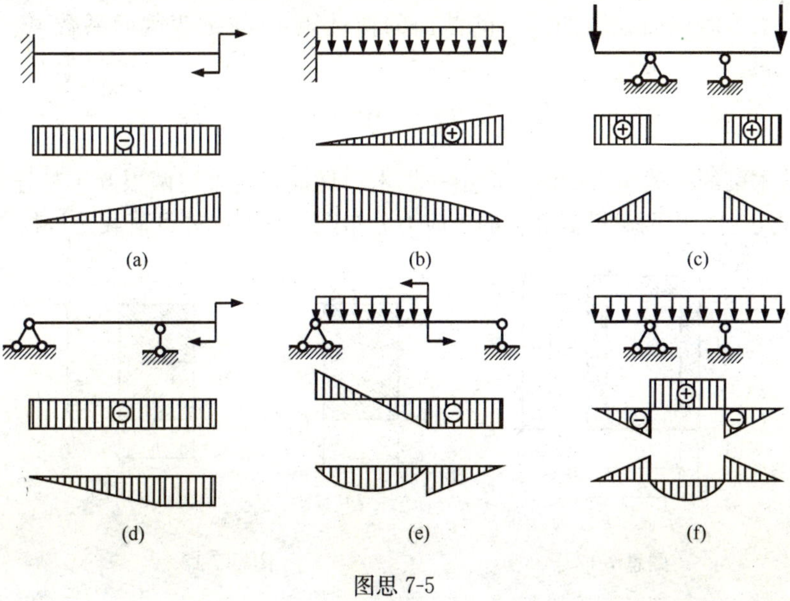

图思 7-5

7-6　指出图示各梁的剪力图、弯矩图的错误，并加以改正。

7-7　什么是纯弯曲？什么是横力弯曲？

7-8　什么是中性层？什么是中性轴？如何确定梁的中性轴？

7-9　梁的正应力计算公式中的正负号如何确定？

7-10　当梁产生平面弯曲时，试作出图示各横截面正应力沿直线 1-1～6-6 的分布图（设 $M>0$）。

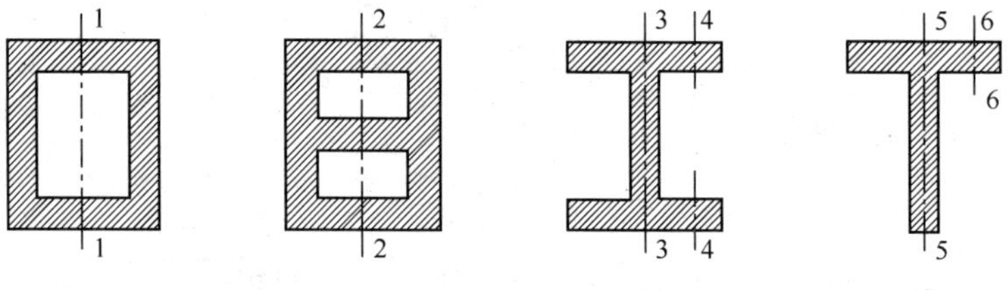

图思 7-10

7-11　试指出图示各梁的中性轴，以及各梁的受拉区和受压区。并确定最大拉应力和最大压应力的位置。

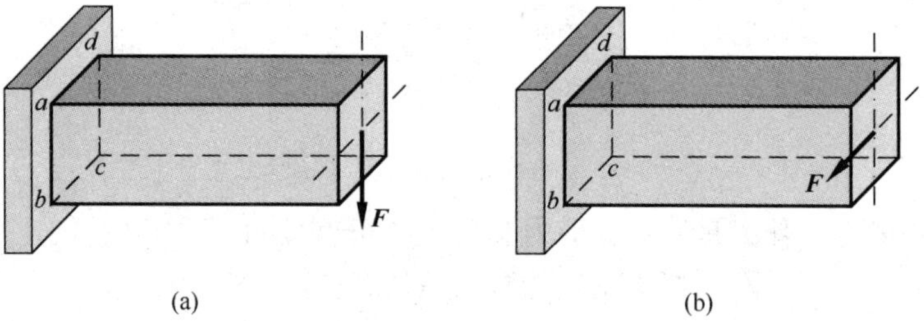

图思 7-11

7-12　某梁的横截面如图所示。问截面的惯性矩 I_z 与抗弯截面系数 W_z 能否按下式计算。

$$I_z=\frac{BH^3}{12}-\frac{bh^3}{12},\quad W_z=\frac{BH^2}{6}-\frac{bh^2}{6}$$

7-13　某木梁的横截面为矩形，可用一根木料做成，也可用两根互不粘连的木料做成，如图所示。试分别绘出两梁横截面上的正应力分布图，它们的许可荷载是否相同？

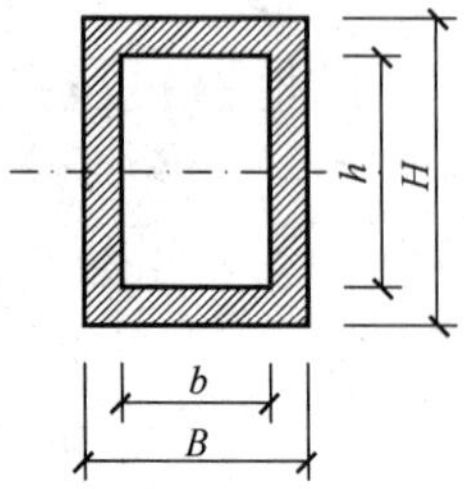

图思 7-12

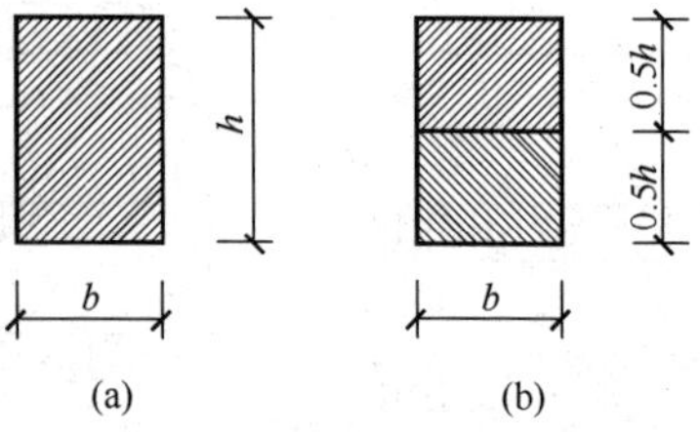

图思 7-13

7-14　矩形截面梁上的切应力是如何分布的？τ_{max}位于何处？如何计算？

7-15　工字形截面梁上的切应力是如何分布的？τ_{max}位于何处？如何计算？

7-16　简述在何种情况下，需要做梁的切应力强度校核？

7-17　在利用梁的主应力强度条件进行主应力强度计算时，需注意哪些问题？

7-18　什么是梁的挠度和转角？挠度和转角的正负是如何规定的？

7-19　什么是挠曲线？试分别绘出图示各梁受到荷载后挠曲线的大致形状。

7-20　用积分法计算梁的变形时，积分常数如何确定？图思 7-19 中各梁的边界条件是什么？

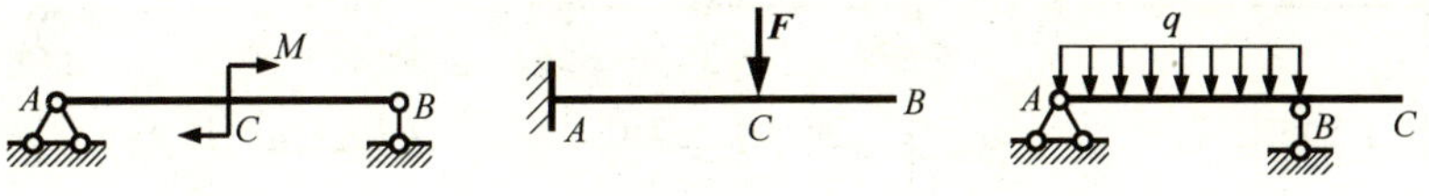

(a)　(b)　(c)

图思 7-19

7-21　梁的最大弯矩处、最大挠度处及最大转角处三者之间有关联吗？

7-22　已知两梁的截面尺寸、受力情况和支座均相同，只有材料不同，弹性模量之比为 1∶2。试问两梁的最大正应力之比与最大挠度之比分别为多少？

习题

7-1　计算图示各梁指定截面上的剪力和弯矩。

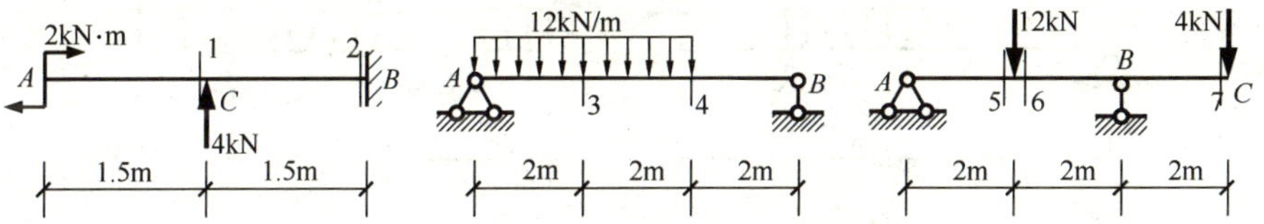

(a)　(b)　(c)

图题 7-1

7-2　利用规律计算题 7-1 以及图示各梁指定截面上的剪力和弯矩。

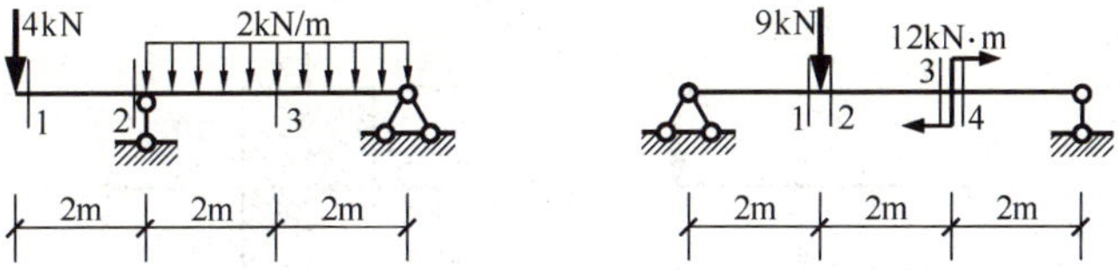

(d)　(e)

图题 7-2

7-3　利用列内力方程法作图示各梁的剪力图和弯矩图。

7-4　用简捷法作图示各梁的剪力图和弯矩图，并确定 $|M|_{max}$。

7-5　用叠加法作题 7-4 的 b、e、f 中各梁的弯矩图。

7-6　用区段叠加法作图示各梁的弯矩图。

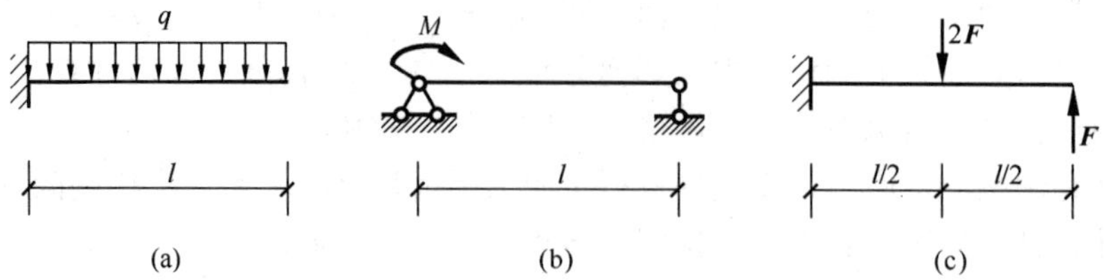

图题 7-3

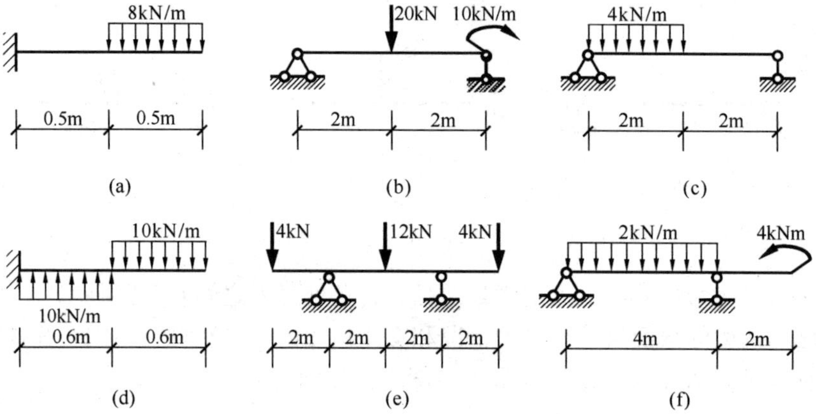

图题 7-4

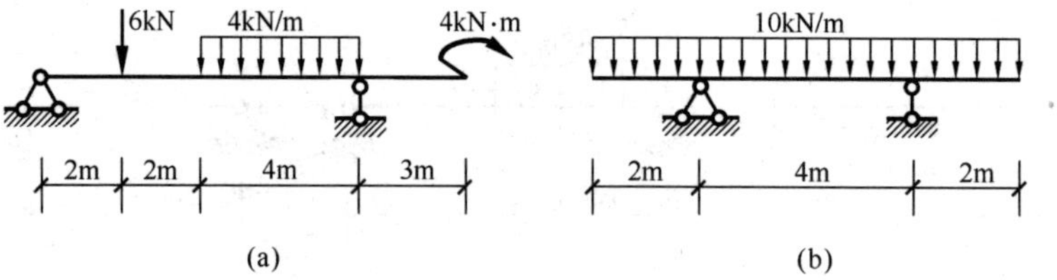

图题 7-6

7-7　求图示悬臂梁 C 截面上 a、b、c、d 各点处的正应力，并作出该截面上正应力沿截面高度的分布图。

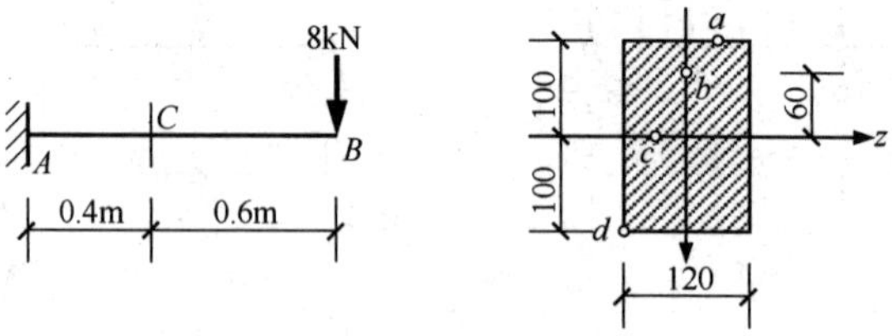

图题 7-7

7-8　试计算下列各梁内的最大拉应力与最大压应力，并指明所在位置。

7-9　悬臂梁的荷载及尺寸如图所示。已知材料的许用应力 $[\sigma]=160\text{MPa}$。试校核该梁的正应力强度。

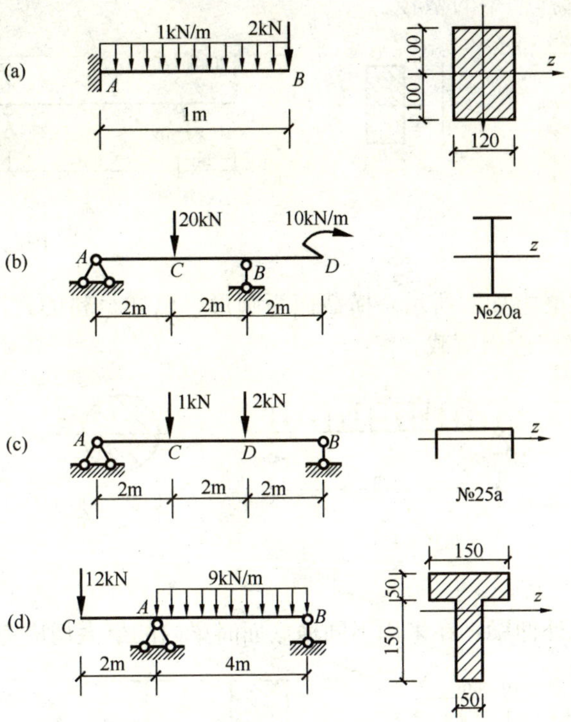

图题 7-8

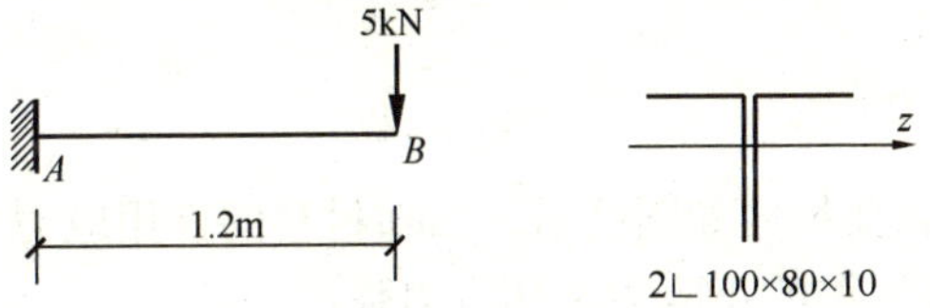

图题 7-9

7-10　图示外伸梁，已知材料的许用拉应力为 $[\sigma_t]=30\text{MPa}$，许用压应力 $[\sigma_c]=70\text{MPa}$，$I_z=40.3\times10^6\text{mm}^4$，$y_1=139\text{mm}$，$y_2=61\text{mm}$，试校核梁的正应力强度。

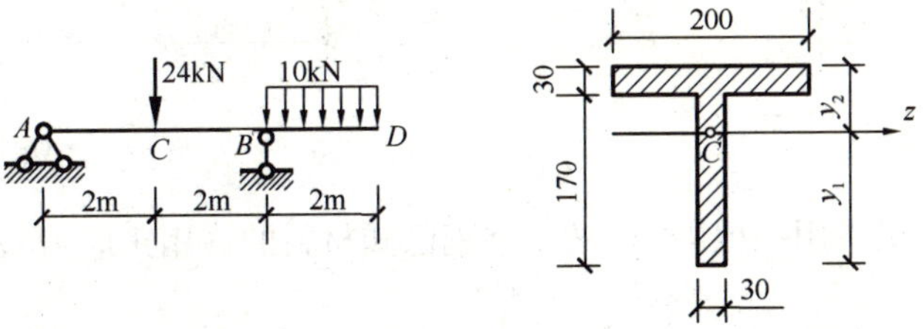

图题 7-10

7-11　一简支木梁受力如图所示。横截面为矩形，设高宽比 $h/b=2$，已知材料的许用应力 $[\sigma]=10\text{MPa}$。试按正应力强度条件确定截面尺寸。

7-12　由两根槽钢组成的外伸梁，受力如图所示。已知材料的许用应力 $[\sigma]=160\text{MPa}$。

试按正应力强度条件选择槽钢的型号。

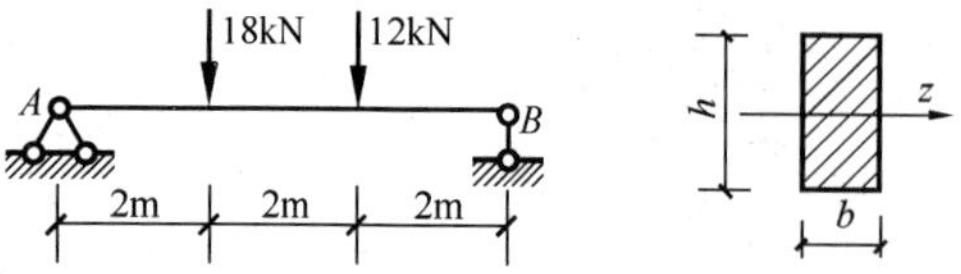

图题 7-11

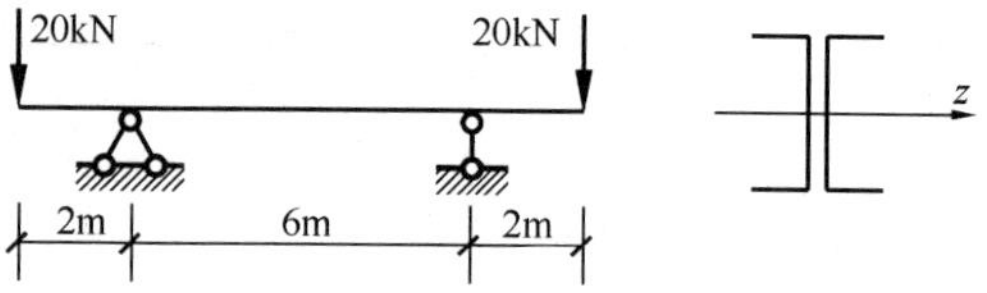

图题 7-12

7-13　一简支木梁受力如图所示。横截面为圆形，已知材料的许用应力 $[\sigma]=10\text{MPa}$。试按正应力强度条件确定许用荷载。

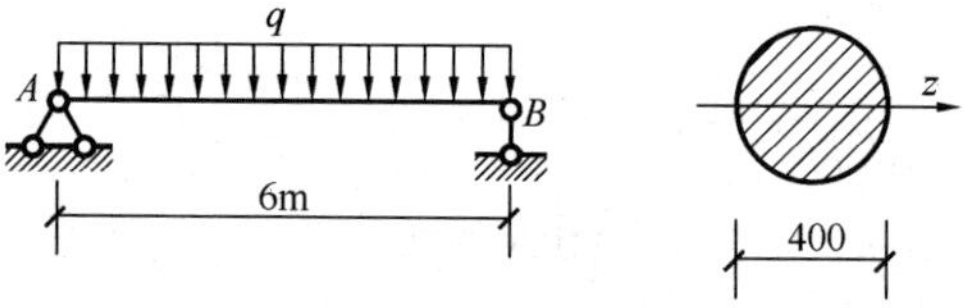

图题 7-13

7-14　试计算图示外伸梁，在采用不同横截面时梁内的最大切应力，并指明所在位置。

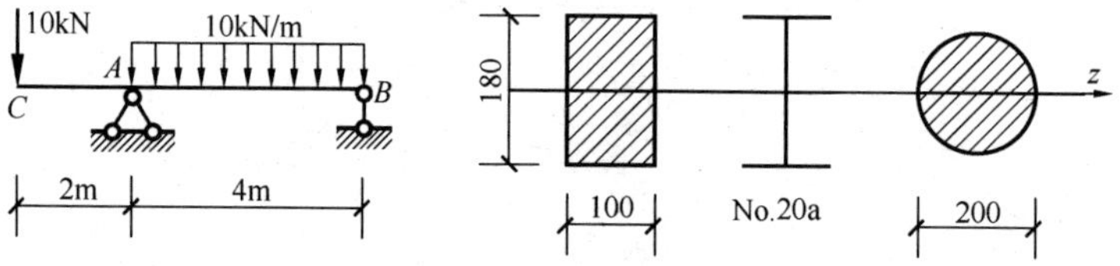

图题 7-14

7-15　工字钢梁的荷载及尺寸如图所示。已知材料的许用应力 $[\sigma]=160\text{MPa}$，许用切应力 $[\tau]=100\text{MPa}$。试校核该梁的正应力及切应力强度。

7-16　图示木梁拟采用矩形横截面，已知木材的许用正应力 $[\sigma]=10\text{MPa}$，许用切应力 $[\tau]=1.2\text{MPa}$。若假设矩形的高宽比为 1.5，试确定矩形截面的尺寸。

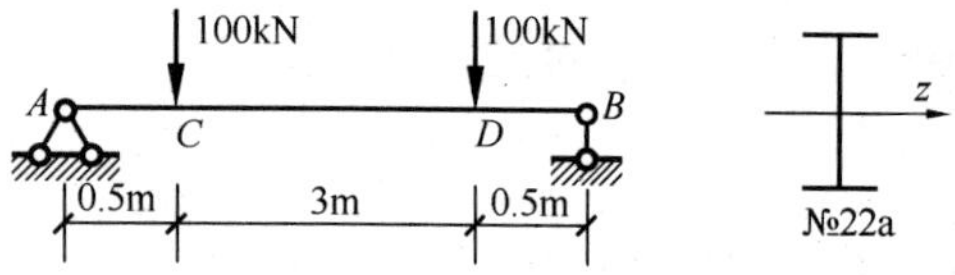

图题 7-15

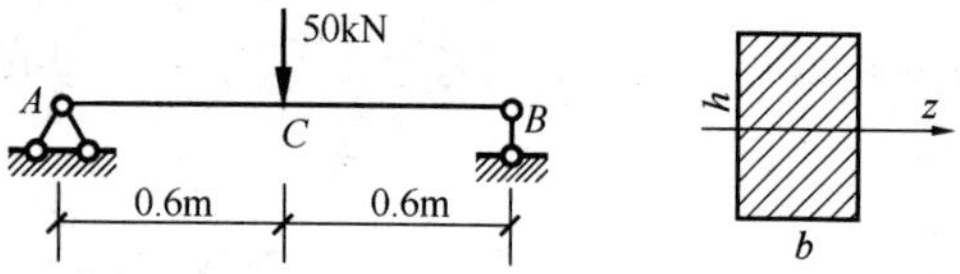

图题 7-16

7-17　图示简支梁采用一根№25a 的工字钢已知材料的许用正应力 $[\sigma]=160\text{MPa}$，许用

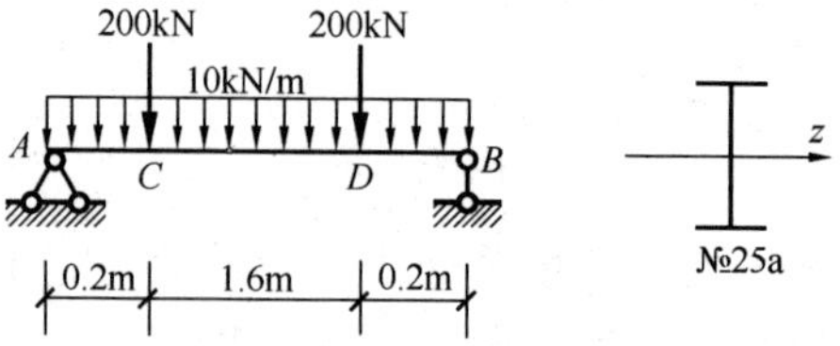

图题 7-17

切应力 $[\tau]=100\text{MPa}$。试全面校核该梁的强度。

7-18 用积分法计算图示各梁指定截面的挠度和转角。

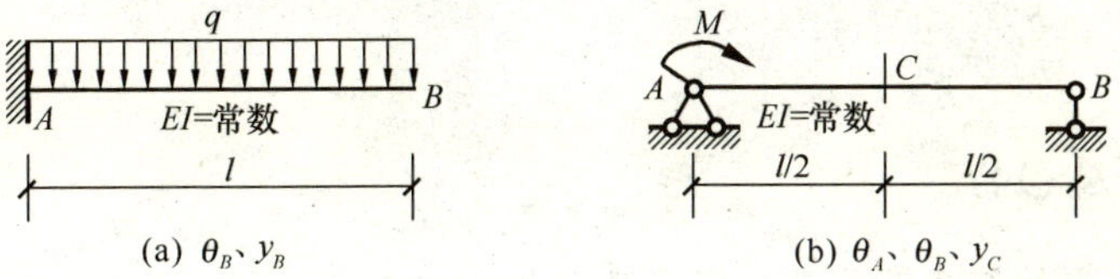

图题 7-18

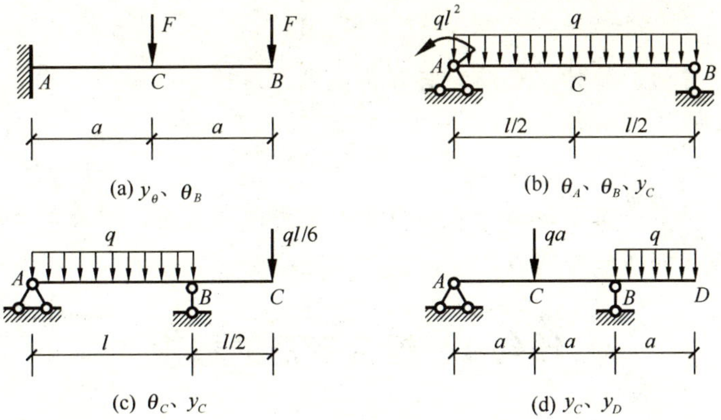

图题 7-19

7-19 用叠加法计算图示各梁指定截面的挠度和转角。

7-20 图示悬臂梁采用№25a 工字形钢。已知 $E=200\text{GPa}$，$\left[\dfrac{f}{l}\right]=\dfrac{1}{500}$。试校核该梁的刚度。

7-21 图示工字钢简支梁，已知 $E=200\text{GPa}$，$[\sigma]=160\text{MPa}$，$\left[\dfrac{f}{l}\right]=\dfrac{1}{400}$。试选择工字钢型号，并校核梁的刚度。

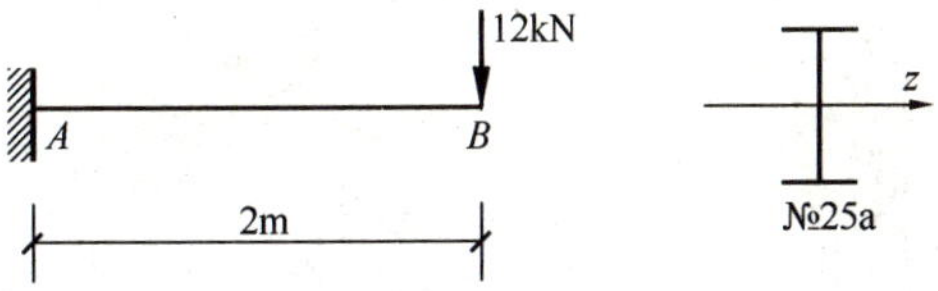

图题 7-20

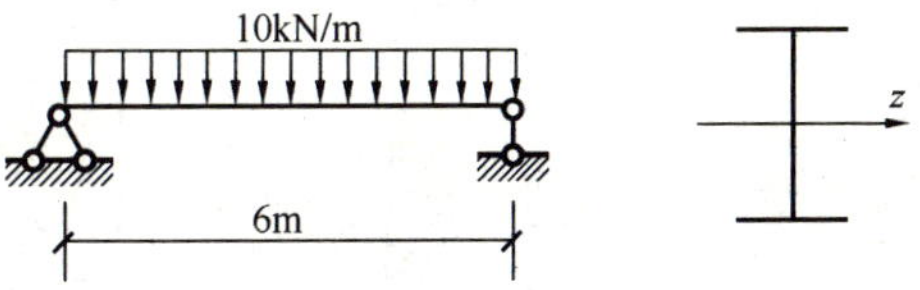

图题 7-21

项目8　组合变形

学习要点及目标

◆ 了解组合变形的概念及其强度问题的分析方法；

◆ 掌握斜弯曲、拉伸（压缩）与弯曲和偏心压缩的应力及强度计算。

核心概念

组合变形、斜弯曲、拉伸（压缩）与弯曲和偏心压缩等。

引导案例

本章学习内容要求学生掌握组合变形与基本变形间的关系，培养学生根据基本变形计算理论来分析复杂的实际问题的能力。

任务1　组合变形的概念

前面几章分别讨论了杆件在轴向拉伸（压缩）、剪切、扭转和平面弯曲等基本变形下的强度及刚度计算。然而，实际工程结构中有些杆件的受力情况是复杂的，构件往往会产生两种或两种以上的基本变形。

例如烟囱的变形，除自重 $\boldsymbol{W}$ 引起的轴向压缩外，还有水平风力引起的弯曲变形，同时产生两种基本变形，如图8-1a所示。又如图8-1b所示，设有吊车的厂房柱子，作用在柱子牛腿上的荷载 $\boldsymbol{F}$，它们合力的作用线偏离柱子轴线，平移到轴线后同时附加力偶。此时，柱子既产生压缩变形又产生弯曲变形。再如图8-1c所示的曲拐轴，在力 $\boldsymbol{F}$ 作用下，AB 段同时产生弯曲变形和扭转变形。

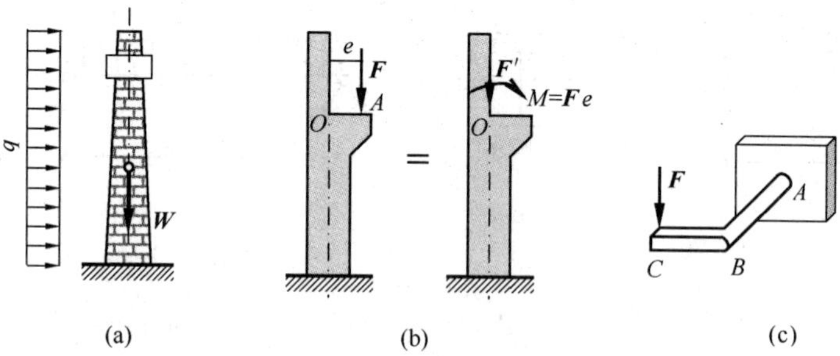

图8-1

上述这些构件的变形，都是两种或两种以上的基本变形的组合，称为**组合变形**。研究组合变形问题依据的是**叠加原理**，进行强度计算的步骤如下：

（1）将所作用的荷载分解或简化为几个只引起一种基本变形的荷载分量；

（2）分别计算各个荷载分量所引起的应力；

（3）根据叠加原理，将所求得的应力相应叠加，即得到原来荷载共同作用下构件所产生的应力；

（4）判断危险点的位置，建立强度条件。

实践表明，在小变形情况下，由上述方法计算的结果与实际情况基本符合。

本章主要研究斜弯曲、拉伸（压缩）与弯曲以及偏心压缩（拉伸）等组合变形构件的强度计算问题。

任务 2　斜　弯　曲

项目 7 曾讨论了梁的平面弯曲。例如图 8-2a 所示的横截面为矩形的悬臂梁，外力 $\boldsymbol{F}$ 作用在梁的对称平面内，此类弯曲称为平面弯曲。斜弯曲与平面弯曲不同，如图 8-2b 所示同样的矩形截面梁，外力 $\boldsymbol{F}$ 的作用线通过横截面的形心而不与截面的对称轴重合，此梁弯曲后的挠曲线不再位于梁的纵向对称面内，这类弯曲称为**斜弯曲**。斜弯曲是两个平面弯曲的组合，本节将讨论斜弯曲时的正应力及其强度计算。

(a) 平面弯曲　　(b) 斜弯曲

图 8-2

8.2.1　正应力计算

斜弯曲时，梁的横截面上同时存在正应力和切应力，但因切应力值很小，一般不予考虑。下面结合图 8-3a 所示的矩形截面梁说明斜弯曲时正应力的计算方法。

计算某横截面上（点 A 所在距右端 a 的截面）K 点的正应力时，先将外力 $\boldsymbol{F}$ 沿两个对称轴方向分解为 $\boldsymbol{F}_y$ 与 $\boldsymbol{F}_z$，再分别计算 $\boldsymbol{F}_y$ 与 $\boldsymbol{F}_z$ 单独作用下产生弯矩 M_z 和 M_y，以及两个弯矩各自产生的正应力，最后进行同一点应力的叠加。具体计算过程如下：

1. 外力的分解

由图 8-3a 可知

$$\left.\begin{aligned}\boldsymbol{F}_y&=\boldsymbol{F}\cos\varphi\\ \boldsymbol{F}_z&=\boldsymbol{F}\sin\varphi\end{aligned}\right\}$$

2. 内力的计算

如图 8-3b，距右端为 a 的横截面上由 $\boldsymbol{F}_y$、$\boldsymbol{F}_z$ 引起的弯曲矩分别是

$$\left.\begin{aligned}M_z&=\boldsymbol{F}_y a=\boldsymbol{F}a\cos\varphi\\ M_y&=\boldsymbol{F}_z a=\boldsymbol{F}a\sin\varphi\end{aligned}\right\}$$

3. 应力的计算

由 M_z 和 M_y（即 $\boldsymbol{F}_y$ 和 $\boldsymbol{F}_z$）在该截面引起 K 点正应力分别为

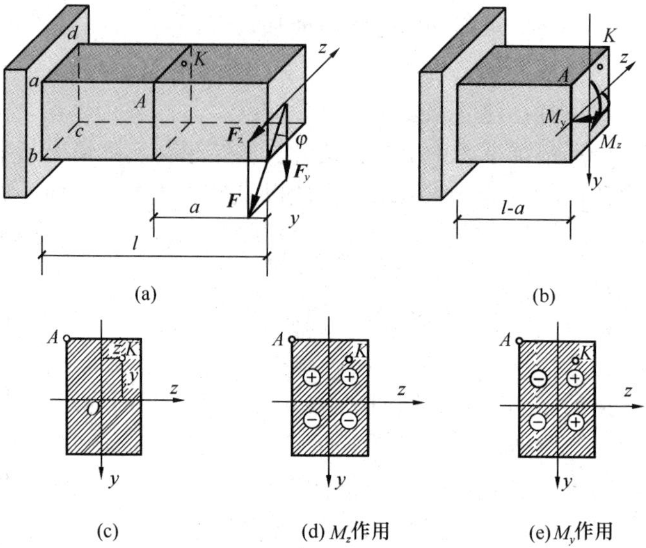

图 8-3

$$\sigma' = \pm \frac{M_z y}{I_z} \text{ 和 } \sigma'' = \pm \frac{M_y z}{I_y}$$

$\boldsymbol{F}_y$和$\boldsymbol{F}_z$共同作用下 K 点的正应力为

$$\sigma = \sigma' + \sigma'' = \pm \frac{M_z y}{I_z} \pm \frac{M_y z}{I_y} \tag{8-1}$$

式（8-1）就是梁斜弯曲时横截面任一点的正应力计算公式。式中 I_z 和 I_y 分别为截面对 z 轴和 y 轴的惯性矩；y 和 z 分别为所求应力点到 z 轴和 y 轴的距离，如图 8-3c。

用式（8-1）计算正应力时，仍将式中的 M_z、M_y、y、z 以绝对值代入。σ'和σ''的正负，根据梁的变形和所求应力点的位置直接判定（拉为正、压为负）。例如图 8-3b 中 A 点的应力，在 $\boldsymbol{F}_y$（即 M_z）单独作用下梁向下弯曲，此时 A 点在受拉区，σ'为正值。同时，在 $\boldsymbol{F}_z$（即 M_y）单独作用下，A 点位于受压区，σ''为负值。如图 8-3d 与 e 所示。

通过以上分析过程，我们可以将组合变形问题计算的思路归纳为“先分后合”，具体如下：

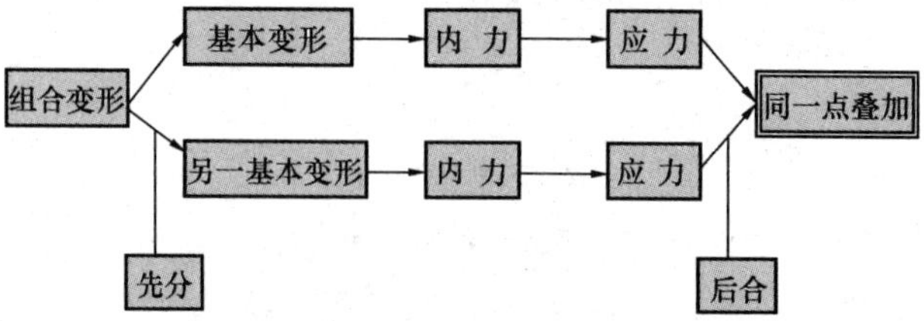

紧紧抓住这一要点，本章的其他组合变形问题都将迎刃而解。

8.2.2　正应力强度条件

同平面弯曲一样，斜弯曲梁的正应力强度条件仍为

$$\sigma_{\max} \leqslant [\sigma]$$

即，危险截面上危险点的最大正应力不能超过材料的许用应力 $[\sigma]$。

工程中常用的工字形、矩形等对称截面梁，斜弯曲时梁内最大正应力都发生在危险截面的角点处。例如图 8-3a 所示的矩形截面梁，其左侧固定端截面的弯矩为最大，$M_{\max}=\boldsymbol{F}l$，该截面为危险截面。M_z引起的最大拉应力（$\sigma'_{\max}$）位于该截面边缘 ad 线上各点，M_y引起的最大拉应力（$\sigma''_{\max}$）位于 cd 上各点。叠加后，交点 d 处的拉应力即为最大正应力，其值可按式（8-1）求得

$$\sigma_{\max}=\sigma'_{\max}+\sigma''_{\max}=\frac{M_{z\max}y_{\max}}{I_z}+\frac{M_{y\max}z_{\max}}{I_y}$$

即

$$\sigma_{\max}=\frac{M_{z\max}}{W_z}+\frac{M_{y\max}}{W_y} \tag{8-2}$$

则斜弯曲梁的强度条件为

$$\sigma_{\max}=\frac{M_{z\max}}{W_z}+\frac{M_{y\max}}{W_y}\leqslant[\sigma] \tag{8-3}$$

根据这一强度条件，同样可以解决工程中常见的三类问题，即强度校核、截面设计和确定许可荷载。在选择截面（截面设计）时应注意：因式（8-3）中有两个未知量 W_z 和 W_y。所以在选择截面时，需要先设定一个 $\frac{W_z}{W_y}$ 的比值：对矩形截面 $\frac{W_z}{W_y}=\frac{1}{6}bh^2/\frac{1}{6}hb^2=h/b=1.2\sim2$；对工字形截面取 6～10。然后再用式（8-3）计算所需的 W_z 值，确定截面的具体尺寸，最后再对所选截面进行校核，以确保其满足强度条件。

例 8-1　矩形截面悬臂梁，其尺寸及受力情况如图 8-4a 所示。已知 $b=100\text{mm}$，$h=150\text{mm}$。试计算梁的最大拉应力及所在位置。

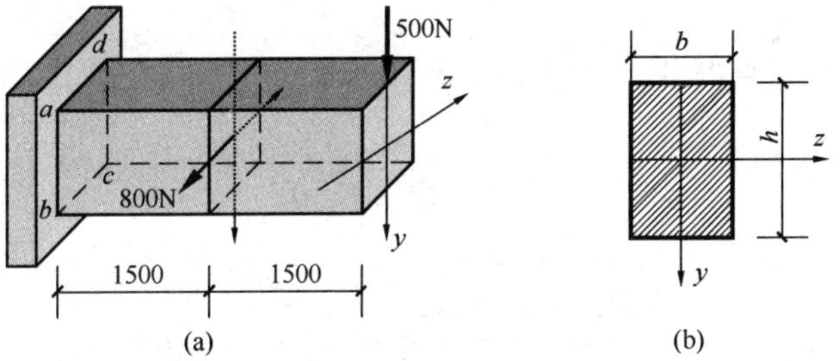

图 8-4

解　此梁受铅垂力与水平力共同作用，产生双向弯曲变形，其应力计算方法与前述斜弯曲相同。该梁固定端截面的内力最大，为危险截面。

（1）内力的计算。

$$M_{z\max}=500\times3=1500\ (\text{N}\cdot\text{m})$$

$$M_{y\max}=800\times1.5=1200\ (\text{N}\cdot\text{m})$$

（2）应力的计算。

$$\sigma_{\max}=\frac{M_{z\max}}{W_z}+\frac{M_{y\max}}{W_y}=\frac{6M_{z\max}}{bh^2}+\frac{6M_{y\max}}{hb^2}$$

$$=\frac{6\times1500\times10^3}{100\times150^2}+\frac{6\times1200\times10^3}{100^2\times150}=8.8\ (\text{MPa})$$

（3）根据实际变形情况，铅垂力单独作用，最大拉应力位于固定端截面上边缘 ad，水平力单独作用，最大拉应力位于固定端截面后边缘 cd，叠加后角点 d 处的拉应力最大。

上述计算的 $\sigma_{max}=8.8\text{MPa}$，也正是 d 点的应力。

例 8-2 如图 8-5 所示简支梁，拟用工字钢制成，跨中作用集中力 $\boldsymbol{F}=7\text{kN}$，其与横截面铅垂对称轴的夹角为 20°。已知 $[\sigma]=160\text{MPa}$。试选择工字钢的型号（提示：先假定 W_z/W_y 的比值，试选后再进行校核）。

解（1）外力的分解

$$\boldsymbol{F}_y=\boldsymbol{F}\cos20°=7\times0.940=6.578\ (\text{kN})$$

$$\boldsymbol{F}_z=\boldsymbol{F}\sin20°=7\times0.342=2.394\ (\text{kN})$$

（2）内力的计算

$$M_z=\frac{F_y l}{4}=\frac{6.578\times4}{4}=6.578\ (\text{kN}\cdot\text{m})$$

$$M_y=\frac{F_z l}{4}=\frac{2.394\times4}{4}=2.394\ (\text{kN}\cdot\text{m})$$

（3）强度计算

设 $W_z/W_y=6$，代入

$$\sigma_{max}=\frac{M_z}{W_z}+\frac{M_y}{W_y}=\frac{M_z}{W_z}+\frac{6M_y}{W_z}\leqslant[\sigma]$$

得

$$W_z\geqslant\frac{M_z+6M_y}{[\sigma]}=\frac{(6.578+6\times2.394)\times10^6}{160}\text{mm}^3=130.9\times10^3\text{mm}^3=130.9\text{cm}^3$$

试选 16 号工字钢，查得 $W_z=141\text{cm}^3$，$W_y=21.2\text{cm}^3$。再校核其强度

$$\sigma_{max}=\frac{M_{zmax}}{W_z}+\frac{M_{ymax}}{W_y}=\frac{6.578\times10^6}{141\times10^3}+\frac{2.394\times10^6}{21.2\times10^3}=159.6\text{MPa}<[\sigma]=160\text{MPa}$$

满足强度要求。于是，该梁选 16 号工字钢即可。

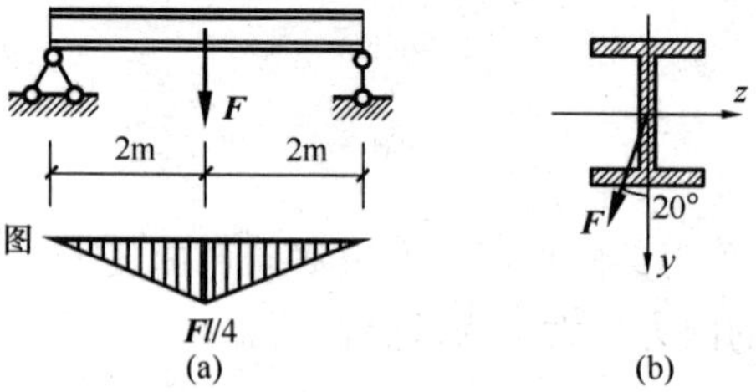

图 8-5

任务 3　拉伸（压缩）与弯曲的组合变形

如图 8-6a 所示，当杆件同时作用轴向力和横向力时，轴向力 $\boldsymbol{F}_N$ 使杆件拉伸，横向力 $\boldsymbol{q}$

使杆件弯曲。因而杆件产生轴拉与弯曲的组合变形，简称**拉弯组合**。如果轴向力是压力，则为**压弯组合**。下面以图 8-6a 所示的杆件为例，说明拉弯或压弯组合变形时的正应力及强度计算。

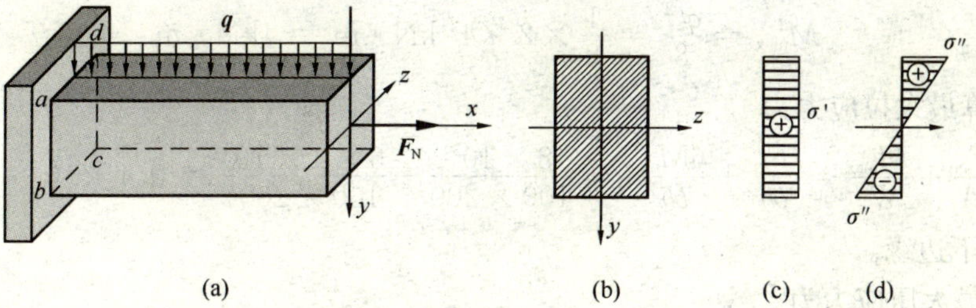

图 8-6

计算杆件在轴拉（压缩）与弯曲组合变形的正应力时，与斜弯曲类似，仍采用叠加法：即分别计算杆件在轴拉（压缩）和弯曲变形下的正应力，再将同一点应力叠加。

轴向力 $\boldsymbol{F}_N$单独作用时，横截面上的正应力均匀分布，如图 8-6c。横截面上任一点正应力为

$$\sigma' = \frac{F_N}{A}$$

横向力 $\boldsymbol{q}$ 单独作用时，梁发生平面弯曲，正应力沿截面高度呈线性分布，如图 8-6d。横截面上任一点的正应力为

$$\sigma'' = \pm\frac{M_z y}{I_z}$$

$\boldsymbol{F}_N$、$\boldsymbol{q}$ 共同作用下，横截面上任一点的正应力为

$$\sigma = \sigma' + \sigma'' = \frac{F_N}{A} \pm \frac{M_z y}{I_z} \tag{8-4}$$

式（8-4）就是杆件在轴向拉伸（压缩）与弯曲组合变形时横截面上任一点的正应力计算公式。式中第一项 σ' 拉为正，压为负；第二项 σ''的正负，仍根据点的位置和梁的变形直接判断，拉为正，压为负。

有了正应力计算公式，很容易建立正应力强度条件。对如图 8-6a 所示的拉弯组合变形杆，最大正应力发生在弯矩最大截面的上下边缘处，其值为

$$\sigma_{max} = \frac{F_N}{A} \pm \frac{M_{max}}{W_z}$$

正应力强度条件为

$$\sigma_{max} = \frac{F_N}{A} \pm \frac{M_{max}}{W_z} \leqslant [\sigma] \tag{8-5}$$

当材料的许用拉、压应力不同时，组合变形杆中的最大拉、压应力应分别满足许用值。

例 8-3　承受均布荷载和轴向拉力的矩形截面简支梁如图 8-7a 所示。已知 $q = 2\text{kN/m}$，$\boldsymbol{F}_N = 8\text{kN}$，$l = 4\text{m}$。试求梁中的最大拉应力 σ_{tmax}与最大压应力 σ_{cmax}。

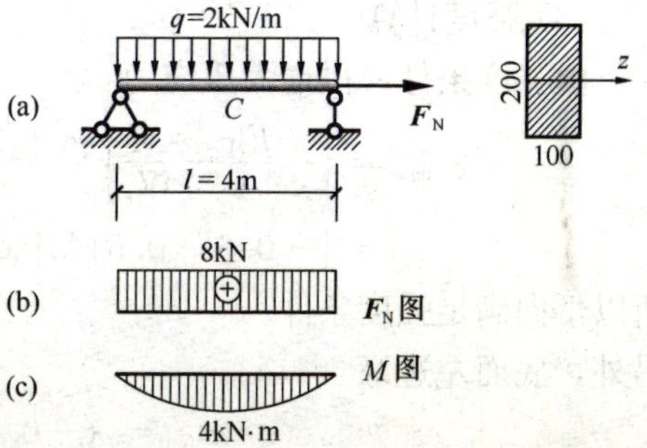

图 8-7

解 梁在 q 作用下的弯矩图如图 8-7b 所示；在 F_N作用下，轴力图如图 8-7c 所示。根据实际变形可知，最大拉应力和最大压应力分别发生在跨中 C 截面的下边缘与上边缘处。

（1）先计算跨中的最大弯矩

$$M_{max}=\frac{ql^2}{8}=\frac{1}{8}\times2\times4^2\ \text{kN}\cdot\text{m}=4\text{kN}\cdot\text{m}$$

（2）计算最大拉应力为

$$\sigma_{tmax}=\frac{F_N}{A}+\frac{M_{max}}{W_z}=\frac{F_N}{bh}+\frac{6M_{max}}{bh^2}=\frac{8\times10^3}{100\times200}+\frac{6\times4\times10^6}{100\times200^2}=0.4+6=6.4\text{MPa}$$

位于 C 截面下边缘。

再计算最大压应力为

$$\sigma_{cmax}=\frac{F_N}{A}-\frac{M_{max}}{W_z}=0.4-6=-5.6\ (\text{MPa})$$

位于 C 截面上边缘。

例 8-4 如图 8-8 所示，砖砌烟囱高 $h=40\text{m}$，自重 $W=3000\text{kN}$，侧向风压 $q=1.5\text{kN/m}$，底面外径 $D=3\text{m}$，内径 $d=1.6\text{m}$，砌体的许用压应力 $[\sigma_c]=1.3\text{MPa}$。试校核烟囱的强度。

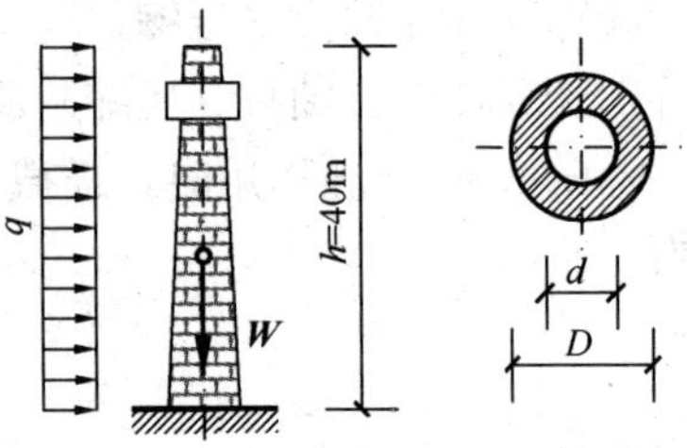

图 8-8

解 烟囱在自重和侧向风压的共同作用下，产生压弯组合变形，其危险截面为底面，最大压应力点位于底面右边缘。

（1）内力的计算

$$F_N=W=3000\text{kN}$$

弯矩最大值在底面，其值

$$M_{max}=\frac{qh^2}{2}=1.5\times\frac{40^2}{2}=1200\text{kN}\cdot\text{m}$$

（2）几何参数计算

内外径比、底面积和抗弯截面模量为

$$\alpha=\frac{d}{D}=0.533$$

$$A=\frac{\pi}{4}(D^2-d^2)=\frac{\pi}{4}(3^2-1.6^2)\ \text{m}^2=5\text{m}^2$$

$$W_z=\frac{\pi}{32}D^3(1-\alpha^4)=\frac{\pi}{32}\times3^3\times(1-0.533^4)\ \text{m}^3=2.4\text{m}^3$$

（3）强度计算

由强度条件，得最大压应力

$$\sigma_{cmax}=\left|-\frac{F_N}{A}-\frac{M}{W_z}\right|=\left|-\frac{3\times10^3\times10^3}{5\times10^6}-\frac{1200\times10^6}{2.4\times10^9}\right|\text{MPa}$$

$$=|-0.6-0.5|\ \text{MPa}=1.1\text{MPa}<[\sigma_c]=1.3\text{MPa}$$

所以烟囱满足强度条件。

另外，底面左边缘

$$\sigma_{cmin}=(-0.6+0.5)\text{MPa}=-0.1\text{MPa}$$

未出现拉应力。

任务 4　偏心压缩与拉伸截面核心

轴向拉伸（压缩）时外力 $\boldsymbol{F}$ 的作用线与杆件轴线重合。当外力 $\boldsymbol{F}$ 的作用线只平行于轴线而不与轴线重合时，则称为偏心拉伸（压缩）。偏心拉伸（压缩）可分解为轴向拉伸（压缩）和弯曲两种基本变形。

偏心拉伸（压缩）分为单向偏心拉伸（压缩）和双向偏心拉伸（压缩），本节将分别讨论这两种情况下的应力计算。

8.4.1　单向偏心拉伸（压缩）时的正应力计算

如图 8-9a 所示为矩形截面偏心受压杆，平行于杆件轴线的压力 $\boldsymbol{F}$ 的作用点距形心 O 为 e，并且位于截面的一个对称轴 y 上，e 称为**偏心距**，这类偏心压缩称为单向偏心压缩。当 $\boldsymbol{F}$ 为拉力时，则称为单向偏心拉伸。

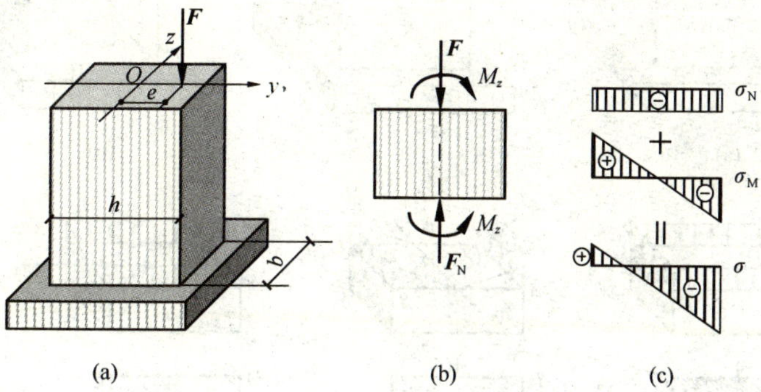

图 8-9

计算应力时，将压力 $\boldsymbol{F}$ 平移到截面的形心处，使其作用线与杆轴线重合。由力的平移定理可知，平移后需附加一力偶，力偶矩为 $M_z=Fe$，如图 8-9b 所示。此时，平移后的力 $\boldsymbol{F}$ 使杆件发生轴向压缩，M_z 使杆件绕 z 轴发生平面弯曲（纯弯曲）。由此可知，单向偏心压缩就是上节讨论过的轴向压缩与平面弯曲的组合变形，所不同的是弯曲的弯矩不再是变量。所以横截面上任一点的正应力为

$$\sigma=\sigma_N+\sigma_M=-\frac{F_N}{A}\pm\frac{M_z y}{I_z} \tag{8-6}$$

单向偏心拉伸时，上式的第一项取正值。

单向偏心拉伸（压缩）时，最大正应力的位置很容易判断。例如，图 8-9c 所示的情况，最大的正应力显然发生在截面的左右边缘处，其值为

$$\sigma_{max}=\frac{F_N}{A}\pm\frac{M_z}{W_z}\text{（单向偏心拉伸）}$$

或

$$\sigma_{max}=-\frac{F_N}{A}\pm\frac{M_z}{W_z}\text{（单向偏心压缩）}$$

正应力强度条件为

$$\sigma_{\max}=\pm\frac{F_{\rm N}}{A}\pm\frac{M_Z}{W_Z}\leqslant[\sigma] \tag{8-7}$$

即构件中的最大拉、压应力均不得超过允许的正应力。

8.4.2　双向偏心拉伸（压缩）

如图 8-10a 所示的偏心受拉杆，平行于轴线的拉力的作用点不在截面的任何一个对称轴上，与 z、y 轴的距离分别为 y 和 z。这类偏心拉伸称为双向偏心拉伸，当 $\boldsymbol{F}$ 为压力时，称为双向偏心压缩。

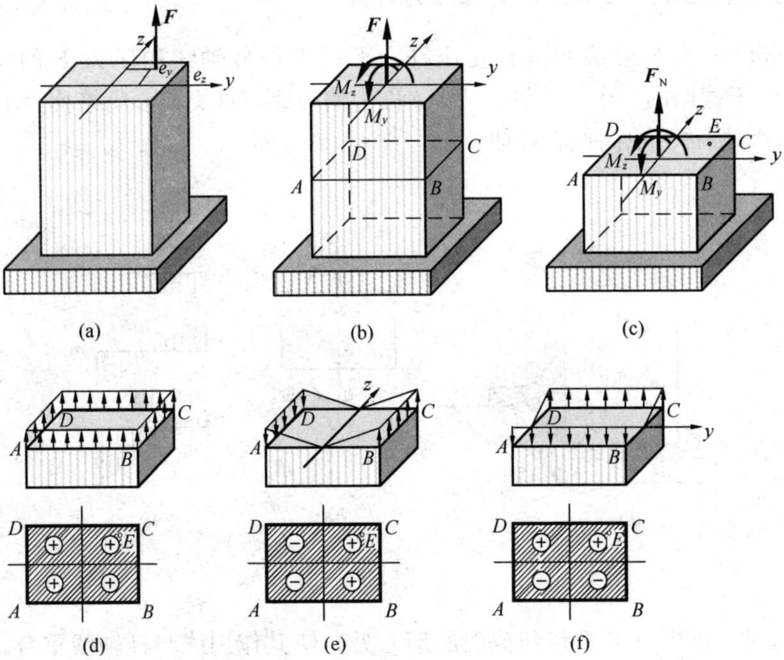

图 8-10

计算这类杆件任一点正应力的方法，与单向偏心拉伸（压缩）类似。仍是将外力 $\boldsymbol{F}$ 平移到截面的形心处，使其作用线与杆件的轴线重合，但平移后附加的力偶不是一个，而是两个。两个力偶的力偶矩分别是 $\boldsymbol{F}$ 对 z 轴的力矩 $M_z=\boldsymbol{F}y$ 和对 y 轴的力矩 $M_y=\boldsymbol{F}z$，如图 8-10b所示。此时，平移后的力 $\boldsymbol{F}$ 使杆件发生轴向拉伸，M_z使杆件绕 z 轴发生平面弯曲，M_y使杆件绕 y 轴发生平面弯曲。所以，双向偏心拉伸（压缩）实际上是轴向拉伸（压缩）与两个平面弯曲的组合变形。任一点的正应力由三部分组成。

轴向外力 $\boldsymbol{F}$ 作用下，横截面 $ABCD$ 上任一点 E 的正应力为

$$\sigma_1=\frac{F_{\rm N}}{A}\quad\text{（分布情况如图 8-10d 所示）}$$

M_z和 M_y单独作用下，横截面 $ABCD$ 上任意点 E 的正应力分别为

$$\sigma_2=\pm\frac{M_z y}{I_z}\quad\text{（分布情况如图 8-10e 所示）}$$

$$\sigma_3 = \pm \frac{M_y z}{I_y} \quad \text{(分布情况如图 8-10f 所示)}$$

三者共同作用下，横截面上 $ABCD$ 上任意点 E 的总正应力为以上三部分叠加，即

$$\sigma = \sigma_1 + \sigma_2 + \sigma_3 = \frac{F_N}{A} \pm \frac{M_z y}{I_z} \pm \frac{M_y z}{I_y} \tag{8-8}$$

式（8-8）也适用于双向偏心压缩。只是式中第一项为负。式中的第二项与第三项的正负，仍根据点的位置，由变形直接确定。例如，图 8-10d、e、f 中，E 点的 σ_1、σ_2、σ_3 均为正；A 点的第一项为正，第二、三项都为负。

对于矩形、工字形等具有两个对称轴的横截面，最大拉应力或最大压应力都发生在横截面的角点处。其值为

$$\sigma_{max} = \frac{F_N}{A} \pm \frac{M_z}{W_z} \pm \frac{M_y}{W_y} \text{（双向偏心拉伸）}$$

或

$$\sigma_{max} = -\frac{F_N}{A} \pm \frac{M_z}{W_z} \pm \frac{M_y}{W_y} \text{（双向偏心压缩）}$$

正应力强度条件较式（8-7），只是多了一项平面弯曲部分，即

$$\sigma_{max} = \pm \frac{F_N}{A} \pm \frac{M_z}{W_z} \pm \frac{M_y}{W_y} \leqslant [\sigma] \tag{8-9}$$

例 8-5　单向偏心受压杆，横截面为矩形，力 $\boldsymbol{F}$ 作用于顶面的 y 轴上，如图 8-11a 所示。试求杆的横截面不出现拉应力的最大偏心距 e_{max}。

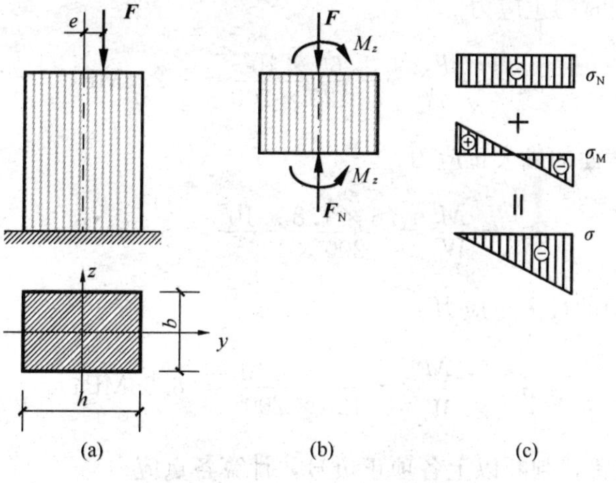

图 8-11

解　将力 $\boldsymbol{F}$ 平移到截面的形心处并附加一力偶矩 $M_z = \boldsymbol{F}e_{max}$，如图 8-11b 所示。

$\boldsymbol{F}_N$单独作用下，横截面上各点的正应力

$$\sigma_N = -\frac{F_N}{A} = -\frac{F_N}{bh}$$

M_z单独作用下截面上 z 轴的左侧受拉，最大拉应力发生在截面的左边缘处，其值为

$$\sigma_M = \frac{M_z}{W} = \frac{6F_N e_{max}}{bh^2}$$

欲使横截面不出现拉应力，应使 $\boldsymbol{F}_N$ 和 M_z 共同作用下横截面左边缘处的正应力等于零，如图 8-11b，即

$$\sigma=\sigma_N+\sigma_M=-\frac{F_N}{A}+\frac{M_z}{W_z}=0$$

即

$$-\frac{F_N}{bh}+\frac{6F_Ne_{max}}{bh^2}=0$$

解得

$$e_{max}=h/6$$

即最大偏心距为 $h/6$。

例 8-6　如图 8-12 所示矩形截面柱高 $H=0.5$m，$\boldsymbol{F}_1=60$kN，$\boldsymbol{F}_2=10$kN，$e=0.03$m，$b=120$mm，$h=200$mm。试计算底面上 A、B、C、D 四点的正应力。

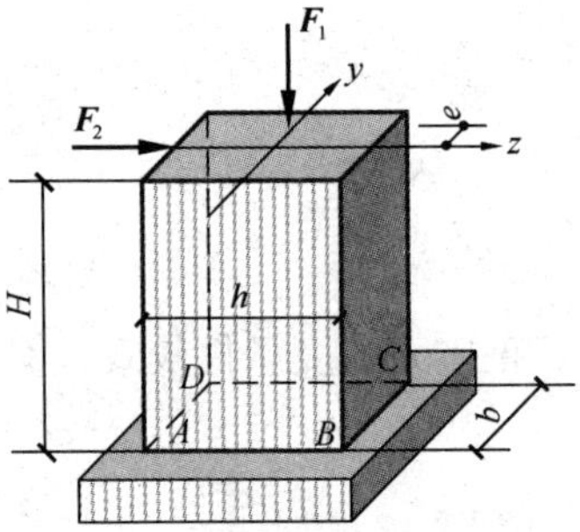

图 8-12

解　该柱为弯曲与单向偏压的组合变形。

(1) 将力 $\boldsymbol{F}_1$ 平移到柱轴线处，得

$$\boldsymbol{F}_N=\boldsymbol{F}_1=60\text{kN}$$

$$M_z=\boldsymbol{F}_1\times e=60\times0.03=1.8\text{kN}\cdot\text{m}$$

$\boldsymbol{F}_2$ 产生的底面弯矩

$$M_y=\boldsymbol{F}_2\times H=10\times0.5=5\text{kN}\cdot\text{m}$$

(2) $\boldsymbol{F}_N$ 单独作用时的正应力

$$\sigma_N=-\frac{F_N}{A}=-\frac{60\times10^3}{120\times200}=-2.5\text{MPa}$$

M_z 单独作用时，横截面的最大正应力

$$\sigma_{Mz}=\frac{M_z}{W_z}=\frac{6\times1.8\times10^6}{200\times120^2}=3.75\text{MPa}$$

M_y 单独作用时，底面的最大正应力

$$\sigma_{My}=\frac{M_y}{W_y}=\frac{6\times5\times10^6}{120\times200^2}=6.25\text{MPa}$$

(3) 根据各点位置，判断以上各项正负号，计算各点应力

$$\sigma_A=\sigma_N+\sigma_{Mz}+\sigma_{My}=(-2.5+3.75+6.25)\text{MPa}=7.5\text{MPa}$$

$$\sigma_B=(-2.5+3.75-6.25)\text{MPa}=-5\text{MPa}$$

$$\sigma_C=(-2.5-3.75-6.25)\text{MPa}=-12.5\text{MPa}$$

$$\sigma_D=(-2.5-3.75+6.25)\text{MPa}=0$$

8.4.3　截面核心

从例 8-5 可知，当偏心压力 $\boldsymbol{F}$ 的偏心距 e 小于某一值时，可使杆横截面上的正应力全部

为压应力而不出现拉应力，而与压力 F 的大小无关。土建工程中大量使用的砖、石、混凝土等材料，其抗拉能力远远小于抗压能力，这类材料制成的杆件在偏心压力作用下，截面上最好不出现拉应力，以避免被拉裂。因此，要求偏心压力的作用点至截面形心的距离不可太大。当荷载作用在截面形心周围的一个区域内时，杆件整个横截面上只产生压应力而不出现拉应力，这个荷载作用的区域就称为截面核心。

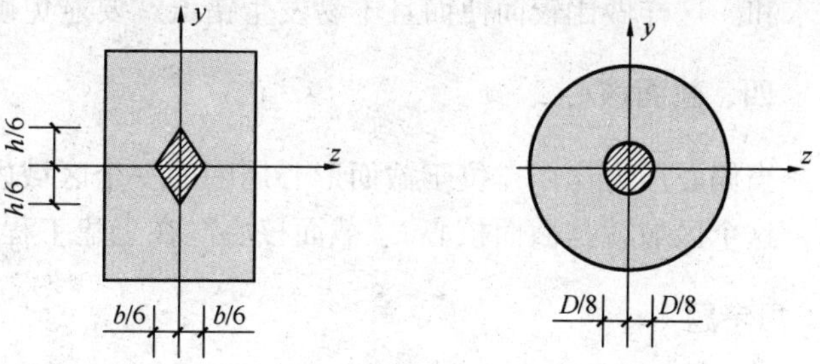

图 8-13

常见的矩形和圆形的截面核心及其尺寸，如图 8-13 中阴影部分所示。

小　　结

一、组合变形的概念

组合变形是由两种以上的基本变形组合而成的。解决组合变形强度问题的基本原理是叠加原理。即在材料服从虎克定律和小变形的前提下，将组合变形分解为几个基本变形的组合。

二、组合变形的计算步骤

1. 简化或分解外力。目的是使每一个外力分量只产生一种基本变形。通常是将横向力沿截面形心主轴分解，纵向力向截面形心平移。

2. 分析内力。按分解后的基本变形计算内力，明确危险截面位置及危险面上的内力方向。

3. 分析应力。按各基本变形计算应力，明确危险点的位置，用叠加法求出危险点应力的大小，从而建立强度条件。

三、主要公式

1. 斜弯曲是两个相互垂直平面内的平面弯曲组合。强度条件为

$$\sigma_{\max}=\frac{M_{z\max}}{W_z}+\frac{M_{y\max}}{W_y}\leqslant[\sigma]$$

2. 拉伸（压缩）与弯曲组合，强度条件为

$$\sigma_{\max}=\frac{F_N}{A}\pm\frac{M_{\max}}{W_z}\leqslant[\sigma]$$

3. 偏心压缩（拉伸）是轴向压缩（拉伸）和平面弯曲的组合。

单向偏心压缩（拉伸）的强度条件为

$$\sigma_{\max}=\pm\frac{F_N}{A}\pm\frac{M_z}{M_z}\leqslant[\sigma]$$

双向偏心压缩（拉伸）的强度条件为

$$\sigma_{\max}=\pm\frac{F_N}{A}\pm\frac{M_z}{W_z}\pm\frac{M_y}{W_y}\leqslant[\sigma]$$

在应力及强度计算中，各基本变形应力的正负号，宜根据变形情况直接确定，然后再代

数求和。这样做比较简便而且不易发生错误。要避免硬套公式。

四、截面核心

当偏心压力作用点位于截面形心周围的一个区域内时，横截面上只有压应力而没有拉应力，这个区域就是截面核心。“截面核心”在土建工程中是较为有用的概念。

思考题

8-1　图示各杆的 AB、BC、CD 各段截面上有哪些内力，各段产生什么组合变形？

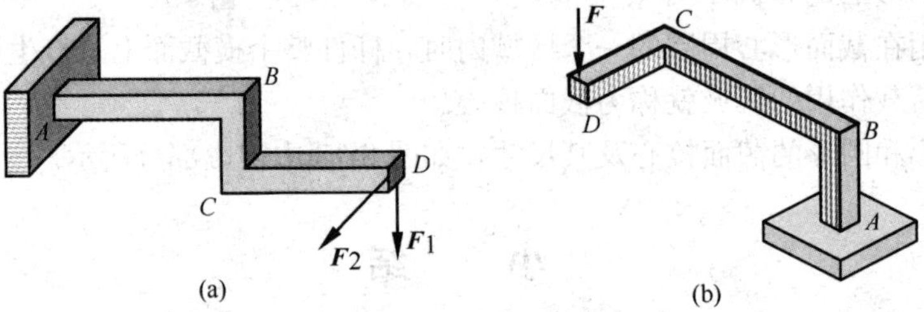

图思 8-1

8-2　图示组合变形杆件是由哪些基本变形组合而成的？判定在各基本变形情况下 a、b、c、d 各点处正应力的正负号。

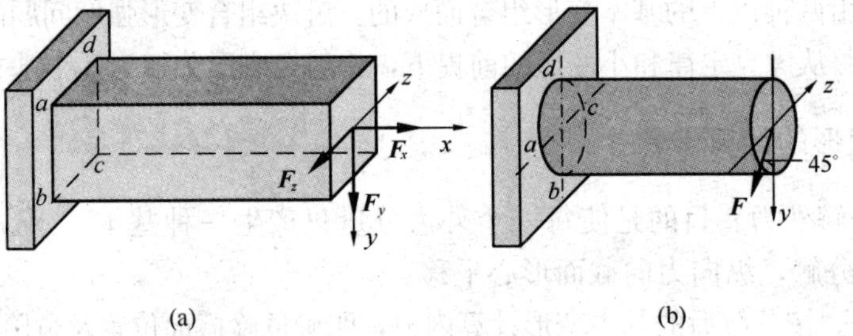

图思 8-2

8-3　图示三根短柱受压力 $\boldsymbol{F}$ 作用，图 b、c 的柱各挖去一部分。试判断在 a、b、c 三种情况下，短柱中的最大压应力的大小和位置。

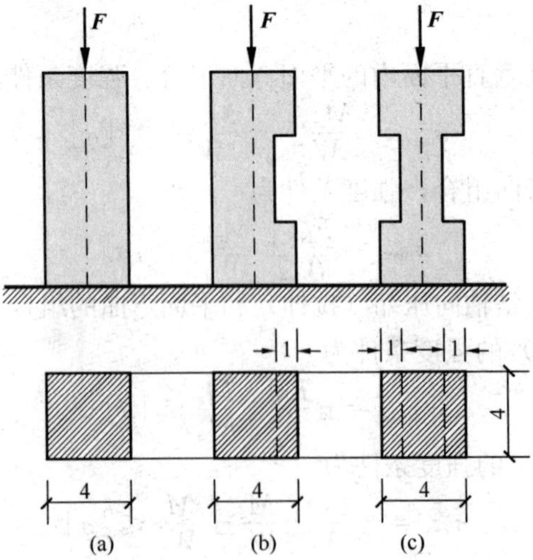

图思 8-3

习题

8-1　由 14 号工字钢制成的简支梁，受力如图所示。力 **F** 作用线过截面形心且与 y 轴夹角 15°。已知：$\boldsymbol{F}=6\text{kN}$，$l=4\text{m}$。试求梁的最大正应力。

8-2　矩形截面悬臂梁受力如图所示，力 **F** 过截面形心且与 y 轴夹角 12°。已知：$\boldsymbol{F}=1.2\text{kN}$，$l=2\text{m}$，材料的许用应力 $[\sigma]=10\text{MPa}$。试确定 b 和 h 的尺寸（可设 $h/b=1.5$）。

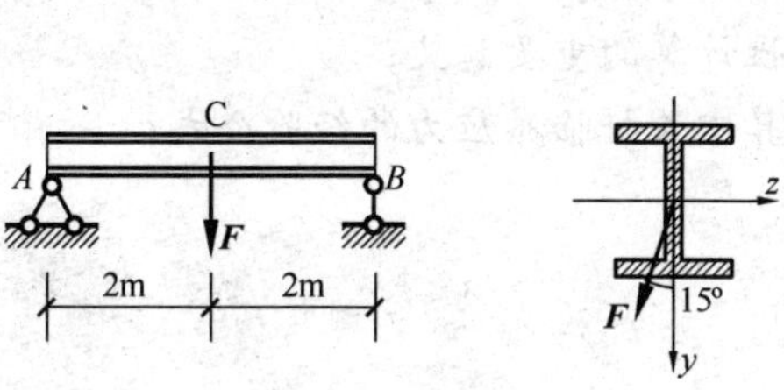

图题 8-1

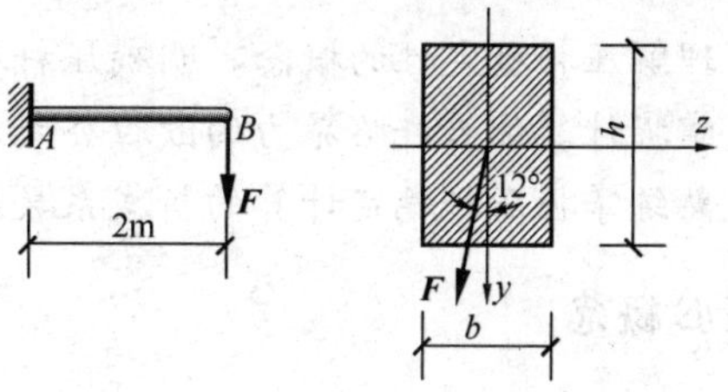

图题 8-2

8-3　如图所示的桁架结构，杆 AB 为 18 号工字钢。已知：$l=2.8\text{m}$，跨中 $\boldsymbol{F}=30\text{kN}$，$[\sigma]=170\text{MPa}$。试校核 AB 杆的强度。

8-4　正方形截面偏心受压柱，如图所示。已知：$a=400\text{mm}$，$e_y=e_z=100\text{mm}$，$\boldsymbol{F}=160\text{kN}$。试求该柱的最大拉应力与最大压应力。

8-5　图示一矩形截面厂房柱受压力 $\boldsymbol{F}_1=100\text{kN}$，$\boldsymbol{F}_2=45\text{kN}$，$\boldsymbol{F}_2$ 与柱轴线偏心距 $e=200\text{mm}$，截面宽 $b=200\text{mm}$，如要求柱截面上不出现拉应力，截面高 h 应为多少？此时最大压应力为多大？

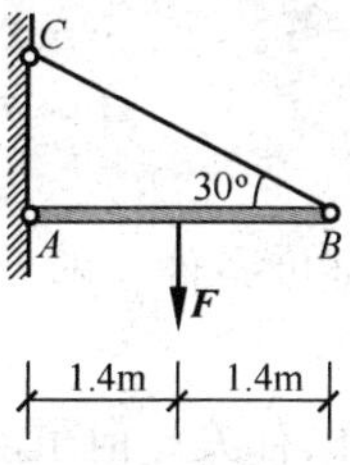

图题 8-3

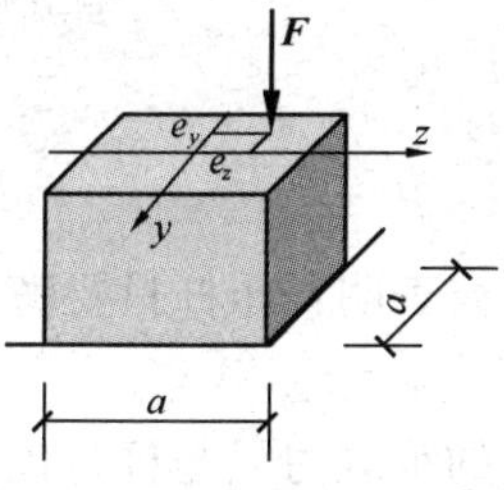

图题 8-4

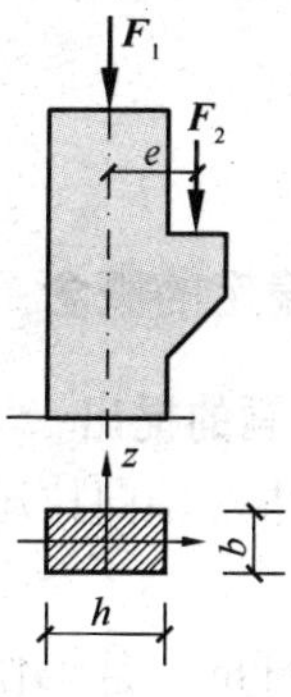

图题 8-5

项目 9　压杆稳定

学习要点及目标

- ◆ 理解压杆稳定性的概念，明确压杆稳定性计算的重要意义；
- ◆ 掌握计算细长杆临界力的欧拉公式及计算中长杆临界应力的经验公式；
- ◆ 熟练掌握压杆稳定计算的折减系数法。

核心概念

稳定性、细长杆、中长杆、欧拉公式、折减系数法等。

引导案例

本章学习内容要求学生深刻认识受压杆件防止失稳现象的重要性，掌握细长杆、中长杆以及粗短杆的分类及临界力的计算，熟练掌握折减系数法的运用。

杆件的承载能力包括强度、刚度和稳定性。对于所有杆件都应满足强度条件；有些有变形限制的杆件还应满足刚度条件；而个别杆件尚有稳定性的要求，受压杆件便是其中之一。本章将专门讨论这一内容。

任务 1　细长压杆的临界力

9.1.1　压杆稳定的概念

1. 稳定问题的提出

在项目 4 中对轴向拉压杆的研究表明：压杆只要满足压缩强度条件，即

$$\sigma = \boldsymbol{F}_{\mathrm{N}}/A \leqslant [\sigma]$$

就可以保证压杆的正常工作。压杆的承载力只与杆件的横截面积有关。但事实果真如此吗?例如，绘图用的丁字尺，其短边和长边的横截面积大致相等。对其短边施加压力时，可以看出其承载力较大。对其长边施加压力时，当压力较小的时候，压杆就会突然弯曲而失去承载能力。突然弯曲，这是由于压杆丧失了保持直线平衡状态的稳定性所致。这种现象称为**丧失稳定**，简称**失稳**。显然，长杆的破坏不是由于强度不足导致的。

由于细长压杆的失稳，往往会使整个结构发生坍塌。这不仅会造成物质上的巨大损失，也会危及人们的生命安全。19 世纪末，瑞士的一座铁桥，当一辆客车通过时，桥梁桁架中的压杆突然失稳，导致整个桥梁结构发生灾难性坍塌。这次事故中，大约造成 200 人遇难。加拿大和俄罗斯等国家，也有铁路桥梁由于压杆失稳而发生的事故。

由此可见，材料和横截面相同的压杆，由于长度不同，其承载能力却有了本质区别：短粗压杆的破坏取决于强度；细长压杆的破坏取决于稳定。

2. 平衡状态的稳定性

既然细长压杆的失稳，是由于不能保持直线平衡状态的稳定性所致的。为了说明压杆失稳的实质，就需要了解平衡状态的稳定性。

例如图 9-1 所示：一杆件采用三种不同的方式与基础铰接，铰 A 都在重力 $\boldsymbol{W}$ 的作用线上，其中，图 c 中的铰 A 与重心重合。根据二力平衡公理，杆件都处于平衡状态。

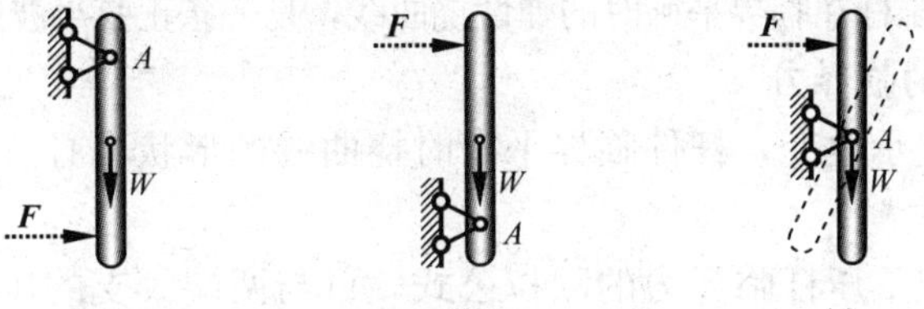

图 9-1

然而，这三种不同的平衡状态抗干扰的能力却迥然不同：图 a 中的干扰力撤销后，杆件能回到原来的位置继续处于平衡，这种平衡状态称为**稳定的平衡状态**；图 b 的抗干扰能力显然差了很多，稍有干扰，杆件就再也不会回到原来的位置了，这种平衡状态就是**不稳定的平衡状态**；图 c 在干扰力撤销后，会到新的位置保持新的平衡，这种平衡状态介于以上两者之间，称为**临界的平衡状态**。

细长压杆在受到大小不同的压力时，其平衡状态也可以分为三种，并分别与图 9-1 中对应，如图 9-2 所示。使压杆分属三种平衡状态的区别在于：压力 $\boldsymbol{F}$ 是小于、大于还是等于某一特定值 $\boldsymbol{F}_{cr}$。$\boldsymbol{F}_{cr}$ 称为压杆的**临界力**。

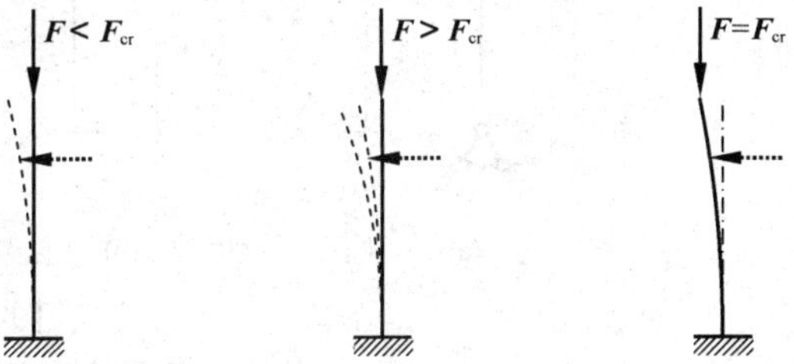

图 9-2

压杆的“干扰力”并非刻意加之。实际工程中的压杆，由于种种原因，不可能达到理想的中心受压状态。制作的误差、材料的不均匀、周围物体的振动等，都可能成为干扰。所以，必须满足 $\boldsymbol{F}<\boldsymbol{F}_{cr}$，压杆才能避免失稳。

因此，压杆的稳定问题，关键在于确定各种压杆的临界力。

9.1.2　细长压杆的临界力——欧拉公式

压杆临界力的大小可以实验测定，也可以通过理论推导，其大小与压杆的长度、截面的形状与尺寸、材料以及两端的支承情况有关。

1. 两端铰支压杆的临界力

图 9-3 为两端铰支的受压杆件，通过实验分别测试不同长度、不同截面、不同材料的压杆，在杆内应力不超过材料的比例极限时，发生失稳的临界力值 $\boldsymbol{F}_{cr}$，可得到如下关系：

$$\boldsymbol{F}_{cr}=\frac{\pi^2 EI}{l^2} \tag{9-1}$$

式中　π ——圆周率；

E——材料的弹性模量；

l——压杆长度；

I——杆件横截面对形心轴的惯性矩。当杆端在各方向的支承情况相同时，取最小值 I_{min}。

式（9-1）为两端铰支细长压杆的临界力计算公式。这一关系式也可以从理论上证明。这个工作是瑞士科学家欧拉（Leonhard Euler，1707—1783）首先完成的，故式（9-1）又称为计算压杆临界力的**欧拉公式**。

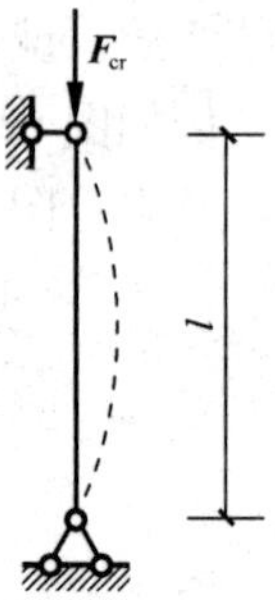

图 9-3

图 9-3 中的虚线为压杆在临界平衡时的弹性挠曲线，是一条正弦半波曲线。

2. 其他支承压杆的临界力

如果压杆两端的支承改变，杆件临界平衡时挠曲线的形状也必然随之改变，如图 9-4 所示。

各种杆端支承情况下压杆临界力的欧拉公式，可与两端铰支的压杆相比较，在表 9-1 中直接给出。

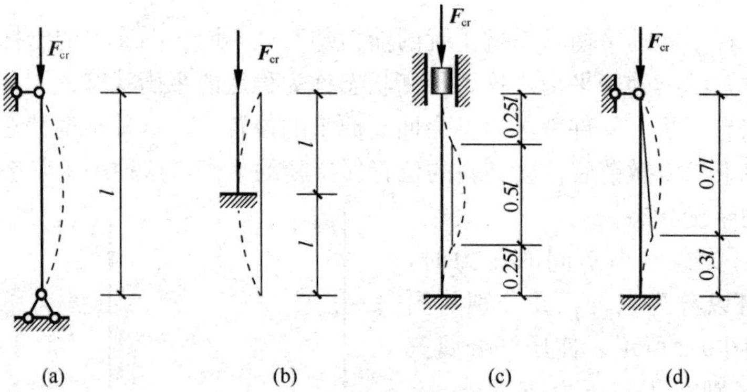

图 9-4

表 9-1　不同杆端支承压杆的临界力公式

杆端支承情况	两端铰支	一端固定 一端自由	两端固定	一端固定 一端铰支
临界力 F_{cr}	$\frac{\pi^2 EI}{l^2}$	$\frac{\pi^2 EI}{(2l)^2}$	$\frac{\pi^2 EI}{(0.5l)^2}$	$\frac{\pi^2 EI}{(0.7l)^2}$
计算长度 μl	l	$2l$	$0.5l$	$0.7l$
长度系数 μ	1	2	0.5	0.7

从表中可看出，不同杆端支承压杆的临界力公式，都有类似的形式，只是分母中 l 前边的系数不同，可以合并写成统一形式，即

$$F_{cr} = \frac{\pi^2 EI}{(\mu l)^2} \tag{9-2}$$

计算长度都等于一个正弦半波曲线的弦长。

例 9-1　一端固定、一端自由的受压柱，长 l=1m，材料的弹性模量 E= 200GPa。试计算采用如图 9-5a、b 所示两种截面时柱子的临界力。

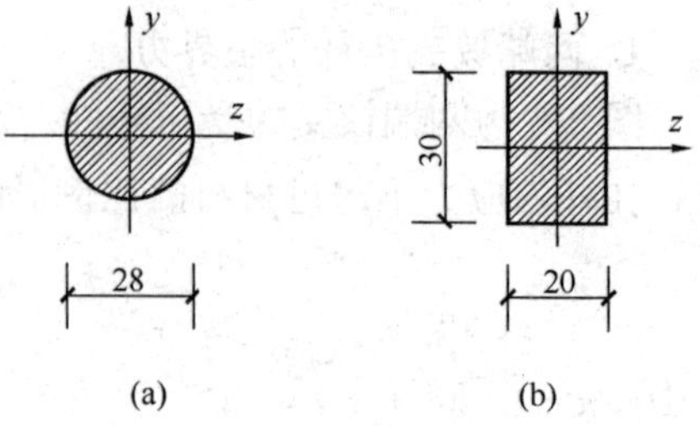

图 9-5

解　一端固定、一端自由的压杆，μ=2。

（1）先计算圆截面杆：

$$I_z = I_y = \pi d^4/64 = \pi \times 28^4/64$$
$$= 30.17 \times 10^3 \text{mm}^4$$

代入式（9-2）计算得，其临界力

$$F_{cr} = \frac{\pi^2 EI}{(\mu l)^2} = \frac{\pi^2 \times 200 \times 10^3 \times 30.17 \times 10^3}{(2 \times 10^3)^2} = 14890\text{N} = 14.89\text{kN}$$

（2）再计算矩形截面杆，惯性矩应取小值 I_y：

$$I_y = \frac{hb^3}{12} = \frac{30 \times 20^3}{12} = 20 \times 10^3 \text{mm}^4$$

代入式（9-2）计算得，其临界力

$$F_{cr} = \frac{\pi^2 EI}{(\mu l)^2} = \frac{\pi^2 \times 200 \times 10^3 \times 20 \times 10^3}{(2 \times 10^3)^2} = 9860\ (\text{N}) = 9.86\text{kN}$$

想一想

圆杆横截面积 $A_1 = \pi \times 28^2/4 = 616\text{mm}^2$；矩形杆横截面积 $A_2 = 600\text{mm}^2$；两者相差不大，为何计算出的临界力却相差近 50%？

任务 2　压杆的临界应力

我们从上节的内容已经了解到：细长压杆的破坏取决于稳定，其临界力可由欧拉公式计算得出。那么，一个压杆，何为“细”、何为“长”呢？这还需要从临界应力的角度来分析。

9.2.1　临界应力与柔度

当压杆在临界力 $\boldsymbol{F}_{cr}$ 作用下处于临界平衡时，其横截面上的平均正应力，称为压杆的**临界应力**，用 σ_{cr} 表示，即

$$\sigma_{cr} = \frac{F_{cr}}{A} = \frac{\pi^2 E}{(\mu l)^2} \frac{I}{A}$$

式中，$\frac{I}{A} = i^2$，i 为惯性半径，代入上式得

$$\sigma_{cr} = \frac{\pi^2 E i^2}{(\mu l)^2} = \frac{\pi^2 E}{(\mu l / i)^2}$$

令

$$\lambda = \frac{\mu l}{i} \tag{9-3}$$

则压杆临界应力的欧拉公式为

$$\sigma_{cr} = \frac{\pi^2 E}{\lambda^2} \tag{9-4}$$

λ 与 μ、l、i 有关，是一个无单位的量，称为压杆的**柔度**或**长细比**。柔度 λ 综合反映了压杆的长度、支承情况以及截面形状与尺寸等因素对临界应力的影响。λ 大就表明压杆细而长，σ_{cr} 就小，压杆就容易失稳。

9.2.2　欧拉公式的适用范围

欧拉公式是在杆内的应力不超过材料比例极限时推导的，即

$$\sigma_{cr} = \frac{\pi^2 E}{\lambda^2} \leqslant \sigma_p$$

将上式代入式（9-4），可求得对应于比例极限的长细比为

$$\lambda \geqslant \lambda_p = \pi\sqrt{\frac{E}{\sigma_p}} \tag{9-5}$$

因此，欧拉公式的适用范围为

$$\lambda \geqslant \lambda_p$$

这一类压杆称为**大柔度杆**或**细长杆**。例如常用材料 Q235 钢，将弹性模量 $E=200\text{GPa}$，比例极限 $\sigma_p=200\text{MPa}$，代入式（9-5）后可算得 $\lambda_p=100$。

例 9-2　一矩形截面轴压细长木柱，高 8m。柱的支承情况：在最大刚度平面内弯曲时两端铰支（图 9-6a）；在最小刚度平面内弯曲时两端固定（图 9-6b）。木材的弹性模量 $E=10\text{GPa}$，$\lambda_p=110$。试求木柱的临界应力和临界力。

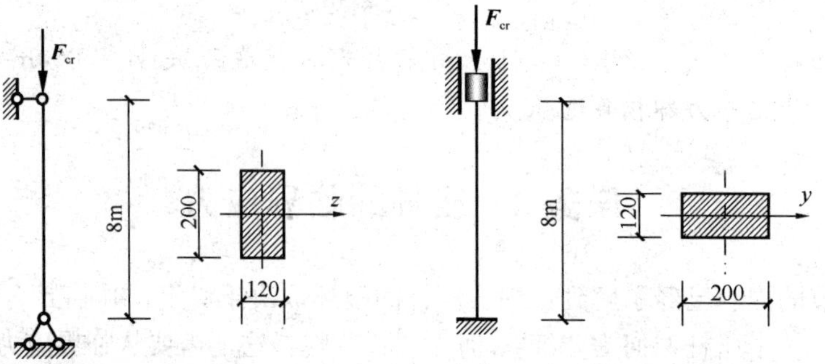

图 9-6

解　由于最大刚度平面与最小刚度平面内的支承情况不同，所以需分别计算。

（1）计算最大刚度平面内的临界应力和临界力。$i_z=\frac{200}{\sqrt{12}}=57.7\text{mm}$，$\mu=1$。柔度为

$$\lambda=\frac{\mu l}{i_z}=\frac{1\times 8000}{57.7}=139>\lambda_p=110$$

属大柔度杆，可采用欧拉公式计算临界应力

$$\sigma_{cr}=\frac{\pi^2 E}{\lambda^2}=\frac{\pi^2\times 10\times 10^3}{139^2}=5.1\text{MPa}$$

临界力为

$$F_{cr}=A\cdot\sigma_{cr}=120\times 200\times 5.1=122400\text{N}=122.4\text{kN}$$

（2）计算最小刚度平面内的临界应力和临界力。$i_y=\frac{120}{\sqrt{12}}=34.6\text{mm}$，$\mu=0.5$。柔度为

$$\lambda=\frac{\mu l}{i_y}=\frac{0.5\times 8000}{34.6}=115.6>\lambda_p=110$$

仍属大柔度杆，可采用欧拉公式计算临界应力

$$\sigma_{cr}=\frac{\pi^2 E}{\lambda^2}=\frac{\pi^2\times 10\times 10^3}{115.6^2}=7.38\text{MPa}$$

临界力为

$$F_{cr}=A\cdot\sigma_{cr}=120\times 200\times 7.38=177120\text{N}=177.12\text{kN}$$

经过以上计算，临界应力和临界力均应取小值，即该木柱的临界应力和临界力分别为

$$\sigma_{cr} = 5.1\text{MPa}$$

$$\boldsymbol{F}_{cr} = 122.4\text{kN}$$

通过本例说明：当压杆在两刚度平面内的支承情况不同时，不能主观推断压杆一定在最小刚度平面内失稳。压杆的临界力必须经过具体计算后才能确定。

9.2.3　中长杆的临界应力与临界应力总图

当压杆的柔度 $\lambda < \lambda_p$ 时，欧拉公式就不再适用，这一类压杆称为**中柔度杆**或**中长杆**。这类压杆的临界应力通常采用以试验为基础的经验公式进行计算。例如，常用的

$$\text{Q235 钢：} \sigma_{cr} = 235 - 0.00668\lambda^2$$

$$\text{Q345（16Mn）钢：} \sigma_{cr} = 345 - 0.0142\lambda^2 \qquad (9\text{-}6)$$

将欧拉公式与经验公式的函数曲线共同绘于同一坐标系，称为**临界应力总图。**图 9-7 为 Q235 钢的临界应力总图。

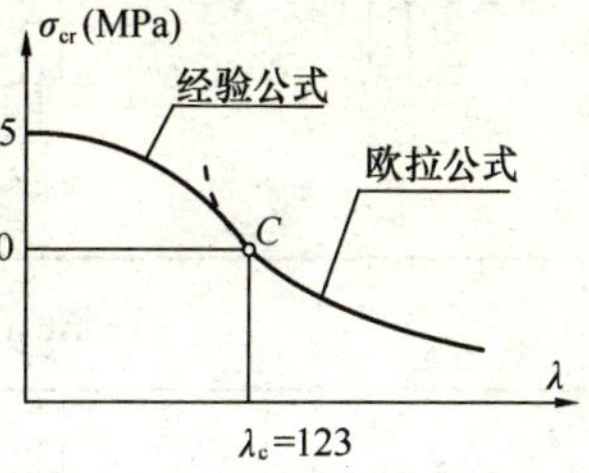

图 9-7

欧拉公式与经验公式的实际分界点为 $\lambda_c = 123$，与前述的 $\lambda_p = 100$ 有了一定的调整。这是因为理论推导与试验结果存在差异所致。

任务 3　压杆的稳定计算——折减系数法

应用欧拉公式或经验公式可计算出压杆的临界应力和临界力，实际上只解决了压杆的许可荷载问题。工程中常采用**折减系数法**对压杆进行稳定计算，这种方法不仅可以对压杆进行稳定校核，还可以设计截面。

9.3.1　压杆的稳定条件

在工程中，压杆的稳定条件为

$$\sigma = \frac{F_N}{A} \leqslant \varphi[\sigma] \qquad (9\text{-}6)$$

这与轴拉压杆的强度条件相比，只是多了一个系数 φ。φ 称为**折减系数**，亦称**稳定系数**，为小于 1 的正数。压杆的稳定条件可以理解为：**压杆在强度破坏之前就因丧失稳定而破坏。**折减系数 φ 与压杆的材料有关，也与压杆的柔度 λ 有关。式中的 A 为压杆的横截面积。如果由于构造等原因导致横截面有局部的削弱，也可以不必考虑，而仍以毛面积计算。这是因为压杆截面局部的削弱，对整体刚度的影响甚微。但需对削弱处进行强度验算。

《钢结构设计规范》（GB 50017—2003）将轴心受压构件的截面进行了分类，本教材只简要摘录于表 9-2。同时列出 Q235 钢 a 类、b 类截面对应不同柔度 λ 的稳定系数 φ，详见表 9-3 和表 9-4。

表 9-2　轴心受压构件的截面分类（板厚 $t < 40$mm）

截　面　形　式		对 x 轴	对 y 轴
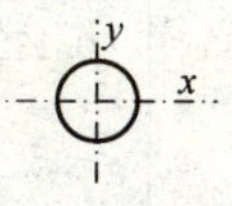	轧制	a 类	a 类
	焊接	b 类	b 类

续表

截　面　形　式		对 x 轴	对 y 轴
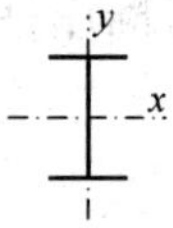	轧制，$b/h \leqslant 0.8$	a 类	b 类
	轧制，$b/h > 0.8$	b 类	b 类
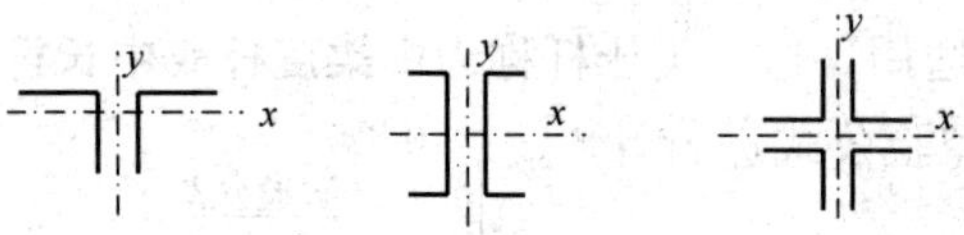 轧制		b 类	b 类

表 9-3　Q235 钢 a 类截面轴心受压构件的稳定系数 φ

λ	0	1	2	3	4	5	6	7	8	9
0	1.000	1.000	1.000	1.000	0.999	0.999	0.998	0.998	0.997	0.996
10	0.995	0.994	0.993	0.992	0.991	0.989	0.988	0.986	0.985	0.983
20	0.981	0.979	0.977	0.976	0.974	0.972	0.970	0.968	0.966	0.964
30	0.963	0.961	0.959	0.957	0.955	0.952	0.950	0.948	0.946	0.944
40	0.941	0.939	0.937	0.934	0.932	0.929	0.927	0.924	0.921	0.919
50	0.916	0.913	0.910	0.907	0.904	0.900	0.897	0.894	0.890	0.886
60	0.883	0.879	0.875	0.871	0.867	0.863	0.858	0.854	0.849	0.844
70	0.839	0.834	0.829	0.824	0.818	0.813	0.807	0.801	0.795	0.789
80	0.783	0.776	0.770	0.763	0.757	0.750	0.743	0.736	0.728	0.721
90	0.714	0.706	0.699	0.691	0.684	0.676	0.668	0.661	0.653	0.645
100	0.638	0.630	0.622	0.615	0.607	0.600	0.592	0.585	0.577	0.570
110	0.563	0.555	0.548	0.541	0.534	0.527	0.520	0.514	0.507	0.500
120	0.494	0.488	0.481	0.475	0.469	0.463	0.457	0.451	0.445	0.440
130	0.434	0.429	0.423	0.418	0.412	0.407	0.402	0.397	0.392	0.387
140	0.383	0.378	0.373	0.369	0.364	0.360	0.356	0.351	0.347	0.343
150	0.339	0.335	0.331	0.327	0.323	0.320	0.316	0.312	0.309	0.305
160	0.302	0.298	0.295	0.292	0.289	0.285	0.282	0.279	0.276	0.273
170	0.270	0.267	0.264	0.262	0.259	0.256	0.253	0.251	0.248	0.246
180	0.243	0.241	0.238	0.236	0.233	0.231	0.229	0.226	0.224	0.222
190	0.220	0.218	0.215	0.213	0.211	0.209	0.207	0.205	0.203	0.201
200	0.199	0.198	0.196	0.194	0.192	0.190	0.189	0.187	0.185	0.183
210	0.182	0.180	0.179	0.177	0.175	0.174	0.172	0.171	0.169	0.168
220	0.166	0.165	0.164	0.162	0.161	0.159	0.158	0.157	0.155	0.154
230	0.153	0.152	0.150	0.149	0.148	0.147	0.146	0.144	0.143	0.142
240	0.141	0.140	0.139	0.138	0.136	0.135	0.134	0.133	0.132	0.131
250	0.130	—	—	—	—	—	—	—	—	—

表 9-4　Q235 钢 b 类截面轴心受压构件的稳定系数 φ

λ	0	1	2	3	4	5	6	7	8	9
0	1.000	1.000	1.000	0.999	0.999	0.998	0.997	0.996	0.995	0.994
10	0.992	0.991	0.989	0.987	0.985	0.983	0.981	0.978	0.976	0.973
20	0.970	0.967	0.963	0.960	0.957	0.953	0.950	0.946	0.943	0.939
30	0.936	0.932	0.929	0.925	0.922	0.918	0.914	0.910	0.906	0.903
40	0.899	0.895	0.891	0.887	0.882	0.878	0.874	0.870	0.865	0.861
50	0.856	0.852	0.847	0.842	0.838	0.833	0.828	0.823	0.818	0.813
60	0.807	0.802	0.797	0.791	0.786	0.780	0.774	0.769	0.763	0.757
70	0.751	0.745	0.739	0.732	0.726	0.720	0.714	0.707	0.701	0.694
80	0.688	0.681	0.675	0.668	0.661	0.655	0.648	0.641	0.635	0.628
90	0.621	0.614	0.608	0.601	0.594	0.588	0.581	0.575	0.568	0.561
100	0.555	0.549	0.542	0.536	0.529	0.523	0.517	0.511	0.505	0.499
110	0.493	0.487	0.481	0.475	0.470	0.464	0.458	0.453	0.447	0.442
120	0.437	0.432	0.426	0.421	0.416	0.411	0.406	0.402	0.397	0.392
130	0.387	0.383	0.378	0.374	0.370	0.365	0.361	0.357	0.353	0.349
140	0.345	0.341	0.337	0.333	0.329	0.326	0.322	0.318	0.315	0.311
150	0.308	0.304	0.301	0.298	0.295	0.291	0.288	0.285	0.282	0.279
160	0.276	0.273	0.270	0.267	0.265	0.262	0.259	0.256	0.254	0.251
170	0.249	0.246	0.244	0.241	0.239	0.236	0.234	0.232	0.229	0.227
180	0.225	0.223	0.220	0.218	0.216	0.214	0.212	0.210	0.208	0.206
190	0.204	0.202	0.200	0.198	0.197	0.195	0.193	0.191	0.190	0.188
200	0.186	0.184	0.183	0.181	0.180	0.178	0.176	0.175	0.173	0.172
210	0.170	0.169	0.167	0.166	0.165	0.163	0.162	0.160	0.159	0.158
220	0.156	0.155	0.154	0.153	0.151	0.150	0.149	0.148	0.146	0.145
230	0.144	0.143	0.142	0.141	0.140	0.138	0.137	0.136	0.135	0.134
240	0.133	0.132	0.131	0.130	0.129	0.128	0.127	0.126	0.125	0.124
250	0.123	—	—	—	—	—	—	—	—	—

《木结构设计规范》(GB 50005—2003) 则按树种的强度等级，分别给出了两组计算稳定系数 φ 的公式，见表 9-5。

表 9-5　木制轴心受压构件的稳定系数 φ

树种强度等级	柔　度	稳定系数计算公式
TC17、TC15 及 TB20	$\lambda \leqslant 75$	$\varphi=\dfrac{1}{1+\left(\dfrac{\lambda}{80}\right)^2}$
	$\lambda > 75$	$\varphi=\dfrac{3000}{\lambda^2}$

续表

树种强度等级	柔　度	稳定系数计算公式
TC13、TC11、TB17、TB15、TB13 及 TB11	$\lambda \leqslant 91$	$\varphi=\dfrac{1}{1+\left(\dfrac{\lambda}{65}\right)^2}$
	$\lambda > 91$	$\varphi=\dfrac{2800}{\lambda^2}$

9.3.2　压杆的稳定计算

与强度条件类似，应用稳定条件可解决与稳定性有关的三类问题。

1. 稳定校核

$$\sigma=\frac{F_N}{A}\leqslant\varphi[\sigma]$$

2. 设计截面

$$A\geqslant\frac{F_N}{\varphi[\sigma]}$$

由于截面未知，所以柔度 λ 和折减系数 φ 也未知。计算时一般先假设 $\varphi_1=0.5$，试选截面尺寸、型号，算得 λ 后再查得 φ'_1。若二者相差较大，则再选二者的平均值重新试算，直至相差不大为止。选出截面后再进行稳定校核。

3. 确定许用荷载

$$\boldsymbol{F}_N\leqslant A\cdot\varphi\cdot[\sigma]$$

例 9-3　一焊接 Q235 钢管支柱，两端铰支，其外径 D=150mm，内径 d=138mm，柱高 l=3.3m。已知轴向压力 $\boldsymbol{F}_N$= 320kN，[σ] =160MPa。试校核该钢管支柱的稳定性。

解　两端铰支，故 $\mu=1$。

（1）先计算横截面的惯性矩、面积，继而计算出柔度 λ，查出折减系数 φ。

$$I=\frac{\pi}{64}(D^4-d^4)=\frac{\pi}{64}(150^4-138^4)=7.05\times10^6\ \text{mm}^4$$

$$A=\frac{\pi}{4}(D^2-d^2)=\frac{\pi}{4}(150^2-138^2)=2713\ \text{mm}^2$$

$$i=\sqrt{\frac{I}{A}}=\sqrt{\frac{7.05\times10^6}{2713}}=\sqrt{2599}=51\ \text{mm}$$

$$\lambda=\frac{\mu l}{i}=\frac{1\times3300}{51}=65$$

焊接圆钢管属 b 类截面，查表 9-4 得：$\varphi=0.780$

（2）稳定校核：

$$\sigma=\frac{F_N}{A}=\frac{320\times10^3}{2714}=118\ \text{MPa}<\varphi[\sigma]=160\times0.780=124.8\text{MPa}$$

可见，该支柱满足稳定条件。

例 9-4 一正方形木柱高 $H=3.6\text{m}$，一端固定，一端铰支，选用树种的强度等级为TB20，承受的轴向压力 $\boldsymbol{F}_{\text{N}}=50\text{kN}$。已知木材的 $[\sigma]=10\text{MPa}$。试确定该木柱横截面的边长。

解 这显然是一个截面设计问题。利用稳定条件，先假定 $\varphi_1=0.5$ 进行试算。涉及的公式有：$A\geqslant\dfrac{F_{\text{N}}}{\varphi[\sigma]}$；$i=\dfrac{a}{\sqrt{12}}$；$\lambda=\dfrac{\mu l}{i}$；$\mu=0.7$ 以及表 9-5 中的相关公式。为方便起见，采用列表试算的方式。

φ	$A\geqslant\dfrac{F_{\text{N}}}{\varphi[\sigma]}$	$a=\sqrt{A}$	$i=\dfrac{a}{\sqrt{12}}$	$\lambda=\dfrac{\mu l}{i}$	φ'_1
$\varphi_1=0.5$	10000	100	28.9	87.2	0.394
$\varphi_2=(\varphi_1+\varphi'_1)=0.44$	11364	107	30.9	81.6	0.45

经过两轮试算，φ 与 φ' 已相差无几。所以可取 $a=107\text{mm}$。
经校核满足稳定条件。

9.3.3　提高压杆稳定性的措施

1. 减小压杆的长度

欧拉公式表明：临界力与压杆长度的平方成反比。因此，在可能的情况下，减小压杆的长度；或者在压杆中间增加支撑减小计算长度，可以有效提高压杆的承载力。

2. 改善支撑条件

长度系数 μ 反映了压杆的支承情况，应尽可能采用坚固的杆端约束，减小 μ 值，从而减小柔度 λ，使压杆的稳定性得以提高。

3. 选择合理的截面形状

在面积相同的情况下，采用空心截面，可以增大惯性矩 I，继而增大惯性半径 i，减小柔度 λ，提高压杆的稳定性。另外，当压杆在各个平面内的支承条件相同时，压杆的稳定性取决于 $I_{\min}$ 所在方向。因此，应尽量使截面对各形心主轴的惯性矩相同，这样压杆在各个弯曲平面都具有相同的稳定性。综合以上两点，图 9-8 所示空心的截面都比较合理。

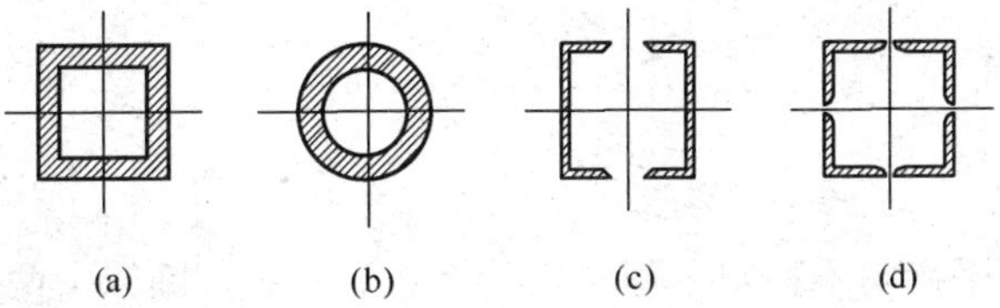

图 9-8

4. 选择适当的材料

对于大柔度杆而言，在其他条件相同的情况下，选用弹性模量 E 大的材料，可以提高临界应力。然而各种钢材的 E 值相差不大。所以，选用优质钢材对提高压杆的稳定性作用有限。

对于中柔度杆而言，其临界应力与材料的比例极限或屈服极限有关，此时选择优质钢材将有助于提高压杆的稳定性。

小　　结

一、压杆稳定计算的必要性

由于压杆受力时存在的不可避免的“干扰力”，必须将轴向压力限制在临界力的范围内。尤其是细长压杆的稳定问题，更应认识到稳定计算的必要性。

二、压杆临界力和临界应力的计算

1. 当 $\lambda \geqslant \lambda_c$，细长杆（大柔度杆），采用欧拉公式：

$$\boldsymbol{F}_{cr} = \frac{\pi^2 EI}{(\mu l)^2} \quad 或 \quad \sigma_{cr} = \frac{\pi^2 E}{\lambda^2} \quad (\lambda = \frac{\mu l}{i})$$

2. 当 $\lambda < \lambda_c$，中长杆（中柔度杆），采用经验公式：

Q235 钢：　$\sigma_{cr} = 235 - 0.00668\lambda^2$

Q345（16Mn）钢：　$\sigma_{cr} = 345 - 0.0142\lambda^2$

$$\boldsymbol{F}_{cr} = A \cdot \sigma_{cr}$$

三、压杆的稳定计算

1. 压杆的稳定条件：

$$\sigma = \frac{F_N}{A} \leqslant \varphi[\sigma]$$

2. 压杆的稳定条件的应用：

（1）稳定校核。　$\sigma = \dfrac{F_N}{A} \leqslant \varphi[\sigma]$

（2）设计截面。　$A \geqslant \dfrac{F_N}{\varphi[\sigma]}$

（3）确定许用荷载。　$F_N \leqslant A \cdot \varphi \cdot [\sigma]$

思考题

9-1　压杆的稳定平衡与不稳定平衡各指什么状态？试判断以下两种说法是否正确？

（1）临界力是使压杆丧失稳定的最小荷载；

（2）临界力是压杆维持直线稳定平衡状态的最大荷载。

9-2　图示四根细长压杆，材料、截面均相同，问哪一根杆临界力最大？哪一根最小？

9-3　试画出图示各压杆处于临界平衡时挠曲线的大致形状，并确定压杆计算长度。

9-4　什么是柔度？它与哪些因素有关？如何区别细长杆与中长杆？

9-5　下面截面各杆，杆端支承在各方面相同。失稳时将绕截面哪一根形心轴转动？

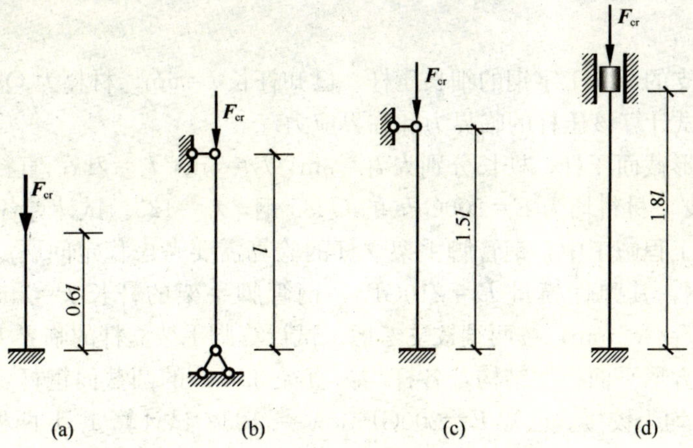

图思 9-2

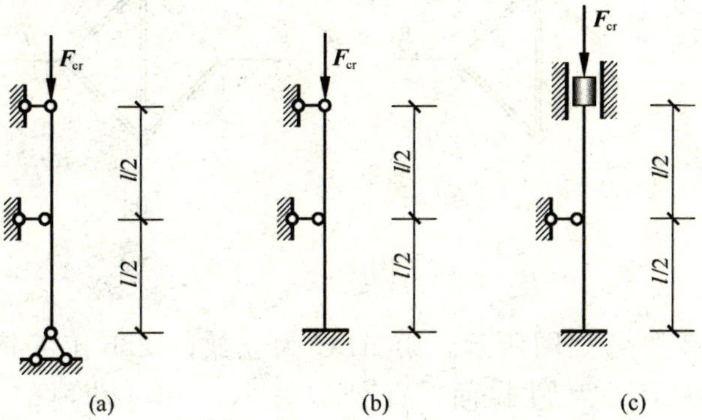

图思 9-3

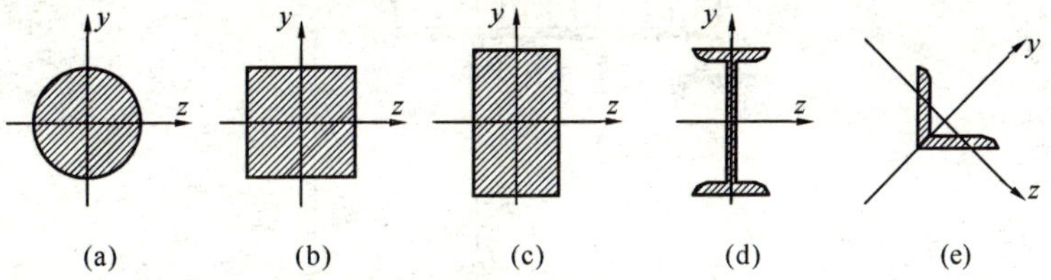

图思 9-5

9-6　图示每组截面的两截面面积相等，试问作为压杆时，每组截面中哪个合理？为什么？

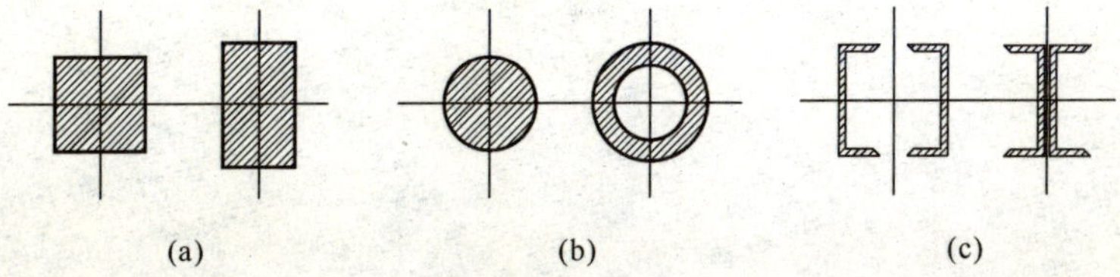

图思 9-6

习题

9-1　两端铰支的 22a 工字钢的细长压杆。已知杆长 $l=6\text{m}$，材料为 Q235 钢，其弹性模量 $E=200\text{GPa}$。试计算该压杆的临界力和临界应力。

9-2　三根圆形截面压杆，杆长分别为 $l_1=3\text{m}$，$l_2=5\text{m}$，$l_3=7\text{m}$；直径 D 均为 160mm，各杆均为两端铰支，材料均为 $E=200\text{GPa}$ 的 Q235 钢，$\lambda_c=123$。试计算各压杆的临界力。

9-3　在建筑工程施工中，钢管脚手架立杆的验算需要考虑稳定问题。已知脚手架采用的钢材为 Q345 钢，其弹性模量 $E=210\text{GPa}$，钢管脚手架的杆长 $l=3\text{m}$，横截面的外径 $D=48\text{mm}$，壁厚 $t=3.5\text{mm}$，按两端铰支考虑。试计算脚手架立杆的临界力。

9-4　图示正方形平面桁架结构，各杆均为直径 32mm 的圆截面钢杆，桁架外围杆长度均为 1m、连接处均为铰接。已知 $E=200\text{GPa}$，$\lambda_c=123$。试计算 a、b 两种情况下，荷载的许用值 $[\boldsymbol{F}]$。

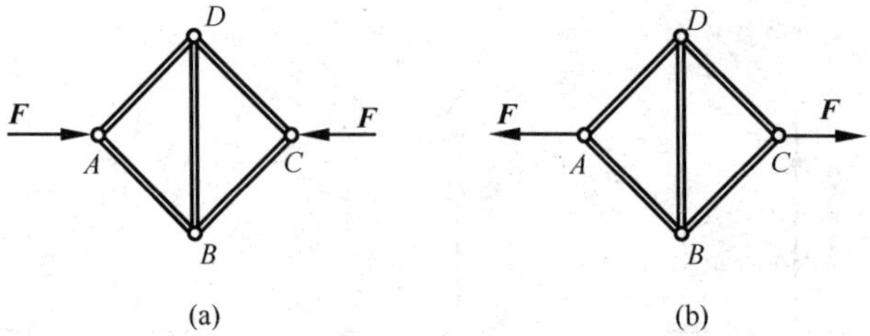

图题 9-4

9-5　结构尺寸及受力如图所示。梁 ABC 为立放的 22b 工字钢，材料为 Q235 钢，$[\sigma]=160\text{MPa}$；木柱 BD 为圆截面，直径 $d=160\text{mm}$，树种的强度等级为 TC13，$[\sigma]=10\text{MPa}$，两端铰支。试作梁 ABC 的强度校核与柱 BD 的稳定性校核。

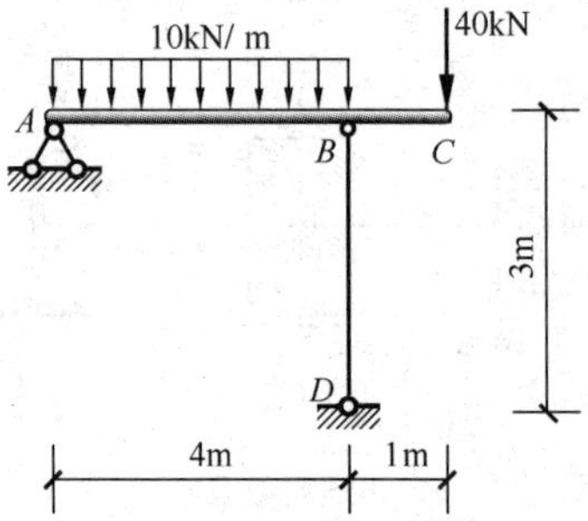

图题 9-5

学习情境 3　结构力学基础知识

项目 10　平面杆件体系的几何组成分析

学习要点及目标

◆ 掌握无多余约束几何不变体系的基本组成规则；

◆ 能运用几何不变体系的基本组成规则分析平面杆件体系。

核心概念

几何不变体系、几何可变体系、自由度、规则、静定结构、超静定结构等。

引导案例

本章学习内容要求学生了解结构间杆件相互联系的基本要求，了解几何组成分析的过程。学习本章的主要任务就是在于运用规则分析平面体系的组成。

任务 1　几何组成分析的目的

杆件结构受到荷载作用时，截面上产生内力，同时，结构也发生变形。这种变形一般是微小的，在满足刚度要求的前提下，并不影响结构的正常使用。而分析结构的几何组成时，不考虑由于材料应变所引起的变形。杆件体系按照其几何组成可分为两类：一是体系受到荷载作用后，其几何形状和位置都不改变的，称为**几何不变体系**，如图 10-1a 所示。二是体系受到荷载作用后，其形状和位置是可以改变的，称为**几何可变体系**，如图 10-1b 所示。

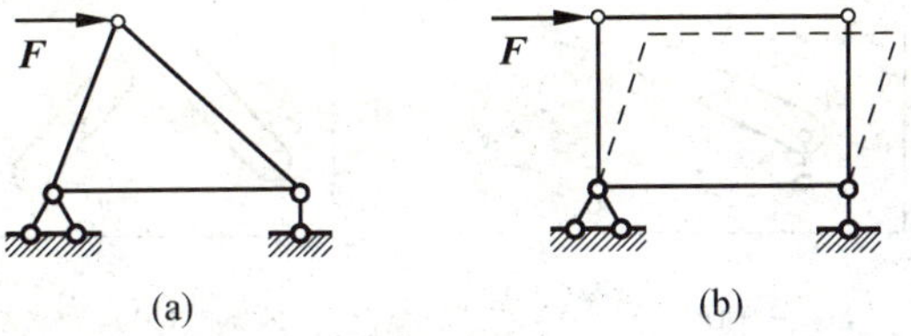

图 10-1

作为建筑结构必须是几何不变的。分析体系的几何组成，以确定它们属于哪一类体系，就称为**几何组成分析**。在几何组成分析中，由于不考虑杆件的变形，因此可把体系中的每一杆件或几何不变的某一部分看作一个刚体。平面内的刚体称为**刚片**。本章只讨论平面问题。

对体系进行几何组成分析的目的就在于：

(1) 判别体系是否几何不变，从而决定它能否作为结构；

（2）研究几何不变体系的组成规则，以保证所结构设计的合理性；
（3）区分静定结构和超静定结构，以便在计算时采取不同的方法。

任务 2　平面体系自由度和约束的概念

对体系进行几何组成分析，需了解平面体系的自由度和约束的概念。

10.2.1　自由度

平面体系的**自由度**是指确定体系的位置所需的独立坐标的数目。

在平面内，一个点的位置可由两个直角坐标 x 和 y 来确定，如图 10-2a 所示；也可由两个极坐标 ρ 和 θ 来确定，如图 10-2b 所示。所以，一个点的自由度是 2。

一个刚片的位置，可由其上任一点 A 的坐标 x、y，和过 A 点的任一线段 AB 的倾角 α 来确定，如图 10-2c 所示。所以一个刚片在平面内的自由度是 3。

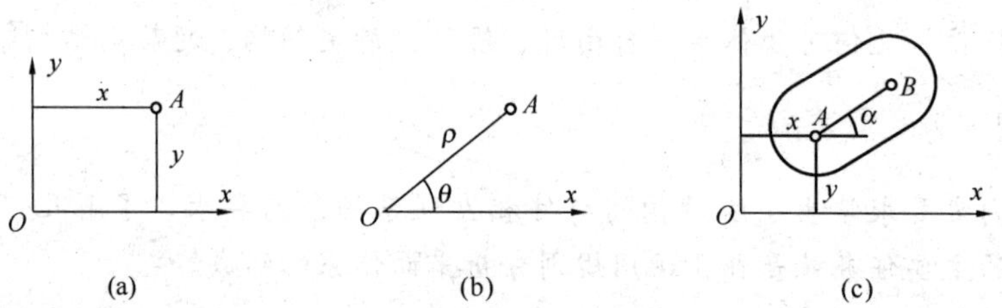

图 10-2

10.2.2　约束

凡是能减少体系自由度的装置都称为**约束**。能减少一个自由度，就相当于一个约束。

1. 链杆——两端以铰与别的物体相联的刚性杆

如图 10-3a 所示，用一链杆将刚片与基础相联，刚片将不能沿链杆方向移动，因而减少了一个自由度，所以一根链杆相当于一个约束。

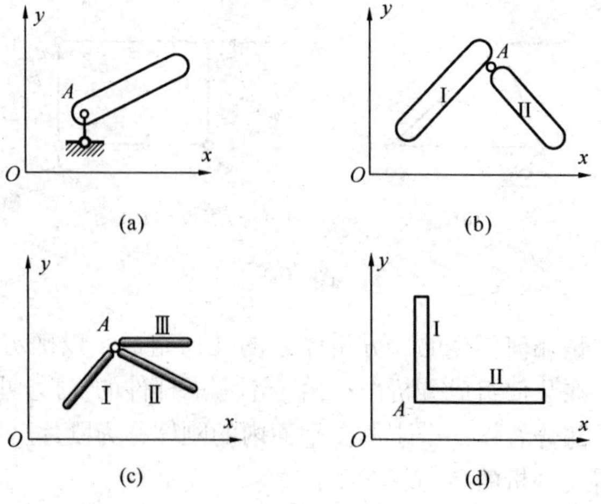

图 10-3

2. 单铰——联结两个刚片的铰

如图 10-3b 所示，用一单铰将刚片Ⅰ、Ⅱ在 A 点联结起来，对于刚片Ⅰ，其位置可由三个坐标来确定，对于刚片Ⅱ，因为它与刚片Ⅰ联结，所以除了能保存独立的转角外，只能随着刚片Ⅰ移动。也就是说，已经丧失了自由移动的可能，因而减少了两个自由度。所以一个单铰相当于两个约束。

3. 复铰——联结三个或三个以上刚片的铰

复铰的作用可以通过单铰来分析。如图 10-3c 所示的复铰联结三个刚片，它的联结过程为：先有刚片Ⅰ，然后用单铰将刚片Ⅱ联结于刚片Ⅰ，再以单铰将刚片Ⅲ联结于刚片Ⅰ。这样，联结三个刚片的复铰相当于两个单铰。同理，联结 n 个刚片的复铰相当于 $n-1$ 个单铰，相当于 $2(n-1)$ 个约束。

4. 刚性联结

如图 10-3d 所示，刚片Ⅰ、Ⅱ在 A 处刚性联结成一个整体，原来两个刚片在平面内具有 6 个自由度，现刚性联结成整体后减少到 3 个自由度。所以，一个刚性联结相当于三个约束。

10.2.3　虚铰

两刚片用两根不共线的链杆联结，两链杆的延长线相交于 O 点，如图 10-4a 所示。现对其运动特点进行分析。把刚片Ⅱ固定不动，则刚片Ⅰ上的 A、B 两点只能沿链杆的垂直方向运动，即绕两根链杆轴线的交点 O 转动，O 点称为瞬时转动中心。这时刚片Ⅰ的运动情况与刚片Ⅰ在 O 点用铰与刚片Ⅱ相联时的运动情况完全相同。

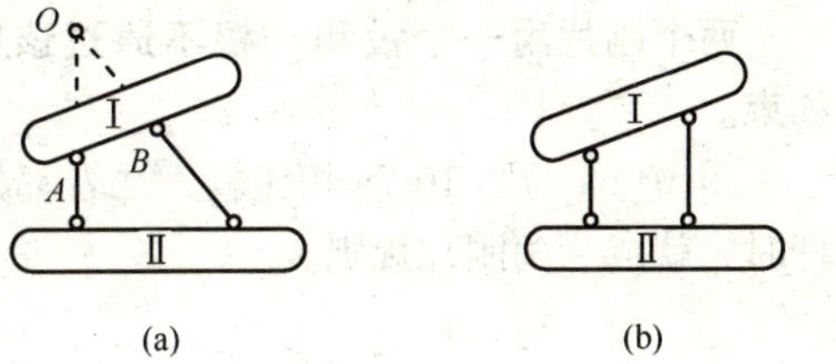

图 10-4

由此可见，两根链杆的约束作用相当于一个单铰，不过，这个铰的位置在链杆轴线的延长线上，其位置也随链杆的转动而变化，称为**虚铰**。当联结两刚片的两链杆平行时，则认为虚铰在无穷远处。如图 10-4b 所示。

10.2.4　多余约束

如果在体系中增加一个约束，而体系的自由度并不因此而减少，则该约束为**多余约束**。

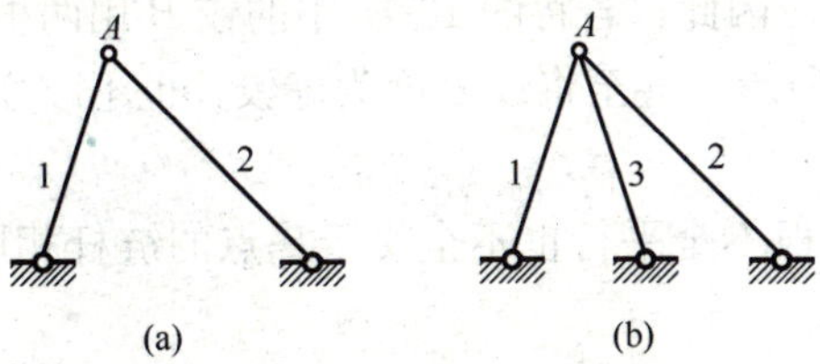

图 10-5

如图 10-5a 所示：平面内一个自由点 A 原来有两个自由度，用两根不共线的链杆 1 和 2 把 A 点与基础相联，减少了两个自由度，则 A 点即被固定。如果加上链杆 3，如图 10-5b，系统则有一个多余约束。此时，可把任一链杆视为多余约束。

任务 3　几何不变体系的简单组成规则

为了确定平面体系是否几何不变，需研究几何不变体系的组成规则。

10.3.1　三刚片规则

三个刚片用不在同一直线上的三个铰两两相联，则组成几何不变体系，且无多余约束。

如图 10-6a 所示：平面中三个独立的刚片Ⅰ、Ⅱ、Ⅲ，共有九个自由度，用不在同一直线上的 A、B、C 三个单铰两两相联，相当于加入六个约束。从而使得原体系成为只有三个自由度的一个整体。各刚片之间不再发生相对运动，这样就组成几何不变体系，而且是无多余约束的。简称“无多不变”体系。这也是“三角形的稳定性”的体现。

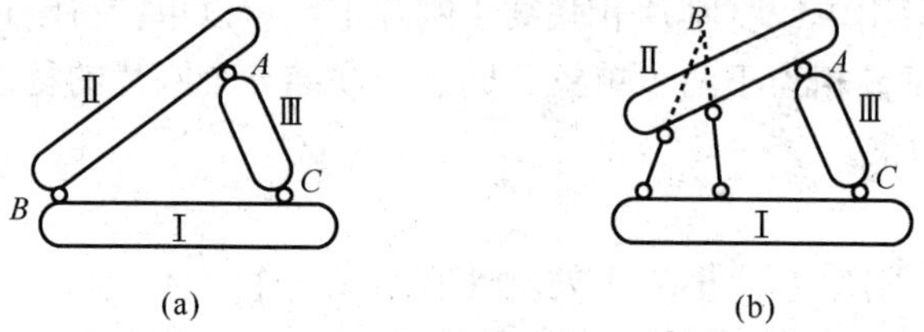

图 10-6

当然，“两两相联”的铰也可以是由两根链杆构成的虚铰，如图 10-6b 中的虚铰 B。

10.3.2　两刚片规则

两个刚片用一个铰和一根不通过该铰的链杆相联，则组成几何不变体系，且无多余约束。

图 10-6a 与图 10-7a 相比较，二者都是按三刚片规则构成的，只是把刚片Ⅲ视为一根链杆时，就成为两刚片规则。

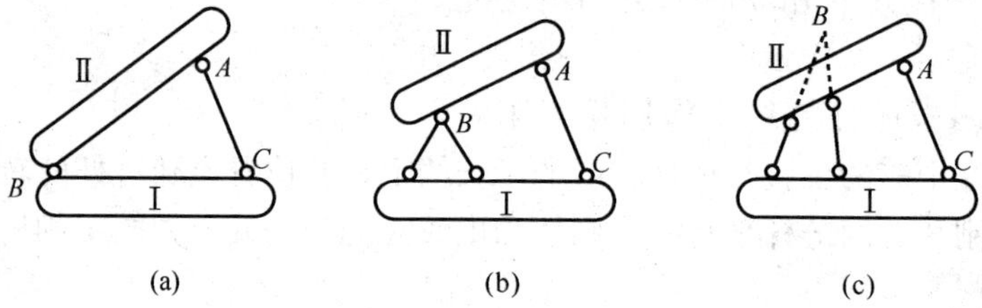

图 10-7

前已指出，两根链杆的约束作用相当于一个铰。因此，若将图 10-7a 中的铰 B 用两根链杆来代替，也组成“无多不变”体系，如图 10-7b 所示。甚至将铰 B 变为虚铰，也不改变结果，如图 10-7c 所示。

因此，两刚片规则又可叙述为：两个刚片用三根不全平行也不全交于一点的链杆相联，组成几何不变体系，且无多余约束。

这里为什么要强调三根链杆不能全平行也不能全交于一点呢？我们看图 10-8a 所示的体系，两个刚片用全交于一点 O 的三根链杆相联，此时，两个刚片可以绕点 O 作相对转动。但在发生一微小转动后，三根链杆就不再全交于一点，体系成为几何不变的。这种体系称为几何瞬变体系。再如图 10-8b 所示的两个刚片，用三根互相平行但不等长的链杆相联，此时，两个刚片可以沿与链杆垂直的方向发生相对平行移动。在发生一微小移动后，三根链杆就不再互相平行，故这种情况也是瞬变体系。若三链杆互相平行且等长，如图 10-8c 所示。两个刚片发生相对平移时，三链杆始终互相平行，这种情况就是几何可变体系了。

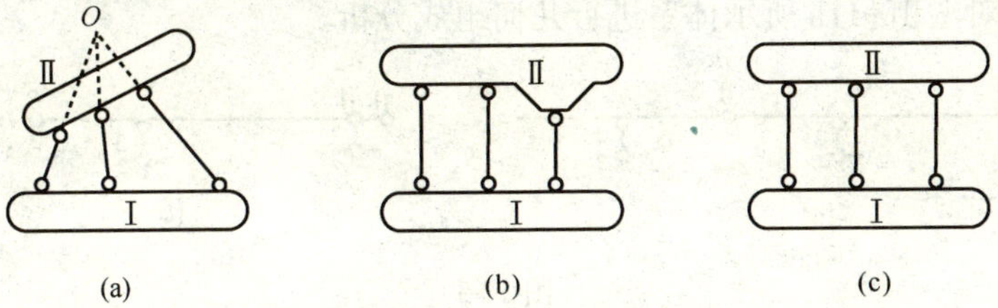

图 10-8

瞬变体系由于约束布置不合理，能发生瞬时运动，不能作为结构使用。不仅如此，对于接近瞬变的几何不变体系在设计时也应避免。如图 10-9 所示三铰虽不共线，但当 φ 很小时，杆件的内力（$\boldsymbol{F}_{N}=\boldsymbol{F}_{P}/2\sin\varphi$）将很大，从而导致体系的强度大大降低。

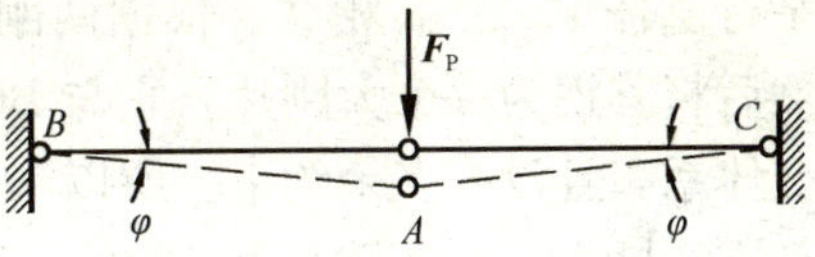

图 10-9

10.3.3　二元体规则

在体系中增加一个或拆除一个二元体，不改变体系的几何不变性或可变性。

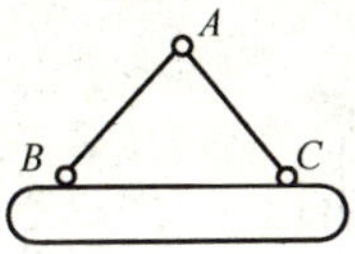

图 10-10

所谓二元体是指由两根不在同一直线上的链杆联结一个新结点的装置，如图 10-10 所示 BAC 部分。由于在平面内新增加一个点就会增加两个自由度，而新增加的两根不共线的链杆，恰能减去新结点 A 的两个自由度，故对原体系而言，自由度的数目没有变化。

所以，在一个体系上增加或拆除一个二元体，不会影响原体系的几何不变性或可变性。

任务 4　几何组成分析举例

几何不变体系的组成规则，是进行几何组成分析的依据。灵活使用这些规则，就可以判定体系是否是几何不变以及有无多余约束等问题。分析时，步骤大致如下：

1. 选择刚片

在体系中任一杆件或某个几何不变的部分，例如基础、铰结三角形等，都可视为刚片。在选择刚片时，要考虑联结这些刚片的约束是哪些。

2. 先从能直接观察的几何不变的部分开始，应用组成规则，逐步扩大几何不变部分直至整体。

3. 对于复杂体系可以采用以下方法简化体系

(1) 当体系上有二元体时，可依次拆除；

(2) 当体系用三根不全交于一点也不全平行的链杆与基础相联，可拆除支座链杆与基础；

（3）利用约束的等效替换。如只有两个铰与其他部分相联的刚片（如曲杆）用直链杆代替；联结两个刚片的两根链杆可用其交点处的虚铰代替等。

例 10-1 试对图 10-11a 所示体系进行几何组成分析。

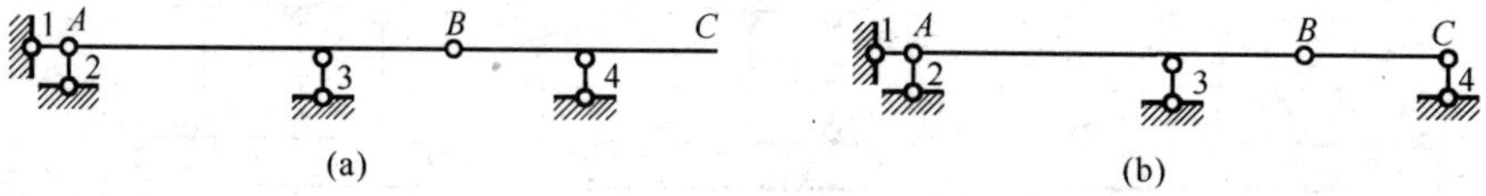

图 10-11

解 在此体系中，将基础视为刚片，AB 杆视为刚片，两个刚片用三根不全交于一点也不全平行链杆 1、2、3 相联。根据两刚片规则，此部分组成几何不变体系，且没有多余约束。然后将其视为一个大刚片，它与 BC 杆再用铰 B 和不通过该铰的链杆 4 相联，又组成几何不变体系，且没有多余约束。所以，整个体系为几何不变体系，且没有多余约束。

杆 BC 与链杆 4 也可视为二元体，等同于图 10-11b。在分析时可拆除。

例 10-2 试对图 10-12a 所示体系进行几何组成分析。

解 在此体系中，上部结构用三根不全交于一点也不全平行的支座链杆与基础相联。此时，可以拆除支座链杆与基础，直接分析上部结构。如图 10-12b 所示。

我们从铰结三角形 123 开始，依次增加二元体（4、5）、（6、7）、（8、9）、（10、11）、（12、13），通过反复使用二元体规则，便组成原结构。所以，整个体系为几何不变体系，且没有多余约束。

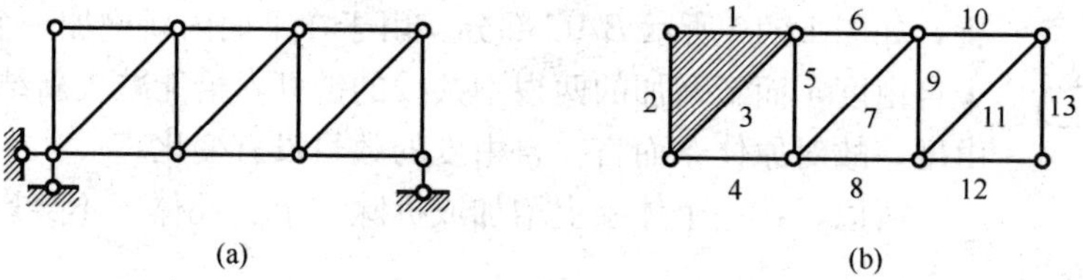

图 10-12

例 10-3 试对如图 10-13a 所示体系进行几何组成分析。

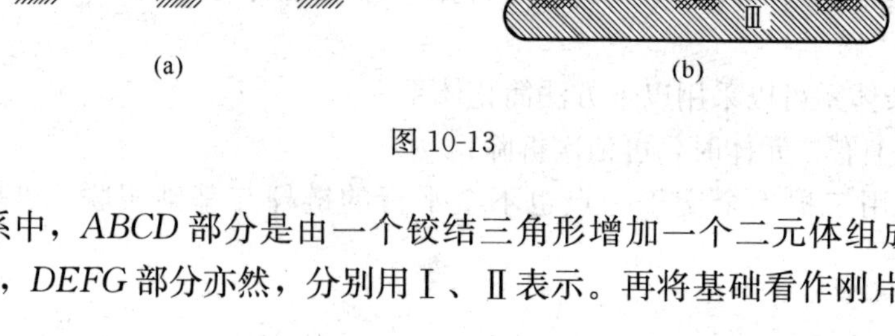

图 10-13

解 在此体系中，$ABCD$ 部分是由一个铰结三角形增加一个二元体组成的几何不变部分，可视作刚片，$DEFG$ 部分亦然，分别用Ⅰ、Ⅱ表示。再将基础看作刚片，并以Ⅲ表示。

如图 10-13b 所示。此时，刚片Ⅰ和Ⅱ用铰 D 联结；刚片Ⅰ和Ⅲ用链杆 1、2 构成的虚铰 O_1 联结；刚片Ⅱ和Ⅲ则用链杆 3、4 构成的虚铰 O_2 联结。铰 D 与虚铰 O_1、O_2 不在同一直线上。所以，此体系为几何不变体系，且没有多余约束。

例 10-4 试对图 10-14a 所示体系进行几何组成分析。

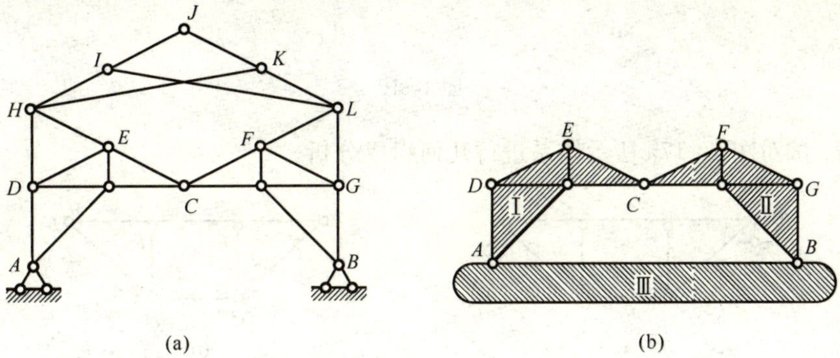

图 10-14

解 首先依次拆除二元体 IJK、HIL、HKL、DHE 和 FLG，得到如图 10-14b 所示体系。剩下的部分 $ADEC$ 和 $BGFC$ 可分别看作刚片Ⅰ、Ⅱ，基础为刚片Ⅲ。三刚片用不在同一直线上的三个铰 A、B、C 两两相联。所以，整个体系为几何不变体系，且没有多余约束。

例 10-5 试对如图 10-15a 所示体系进行几何组成分析。

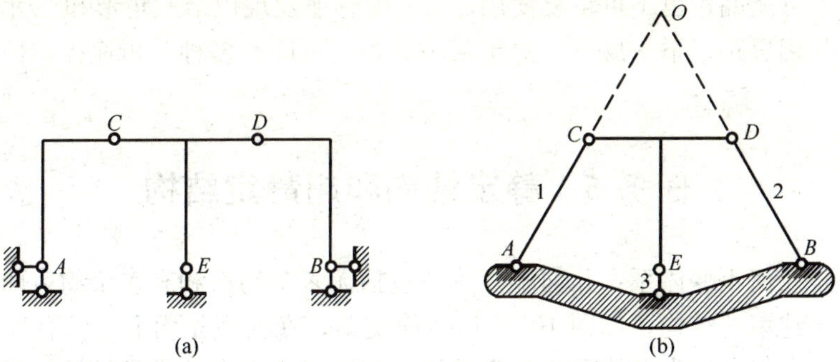

图 10-15

解 在此体系中，曲杆 AC 和 BD 可用直杆代替，并视为两根链杆。如图 10-14b 所示。于是，刚片 CDE 与基础之间用三根链杆 1、2、3 联结，且交于一点 O。所以，此体系为瞬变体系。假如链杆 3 变为水平方向，则体系为无多不变。

以上各例中，基础总是要视为刚片的，要占一个“指标”。

例 10-6 试对如图 10-16a 所示体系进行几何组成分析。

解 把三根竖直的链杆看作刚片Ⅰ、Ⅱ、Ⅲ，如图 4-16b 所示。Ⅰ和Ⅱ之间由链杆 AB 和 FE 联结，它们构成虚铰 O_1；同理，Ⅱ和Ⅲ之间由链杆 ED 和 BC 构成的虚铰 O_2 相联；Ⅰ和Ⅲ之间由链杆 FC 和 AD 构成的虚铰 O 相联。由于三个虚铰共线，故体系为瞬变体系。

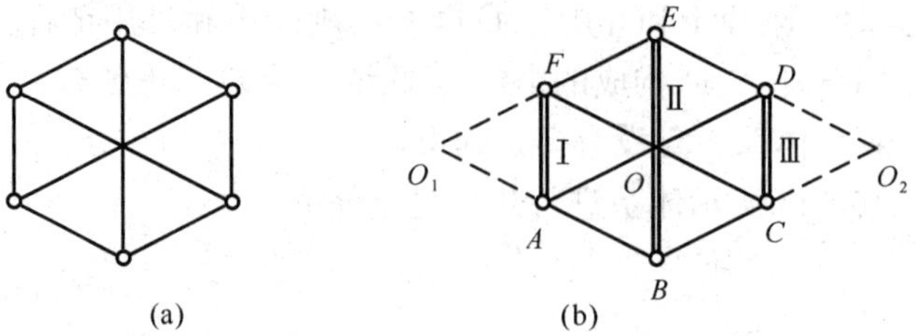

(a)　　　　　　　　(b)

图 10-16

例 10-7 试对图 10-17a 所示体系进行几何组成分析。

(a)　　　　　　　　(b)

图 10-17

解 该体系只用三根不全交于一点也不全平行的支座链杆与基础相联，可直接取内部体系分析，如图 10-17b 所示。将 AB 视为刚片，再在其上增加二元体 ACE 和 BDF，组成几何不变体系，链杆 CD 多余。故此体系为具有一个多余约束的几何不变体系。

最后指出，几何组成分析是几何不变体系组成规则综合应用的过程。在进行几何组成分析时要注意：(1) 体系中的每一根杆件既可视作链杆，又可视作刚片；(2) 体系中的每一根杆件和约束都不可遗漏，也不可重复使用；(3) 敏感地发现铰结三角形和二元体，以简化体系。分析时要开阔思路、举一反三。对于某一体系，可能有多种分析途径，但正确的结论是唯一的。

任务 5　静定结构和超静定结构

结构必须是几何不变体系，几何不变体系包括无多余约束和有多余约束两类。

对于无多余约束的结构，如图 10-18 所示简支梁，在荷载作用下，所有反力和内力均可由静力平衡条件求得，这类结构称为**静定结构**。对于具有多余约束的结构，仅由静力平衡条件，不能求出全部的反力和内力。如图 10-19 所示的梁，有五个反力，而静力平衡方程只有三个，无法确定全部反力，也就不能进而求出内力。这类结构称为**超静定结构**。

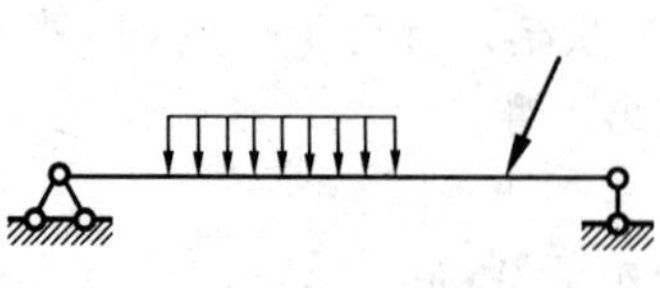

图 10-18

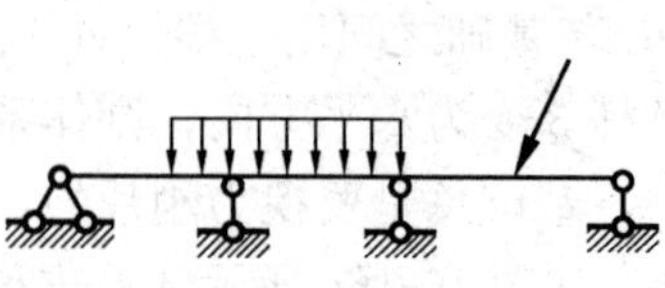

图 10-19

静定结构和超静定结构的相关计算将在以后介绍。

小　　结

本章主要讨论的是平面杆件体系的几何组成问题。

杆件体系分为几何不变体系、几何可变体系和瞬变体系。后两者不能作为结构使用。

无多余约束的几何不变体系的基本组成规则有三个，其实质都是“三角形的稳定性”：

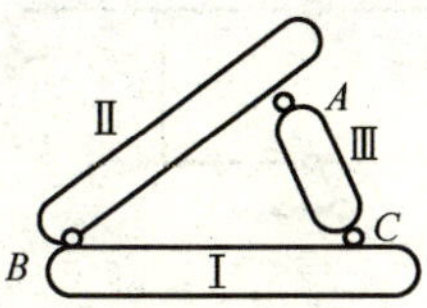

三刚片规则

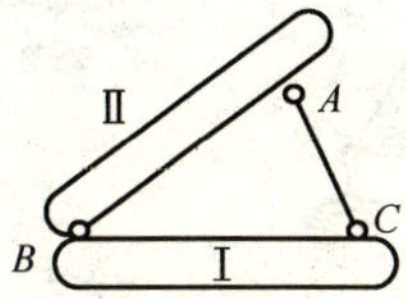

两刚片规则

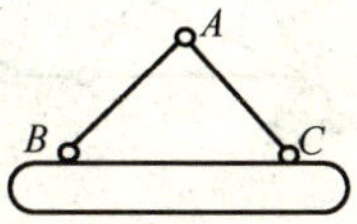

二元体规则

在三个基本组成规则中，规定了刚片之间所必需的最少约束数目，以及刚片之间应遵循的联结方式。

静定结构是无多余约束的几何不变体系，超静定结构是具有多余约束的几何不变体系。

思考题

10-1　什么是几何不变体系、几何可变体系和瞬变体系？工程中的结构不能使用哪些体系？

10-2　对体系进行几何组成分析的目的是什么？

10-3　什么是多余约束？体系有多余约束是否一定是几何不变体系？

10-4　固定一个点需要几个约束？约束应满足什么条件？

10-5　几何不变体系的三个组成规则有何联系？你能否将其归结为一个最基本的规则？

10-6　在进行几何组成分析时，应注意体系的哪些特点，才能使分析得到简化？

习题

试对图示各体系进行几何组成分析。

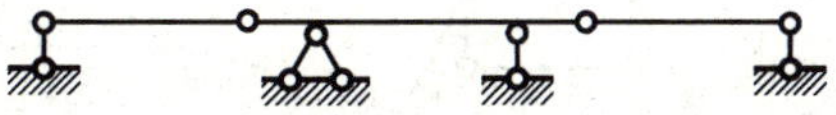
图题 10-1

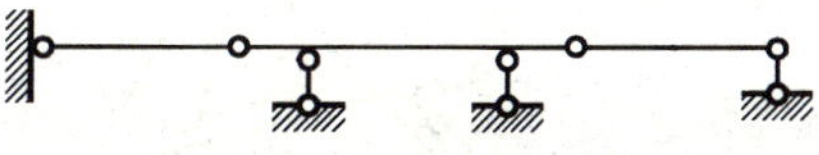
图题 10-2

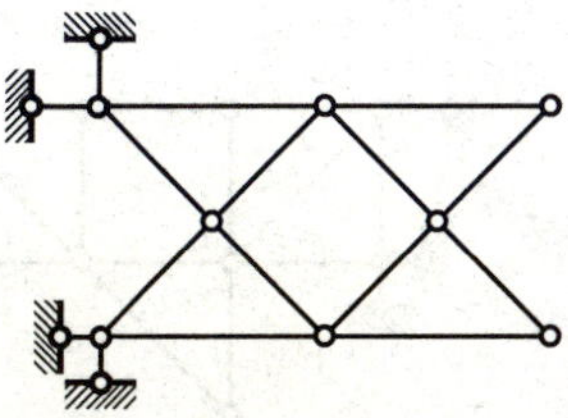
图题 10-3

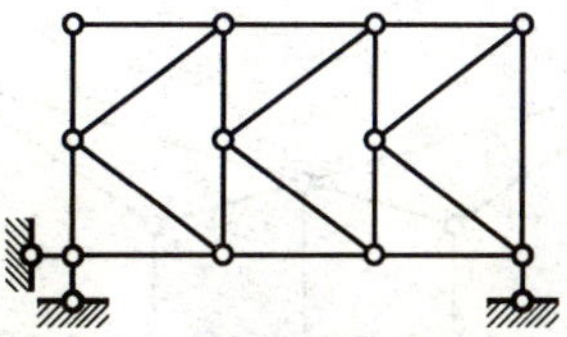
图题 10-4

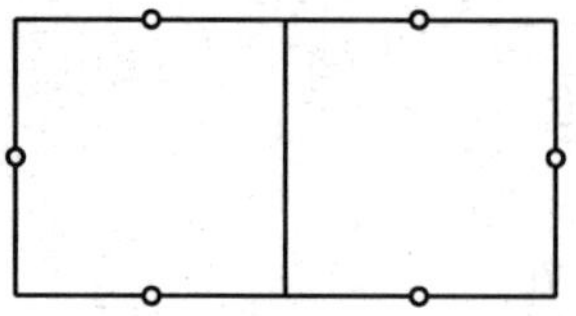

图题 10-5

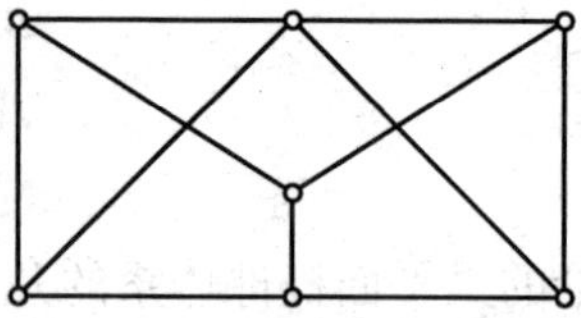

图题 10-6

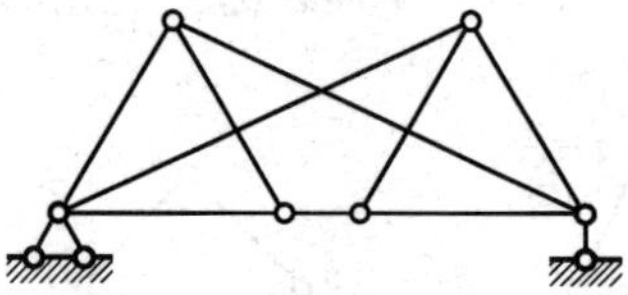

图题 10-7

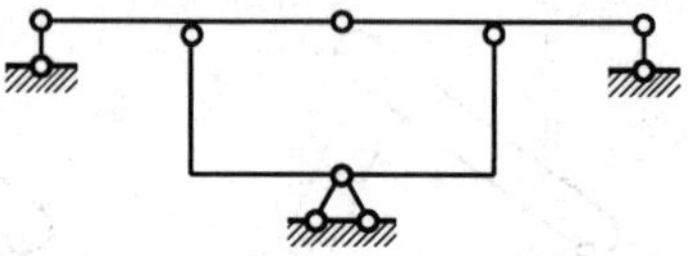

图题 10-8

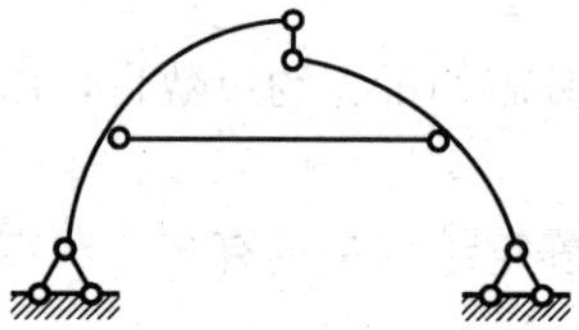

图题 10-9

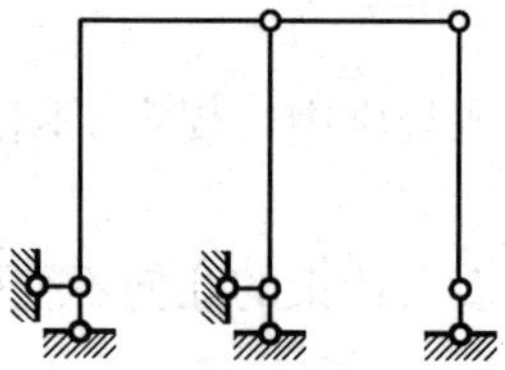

图题 10-10

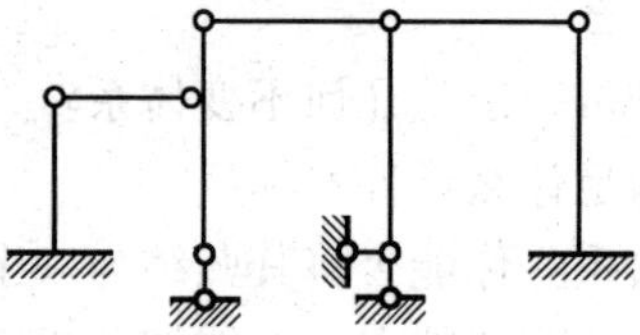

图题 10-11

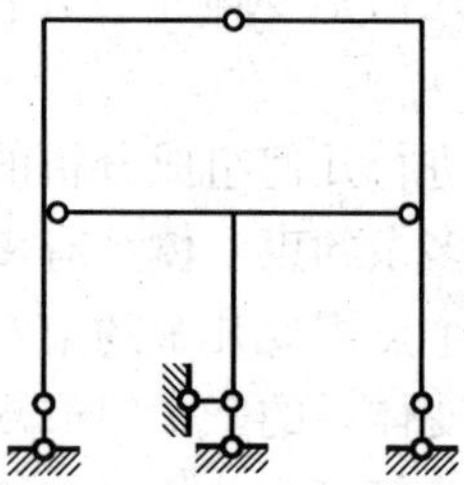

图题 10-12

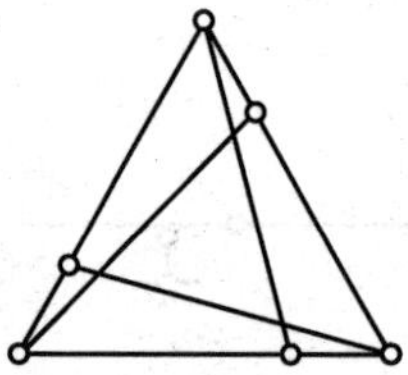

图题 10-13

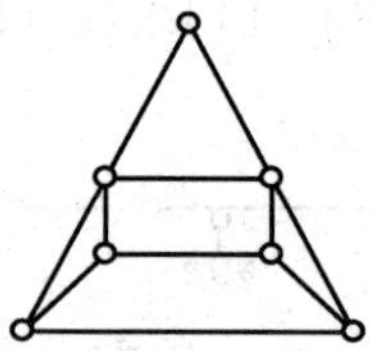

图题 10-14

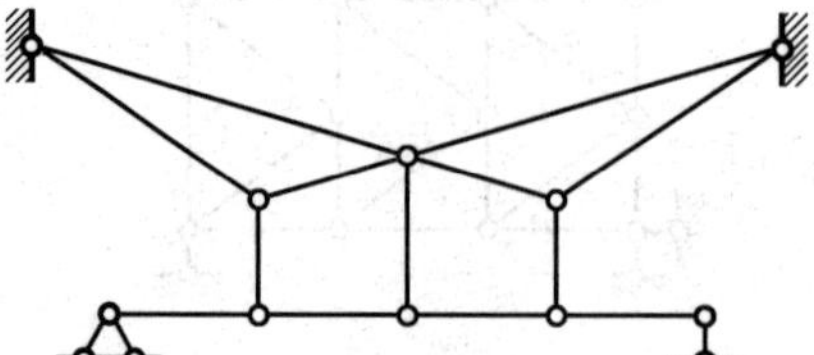

图题 10-15

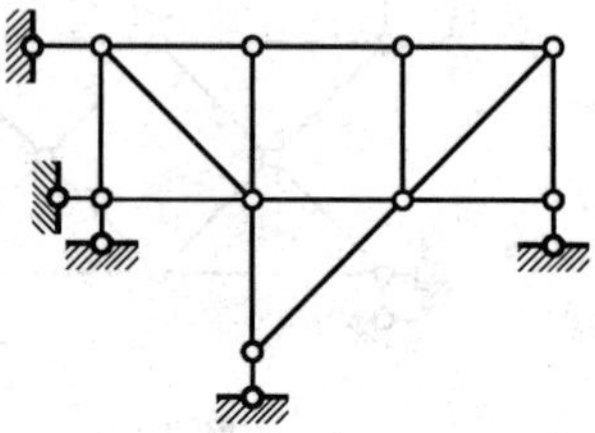

图题 10-16

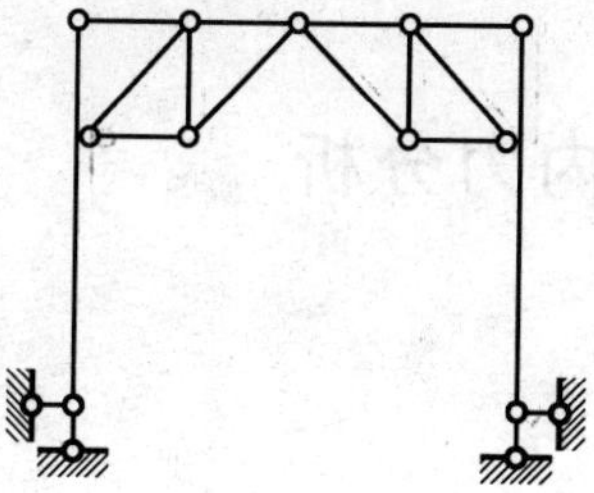

图题 10-17

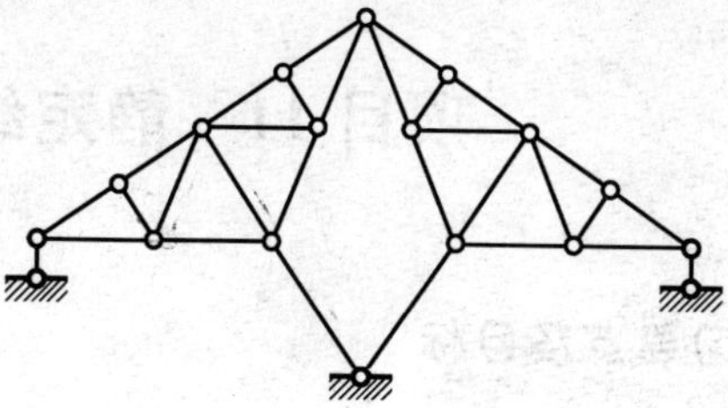

图题 10-18

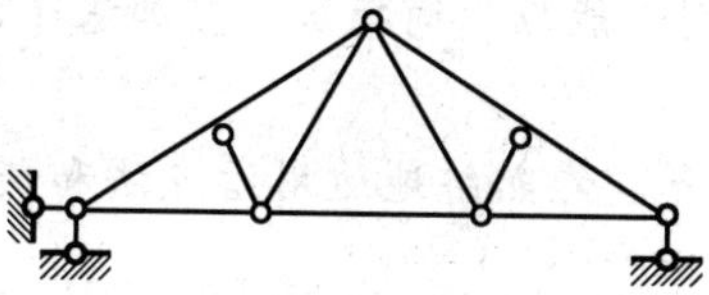

图题 10-19

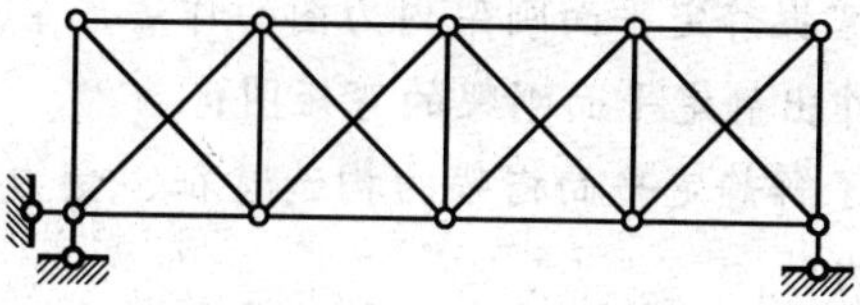

图题 10-20

项目 11　静定结构的内力分析

学习要点及目标

◆明确多跨静定梁的构造特征和传力途径，能熟练地画出层次图，迅速、正确地画出内力图；

◆掌握静定平面刚架内力图的作法，重点是弯矩图；能应用简捷法、叠加法等，迅速、正确地作出静定平面刚架的弯矩图；

◆了解静定平面桁架的构造特征、受力及内力特点，能熟练地运用结点法和截面法计算其内力；

◆了解三铰拱的特点及合理拱轴的概念，掌握三铰拱的支座反力和任意截面内力的计算；

◆会计算简单组合结构。

核心概念

多跨静定梁、层次图、平面刚架、平面桁架、三铰拱等。

引导案例

本章要求学生能熟练地绘制多跨静定梁的内力图，灵活运用刚架的受力特性进行受力分析，进一步熟练掌握静定结构的支座反力和内力计算、内力图的绘制、受力性能的分析等，同时为后面各章超静定结构的内力计算打下坚实的基础。

静定结构，是无多余约束的几何不变体系，可应用静力平衡条件直接求出支座反力以及各截面内力；静定结构的内力计算，是静定结构位移计算和超静定结构计算的基础。所以本章是结构力学的重点内容之一。

结构所有杆件的轴线和作用的荷载都在同一平面内，称为**平面杆系结构**。平面杆系结构通常可分为梁、刚架、桁架、拱和组合结构等。

任务 1　静　定　梁

11.1.1　单跨静定梁

单跨静定梁在工程中应用很广，如门窗的过梁、预制楼板、屋面大梁，以及桥梁中的简支梁（板）等。它多应用于跨度不大的结构，是组成各种复杂结构的基本构件之一，其受力分析是各种结构受力分析的基础。常见的单跨静定梁有简支梁（图 11-1a）、外伸梁（图 11-1b、c）和悬臂梁（图 11-1d）三种形式。

前面项目 7 的任务 1、任务 2，我们已经对单跨静定梁的内力作了详细的分析和计算，

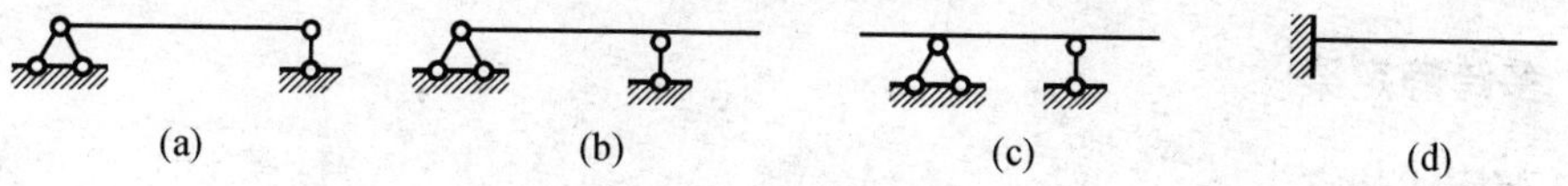

图 11-1

这里只作简要复习和总结：

（1）梁的内力包括剪力 $\boldsymbol{F}_Q$ 和弯矩 M，$\boldsymbol{F}_Q$ 与截面相切，M 与截面垂直，并都位于梁的纵向对称面内；

（2）顺转剪力正，下凸弯矩正，计算控制截面内力时应设为正向；

（3）熟记图 7-14、7-15 两简支梁的内力图，并借此记忆表 7-4——梁上荷载和剪力图、弯矩图的关系；

（4）做梁的内力图时应先定性、再定量，剪力图可根据梁上外力的"走向"来画，弯矩图可采用叠加法（包括区段叠加法）来画；

（5）注意集中力和集中力偶两端内力图的变化规律。

例 11-1　作出如图 11-2a 所示外伸梁的剪力图和弯矩图。

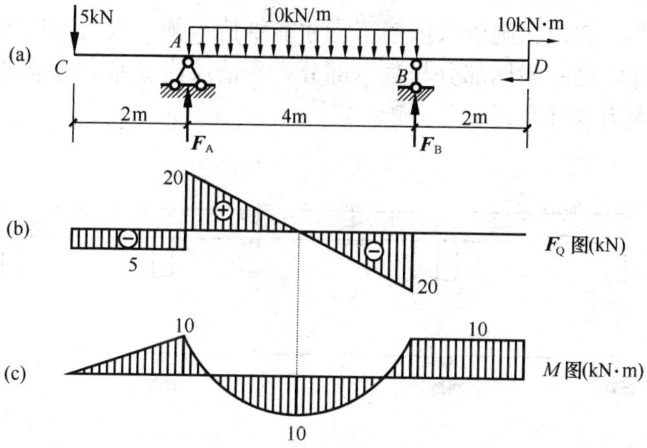

图 11-2

解（1）计算支座反力。

$$F_A = 25\text{kN}\ ,\ F_B = 20\text{kN}$$

（2）分段。根据梁上荷载情况，将梁分为 CA、AB、BD 三段；

（3）根据各梁段上的荷载情况，确定其对应的剪力图和弯矩图的形状；

（4）确定控制截面，计算控制截面的剪力值、弯矩值。分析、计算过程列于下表。

梁段	荷载情况	剪力图	控制截面内力（kN）	弯矩图	控制截面内力（kN·m）	备　注
CA	无荷载	水平线	$\boldsymbol{F}_Q = -5$	斜直线	$M_C = 0$	
					$M_A = -10$	
AB	$q = -10\text{kN/m}$	下斜直线	A 右：$\boldsymbol{F}_Q = 20$	下凸曲线	$M_A = -10$	
			B 左：$\boldsymbol{F}_Q = -20$		$M_B = -10$	
					极值：$M_E = 10$	AB 中点
BD	无荷载	水平线	$\boldsymbol{F}_Q = 0$	水平线	$M = -10$	

（5）绘制剪力图和弯矩图如图 11-2b、c 所示。

11.1.2　多跨静定梁

1. 几何组成特点

多跨静定梁是由若干根单跨梁用铰相连，并用若干支座与基础相连而组成的静定结构。房屋建筑中的木檩条，在檩条接头处采用斜搭接并用螺栓系紧，这种结点也可看作铰接点，为典型多跨静定梁结构，其示意图如图 11-3a 所示，计算简图如图 11-3b 所示。图 11-3d 为桥梁的钢筋混凝土多跨静定梁，各单跨梁之间的联结采用企口结合的形式，这种结点也可看作铰接点，其计算如图 11-3e 所示。

从多跨静定梁的几何组成来看，可分为基本部分和附属部分。**基本部分**是指：不依赖于其他部分就能独立承受荷载并保持几何不变的部分；**附属部分**是指：需要依赖基本部分才能保持几何不变的部分。图 11-3c、f 可清楚地表明梁各部分之间的支承关系和力的传递层次，故又称为**层次图**。

例如，图 11-3c 中若②被破坏或撤除，①仍为几何不变；若①被破坏，则②必随之破坏。故①为基本部分，②为附属部分。再如图 11-3f 中，①为外伸梁，本身保持几何不变，故为基本部分；而②、③、④则依次依赖于①才能维持平衡，故为附属部分。

只有明确多跨静定梁的附属部分与基本部分，弄清层次关系，才能进一步确定荷载的传递顺序，继而进行内力等计算。

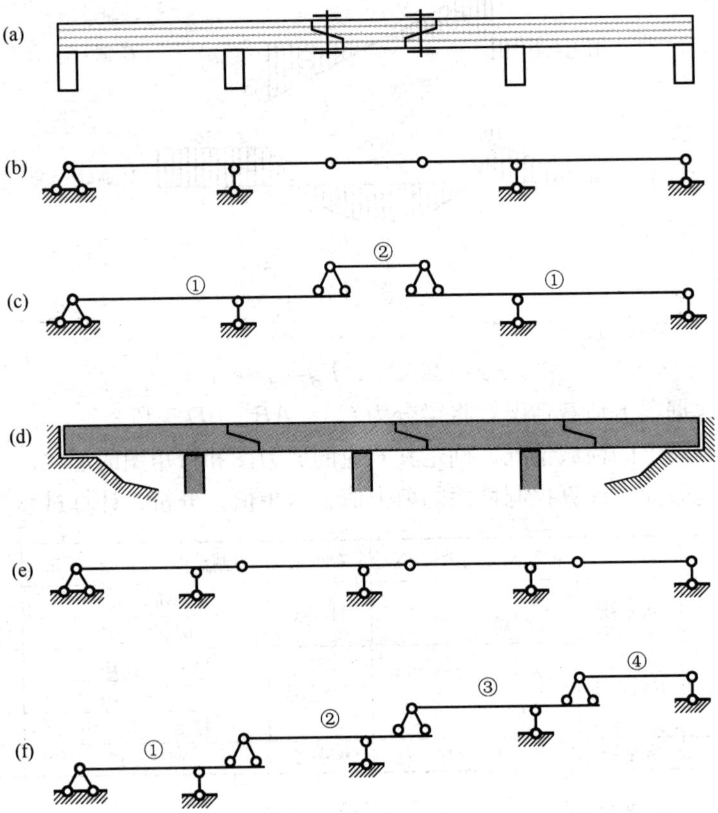

图 11-3

2. 分析的原则和步骤

在画出多跨静定梁的层次图后，多跨梁就拆成了若干单跨梁。从力的传递来看，荷载作用在基本部分时，只有基本部分受力，附属部分不受力。当荷载作用在附属部分时，不仅附属部分受力，而且会传给基本部分，使基本部分也受力。因此多跨静定梁的计算顺序是：**先附属部分，后基本部分。**

由上述分析可知，计算多跨静定梁的步骤为：

(1) 根据单跨梁能否独立保持几何不变，确定基本部分和附属部分，并作出层次图。

(2) 根据所作层次图，先从最上层的附属部分开始，依次计算各单跨梁的受力，包括支座反力和铰接处的约束反力。

(3) 按照作单跨梁内力图的方法，分别作出各单跨梁的内力图，然后再将其连在一起，即得多跨静定梁的内力图。

例 11-2 作图 11-4a 多跨静定梁的剪力图和弯矩图。

解 (1) *AB* 为基本部分，*BD* 为第一附属部分，*DF* 为第二附属部分，作层次图如图 11-4b所示。计算时应从 *DF* 开始，依次是 *BD*、*AB*；

(2) 按照上述顺序，计算各单跨梁的支座反力和约束反力，各梁的受力图如 11-4c 所示；

(3) 作内力图。根据各梁的受力情况，画出各梁的剪力图和弯矩图，并连成一体，即得到多跨静定梁的剪力图和弯矩图，如图 11-4d、e 所示。

多跨静定梁的内力问题，实质上是多个单跨梁的问题，而关键在于判别基本部分和附属部分。之后，再按照“先附属，后基本”的顺序，问题就迎刃而解了。

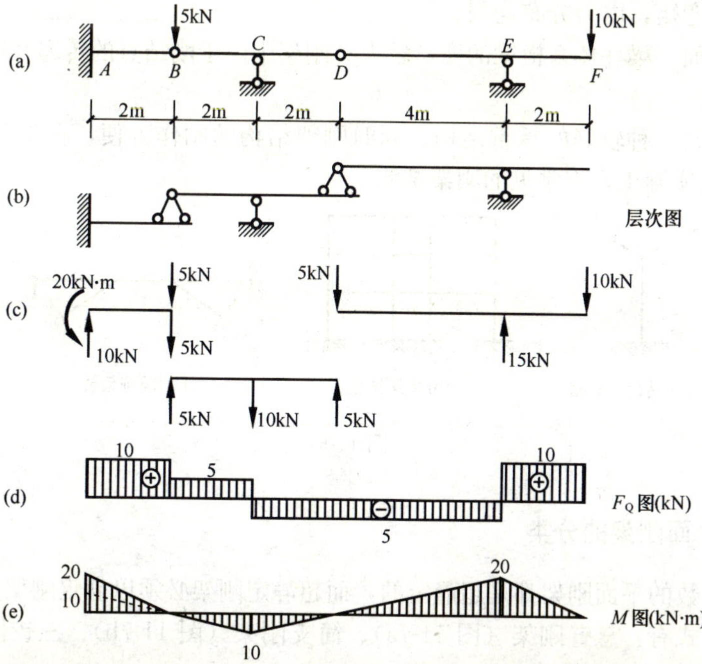

图 11-4

任务 2　静定平面刚架

11.2.1　平面刚架的特点

刚架，亦称框架，是由直杆组成具有刚结点的结构。当各杆轴线及外力都在同一平面时，称为**平面刚架**。

梁和柱以刚结点相连组成的刚架，其优点是：内力分布比较均匀、结构具有较大的刚度、便于形成大空间。图 11-5a、b 分别为梁柱体系和等跨刚架，在均布荷载作用下的弯矩图及挠曲线。可以看出：

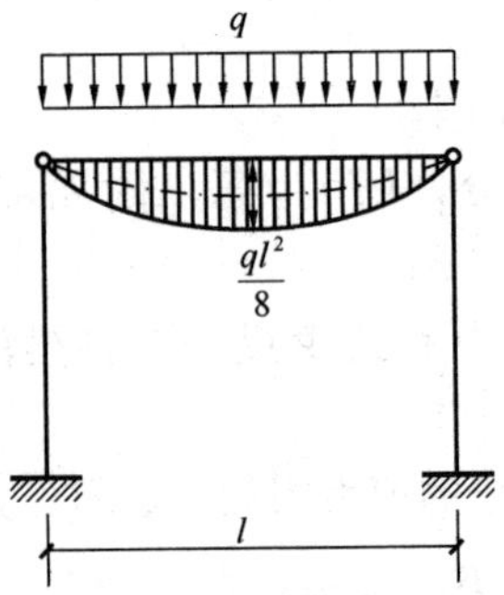

(a) 梁柱体系

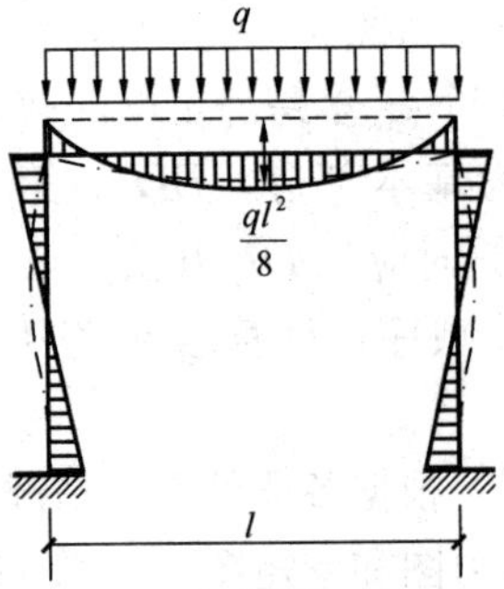

(b) 刚架

图 11-5

(1) 内力方面　与梁柱体系比较，刚架中由于刚结点的存在，横梁跨中弯矩的峰值得到削减，梁柱都有弯矩，内力分布均匀。

(2) 变形方面　梁柱体系横梁的变形较大；刚架中由于刚结点的传递，梁柱都仅有较小的变形。

因此，刚架是一种较好的承重结构。同时刚架结构的制作方便，在工程中得到广泛应用。如图 11-6 为实际工程中常见的刚架结构。

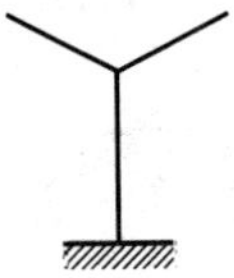
(a) 站台、雨棚

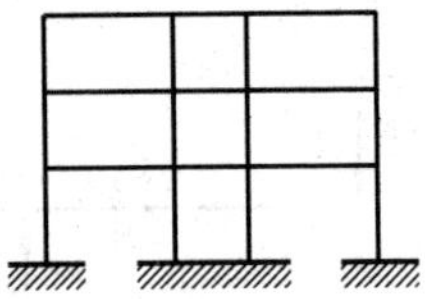
(b) 多层框架

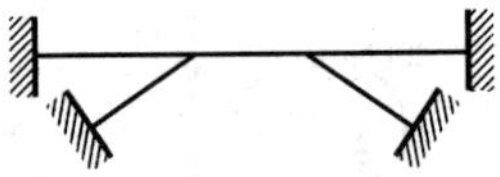
(c) 斜腿刚架桥

图 11-6

11.2.2　静定平面刚架的分类

工程中大多数的平面刚架都是超静定的，而超静定刚架必须以静定刚架为基础。静定平面刚架常用的形式有：悬臂刚架（图 11-7a）、简支刚架（图 11-7b）、三铰刚架（图 11-7c）和主从刚架（图 11-7d）。

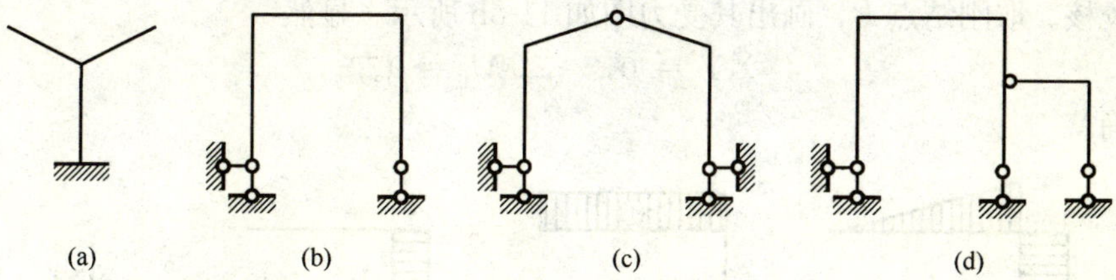

图 11-7

11.2.3　刚架的内力分析

刚架的内力包括弯矩、剪力与轴力，计算的基本方法仍为截面法。只需将刚架的每根杆看作是梁，逐杆用截面法计算控制截面的内力，便可作出内力图。一般情况下，轴力图都为矩形；剪力图、弯矩图与荷载之间，仍符合梁的内力图的规律。

表 11-1　刚架内力图的通常画法

内力图	正负规定	横　杆	竖　杆
剪力图	顺转为正	正上负下，标正负	正左负右，标正负
轴力图	受拉为正		
弯矩图	画在受拉一侧，不标正、负		

为了明确表示各杆端内力，内力采用两个下脚标：第一个表示所属杆端，第二个表示远端。例如：M_{AB}表示AB杆A端的弯矩，M_{BA}表示AB杆B端的弯矩，M_{AC}则表示AC杆A端的弯矩；F_{QCD}表示CD杆C端的剪力。

刚架的内力计算较梁复杂，且一处有错殃及多处，故应对计算结果进行校核。校核不等于重做，而只需截取某些结点或某部分结构，利用平衡条件来检查计算的正误。下面举例说明。

例 11-3　作图 11-8a 所示悬臂刚架的内力图。

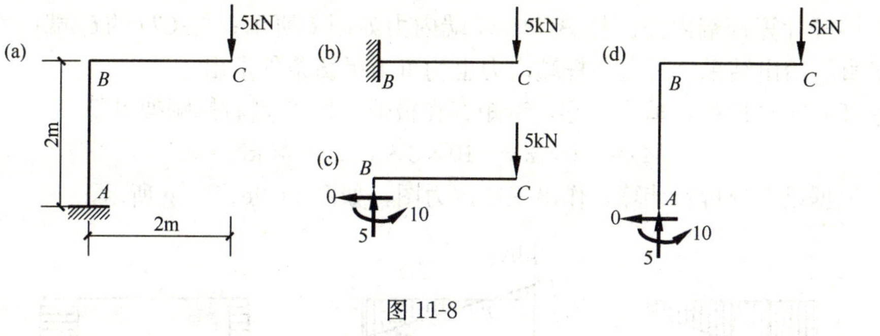

图 11-8

解（1）BC杆：其受力与图 b 所示悬臂梁安全一致，故其剪力图与弯矩图也安全相同；BC杆无轴力。

（2）AB杆：B下和A上分别用水平截面截开，在截开处画上各内力，并通过平衡条件确定，如图 c、d 所示。

（3）根据以上分析和计算，作出三个内力图，如图 11-8e、f、g 所示。

（4）校核。取刚结点 B，画出其受力图如 11-8h 所示。显然

$$\Sigma Y=0,\qquad \Sigma M_B=0。$$

故计算正确。

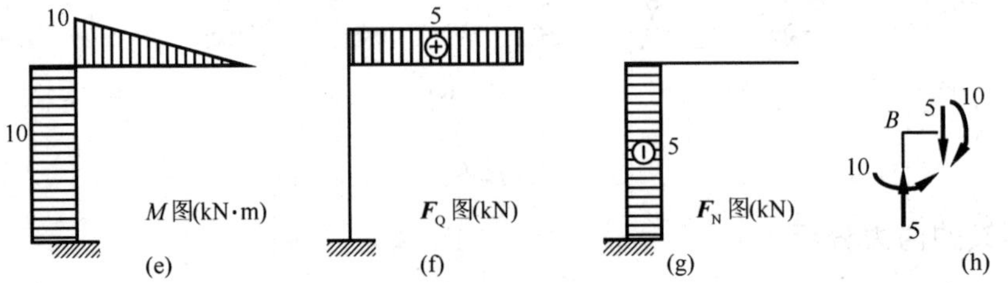

图 11-8

校核时画脱离体的受力图应注意：① 必须包括作用在此脱离体上的所有外力，以及计算所得的内力；② 已求得的内力，宜按照实际方向画出。

例 11-4　作图 11-9a 所示简支刚架的内力图。

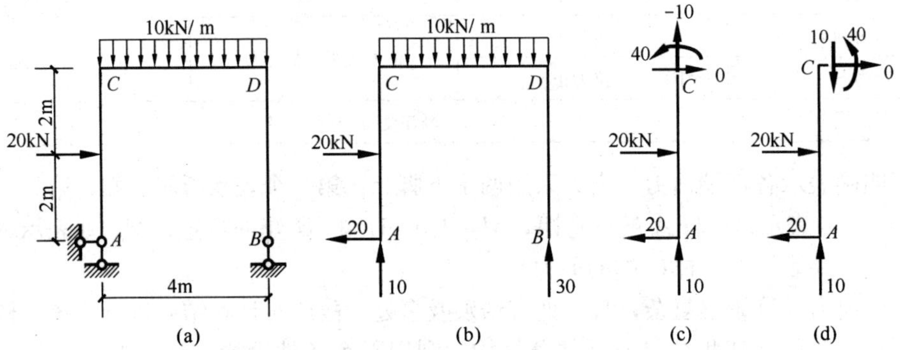

图 11-9

解：（1）计算支座反力。结果如图 b 所示。

（2）逐杆计算杆端内力。杆 AC 的 C 端内力如图 c 所示；杆 CD 的 C 端内力如图 d 所示，这里直接给出结果。其余各杆端内力也均可由平衡条件求出。

其中杆 CD 的 E 处，剪力为零，弯矩存在极值。取 E 点右侧刚架可得

$$M_E=30\times3-10\times3\times1.5=45\text{kN}\cdot\text{m}$$

（3）根据以上分析和计算，作出三个内力图，如图 11-9e、f、g 所示。

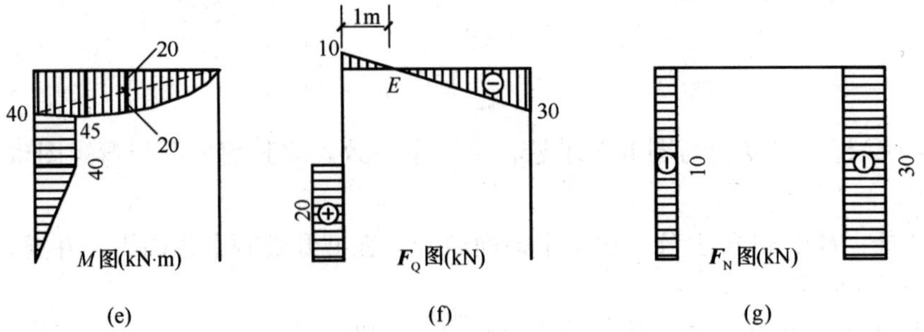

图 11-9

（4）校核。可取刚结点 C，经校核计算正确。

例 11-5　作图 11-10a 所示三铰刚架的内力图。

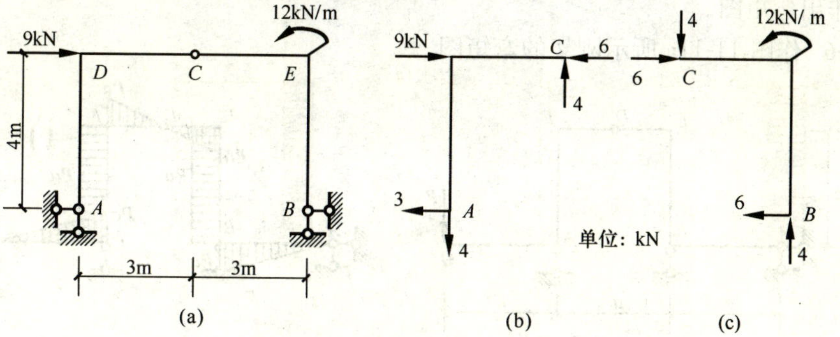

图 11-10

解（1）根据平衡条件，计算支座 A、B 的反力及铰 C 处的受力，如图 11-10b、c 所示。

（2）逐杆计算杆端内力。这时的计算与简支刚架无异。

（3）作出三个内力图，如图 11-10d、e、f 所示。

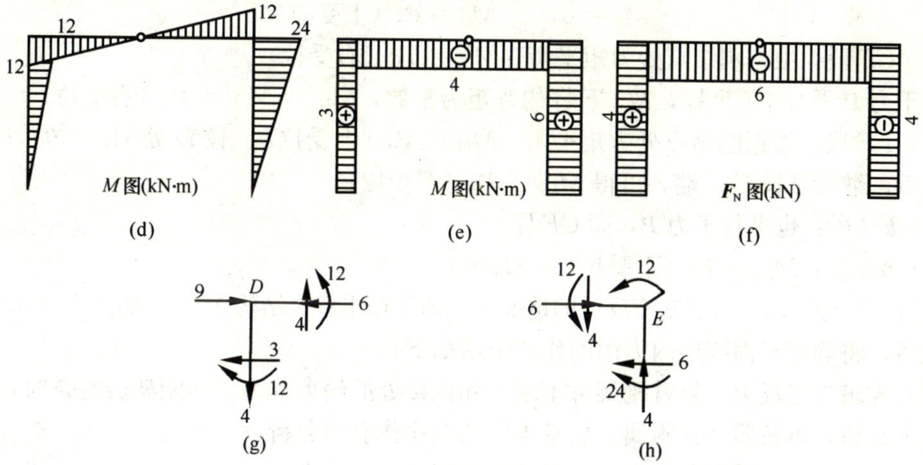

图 11-10

（4）校核。分别取刚结点 D、E，画出其受力图如 11-10g、h 所示。显然两结点

$$\Sigma X = 0,\quad \Sigma Y = 0,\quad \Sigma M=0$$

故计算正确。

静定刚架的内力计算，是结构力学的重要内容。它不仅是静定刚架强度计算的依据，而且是静定刚架位移、超静定刚架内力和位移计算的基础。尤其作刚架的弯矩图，应用很广，应通过足够的习题切实掌握。作弯矩图时应注意：

（1）刚结点处力矩应平衡（刚结点可传递弯矩）；

（2）铰结点处弯矩必为零；

（3）无荷载的区段弯矩图为直线；

（4）有均布荷载的区段，弯矩图为曲线，曲线的凸向与均布荷载的指向一致；

（5）利用弯矩、剪力与荷载集度之间的微分关系；

（6）运用叠加法。

如能熟记以上几点，不仅能直观判断弯矩图正确，还可以在不求或少求支座反力情况下，迅速作出弯矩图。

例 11-6　作图 11-11a 所示刚架的弯矩图。

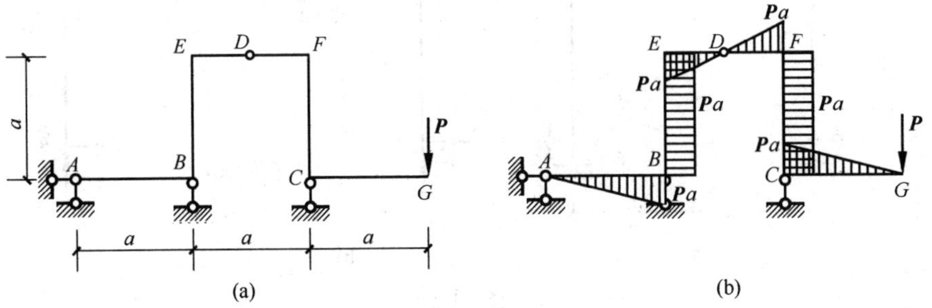

图 11-11

解　各段均无荷载，故各杆的弯矩图均为直线。下面逐杆分析。

（1）CG 段：该段为悬臂段，M 图为斜直线

$$M_G = 0, \qquad M_{CG} = \boldsymbol{P}a\ (\text{上受拉})$$

（2）CF 段：根据刚结点处力矩平衡，$M_{CF} = \boldsymbol{P}a$（右受拉）。

由于力 $\boldsymbol{P}$ 平行于 CF 杆，故 CF 杆的弯矩为常数，$M_{FC} = M_{CF} = \boldsymbol{P}a$（右受拉）。

（3）FE 段：根据刚结点处力矩平衡，$M_{FD} = \boldsymbol{P}a$（上受拉）。铰 D 处 $M_D = 0$；FD 段连以直线后，继续延长至 E 端，可得 $M_{EF} = \boldsymbol{P}a$（下受拉）。

（4）EB 段：也平行于力 $\boldsymbol{P}$，同 CF 段。

（5）AB 段：$M_{BA} = \boldsymbol{P}a$（下受拉），$M_A = 0$。

通过以上分析，在未求支座反力的情况下，即可作出整个结构 M 图，如图 11-11b 所示。

最后，将静定平面刚架内力图的作法小结如下：

（1）先求支座反力（悬臂刚架可不求）和铰接处的约束反力。当刚架较复杂时，要先作几何组成分析，再按照“先附属、后基本”的顺序作静力分析；

（2）利用截面法计算各杆端内力以及各控制截面的内力；

（3）按画单跨梁内力图的方法，逐杆画出其内力图，“集成”后即为刚架的内力图。

（4）校核：取未使用过的研究对象，加以刚架内力图的结果，验算力和力矩是否平衡。一般多取刚结点进行校核。

任务 3　静定平面桁架

11.3.1　桁架的构造特征及分类

桁架是由若干直杆在其两端用铰联结组成的结构，如图 11-12 所示。由于自重较轻、用料较省，便于工厂化制作等优点，常用于跨度较大的结构，广泛应用于工业建筑、民用建筑与交通工程的结构中。例如：施工现场常见的龙门架、塔吊，桥梁的主体结构等，都是桁架结构。

实际桁架的构造和受力情况都比较复杂，为便于分析，通常引用如下假定：

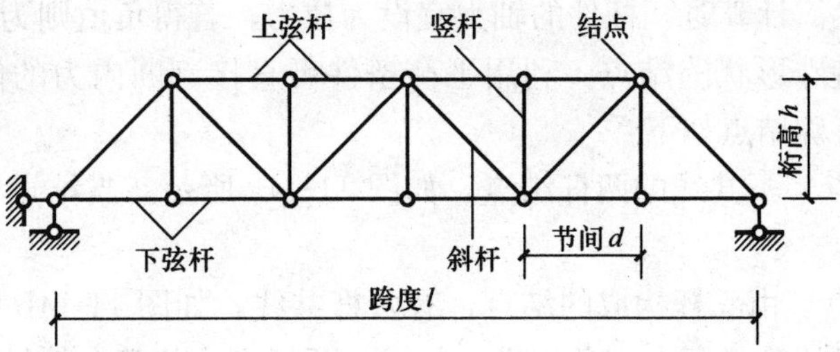

图 11-12

（1）所有结点都是无摩擦的理想铰；

（2）所有杆轴均为共面直线，且通过铰的中心；

（3）荷载和支座反力都作用在结点上，并位于桁架所在平面内。

符合以上假定的桁架称为**理想桁架**。理想桁架的各杆都是二力杆。

杆轴线、荷载作用线都在同一平面内的桁架称为平面桁架。按照桁架的几何组成方式，可分为：

（1）简单桁架　在铰接三角形上，依次增加二元体所组成的桁架，如图 11-13a、b 所示。

（2）联合桁架　由几个简单桁架按几何组成规则组成的桁架，如图 11-13c 所示。

（3）复杂桁架　不是按上述两种方式组成的其他桁架，如图 11-13d、e 所示。

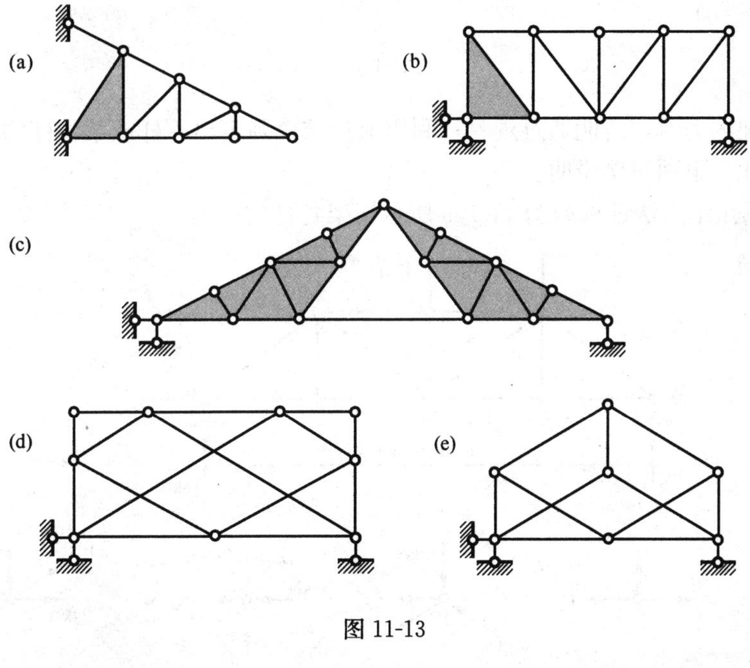

图 11-13

11.3.2　平面桁架的内力计算——结点法

截取桁架的一个结点为脱离体计算杆件内力的方法称为**结点法**。由于结点上的荷载、反力和杆件内力的作用线都汇交于一点，于是组成一个平面汇交力系。平面汇交力系的平衡方程有两个，可以解算两个未知量。因此，应用结点法时，应从不多于两个未知力的结点开始，计算过程中亦然。计算时，杆件的轴力宜设为拉力，若得负值则为压力。

桁架中有一些特殊形状的结点，利用平衡条件可直接判断内力的值，主要是内力为零——零杆的判定。特殊结点如下：

（1）“V”形结点　不共线的两杆结点，如图 11-14a 所示。当结点上无荷载作用时，则两杆内力都为零。

（2）“Y”型结点　由三杆构成的结点，有两杆共线，如图 11-14b 所示。当结点上无荷载作用时，则不共线的第三杆内力必为零，共线的两杆内力相等，符号相同。

（3）“X”形结点　由四杆构成，两两共线，如图 11-14c 所示。当结点上无荷载作用时，则共线两杆内力相等，符号相同。

（4）“K”形结点　由四杆构成，其中两杆共线，另外两杆在此直线同侧且夹角相等，如图 11-14d 所示。当结点上无荷载作用时，则非共线两杆内力相等，符号相反。

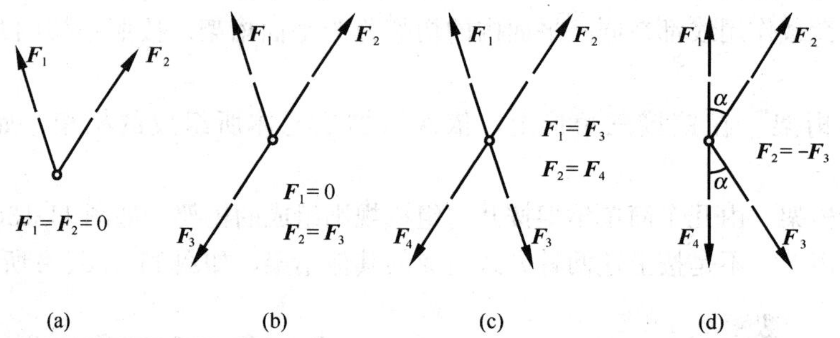

图 11-14

在计算桁架内力时，若能通过观察，利用上述结论判定出零杆或某些杆的内力关系，将使计算大大简化。下面举例说明。

例 11-7　试用结点法计算如图 11-15a 所示桁架各杆的内力。

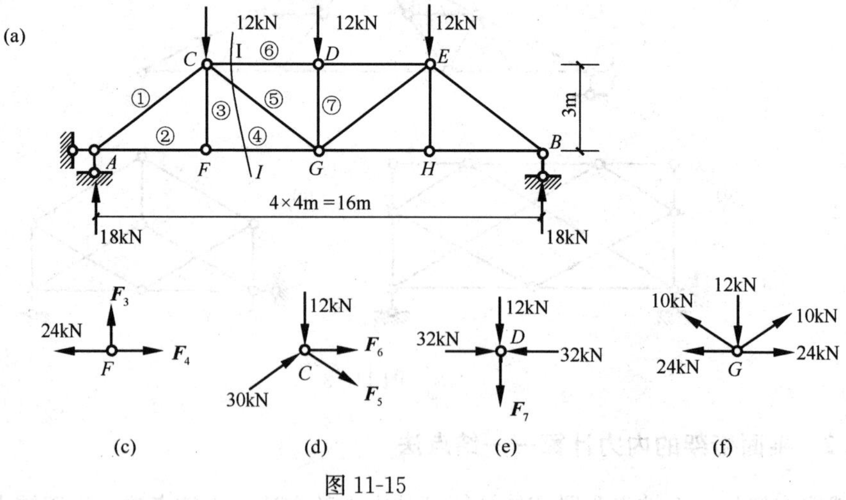

图 11-15

解　(1) 计算支座反力：

$$F_A = F_B = 18\text{kN}$$

反力求出后，可从只含两个未知力的结点开始。

（2）取结点 A 为研究对象，如图 11-15b 所示。由平面汇交力系的平衡方程可求得

$$\boldsymbol{F}_1=-30\text{kN},\ \boldsymbol{F}_2=24\text{kN}$$

（3）取结点 F 为研究对象，如图 11-15c 所示。F 为"Y"型结点，故

$$\boldsymbol{F}_3=0,\ \boldsymbol{F}_4=24\text{kN}$$

（4）取结点 C 为研究对象，如图 11-15d 所示。由平面汇交力系的平衡方程可求得

$$\boldsymbol{F}_5=10\text{kN},\ \boldsymbol{F}_6=-32\text{kN}$$

（5）取结点 D 为研究对象，如图 11-15e 所示。D 为"X"型结点，故

$$\boldsymbol{F}_7=-12\text{kN}$$

至此，桁架左半边各杆的内力均已求出。由于桁架对称且荷载也对称，所以，桁架右半边各杆的内力与左半边各杆对称相等。

为保证结果真实准确，可取未曾使用过的结点进行校核。

（6）取结点 G 为研究对象，这时，各杆的内力均为已知。如图 11-15f、g 所示。显然

$$\sum X=\sum Y=0$$

（7）为了清晰起见，可将桁架各杆内力标注于原结构，如图 11-15g 所示。

(g)

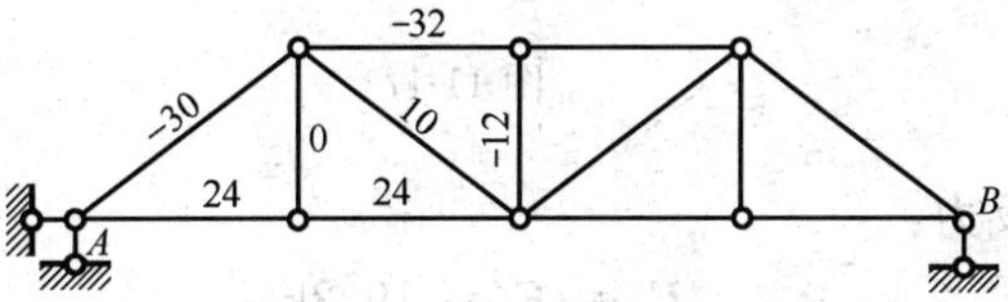

图 11-15（单位 kN）

11.3.3　平面桁架的内力计算——截面法

截取桁架两个结点以上作为脱离体计算杆件内力的方法称为**截面法**。这是计算桁架内力的另一基本方法。截面法是平面一般力系的应用，可以求解三个未知力，适用于计算桁架中指定杆件内力的情况。

例 11-8　试用截面法计算如图 11-15a 所示桁架中④、⑤、⑥三杆内力。

解　求得支座反力后，用截面Ⅰ-Ⅰ将④、⑤、⑥三杆截断，取左边为研究对象，其受力如图 11-16 所示。其中有 $\boldsymbol{F}_4$、$\boldsymbol{F}_5$、$\boldsymbol{F}_6$ 三个未知量，可利用三个平衡方程求得。

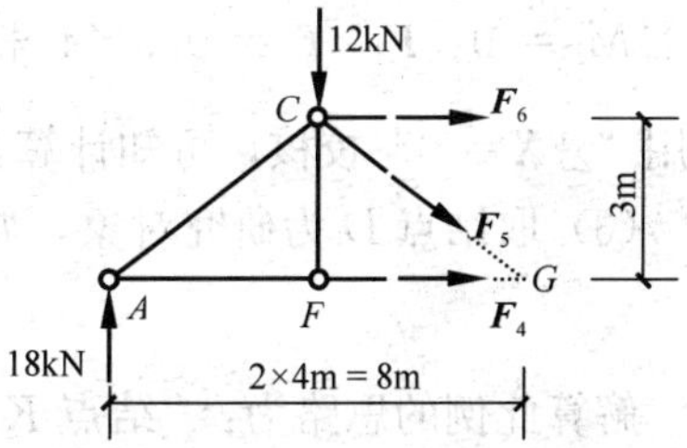

图 11-16

$$\left.\begin{aligned}&\sum M_C=0:\ \boldsymbol{F}_4\times3=18\times4\\&\sum Y=0:\ \boldsymbol{F}_5\times0.6+12=18\\&\sum M_G=0:\ \boldsymbol{F}_6\times3+18\times8=12\times4\end{aligned}\right\}$$

解得

$$\left.\begin{aligned}\boldsymbol{F}_4&=24\text{kN}\\\boldsymbol{F}_5&=10\text{kN}\\\boldsymbol{F}_6&=-32\text{kN}\end{aligned}\right\}$$

这与结点法的计算结果相同。

11.3.4　结点法与截面法的联合应用

结点法和截面法是求解静定平面桁架内力的两种基本方法。这两种方法并没有本质的区别，只要能解决内力问题，都可以选用。对于简单桁架，两种方法都比较方便。而对于联合桁架，仅用结点法或截面法来计算，可能会有一定困难。这时，还可以考虑联合应用结点法和截面法来解算桁架内力。下面举例说明。

例 11-9　试求如图 11-17a 所示桁架中①、②、③、④、⑤杆的内力。

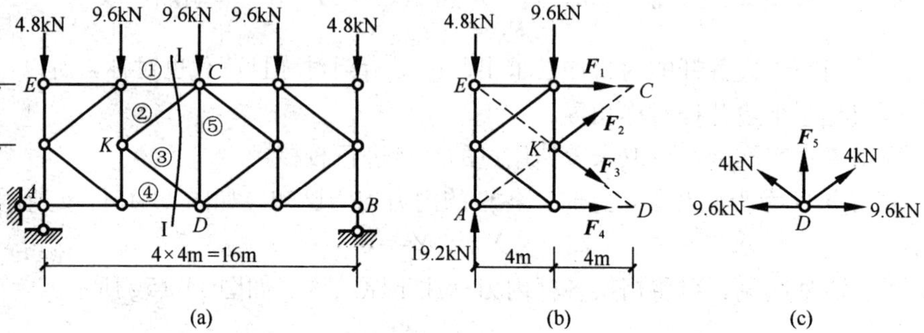

图 11-17

解：（1）求支座反力：

$$F_A = F_B = 19.2\text{kN}$$

（2）用Ⅰ-Ⅰ截面将桁架截开，取左边为研究对象，其受力如图 11-16b 所示，这时有四个未知量。而结点 K 为“K”形结点，依据特殊结点的内力关系可得

$$F_2 = -F_3$$

所以，图 11-17b 实有三个未知量，可用三个平衡方程求得。具体如下：

$$\left.\begin{aligned}&\Sigma Y=0：19.2+F_2\times0.6=14.4+F_3\times0.6\\&\Sigma M_A=0：F_1\times6+9.6\times4+(4\times0.8\times3+4\times0.6\times4)=0\\&\Sigma M_E=0：F_4\times6=9.6\times4+(4\times0.8\times3+4\times0.6\times4)\end{aligned}\right\}\Rightarrow\left\{\begin{aligned}F_3&=-F_2=4\text{kN}\\F_1&=-9.6\text{kN}\\F_4&=9.6\text{kN}\end{aligned}\right.$$

利用“$\Sigma X=0$”校核，可知计算正确。

（3）取结点 D 为研究对象，如图 11-17c 所示，可得

$$F_5 = -4.8\text{kN}$$

解算此例的思路为：“结点 K—截面Ⅰ-Ⅰ—结点 D”，是典型的结点法和截面法的联合应用。

11.3.5　几种常用桁架受力性能的比较

桁架类型很多，常用的简单桁架有：平行弦桁架、三角形桁架和抛物线形桁架等，如图 11-18所示。桁架外形对于杆件内力影响较大，桁架选型时，必须明确各种桁架的内力分布特点和构造特征。

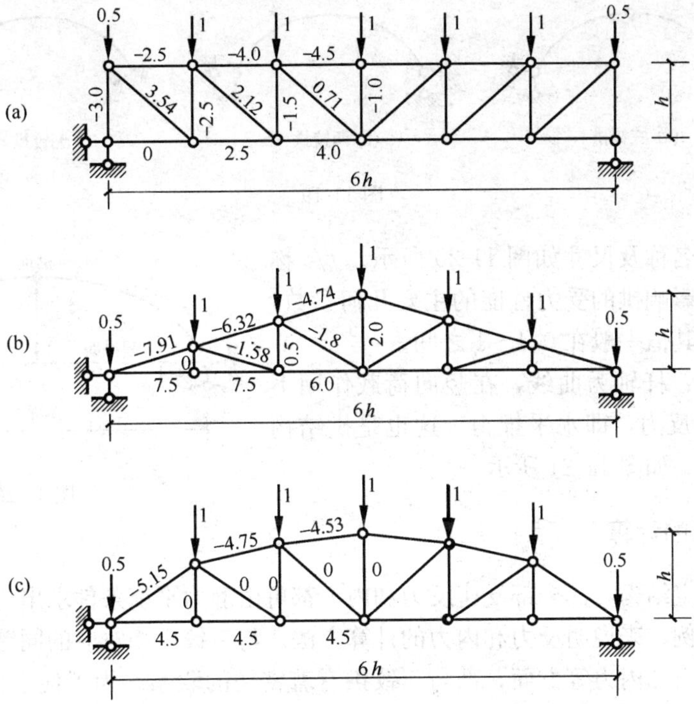

图 11-18

现将如图 11-18 所示的三种最具代表性的桁架，进行分析比较。选取相同跨度、相同桁高、相同节间以及相同荷载作用下的三种桁架，计算出各桁架内力，并标于图上。

(1) 平行弦桁架的内力分布很不均匀，若按内力选择各杆截面，则截面尺寸很多，导致结点构造复杂，拼接困难；若采用相同截面，又造成材料浪费。而其优点在于：杆长变化不大，各杆夹角相同，有利于标准化等等，因而得到广泛应用。多用于轻型桁架。

(2) 三角形桁架的内力分布也不均匀，端结点处构造困难。但因其外形符合坡屋顶构造要求，所以多用于跨度较小、坡度较大的屋盖结构中。

(3) 抛物线形桁架的内力分布最为均匀，在材料使用上最为经济。但其上弦杆在每一节间的倾角都不相同，结点构造较为复杂，施工不便。在大跨度桥梁及大跨度屋架中，其节约材料的意义最为显著，故常被采用。

任务 4　三　铰　拱

11.4.1　拱的形式及特点

拱结构是工程中应用比较广泛的结构形式之一，在房屋建筑、桥涵建筑和水工建筑中常被采用。拱结构的计算简图通常有三种：静定的三铰拱、超静定的两铰拱和无铰拱，如图 11-19 所示。本节只讨论三铰拱的计算。**三铰拱**是由两个曲杆与基础用三个不共线铰两两相连组成的静定结构。

图 11-19

拱的各部分名称及尺寸如图 11-20 所示。f/l 称为**矢跨比**，它是影响拱的受力性能的主要几何参数，在实际工程中，其值一般在 0.1～1 之间。

拱的特点是：杆轴为曲线，在竖向荷载作用下会产生水平支座反力，即水平推力。这也是拱结构与梁的最大区别。如图 11-21 所示。

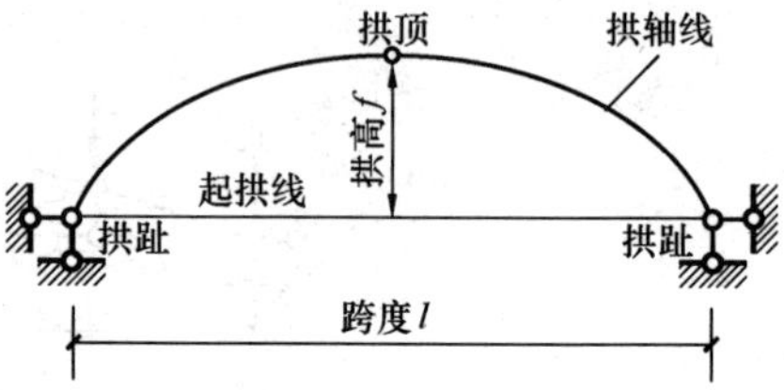

图 11-20

11.4.2　三铰拱的计算

三铰拱为静定结构，其全部支座反力和内力都可由静力平衡条件求出。现以如图 11-21a 所示的三铰拱为例，来说明反力和内力的计算方法。与三铰拱相对应的同跨度、同荷载的简支梁，在支座反力和内力等方面，都与三铰拱有着密切的联系。为了便于比较，同时给出，如图 11-21b 所示。

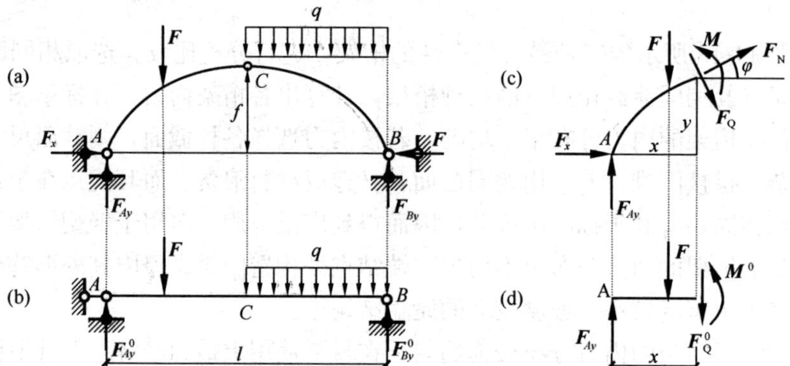

图 11-21

1. 支座反力的计算

三铰拱的两个固定铰支座，共有四个未知反力，其反力的计算方法与三铰刚架相同，具体求解过程，在此不再赘述。三铰拱的支座反力，与相应简支梁有如下关系：

$$\left.\begin{aligned} F_{Ay} &= \boldsymbol{F}_{Ay}^{0} \\ F_{By} &= \boldsymbol{F}_{By}^{0} \\ F_{x} &= \frac{M_{C}^{0}}{f} \end{aligned}\right\} \tag{11-1}$$

式中，M_C^0 为相应简支梁上跨中截面 C 处的弯矩。

由式（11-1）可知：① 推力 $\boldsymbol{F}_x$ 只与三个铰的位置有关，而与各铰间的拱轴形状无关；② 当荷载及拱跨不变时，推力 $\boldsymbol{F}_x$ 与拱高 f 成反比，f 越大即拱越陡时，$\boldsymbol{F}_x$ 越小，f 越小即拱越平坦时，$\boldsymbol{F}_x$ 越大。若 $f=0$，三铰共线，属瞬变体系。

2. 内力的计算

设任一截面的坐标为 x、y，该处拱轴切线的倾角为 φ，通常规定：左半拱 φ 取正，右半拱 φ 取负。计算内力时，应注意到拱轴为曲线这一特点，所取截面应与拱轴正交。截面的内力包括弯矩 M、剪力 F_Q 和轴力 F_N，如图 11-21c 所示。

（1）弯矩的计算公式

设使拱内侧受拉的弯矩为正。由图 11-21c、d 所示隔离体可求得

$$M= M^0-\boldsymbol{F}_x\cdot y \tag{11-2}$$

（2）剪力的计算公式

剪力仍以顺转为正。根据平衡条件可得

$$\boldsymbol{F}_Q=\boldsymbol{F}_Q^0\cos\varphi-\boldsymbol{F}_x\sin\varphi \tag{11-3}$$

（3）轴力的计算公式

轴力仍以受拉为正。根据平衡条件可得

$$\boldsymbol{F}_N=\boldsymbol{F}_Q^0\sin\varphi+\boldsymbol{F}_x\cos\varphi \tag{11-4}$$

式（11-2）～式（11-4）中

M、$\boldsymbol{F}_Q$、$\boldsymbol{F}_N$——拱内所求截面的弯矩、剪力、轴力；

M^0、$\boldsymbol{F}_Q^0$——相应简支梁对应截面的弯矩、剪力；

$\boldsymbol{F}_x$——拱的水平推力；

拱结构具有如下特点：① 在拱结构中，由于水平推力的存在，各截面的弯矩要比相应简支梁小得多。所以拱的截面可做得小一些，能节省材料、减小自重、加大跨度；② 在拱结构中，主要内力是轴压力，截面上的应力分布较为均匀。因此可选用抗拉性能较差而抗压性能较好的材料；③ 仍是由于水平推力的存在，拱结构需要更坚固的基础及下部结构。

11.4.3　三铰拱的合理拱轴线

对于三铰拱来说，在一般情况下，截面上都有弯矩、剪力和轴力作用，而处于偏心受压状态，其正应力分布不均匀。但是，可以选择一条适当的拱轴线，使其在给定荷载作用下，拱的各截面上只有轴力，而弯矩和剪力为零。此时，任一截面上的正应力分布是均匀的，材料也能得到充分利用，这时的拱轴线称为**合理拱轴线**。合理拱轴线可根据弯矩为零的条件来确定。由式（11-2）可得，在竖向荷载作用下，三铰拱的合理拱轴线方程为

$$M^0-\boldsymbol{F}_x\cdot y=0$$

于是

$$y=\frac{M^0}{\boldsymbol{F}_x} \tag{11-5}$$

上式表明：在竖向荷载作用下，三铰拱合理拱轴线的纵坐标 y 与相应简支梁弯矩图的

竖标成正比。当荷载已知时，只需求出相应的简支梁的弯矩方程，然后除以水平推力，便可得到合理拱轴线的方程。

例 12-10 试求如图 11-22a 所示三铰拱在竖向均布荷载 q 作用下的合理拱轴线。

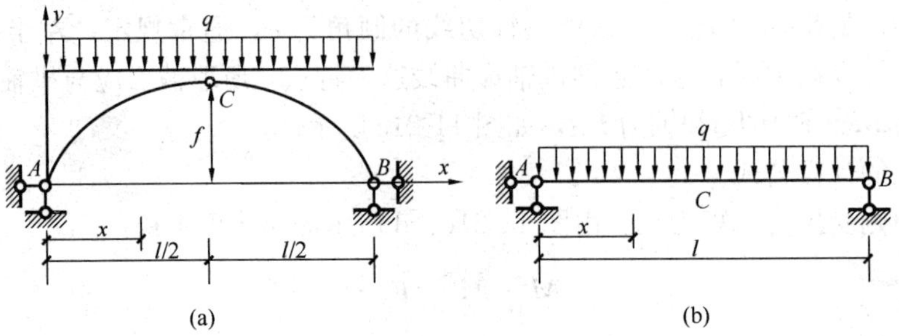

图 11-22

解 (1) 作出相应简支梁，如图 11-22b 所示，其弯矩方程为

$$M^0(x)=\frac{ql}{2}x-\frac{qx^2}{2}$$

(2) 计算水平推力 $\boldsymbol{F}_x$。由式（11-1）的第三式可求得

$$\boldsymbol{F}_x=\frac{M_C^0}{f}=\frac{ql^2}{8f}$$

(3) 将以上结果代入式（11-5），可得拱的合理拱轴线方程为

$$y=\frac{M^0}{F_x}=\frac{4f}{l^2}(l-x)x$$

由此可见，在满跨竖向均布荷载作用下，三铰拱的合理拱轴线是一条二次抛物线。房屋建筑中拱的轴线常用抛物线。合理拱轴线常用的形式还有圆弧线、悬链线等。

合理拱轴线是通过理论推导获得的理想化的曲线。实际工程中，拱由于受到的恒载与活载、温度变化和材料收缩等其他外界因素的作用，都会对合理拱轴线产生影响。所以，只能尽量减小拱截面的弯矩而已。

在大、中跨径的拱桥中常采用悬链线，小跨径的拱桥中采用圆弧线或抛物线等。

任务 5　静定组合结构

在工程中，有的结构中既用铰结点又用刚结点联结杆件，形成链杆与梁式杆相混合的结构，称为**组合结构**。组合结构中的链杆，即二力杆，只承受轴力；梁式杆则承受弯矩、剪力、轴力，这类结构在房屋建筑、吊车梁和桥梁等结构中都有采用。例如图 11-23a 所示的下撑式五角形屋架，就是较为常见的静定组合结构。其上弦杆由钢筋混凝土制成，主要承受弯矩和剪力；下弦和腹杆则选用型钢制成，主要承受轴力，其计算简图如图 11-23b 所示。图 11-23c 为某桥梁的主体结构。

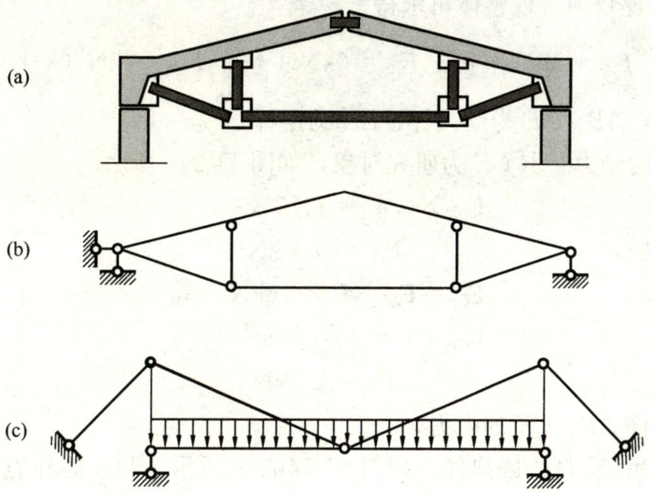

图 11-23

组合结构内力分析和计算的关键是：判定哪些杆是链杆，哪些杆是梁式杆。两端铰结且中间不受力为链杆，否则为梁式杆。在计算中，一般先计算链杆，然后再计算梁式杆。链杆需确定其轴力，梁式杆需做出弯矩图，必要时再做出剪力图和轴力图。

例 11-11　计算如图 11-24a 所示组合结构的内力。

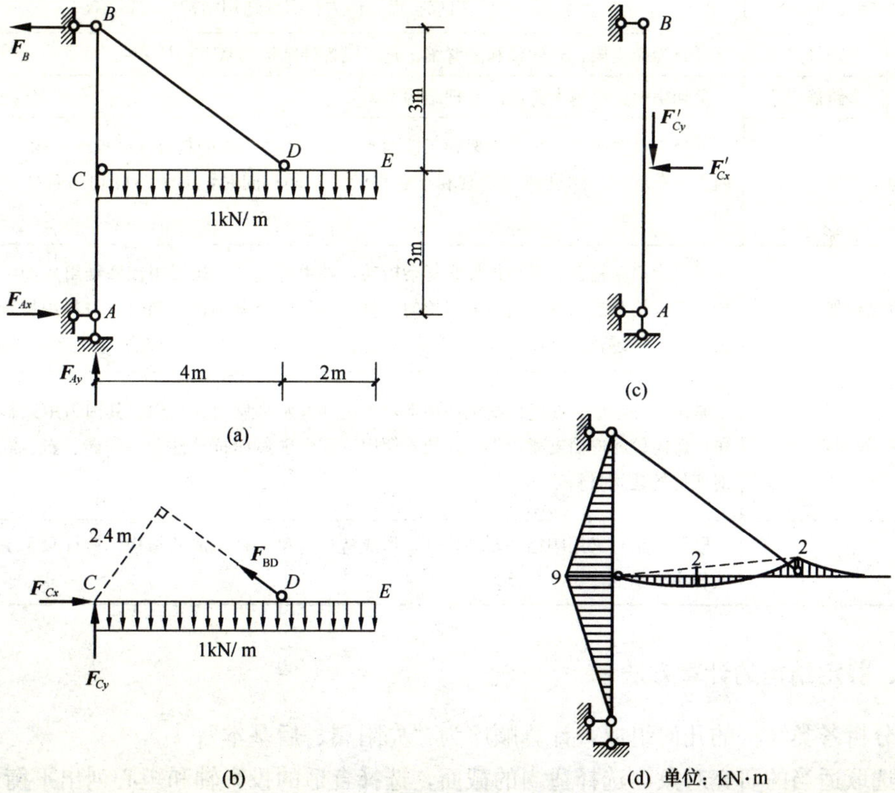

图 11-24

解 (1) 计算支座反力。取整体可求得

$$F_{Ax}=3\text{kN}\ (\rightarrow),\ F_{Ay}=6\text{kN}\ (\uparrow),\ F_B=3\text{kN}\ (\leftarrow)$$

通过分析可以判定：AB、CE 为梁式杆，BD 为链杆。

(2) 计算链杆的轴力。取 CE 为研究对象，如图 11-24b 所示。

由 $\sum M_C=0$： $F_{BD}\times 2.4=1\times 6\times 3$

得 $F_{BD}=7.5\text{kN}$

由 $\sum X=0$：得 $F_{Cx}=F_{BD}\times 0.8=6\text{kN}$

由 $\sum M_D=0$： $F_{Cy}\times 4=1\times 6\times 1$

得 $F_{Cy}=1.5\text{kN}$

(3) 计算梁式杆 AB、CE 的内力。

分别取 AB 杆和 CE 杆为隔离体，如图 11-24b、c 所示。两杆的外力均为已知，求出各控制截面的内力后，根据叠加法做出两梁的弯矩图。如图 11-24d 所示。

小　　结

一、各类静定平面结构汇总

静定平面结构的分类		组成特点、内力特点及适用结构
静定梁	单跨静定梁	可分为简支梁、外伸梁和悬臂梁，是组成各种结构的基本构件
	多跨静定梁	是利用短梁跨越大跨度的合理结构类型
静定刚架		可分为悬臂刚架、简支刚架和三铰刚架，是由直杆组成的具有刚结点的结构。其特点是：内力分布均匀，刚度较大，有利于获得较大空间；同时，由于各杆均为直杆，便于制作加工
静定桁架		可分为简单桁架、联合桁架和复杂桁架，是由等直杆，相互用铰联结组成的结构。理想桁架各杆均为二力杆。内力分布均匀，材料能得到充分利用；同时，材料用量较少，自重较轻，可跨越较大跨度
三 铰 拱		是由曲杆组成，在竖向荷载作用下，支座处有水平反力的结构。其内力中以轴向压力为主，弯矩较相应简支梁小得多，便于使用抗压性能好而抗拉性能差的砖、石、混凝土等相对廉价的建筑材料
静定组合结构		既用铰结点又用刚结点联结杆件，形成链杆与梁式杆组成的结构。链杆只承受轴力；梁式杆主要承受弯矩

二、静定结构的计算方法

1. 分析各类结构的几何组成，计算顺序为“先附属、后基本”；
2. 选取适当的研究对象，选择适当的截面，选择合适的投影轴和矩心列出平衡方程；
3. 注意对计算结果的校核。

三、静定结构的计算步骤

1. 计算支座反力及物体间的受力。利用整体或局部的平衡，将系统内的每一个物体与外界的联系都要计算出来。

2. 计算内力，主要是杆件某些控制截面的内力。利用截面法，将所求内力设为正向，根据选取隔离体的平衡条件，求出所需内力。

3. 绘出内力图。注意内力与荷载的关系，利用叠加原理等。

4. 校核。利用结构中未取物体的平衡条件，或未使用的平衡方程，检查计算的结果。

四、静定平面结构的特性

1. 从几何组成来看，静定结构是无多余约束的几何不变体系。

2. 从受力分析来看，静定结构的全部反力和内力与所使用的材料、截面形状和尺寸无关，并且都能根据静力平衡条件确定，且解答是唯一的。

3. 对于静定结构而言，除荷载外，其他因素如支座移动、温度变化、制造误差等，不会引起反力或内力，只能产生变形或位移。

思考题

11-1　静定结构的特征是什么？

11-2　如何判断多跨静定梁的基本部分和附属部分？荷载作用在基本部分时，附属部分是否引起内力？为什么？

11-3　在荷载作用下，刚架的弯矩在刚结点处有何特点？

11-4　理想桁架都有那些假设？为什么能采用理想桁架作为实际桁架的计算简图。

11-5　桁架中内力为零的零杆，能否将其去掉？为什么？

11-6　试判别图思 11-6 所示桁架在荷载作用下的零杆。

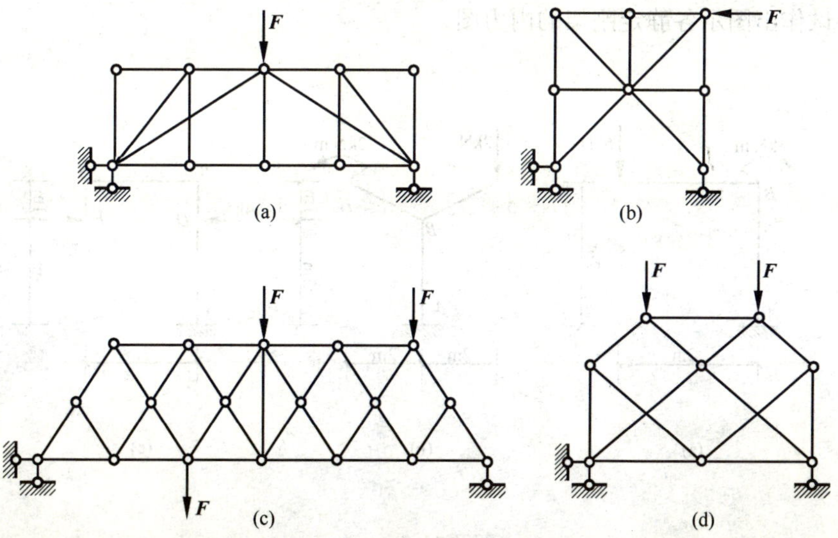

图思 11-6

11-7　在利用截面法求静定平面桁架杆件的内力时，截断杆不能多于三根，有没有例外情况？是什么？

11-8　三铰拱与梁的主要区别是什么？三铰拱与三铰刚架有何异同点？

11-9　怎样识别组合结构中的链杆（二力杆）和梁式杆？

习题

11-1　试作出图示各静定梁的内力图。

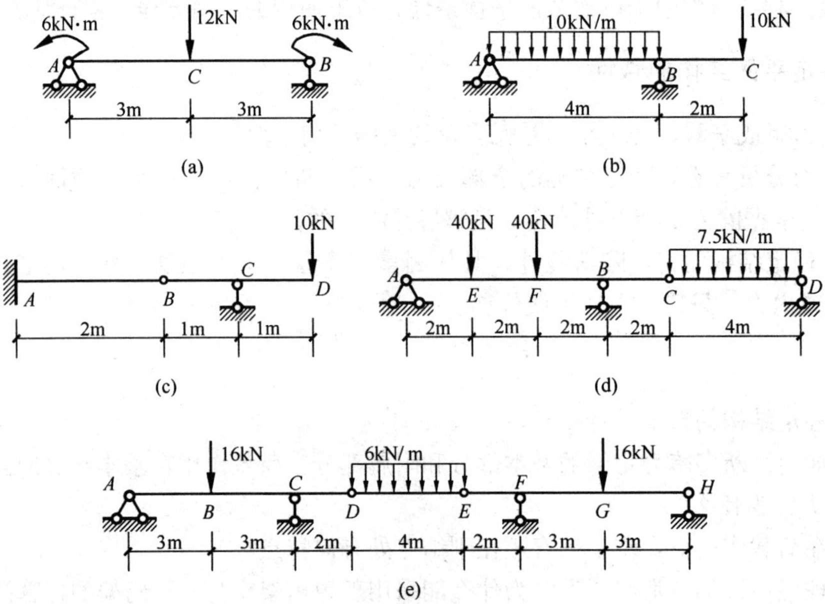

图题 11-1

11-2　试作出图示各静定刚架的内力图。

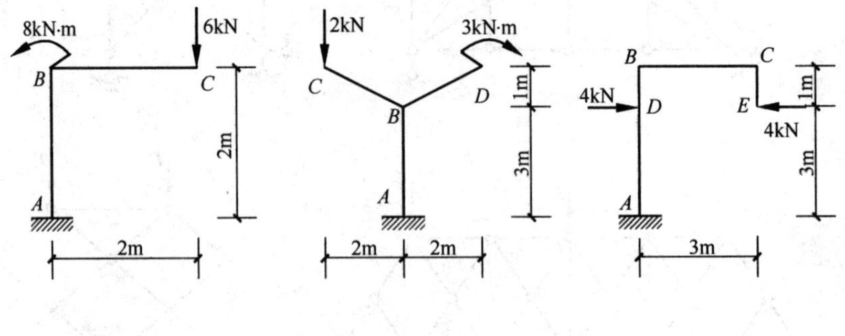

图题 11-2（一）

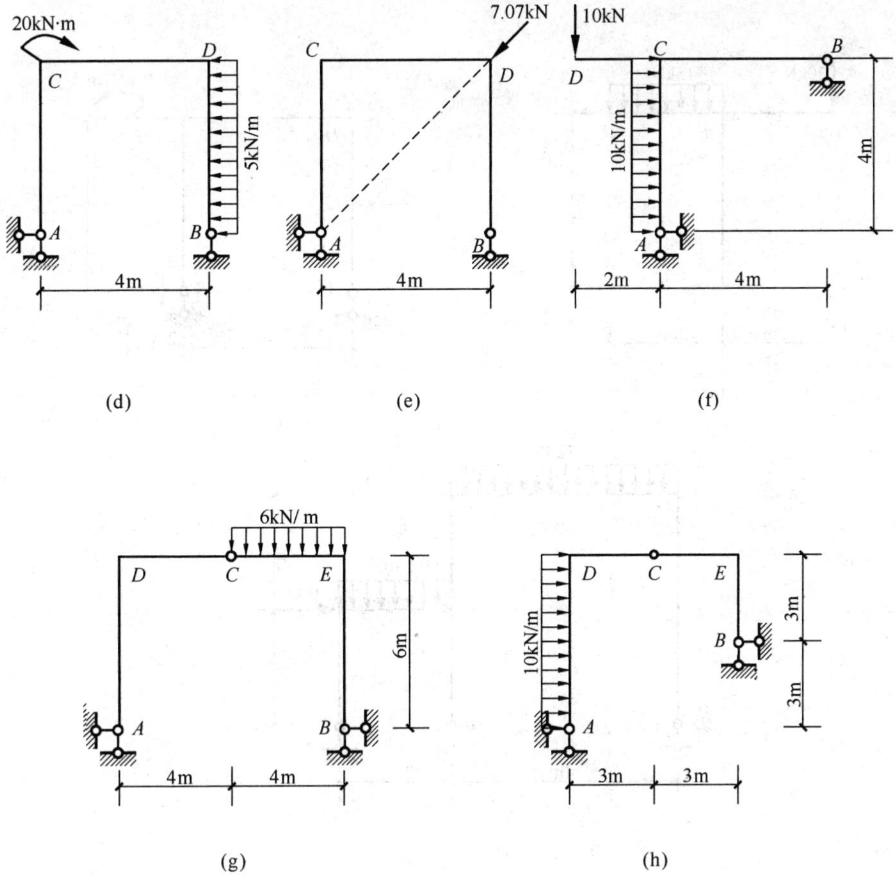

图题 11-2（二）

11-3　试作出图示各静定刚架的弯矩图。

11-4　图示各弯矩图是否正确？如有错误请加以改正。

11-5　试用结点法计算图示桁架各杆的内力。

11-6　试用适当的方法计算图示桁架各指定杆的内力。

11-7　试求图示抛物线三铰拱截面 K 的内力。已知拱轴方程为 $y=0.8x-0.04x^2$。

11-8　试计算图示组合结构各杆的内力（二力杆标明轴力，梁式杆作出 M、F_Q、F_N 图）。

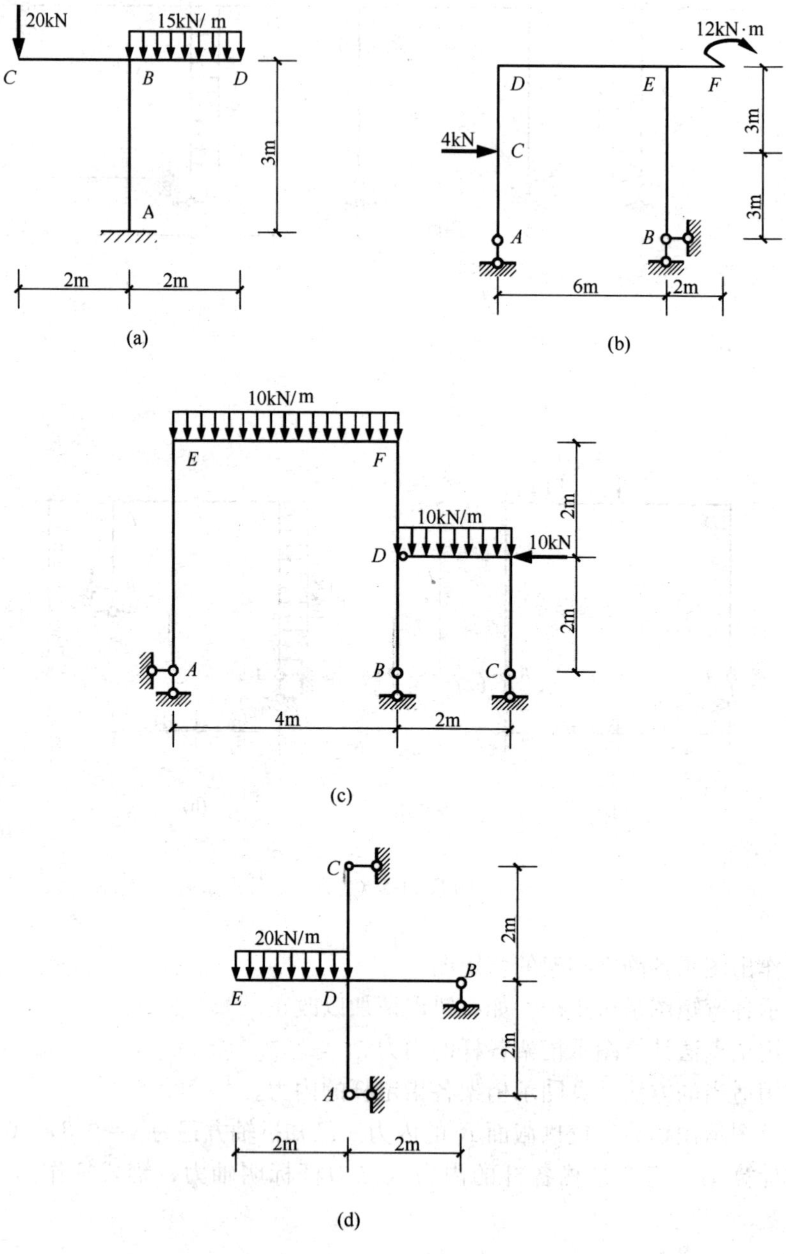

20kN
15kN/ m
C
B
D
3m
A
2m
2m
(a)
12kN·m
D
E
F
3m
4kN
C
3m
A
B
6m
2m
(b)
10kN/m
E
F
2m
10kN/m
10kN
D
2m
A
B
C
4m
2m
(c)
C
2m
20kN/m
B
E
D
2m
A
2m
2m
(d)

图题 11-3

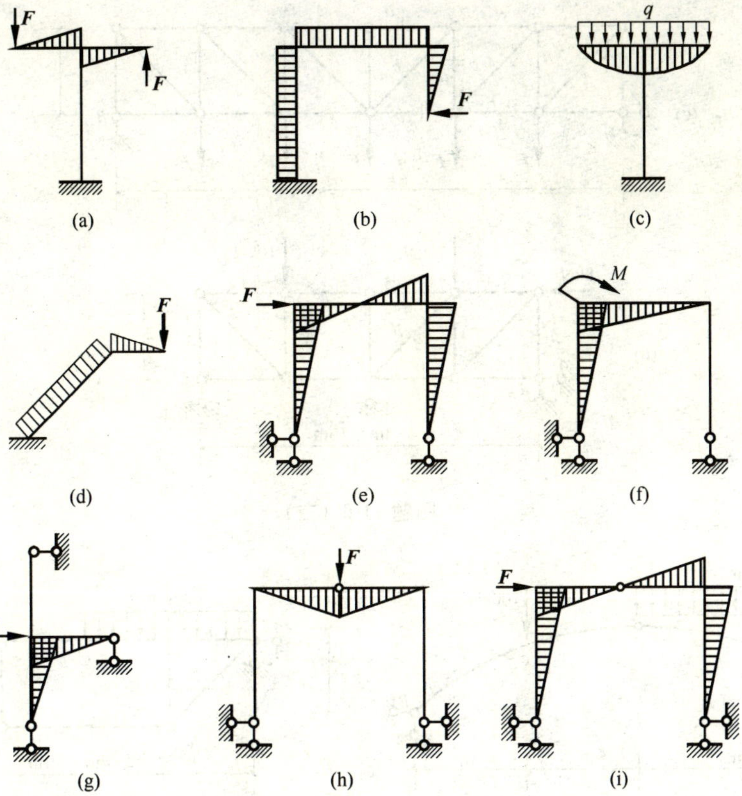

图题 11-4

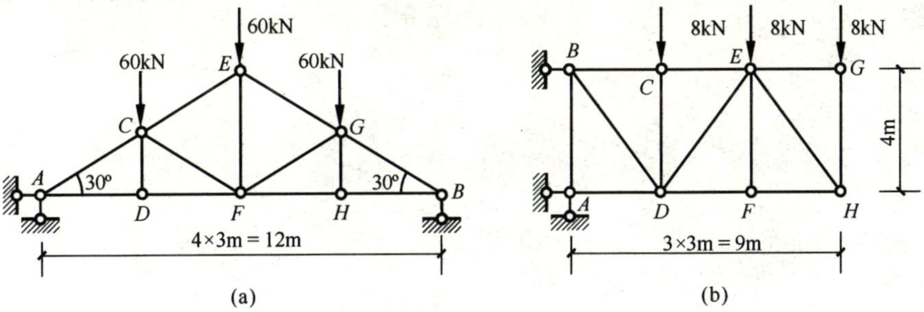

图题 11-5

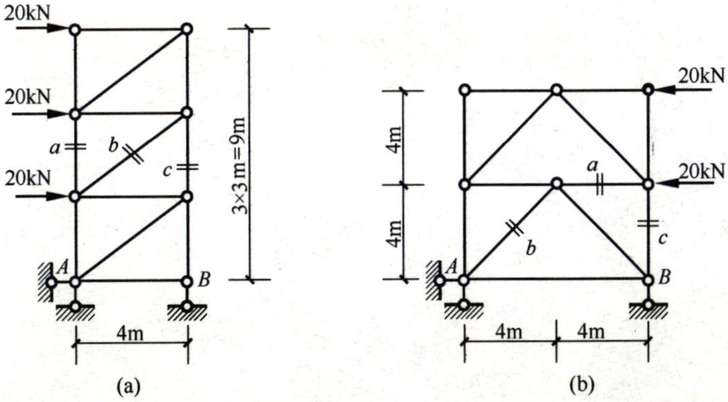

图题 11-6（一）

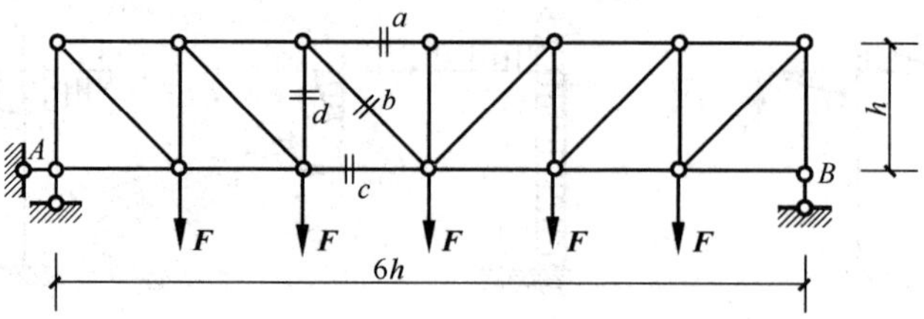

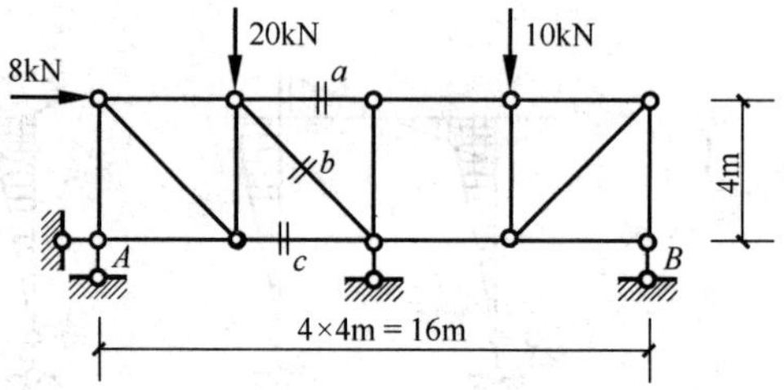

图题 11-6（二）

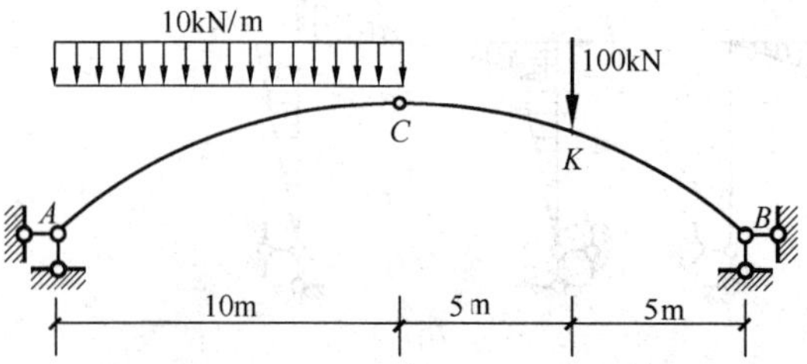

图题 11-7

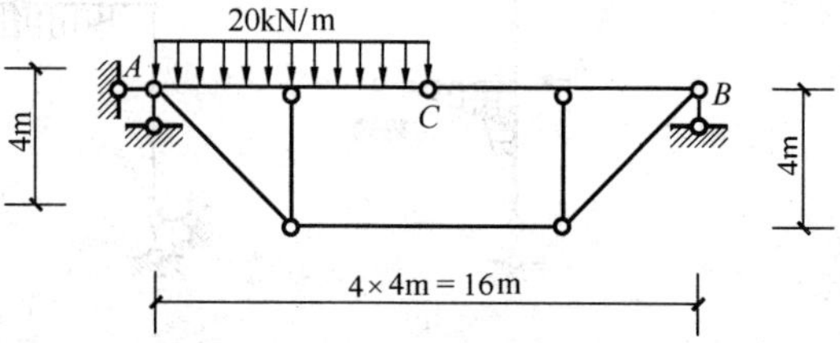

图题 11-8

项目 12　静定结构的位移计算

学习要点及目标

◆ 熟悉位移的概念，了解计算位移的目的；
◆ 理解单位荷载法，能通过积分计算简单结构在荷载作用下的位移；
◆ 熟练掌握图乘法计算梁和刚架的位移，掌握桁架的位移计算；
◆ 掌握支座移动引起位移的计算。

核心概念

位移、单位荷载法、图乘法等。

引导案例

本章学习内容要求学生了解实功、虚功、虚功原理等概念，熟悉杆件位移计算理论，熟练掌握图乘法求结构位移的方法。

任务 1　概　　述

12.1.1　杆系结构的位移

杆系结构由于荷载作用、温度变化、支座位移或制造误差等因素，都会产生变形，结构上各点的位置也随之改变，这种位置的改变称为位移。结构上位移的分类见表 12-1。

表 12-1　杆系结构的位移

位移的分类		概　念	表示方法	单位
线位移（简称位移）	水平线位移	截面形心的水平移动距离	Δ_H	mm
	竖向线位移	截面形心的竖向移动距离	Δ_V	mm
角位移（简称转角）		截面绕中性轴转动的角度	θ	rad
相对位移		某两截面之间位移的相对值	—	—

如图 12-1a 所示刚架，在荷载作用下，截面 A 的三种位移。

如图 12-1b 所示单跨梁，在荷载作用下，截面 A、B 的相对角位移：$\theta_{AB}=\theta_A+\theta_B$。

以上位移统称为广义位移。

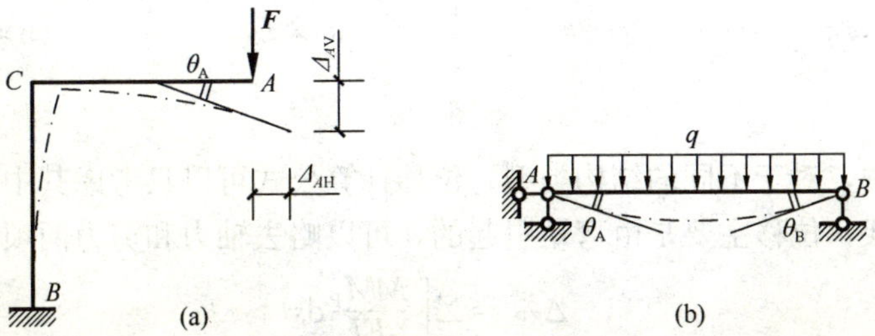

图 12-1

12.1.2　计算位移的目的

在工程设计和施工过程中，计算结构的位移是很重要的。概括地说，目的有三：

1. 验算结构的刚度。结构变形不得超过规范规定的容许值。例如，铁路工程技术规范规定：桥梁在竖向活载下，钢板桥梁和钢桁梁的最大挠度不应超过梁跨度的$\frac{1}{700}$与$\frac{1}{900}$。因此，为了验算结构的刚度，需要计算结构的位移。

2. 在结构的制作、架设、养护过程中，有时需要预先知道结构的变形情况，以便在施工中采取相应的措施。

3. 为超静定结构的内力计算打基础。因为超静定结构具有多余约束，仅用静力平衡条件不能全部确定所有的支座反力和内力，必须利用结构的位移条件，建立补充方程，才能完成超静定结构的解算。

任务 2　静定结构在荷载作用下的位移计算公式

平面杆系结构在荷载作用下的位移计算公式为

$$\Delta_{KP}=\Sigma\int\frac{\overline{M}M_P}{EI}ds+\Sigma\int k\frac{\overline{F}_QF_{QP}}{GA}ds+\Sigma\int\frac{\overline{F}_NF_{NP}}{EA}ds \tag{12-1}$$

式中　Δ_{KP}——由荷载引起的 K 截面的位移，即所求位移；

$\overline{M}$、$\overline{F}_Q$、$\overline{F}_N$——虚设单位力产生的内力；

M_P、F_{QP}、F_{NP}——实际荷载作用产生的内力；

EI、GA、EA——各杆的抗弯刚度、抗剪刚度、抗拉（压）刚度；

k——截面切应力不均匀系数。

静定结构在荷载作用下的位移计算公式，是通过力学中的“虚功原理”推导出来的，这里直接给出计算方法——**单位荷载法**，具体如下：

（1）计算原结构在实际荷载产生的内力；

（2）在欲求位移处虚设相应的单位力，并计算其内力。虚设的方法如图 12-2 所示；

（3）代入公式（12-1）进行计算。

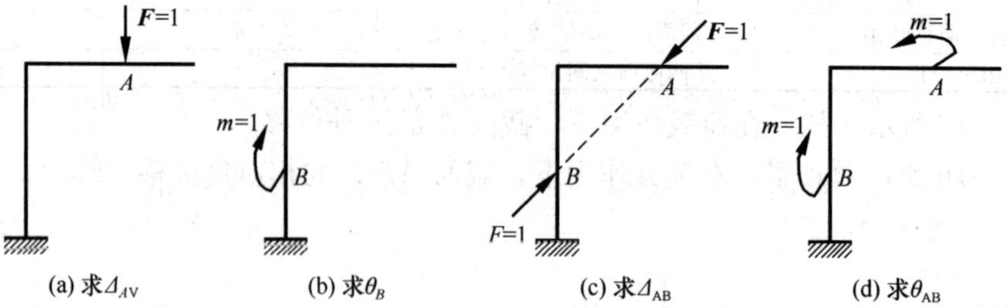

图 12-2

在实际计算中，对于不同的结构类型，位移计算公式可以只考虑其中的一项或两项。

对于梁和刚架，位移主要是由弯矩引起的，可以略去轴力和剪力两项，可简化为

$$\Delta_{KP}=\Sigma\int\frac{\overline{M}M_P}{EI}ds \tag{12-2}$$

在桁架中，因只有轴力作用，且同一杆件的轴力 $\overline{F_N}$ 、F_{NP}及 EA 沿杆长 l 均为常数，可简化为

$$\Delta_{KP}=\Sigma\int\frac{\overline{F}_N F_{NP}}{EA}ds=\Sigma\frac{\overline{F}_N F_{NP}l}{EA} \tag{12-3}$$

对于组合结构，梁式杆只计弯矩一项，链杆只计轴力一项，其位移计算公式可简写为

$$\Delta_{KP}=\Sigma\int\frac{\overline{M}M_P}{EI}ds+\Sigma\frac{\overline{F}_N F_{NP}l}{EA} \tag{12-4}$$

单位荷载法在具体计算时，有积分法与图乘法两种。

任务 3　积　分　法

积分法就是利用计算位移公式，直接进行积分以求得位移。其步骤如下：

（1）列出实际荷载作用下各杆段的内力方程；

（2）在拟求位移处虚设相应的单位力，并分别列出各杆段的内力方程；

（3）将内力方程按照不同结构类型，分别代入式（12-2）～式（12-4），分段积分后再求总和，即可算得所求位移。所得结果为正，表明实际位移与虚设单位力的方向一致，结果为负则相反。

例 12-1 悬臂梁受力如图 12-3a 所示。试求自由端 A 截面的竖向线位移 Δ_{AV} 和转角 θ_A。已知 EI=常数。

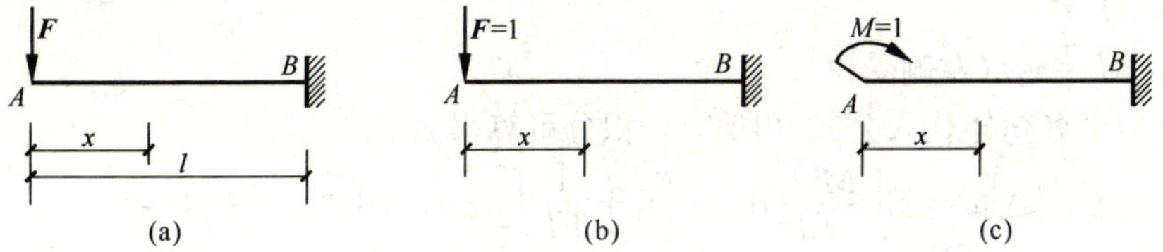

图 12-3

解 梁只需考虑弯矩一项，计算位移应用式（12-2）。列各弯矩方程时，均以 A 为原点，弯矩以下侧受拉为正。

（1）列出实际荷载作用下 $M_P(x)$：

$$M_P(x)=-Fx \tag{a}$$

（2）求 Δ_{AV}需在 A 点加一竖向单位力，如图 12-3b 所示。弯矩方程如下：

$$\overline{M}_1(x)=-x \tag{b}$$

（3）求 θ_A需在 A 点加一单位力偶，如图 12-3c 所示。弯矩方程如下：

$$\overline{M}_2(x)=1 \tag{c}$$

以上各弯矩方程中，$0\leqslant x\leqslant l$。

（4）将式（a）和式（b）代入公式（12-2），积分即可算得 Δ_{AV}：

$$\Delta_{AV}=\Sigma\int\frac{\overline{M}M_P}{EI}ds=\frac{1}{EI}\int_0^l Fx^2dx=\frac{Fl^3}{3EI}(\downarrow)$$

（5）将式（a）和式（c）代入公式（12-2），积分可算得 θ_A：

$$\theta_A=\Sigma\int\frac{\overline{M}M_P}{EI}ds=\frac{1}{EI}\int_0^l -Fx\,dx=-\frac{Fl^2}{2EI}(\text{逆})$$

计算结果为负，表明 A 截面的实际转角为逆时针方向。

以上结果与项目7“例7-17”相同。

例12-2　试求如图12-4a所示刚架C端的水平位移Δ_{CH}。

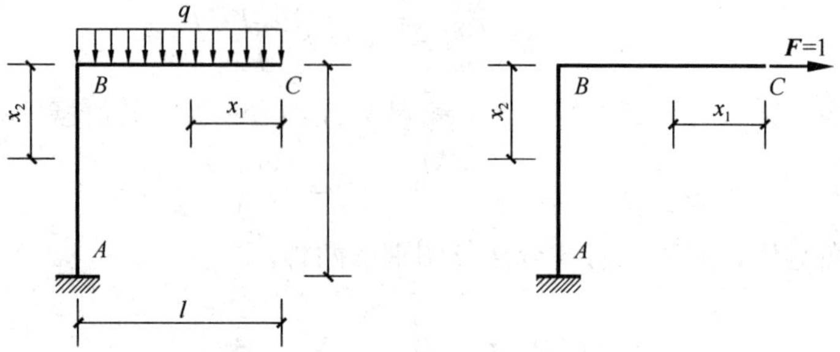

图12-4

解　刚架仍只需考虑弯矩一项，计算位移应用式（12-2），但需分两段分别计算。列CB段弯矩方程时，以C为原点；列BA段弯矩方程时，以B为原点。

（1）列出实际荷载作用下各段的$M_P(x)$：

CB段：$M_P(x_1)=-\dfrac{1}{2}qx^2$（上侧受拉）

BA段：$M_P(x_2)=\dfrac{1}{2}ql^2$（左侧受拉）

（2）求Δ_{CH}需在C点加一水平单位力，如图12-4b所示。各段的弯矩方程如下：

CB段：$\overline{M}=0$

BA段：$\overline{M}=x_2$（左侧受拉）

（3）将以上各弯矩代入公式（12-2），积分可算得Δ_{CH}：

$$\Delta_{CH}=\Sigma\int\frac{\overline{M}M_P}{EI}\mathrm{d}s=\left[0+\frac{1}{EI}\int_0^l\frac{1}{2}ql^2x\mathrm{d}x\right]=\frac{ql^4}{4EI}(\rightarrow)$$

例12-3　试求图12-5a所示桁架结点C的竖向位移Δ_{CV}。各杆EA=常数。

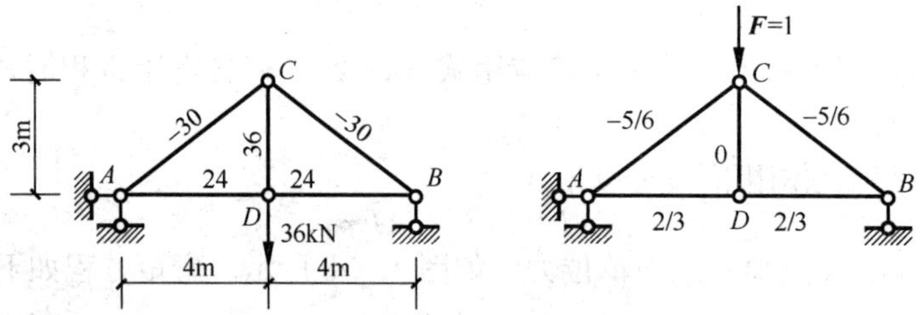

图12-5

解　桁架只需考虑轴力一项，计算位移应用式（12-3），计算过程一般采用填写表格方式。

（1）利用结点法计算出实际荷载时各杆的内力$\boldsymbol{F}_{NP}$，标于原图并填于表12-2。

（2）为求C点竖向位移，在C点虚设一竖向单位力，如图12-5b所示。求出单位荷载引起的各杆轴力$\overline{F}_N$，同样标于原图并填于表12-2。

（3）在表中算得最后一列后，代入式（12-3）得

$$\Delta_{CV}=\Sigma\frac{\overline{F}_NF_{NP}l}{EA}=\frac{378}{EA}(\downarrow)$$

杆件		杆长（m）	F_{NP}（kN）	$\overline{F}_N$（kN）	$F_{NP}\overline{F}_N l$
上弦	AC	5	−30	−5/6	125
	BC	5	−30	−5/6	125
下弦	AD	4	24	2/3	64
	BD	4	24	2/3	64
竖杆	CD	3	36	0	0

任务 4 图 乘 法

积分法在计算梁和刚架由荷载作用引起的位移时，需列出 $\overline{M}$ 和 M_P 方程，然后代入式 (12-2)

$$\Delta_{KP}=\Sigma\int\frac{\overline{M}M_P}{EI}ds$$

进行积分运算。当杆件数目较多或刚度不等时，计算过程比较繁琐，且容易出错。如果梁和刚架各杆满足下述条件：①杆轴为直线；②EI=常数；③$\overline{M}$ 和 M_P 两个弯矩图中至少有一个是直线图形，则积分结果可用 $\overline{M}$ 图和 M_P 图相乘的方法来代替，这就是图乘法。

设某梁段 AB 为等截面直杆，EI 为常数，其 M_P 图和 $\overline{M}$ 图如图 12-6 所示。

取 $\overline{M}$ 图的基线为 x 轴，以 $\overline{M}$ 图的延长线与 x 轴的交点 O 为原点，建立 xOy 坐标系。

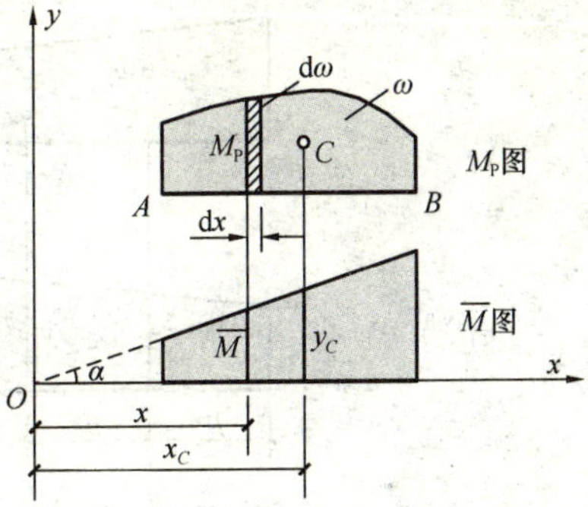

图 12-6

积分式 $\int\frac{\overline{M}M_P}{EI}ds$ 中的 ds 可用 dx 代替，EI 可提出积分号外，且

$$\overline{M}=x\cdot\tan\alpha$$

式中，$\tan\alpha$ 为常数，则上面的积分式可演变为

$$\int\frac{\overline{M}M_P}{EI}ds=\frac{1}{EI}\int_A^B x\cdot\tan\alpha\cdot M_P dx=\frac{\tan\alpha}{EI}\int_A x\cdot d\omega \tag{a}$$

式中，$d\omega$ 为 M_P 图中阴影部分的微面积；$x\cdot d\omega$ 为微面积对 y 轴的静矩。故 $\int_A x\cdot d\omega$ 为整个 M_P 图对 y 轴的静矩，其值为 M_P 图的面积 ω 乘以其形心 C 到 y 轴的距离 x_C，即

$$\int_A x\cdot d\omega=\omega\cdot x_C$$

代入 (a) 式可得

$$\int\frac{\overline{M}M_P}{EI}ds=\frac{\tan\alpha}{EI}\omega\cdot x_C=\frac{\omega y_C}{EI}$$

如果结构上所有各杆段均可图乘，则位移计算公式 (12-2) 可写为

$$\Delta_{KP}=\Sigma\int\frac{\overline{M}M_P}{EI}ds=\Sigma\frac{\omega y_C}{EI} \tag{12-5}$$

应用图乘法求梁和刚架的位移时，应注意以下几点：

(1) 必须符合前述的三个条件；

(2) 竖标 y_C 只能取自直线弯矩图。若 $\overline{M}$ 图与 M_P 图都是直线图形，则 y_C 可取自任一图形；

(3) 若面积 ω 与竖标 y_C 在杆轴同一侧时，乘积 ωy_C 取正号，异侧取负。

常用弯矩图的面积和形心位置如图 12-7 所示。必须注意：在图示各抛物线图形中，顶点是指其切线平行于底边的点。凡顶点在中点或端点的抛物线均为**标准抛物线**。

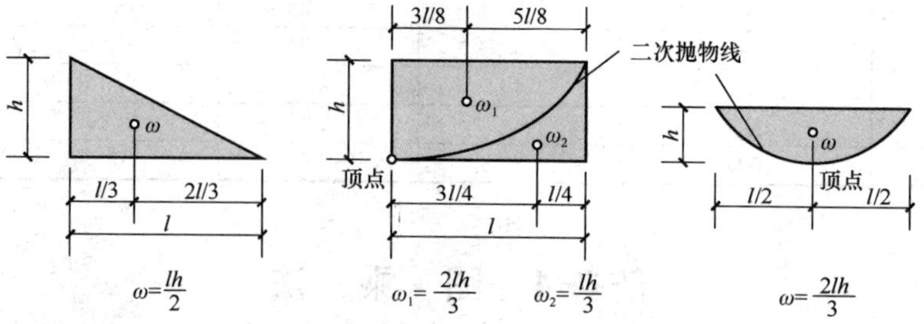

图 12-7

当图形比较复杂，面积或形心位置不能直接确定时，可将复杂图形分解为几个简单图形，将它们分别与另一图形相乘，然后再叠加即可。

例如：如图 12-8a 所示的两个梯形相乘时，可将梯形分解成两个三角形或一个矩形和一个三角形；如图 12-8b 中的两个三角形是异侧的情形，面积符号相反，竖标取值时也有正负问题，应特别注意。

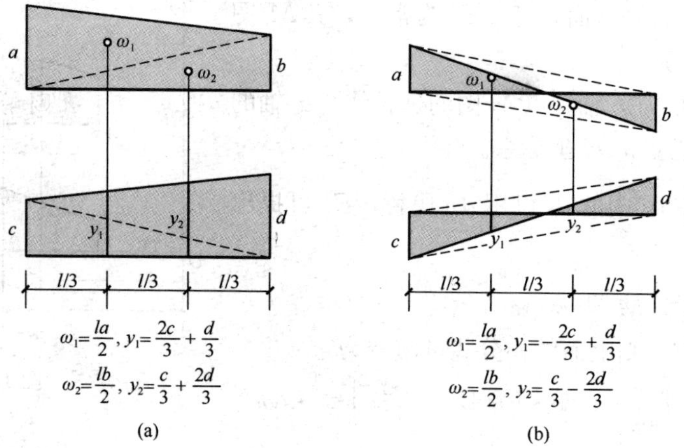

图 12-8

图 12-9a 所示的非标准抛物线图形可分解成两个三角形加一个标准抛物线；图 12-9b 中杆件的刚度不同时应分段图乘。

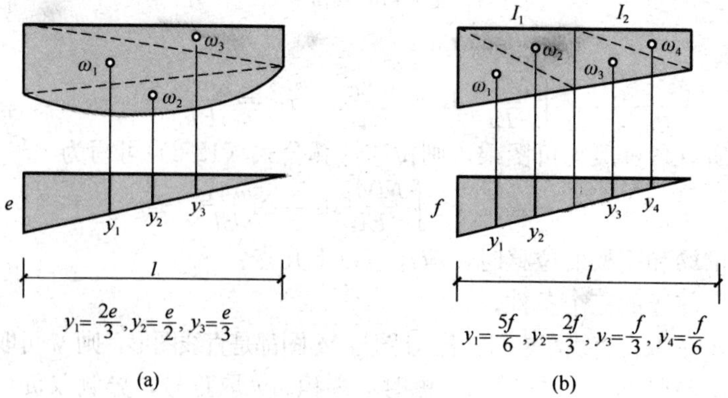

图 12-9

总之，弯矩图的叠加是竖标（即弯矩值）的叠加，而不是图形的简单拼合。叠加后的弯矩图图乘时，可以还原成叠加前的弯矩图分别图乘后，再代数相加即可。

图乘法的解题步骤是：

（1）画出结构在实际荷载作用下的 M_P 图；

（2）在所求位移处虚设与之对应的单位力或单位力偶，并画出 $\overline{M}$ 图；

（3）分段计算弯矩图的面积 ω 及其形心所对应的另一直线形弯矩图的竖标值 y_C；

（4）将 ω、y_C 代入图乘公式（12-5），计算结果便是所求位移。

例 12-4　如图 12-10a 所示简支梁受到均布荷载作用。试求 A 截面转角 θ_A 及跨中 C 的竖向线位移 Δ_{CV}。已知 EI＝常数。

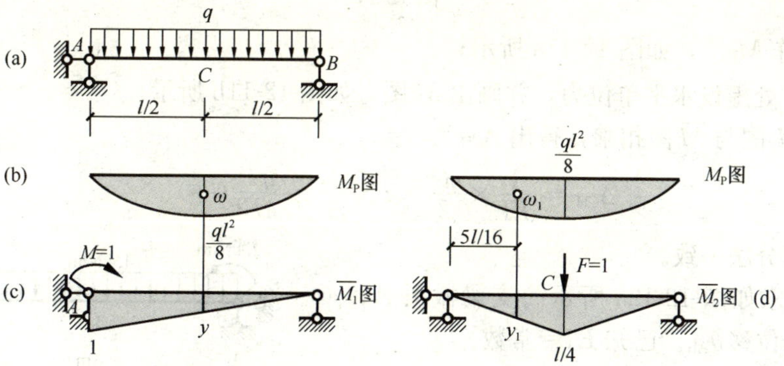

图 12-10

解（1）画出结构在实际荷载作用下的 M_P 图，如图 12-10b 所示；

（2）在支座 A 处虚设单位力偶，并画出 $\overline{M}_1$ 图；在截面 C 处虚设竖向单位力，并画出 $\overline{M}_2$ 图；如图 12-10c、d 所示；

（3）计算弯矩图的面积 ω 及其形心所对应的另一直线形弯矩图的竖标值 y_C；

$$\omega=\frac{2}{3}l\times\frac{1}{8}ql^2=\frac{1}{12}ql^3, y=\frac{1}{2}$$

$$\omega_1=\frac{2}{3}\times\frac{l}{2}\times\frac{1}{8}ql^2=\frac{1}{24}ql^3, y_1=\frac{l}{4}\times\frac{5}{8}=\frac{5}{32}$$

（4）计算 θ_A，即 M_p 图与 $\overline{M}_1$ 图相乘。将 ω、y 代入图乘公式（12-5），可得

$$\theta_A=\frac{\omega y_C}{EI}=\frac{1}{EI}\times\frac{1}{12}ql^3\times\frac{1}{2}=\frac{ql^3}{24EI}\text{（顺）}$$

（5）计算 Δ_{CV}，即 M_p 图与 $\overline{M}_2$ 图相乘。将 ω_1、y_1 代入图乘公式（12-5），可得

$$\Delta_{CV}=\frac{\omega y_C}{EI}=\frac{1}{EI}\times\frac{1}{24}ql^3\times\frac{5}{32}\times 2=\frac{5ql^4}{384EI}(\downarrow)$$

以上结果与相项目 7 的相关结果相同。

想一想

M_P 图的形心所对应的 $\overline{M}$ 图的竖标为 $l/4$，于是：

$$\Delta_{CV}=\frac{1}{EI}\times\frac{2l}{3}\times\frac{ql^2}{8}\times\frac{l}{4}=\frac{ql^4}{48EI}(\downarrow)$$

这样做可以吗？为什么？

例 12-5 试用图乘法计算例 12-2。

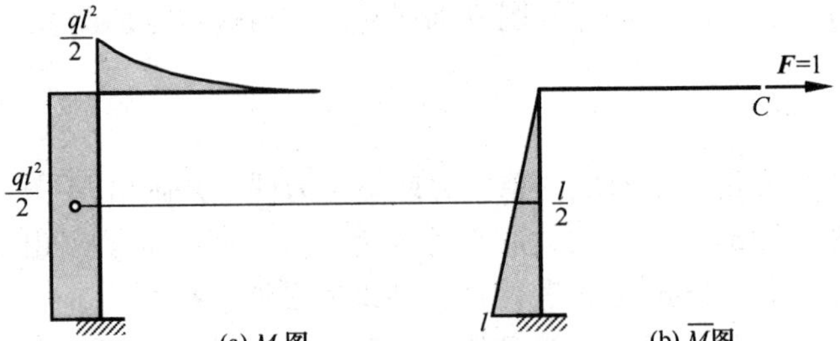

(a) M_P图　(b) $\overline{M}$图

图 12-11

解 (1) 作 M_P图，如图 12-11a 所示；

(2) 在 C 处虚设水平单位力，并画出 $\overline{M}$ 图，如图 12-11b 所示；

(3) 将 M_P图与 $\overline{M}$ 图相乘，得出 Δ_{CH} 为

$$\Delta_{CH}=\frac{1}{EI}\times\frac{ql^2}{2}\times l\times\frac{l}{2}=\frac{ql^4}{4EI}(\rightarrow)$$

这一结果与积分法一致。

例 12-6 求如图 12-12a 所示简支梁截面 A、B 端的相对角位移 θ_{AB}。已知 EI=常数。

解 (1) 作出 M_P图，如图 12-12b 所示；

(2) 在 A 端和 B 端各加一虚设单位力偶，并画出 $\overline{M}$ 图，如图 12-12c 所示

M_P图的形心难以确定，但无论其形心位置如何，对应的的竖标都为 1。因此，只需求出 M_P 图的总面积直接图乘，而不必再将其分成两个三角形加一个标准抛物线了。

(3) 将 M_p图与 $\overline{M}$ 图相乘，得出 θ_{AB}：

$$\theta_{AB}=\frac{1}{EI}\times\left(30\times4+\frac{2}{3}\times30\times4\right)\times1=\frac{200}{EI}$$

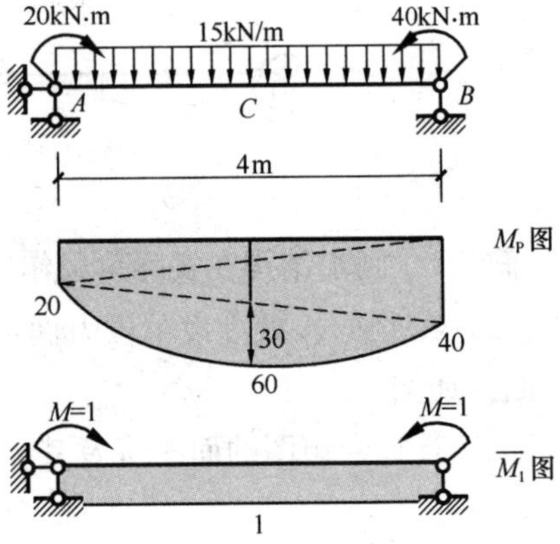

图 12-12

若计算跨中 C 的竖向线位移，应如何图乘？请读者自行完成。($\Delta_{CV}=\frac{110}{EI}$)

例 12-7 试求如图 12-13a 所示刚架结点 C 的水平线位移 Δ_{CH}。已知 EI=常数。

解 (1) 作出 M_P图，如图 12-13b 所示；

(2) 在 C 处虚设水平单位力，并画出 $\overline{M}$ 图，如图 12-13c 所示；

(3) 应用图乘法，求得

$$\Delta_{CH}=\frac{1}{EI}\left(\frac{l}{2}\times ql^2\times\frac{2l}{3}\times2+\frac{2l}{3}\times\frac{1}{8}ql^2\times\frac{l}{2}\right)=\frac{17ql^4}{24EI}(\rightarrow)$$

两个弯矩图图乘时，有多种思路和方法，只要符合图乘的三个条件（即①杆轴为直线；②EI=常数；③ $\overline{M}$ 和 M_P 两个弯矩图中至少有一个是直线图形），就可以根据具体情况，选择适当的、简便的方法求解。

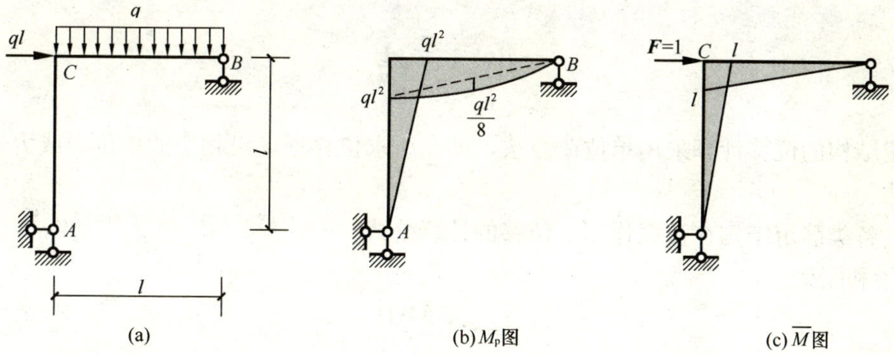

图 12-13

任务 5　静定结构在支座移动时的位移计算

静定结构在支座移动时，并不产生内力和变形，只发生刚体位移。对于简单的结构，这种位移可由几何关系直接求得。例如图 12-14 所示的简支梁，当支座 B 产生竖向位移 Δ 时，跨中 C 点引起的竖向位移，就可根据几何关系直接求得

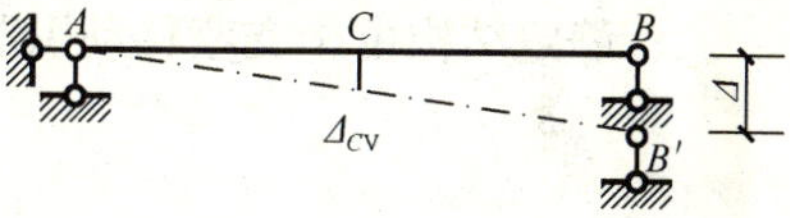

图 12-14

$$\Delta_{CV}=\Delta/2$$

当结构较为复杂或多个支座同时移动时，利用几何关系就很难求得结构的位移了。在结构力学中，计算由支座移动引起的位移时，仍采用单位荷载法。虚设单位荷载的方法同前。

静定结构在支座移动时的位移计算公式为

$$\Delta_K=-\Sigma\overline{R}\cdot c \tag{12-6}$$

式中，$\overline{R}$ 为虚设单位荷载引起的支座反力；c 为支座的实际位移。

当 $\overline{R}$ 与实际支座位移 c 方向一致时，其乘积取正，相反时取负。注意，公式的和号前面本身有一负号，切不可漏掉。

例 12-8　如图 12-15a 所示的悬臂刚架，已知支座 A 发生水平位移 $c_1=3\text{cm}$，竖向位移 $c_2=2\text{cm}$，角位移 $c_3=0.002\text{rad}$，各杆杆长 $l_{AB}=l_{BK}=400\text{cm}$。试求 K 点竖向位移 Δ_{KV}。

解　首先在 K 点虚设一竖向单位力，并求出支座的三个反力：$R_1=0$，$R_2=1$，$R_3=400\text{cm}$，如图 12-15b 所示。

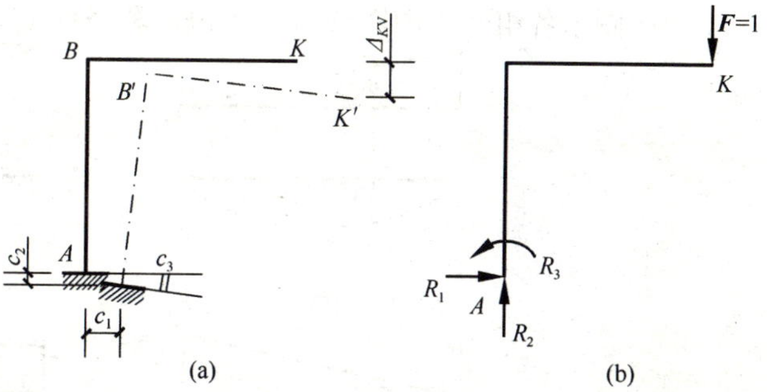

图 12-15

将各量代入式（12-6）可得

$$\Delta_{KV}=-\Sigma\overline{R}\cdot c=-(R_1\times c_1-R_2\times c_2-R_3\times c_3)$$

$$=0+1\times2+400\times0.002=2.8\text{cm}$$

小　　结

静定结构的位移计算采用单位荷载法，即在所求位移处虚设相应的单位力或力偶求解位移的方法。

一、各类静定结构在荷载作用下位移的计算公式

1. 梁和刚架

$$\Delta_K=\Sigma\int\frac{\overline{M}M_{\mathrm{P}}}{EI}\mathrm{d}s$$

2. 桁架

$$\Delta_K=\Sigma\frac{\overline{F}_{\mathrm{N}}F_{\mathrm{NP}}l}{EA}$$

3. 组合结构

$$\Delta_K=\Sigma\int\frac{\overline{M}M_{\mathrm{P}}}{EI}\mathrm{d}s+\Sigma\frac{\overline{F}_{\mathrm{N}}F_{\mathrm{NP}}l}{EA}$$

二、静定结构由于支座移动引起位移的计算公式

$$\Delta_K=-\Sigma\overline{R}\cdot c$$

三、图乘法是在积分法基础上，推导的计算梁和刚架位移的实用方法。计算公式为

$$\Delta_K=\Sigma\frac{\omega y_C}{EI}$$

图乘时需满足：杆轴为直线、EI＝常数、$\overline{M}$图和M_{P}图至少有一个直线图形等三个条件。

思考题

12-1　什么是线位移？什么是角位移？什么是相对位移？

12-2　应用单位荷载法求位移时，如何设定单位荷载？

12-3　图乘法的应用条件是什么？怎样确定图乘结果的正负号？

12-4　图示各组弯矩图图乘时，面积ω和竖标y_C的取法是否正确？

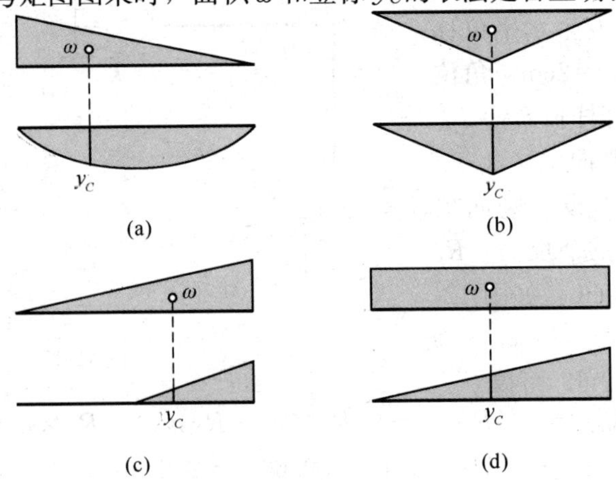

图思12-4（一）

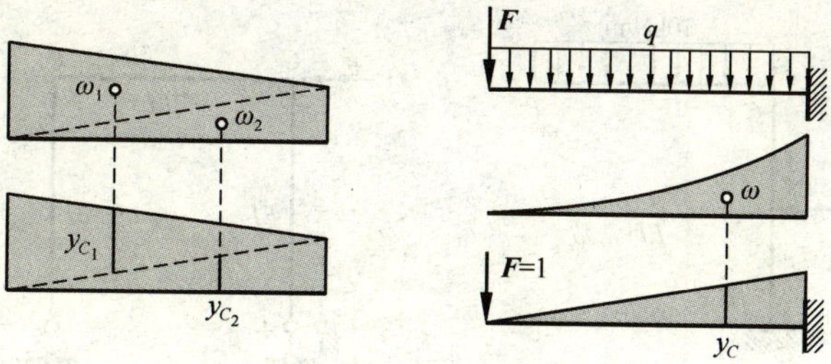

(e)　(f)

图思 12-4（二）

12-5　试计算图示各刚架 C 点的竖向位移。已知各刚架的尺寸相同，EI＝常数。

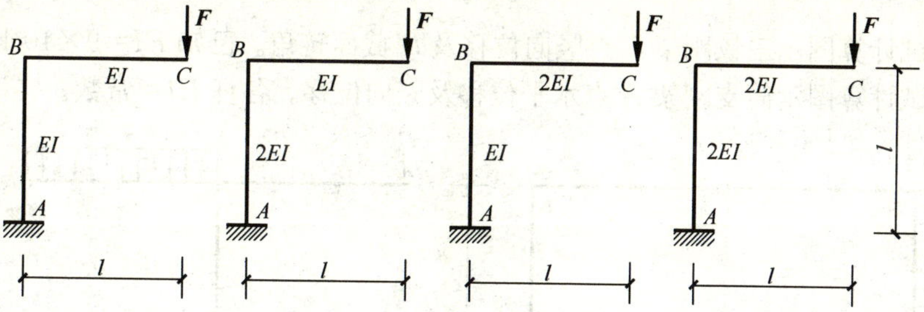

图思 12-5

习题

12-1　试用积分法计算图示各梁指定的位移。各杆 EI＝常数。

(a) θ_A、Δ_{AV}　(b) Δ_{CV}

图题 12-1

12-2　试计算图示桁架的 Δ_{CV}。各杆 EA＝常数。

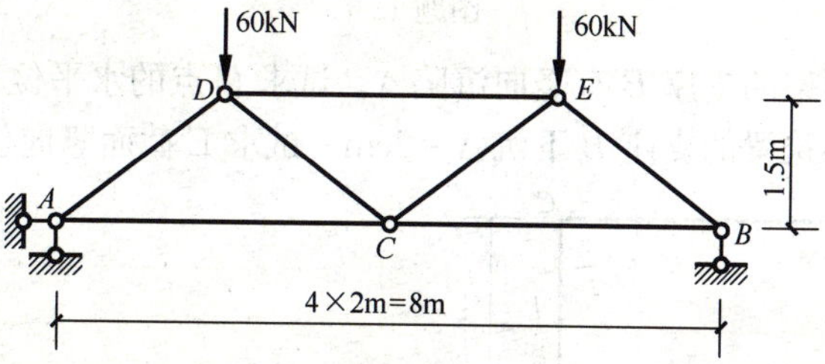

图题 12-2

12-3　试用图乘法计算题 12-1。

12-4　试用图乘法计算图示刚架的指定位移。各杆 EI＝常数。

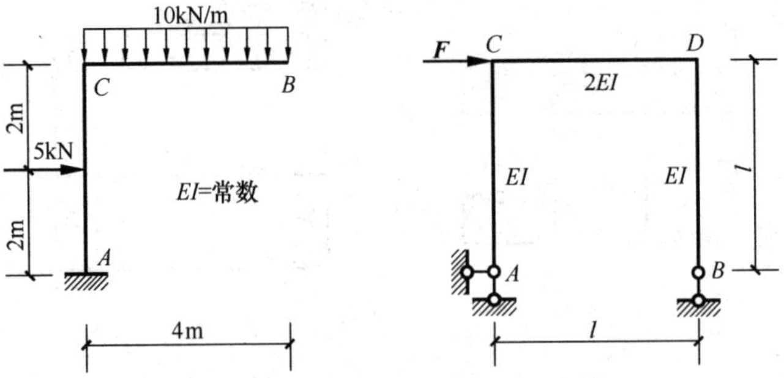

(a) θ_B、Δ_{BH}、Δ_{BV}　　(b) θ_D、Δ_{BH}

图题 12-4

12-5　试计算图示三铰刚架 C 点竖向位移及 B 截面转角。已知 $EI=9\times10^3\text{kN}\cdot\text{m}^2$。

12-6　试计算图示简支刚架 A 点水平位移及竖向位移。各杆 EI=常数。

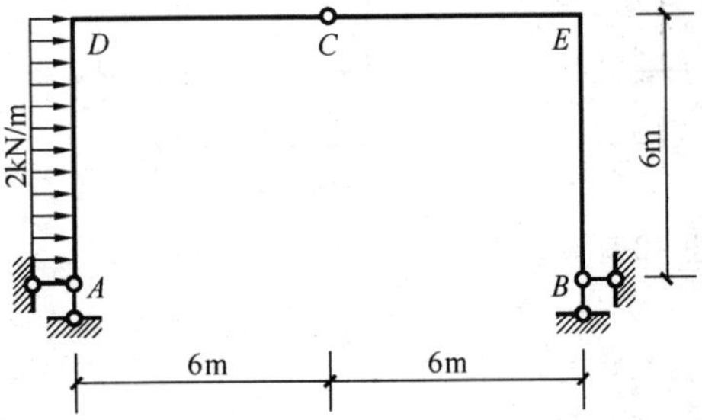

图题 12-5

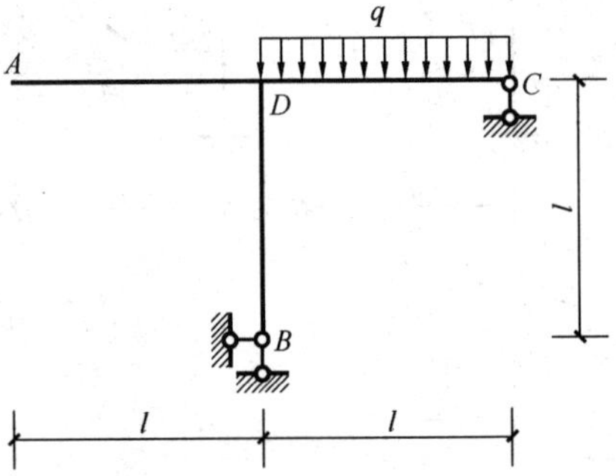

图题 12-6

12-7　试计算图示组合结构 CD 两点的水平相对位移。横梁 AB 的 EI=常数，其余各杆 EA=常数。

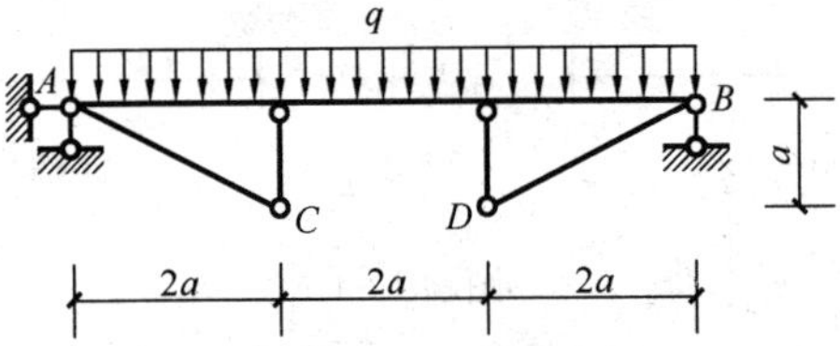

图题 12-7

12-8　已知图示刚架的支座 B 有竖向沉陷 Δ。试求 C 点的水平位移 Δ_{CH}。

12-9　已知图示多跨梁的支座 B 下沉 $\Delta=2\text{cm}$。试求 E 截面竖向位移 Δ_{EV}。

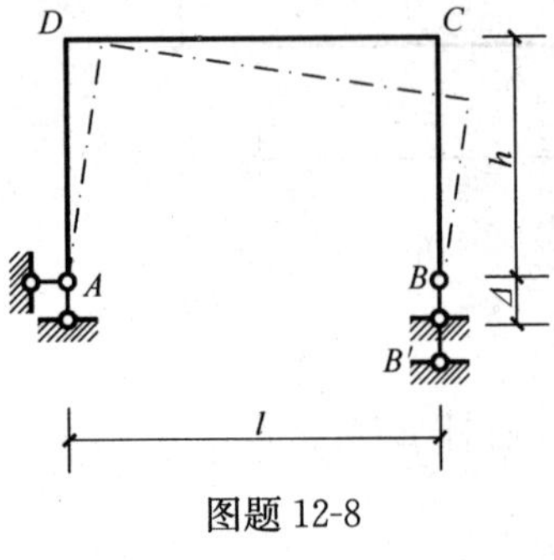

图题 12-8

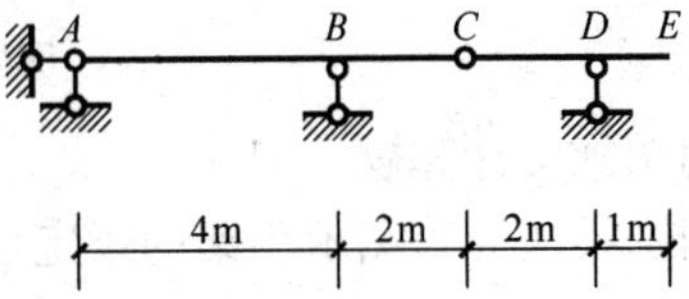

图题 12-9

项目13　力　　法

学习要点及目标

◆ 能准确地确定超静定结构的次数，选择合理的基本结构；

◆ 理解力法的基本原理；

◆ 掌握力法的解题思路，能运用力法计算简单超静定结构。

核心概念

超静定结构的次数、基本结构、力法等。

引导案例

本章学习内容要求学生深刻理解力法对超静定结构的认识，熟练掌握力法典型方程的应用方法。力法是求解超静定结构最基本、最重要的方法之一。

任务1　超静定结构概述

13.1.1　超静定结构的概念

超静定结构是几何不变且有多余约束的结构，其反力和内力仅由静力平衡条件不能全部求出。如图13-1所示的连续梁，在力 $\boldsymbol{F}$ 作用下，它的反力仅由静力平衡条件无法确定，于是也就不能进一步求出内力。如图13-2所示的组合结构，虽然它的全部反力可以求得，但各杆的内力却不能确定。这样的结构都属于超静定结构。

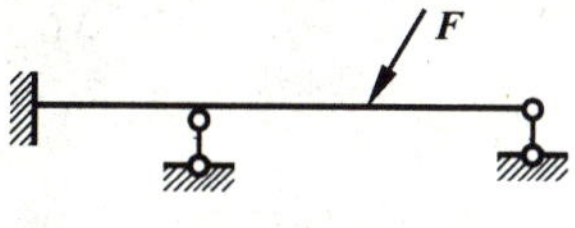

图13-1

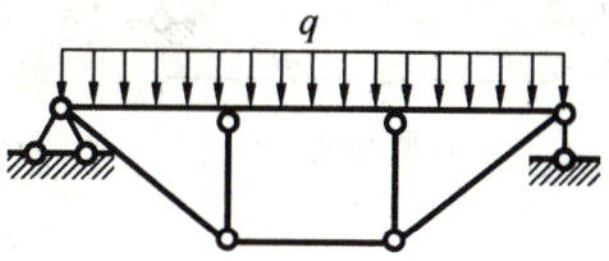

图13-2

计算超静定结构的基本方法有两种：一种是取某些力作基本未知量的力法；另一种是取某些位移作基本未知量的位移法。另外还有从这两种基本方法演变而来的其他计算方法。

常见的超静定结构有：超静定梁，超静定刚架，超静定桁架，超静定拱，超静定组合结构，铰接排架等。

13.1.2　超静定次数的确定

超静定次数是指超静定结构中多余约束的个数。通常可以用去掉多余约束，使原结构变成静定结构的方法，来确定超静定次数。去掉多余约束的方式有以下几种：

1. 去掉一个可动铰支座或切断一根链杆，相当于去掉一个约束；

2. 去掉一个固定铰支座或拆除一个单铰，相当于去掉两个约束；

3. 去掉一个固定端支座或切断一根梁式杆，相当于去掉三个约束；

4. 将刚性联结变为铰结，相当于去掉一个约束。

例如图 13-3a、b、c 所示超静定结构，在去掉或切断多余约束后，即变为图 13-4a、b、c 所示的静定结构，其中 X_i 表示相应的多余未知力。

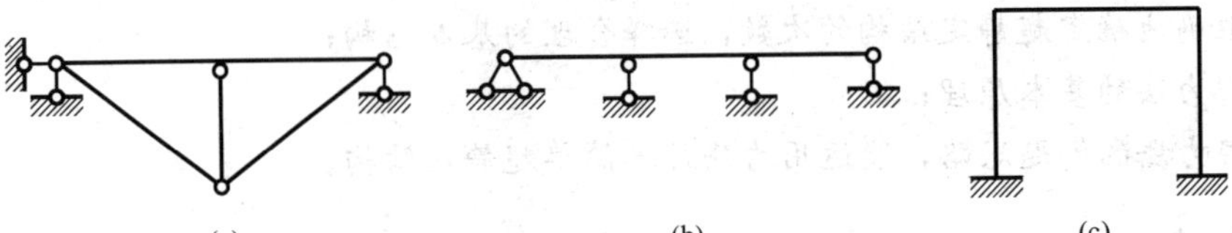

图 13-3

因此，图 13-3a、b、c 所示超静定结构的超静定次数分别为 1、2、3 次。

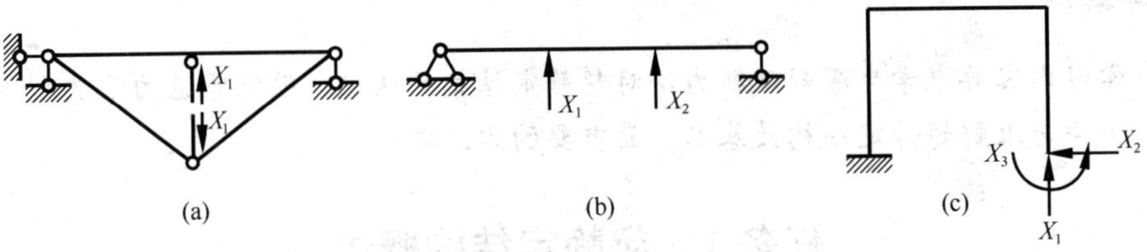

图 13-4

任务 2　力法的基本原理

下面以图 13-5a 所示超静定梁为例，来说明力法的基本原理。

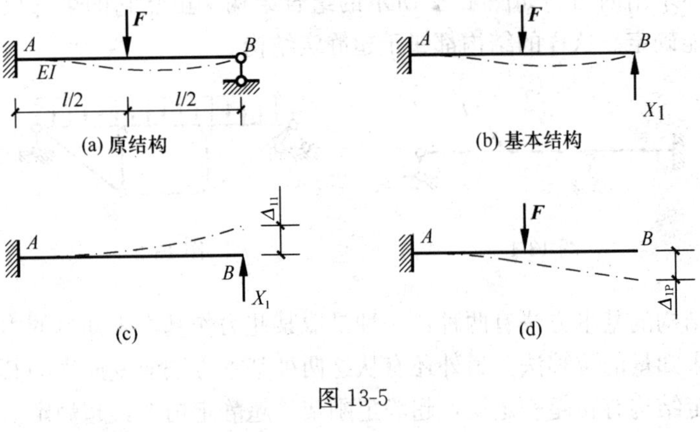

图 13-5

13.2.1　力法的基本结构和基本未知量

如图 13-5a 所示超静定梁，具有一个多余约束，为一次超静定结构。若将支座 B 作为多余约束去掉，而代之以多余未知力 X_1，则得到如图 13-5b 所示的静定结构。这种含有多余未知力和荷载的静定结构**称为力法的基本结构**。X_1 称为**力法的基本未知量**。如果求出 X_1，原来的超静定结构就可转化为静定结构。因此，设法求出多余未知力 X_1，是力法解决超静定问题的关键。

对于同一结构，可采取不同的方式去掉多余约束，继而得到不同的静定结构。例如图 13-3c所示超静定结构，也可采用图 13-6a、b 的静定结构。但是，无论哪种方式，去掉多余约束的个数必然是相等的。

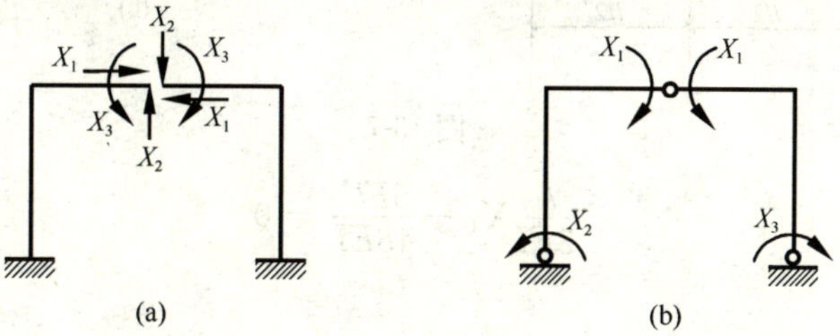

图 13-6

应当注意，超静定结构中的某些约束是绝对不能去掉的，否则将会成为可变体系或瞬变体系。例如图 13-3a 所示的结构，固定铰支座的水平链杆就不能去掉。

13.2.2 力法的基本方程

对于如图 13-5b 所示的基本结构，只考虑平衡条件是无法确定多余未知力 X_1 的。然而，根据基本结构与原结构位移相等的条件，可以确定：**基本结构在多余约束处，沿多余约束方向的位移等于零**。可以推测：利用多余约束处的变形条件，就可以建立一个补充方程，继而计算出 X_1。

图 13-5c 为基本结构在多余未知力 X_1 单独作用下，产生的沿 X_1 方向的竖向线位移；图 13-5d 为基本结构在实际荷载单独作用下，产生的沿 X_1 方向的竖向线位移；显然，根据叠加原理有

$$\Delta_1 = \Delta_{11} + \Delta_{1P} = 0 \tag{a}$$

令 δ_{11} 为 $X_1 = 1$ 时，沿 X_1 方向的位移，则有

$$\Delta_{11} = \delta_{11} X_1 \tag{b}$$

代入（a）式可得

$$\delta_{11} X_1 + \Delta_{1P} = 0 \tag{13-1}$$

这一关系式称为**力法的基本方程**。式中 δ_{11} 和 Δ_{1P} 都是静定结构在荷载作用下的位移，均可通过积分法或图乘法求得。求解方法和过程如下：

首先，分别绘出 $X_1 = 1$ 及荷载 $\boldsymbol{F}$ 单独作用于基本结构时的弯矩图 $\overline{M}_1$ 和 M_P，如图 13-7a、b所示。

再利用图乘法计算位移 δ_{11} 和 Δ_{1P}：

$$\delta_{11} = \frac{1}{EI} \cdot \frac{l^2}{2} \cdot \frac{2l}{3} = \frac{l^3}{3EI}$$

$$\Delta_{1P} = -\frac{1}{EI}\left(\frac{1}{2} \cdot \frac{Fl}{2} \cdot \frac{l}{2}\right)\left(-\frac{5l}{6}\right) = -\frac{5Fl^3}{48EI}$$

将 δ_{11} 和 Δ_{1P} 代入力法基本方程（13-1）可得

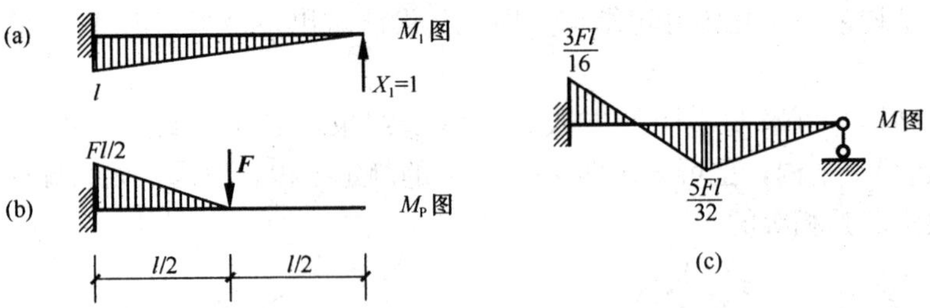

图 13-7

$$\frac{l^3}{3EI}X_1 - \frac{5Fl^3}{48EI} = 0$$

求得

$$X_1 = \frac{5}{16}F$$

多余未知力求出后，即可根据静力平衡条件求得其反力及内力。这种以多余未知力作为基本未知量，通过基本结构，利用结构的位移条件，先将多余未知力求出，求解超静定结构的方法，称为**力法**。

根据叠加原理可得

$$M = \overline{M}_1 X_1 + M_P$$

最后的弯矩图如图 13-7c 所示。

由于多余未知力是通过位移条件求出的，所以超静定结构内力与结构的材料性质和截面尺寸有关。

任务 3　力法的典型方程

用力法计算超静定结构的关键在于根据位移条件建立力法方程，求解出多余未知力。上节讨论的是一次超静定梁。下面以三次超静定刚架为例，说明如何建立多次超静定结构求解多余未知力的方程。

图 13-8a 为一个三次超静定刚架，现去掉支座 B 的三个多余约束，并以相应的多余未知力 X_1、X_2 和 X_3 代替，原结构的基本结构如图 13-8b 所示。

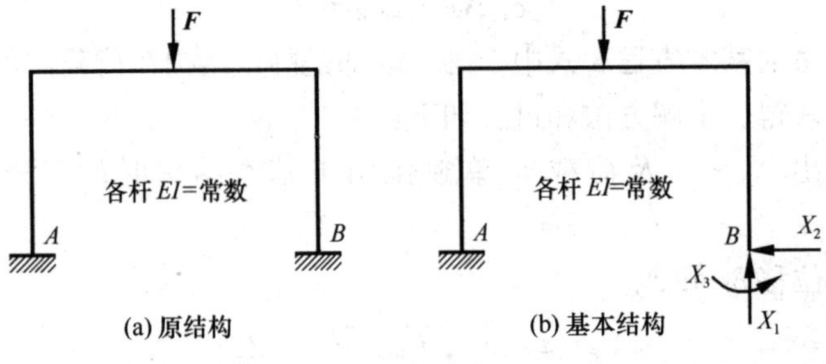

图 13-8

由于原结构的 B 处为固定端支座，不可能有任何位移。因此，在荷载和全部多余未知力共同作用的基本结构上，截面 B 沿 X_1、X_2 和 X_3 方向上的相应位移 Δ_1、Δ_2 和 Δ_3 都为零。

设当各单位力 $X_1=1$、$X_2=1$、$X_3=1$ 和荷载 **F** 分别作用于基本结构上时，截面 B 沿 X_1 方向的位移分别为 δ_{11}、δ_{12}、δ_{13} 和 Δ_{1P}；沿 X_2 方向的位移分别为 δ_{21}、δ_{22}、δ_{23} 和 Δ_{2P}；沿 X_3 方向的位移分别为 δ_{31}、δ_{32}、δ_{33} 和 Δ_{3P}。根据叠加原理，B 处应满足的位移条件为

$$\left.\begin{aligned}\Delta_1 &= \delta_{11}X_1+\delta_{12}X_2+\delta_{12}X_3+\Delta_{1P}=0\\ \Delta_2 &= \delta_{21}X_1+\delta_{22}X_2+\delta_{23}X_3+\Delta_{2P}=0\\ \Delta_3 &= \delta_{31}X_1+\delta_{32}X_2+\delta_{33}X_3+\Delta_{3P}=0\end{aligned}\right\}$$

这就是求解多余未知力 X_1、X_2 和 X_3 所要建立的力法基本方程。

对于 n 次超静定结构，力法的基本结构是从原结构中去掉 n 个多余约束得到的静定结构，力法的基本未知量是与 n 个多余约束对应的多余未知力 X_1、X_2、…、X_n，相应地，也就有 n 个已知位移条件。当原结构在去掉多余约束处的位移为零时，据此就可以建立如下 n 个方程：

$$\left.\begin{aligned}\Delta_1 &= \delta_{11}X_1+\delta_{12}X_2+\cdots+\delta_{1n}X_n+\Delta_{1P}=0\\ \Delta_2 &= \delta_{21}X_1+\delta_{22}X_2+\cdots+\delta_{2n}X_n+\Delta_{2P}=0\\ &\cdots\cdots\cdots\cdots\\ \Delta_n &= \delta_{n1}X_1+\delta_{n2}X_2+\cdots+\delta_{nn}X_n+\Delta_{nP}=0\end{aligned}\right\} \tag{13-2}$$

无论超静定结构的类型、次数及所选基本结构如何，它们在荷载作用下所得的力法方程都与式（13-2）相同，故称为**力法的典型方程**。其物理意义是：基本结构在全部多余未知力和已知荷载共同作用下，在去掉多余约束处的位移与原结构中相应的位移相等。

方程组中，左上至右下对角线上的系数 δ_{ii}，称为**主系数**，其他系数 δ_{ij} 称为**副系数**，最后一项 Δ_{iP} 称为**自由项**。各系数和自由项都可按求静定结构位移的方法求得。对于梁和刚架而言，可按表 13-1 计算。

表 13-1　系数与自由项

项目	计算方法	正负情况
主系数 δ_{ii}	$\overline{M}_i$ 图自乘	恒为正
副系数 δ_{ij}	$\overline{M}_i$ 图与 $\overline{M}_j$ 图相乘（故 $\delta_{ij}=\delta_{ji}$）	正、负、零
自由项 Δ_{iP}	$\overline{M}_i$ 图与 M_P 图相乘	正、负、零

解力法方程求得多余未知力后，其内力都可根据平衡条件求出，也可按叠加原理求出弯矩，即

$$M=\overline{M}_1X_1+\overline{M}_2X_2+\cdots+\overline{M}_nX_n+M_P$$

式中，$\overline{M}_i$ 为 $X_i=1$ 时基本结构的弯矩，M_P 为荷载作用时基本结构的弯矩。

任务 4　力法计算举例

力法计算内力的步骤如下：

（1）确定超静定次数，选取基本结构。

（2）建立力法典型方程。

（3）计算系数和自由项。

（4）解方程，求解多余未知力。

（5）做内力图。

力法可以计算任何类型的超静定结构。下面举例说明。

例 13-1　试计算图 13-9a 所示超静定刚架，作出内力图（各杆 EI 相等，均为常数）。

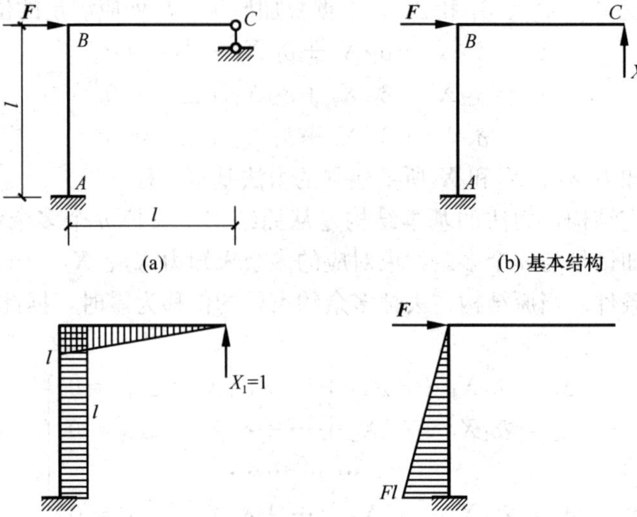

(a)　(b) 基本结构　(c) $\overline{M}_1$ 图　(d) M_P 图

图 13-9

解（1）该刚架为一次超静定结构，选取基本结构如图 13-9b 所示。

（2）建立力法典型方程：

$$\delta_{11}X_1+\Delta_{1P}=0$$

（3）作出 $\overline{M}_1$ 及 M_P图，如图 13-10c、d 所示，计算系数及自由项。

$$\delta_{11}=\frac{1}{EI}\left(\frac{l^2}{2}\times\frac{2l}{3}+l^3\right)=\frac{4l^3}{3EI}$$

$$\Delta_{1P}=-\frac{1}{EI}\left(\frac{Fl^2}{2}\times l\right)=-\frac{Fl^3}{2EI}$$

（4）求解多余未知力。

将系数和自由项代入力法典型方程得（各项同乘以 $6EI$）

$$8l^3X_1=3Fl^3$$

解得

$$X_1=3F/8$$

（5）作出刚架的各内力图，如图 13-9e、f、g 所示。

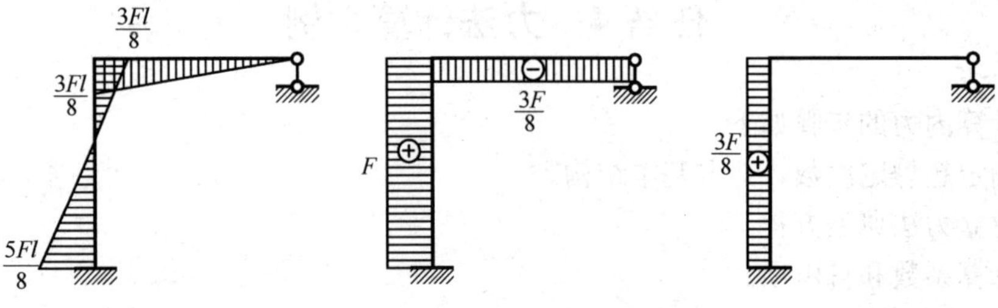

(e) M图　(f) F_Q图　(g) F_N图

图 13-9（续）

例 13-2 用力法计算如图 13-10a 所示梁，画出弯矩图。

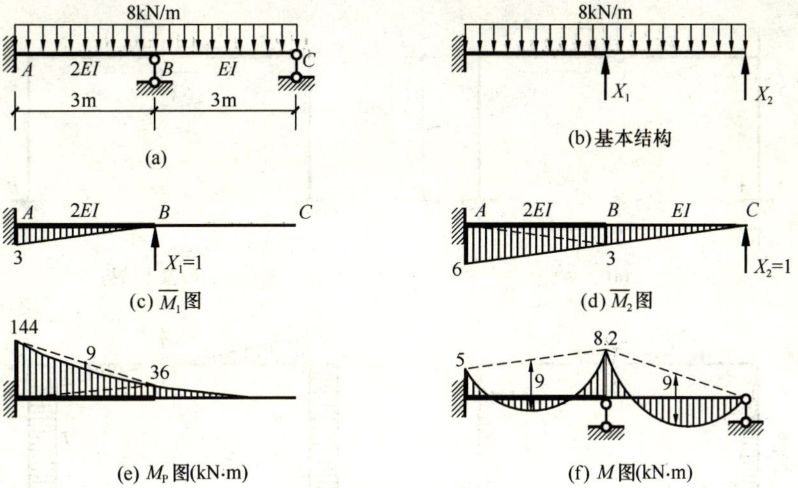

图 13-10

解 (1) 该连续梁为二次超静定，选取的基本结构如图 13-10b 所示。

(2) 建立力法典型方程。根据支座 B、C 处的竖向位移均为零，建立力法的典型方程如下：

$$\left.\begin{aligned}\delta_{11}X_1+\delta_{12}X_2+\Delta_{1P}=0\\ \delta_{21}X_1+\delta_{22}X_2+\Delta_{2P}=0\end{aligned}\right\}$$

(3) 作出 $\overline{M}_1$、$\overline{M}_2$ 及 M_P图，如图 13-10c、d、e 所示，计算各系数及自由项。

$$\delta_{11}=\frac{1}{2EI}\times\frac{3\times3}{2}\times2=\frac{9}{2EI}$$

$$\delta_{12}=\frac{1}{2EI}\times\frac{3\times3}{2}\times5=\frac{45}{4EI}=\delta_{21}$$

$$\delta_{22}=\frac{1}{2EI}\left(\frac{3\times3}{2}\times4+\frac{6\times3}{2}\times5\right)+\frac{1}{EI}\times\frac{3\times3}{2}\times2=\frac{81}{2EI}$$

$$\Delta_{1P}=\frac{1}{2EI}\left(-\frac{144\times3\times2}{2}-\frac{36\times3\times1}{2}+\frac{2\times3\times9}{3}\times\frac{3}{2}\right)=-\frac{459}{2EI}$$

$$\Delta_{2P}=\frac{1}{2EI}\left(-\frac{144\times3}{2}\times5-\frac{36\times3}{2}\times4+\frac{2\times9\times3}{3}\times\frac{9}{2}\right)-\frac{1}{EI}\left(\frac{36\times3}{3}\times3\times\frac{3}{4}\right)=-\frac{1377}{2EI}$$

(4) 求解多余未知力。

将各系数和自由项代入力法典型方程得（各项同乘以 $2EI$）

$$\left.\begin{aligned}9X_1+22.5X_2=459\\ 22.5X_1+81X_2=1377\end{aligned}\right\}\rightarrow\left.\begin{aligned}X_1=27.81\text{kN}\\ X_2=9.27\text{kN}\end{aligned}\right\}$$

(5) 作出梁的弯矩图。

利用 $M=\overline{M}_1X_1+\overline{M}_2X_2+M_P$，计算各梁端弯矩：

$$M_A=3X_1+6X_2-144=-5\text{kN}\cdot\text{m}$$

$$M_B=3X_2-36=-8.2\text{kN}\cdot\text{m}$$

利用叠加原理，作出梁的最后弯矩图，如图 13-10f 所示。必要时，也可以作出剪力图，请学生自行完成。

例 13-3　试用力法计算如图 13-11a 所示刚架，画出弯矩图（各杆 EI 相等，均为常数）。

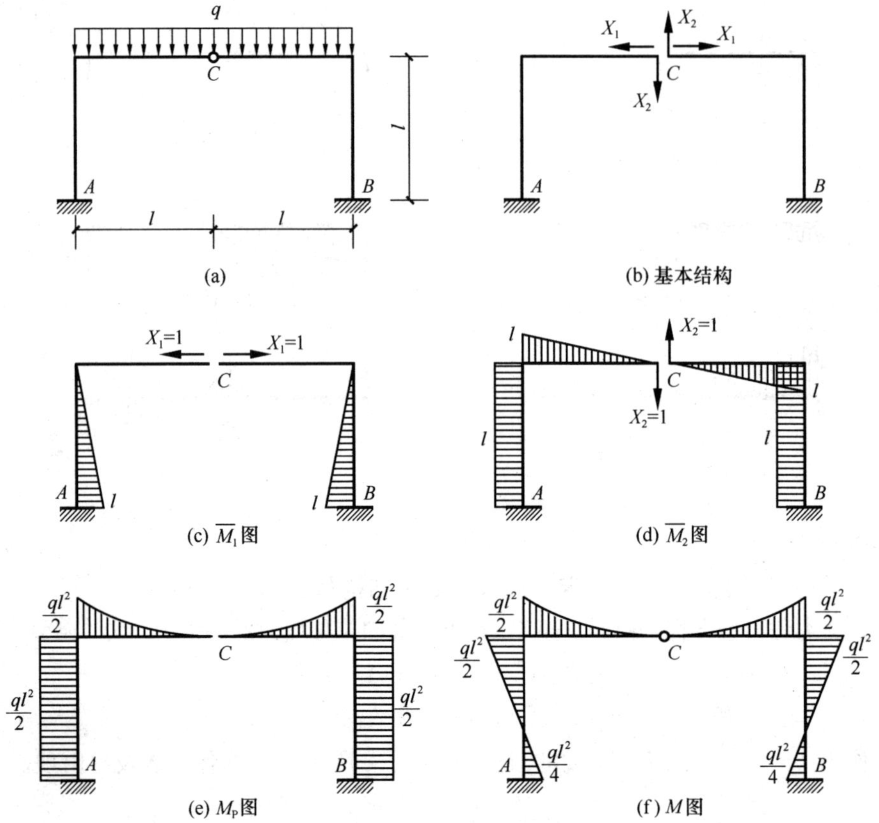

图 13-11

解（1）该刚架为二次超静定，选取的基本结构如图 13-11b 所示。

（2）建立力法典型方程。根据铰 C 处的相对竖向位移和相对水平位移均为零，建立力法的典型方程如下：

$$\left.\begin{aligned}\delta_{11}X_1+\delta_{12}X_2+\Delta_{1P}=0\\ \delta_{21}X_1+\delta_{22}X_2+\Delta_{2P}=0\end{aligned}\right\}$$

（3）作出 $\overline{M}_1$ 、$\overline{M}_2$ 及 M_P 图，如图 13-11c、d、e 所示，计算各系数及自由项。

$$\delta_{11}=\frac{2}{EI}\times\frac{l\times l}{2}\times\frac{2l}{3}=\frac{2l^3}{3EI}$$

$$\delta_{12}=0=\delta_{21}$$

$$\delta_{22}=\frac{2}{EI}\left(\frac{l^3}{3}+l^3\right)=\frac{8l^3}{3EI}$$

$$\Delta_{1P}=\frac{-2}{EI}\times\frac{l^2}{2}\times\frac{ql^2}{2}=-\frac{ql^4}{2EI}$$

$$\Delta_{2P}=0$$

（4）求解多余未知力。

将各系数和自由项代入力法典型方程解得（各项同乘以 $6EI$）

$$\left.\begin{aligned}X_1 &= 3ql/4\\X_2 &= 0\end{aligned}\right\}$$

（5）作出刚架的弯矩图，如图 13-11f 所示。

对于超静定结构而言，如果杆件、支座和刚度分布均对称于某一直线，此结构则为对称结构。通过例 13-3 可以说明：用力法计算对称的超静定结构时，选取对称的基本结构。利用结构的对称性，可简化计算。

利用结构的对称性计算，有以下两点结论：

（1）对称结构在正对称荷载作用下，只有正对称的多余未知力存在，而反对称的多余未知力必为零。

（2）对称结构在反对称荷载作用下，只有反对称的多余未知力存在，而正对称的多余未知力必为零。

由于超静定结构具有多余约束，因此，除荷载外的其他因素，如支座移动、温度改变、材料收缩、制造误差等，也能使结构产生内力。这是超静定结构与静定结构的本质区别。

用力法计算超静定结构在支座移动作用下的内力时，力法的基本原理和步骤并没有改变，不同之处在于：力法典型方程中的自由项，是由支座移动产生的位移。

例 13-4　如图 13-12a 所示为一等截面梁，已知支座 A 转动角度为 θ，试绘出该梁的弯矩图。

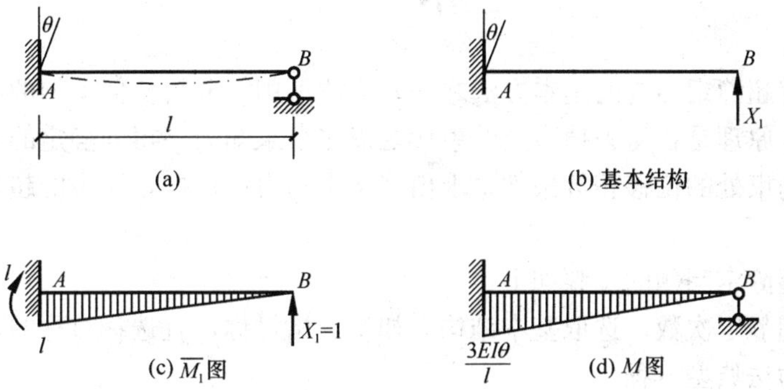

图 13-12

解（1）此梁为一次超静定，选取基本结构如图 13-12b 所示。

（2）建立力法典型方程

按照基本结构在去掉多余约束处的位移与原结构相同的条件，即 $\Delta_1=0$，建立力法典型方程如下：

$$\delta_{11}X_1+\Delta_{1c}=0$$

式中，自由项 Δ_{1c}是基本结构由于支座移动而引起的沿 X_1方向的位移。

（3）计算系数和自由项。

系数 δ_{11}的计算同前。绘出基本结构在 $X_1=1$ 作用下的弯矩图 $\overline{M}_1$，并求出相应的反力，如图 13-12c 所示。

$$\delta_{11}=\frac{l^3}{3EI}$$

自由项 Δ_{1c}可通过下式计算：

$$\Delta_{1c} = -\sum \overline{\boldsymbol{F}}_R \cdot c$$
$$\Delta_{1c} = -\theta l$$

（4）求多余未知力。

将系数和自由项代入力法典型方程，得

$$\frac{l^3}{3EI}X_1 - \theta l = 0$$

解方程得

$$X_1 = \frac{3EI\theta}{l^2}$$

（5）绘制弯矩图。

最后的内力是由多余未知力引起的。因此，最后弯矩按 $M = \overline{M}_1 X_1$ 计算，弯矩图如图 13-12d所示。

用力法计算支座位移影响下的超静定结构时，力法典型方程的右边项可能不为零，且随基本结构的选择不同而异。力法典型方程的自由项是基本结构由支座移动产生的，最后内力全部是由多余未知力引起的，且其内力与各杆抗弯刚度 EI 的绝对值有关。而荷载作用下的内力与各杆抗弯刚度 EI 的相对值有关。

小　　结

力法是求解超静定结构的基本方法之一，力法可用来分析任何类型的超静定结构。

力法的基本原理是：先去掉多余约束代之以多余未知力，得到静定的基本结构；再利用原结构在多余约束处的位移相等条件，求出多余未知力；这样，原来的超静定结构就变成了静定结构。

力法计算超静定问题的步骤如下：

（1）确定超静定次数，选取基本结构。如果结构对称，宜选择对称的基本结构。

（2）建立力法典型方程。

（3）计算系数和自由项。

（4）解方程，求解多余未知力。

（5）做内力图。

思考题

13-1　用力法解算超静定结构的思路是什么？什么是力法的基本结构和基本未知量？基本结构是否只有一种？

13-2　力法典型方程的物理意义是什么？

13-3　用力法计算超静定结构时，考虑支座移动的影响与考虑荷载作用的影响，两者有何异同？

13-4　结构上没有荷载就没有内力，这个结论对超静定结构适用吗？

习题

13-1　试确定下列结构的超静定次数。

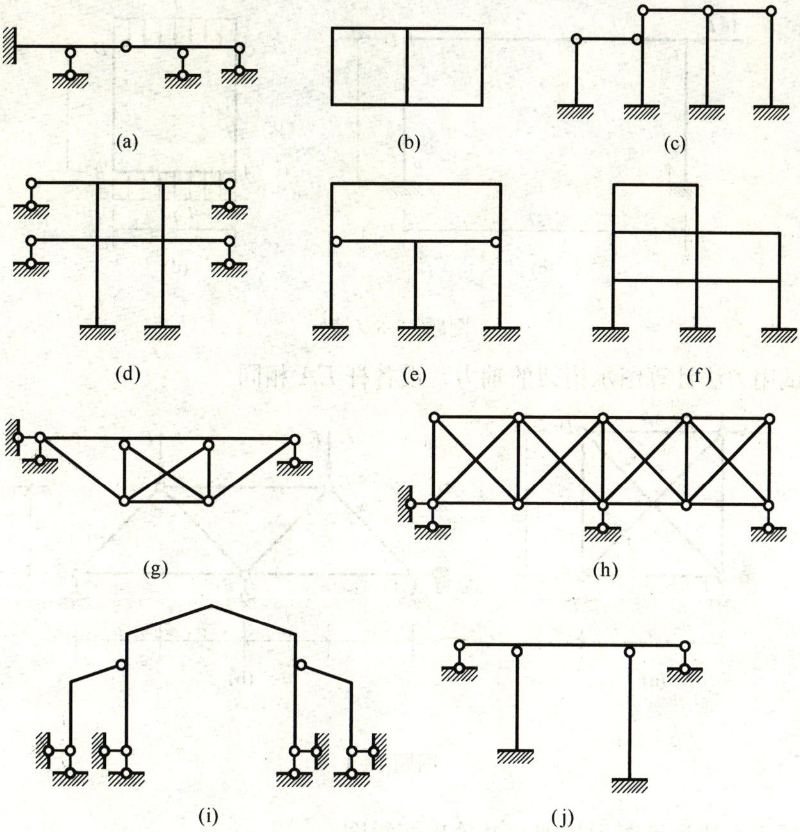

图题 13-1

13-2 试用力法计算下列超静定梁，并绘出内力图（各杆 EI 为常数）。

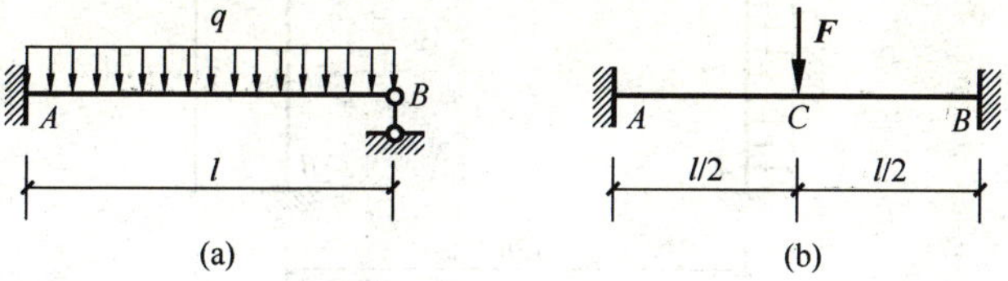

图题 13-2

13-3 试用力法计算下列刚架，并绘出内力图（各杆 EI 为常数）。

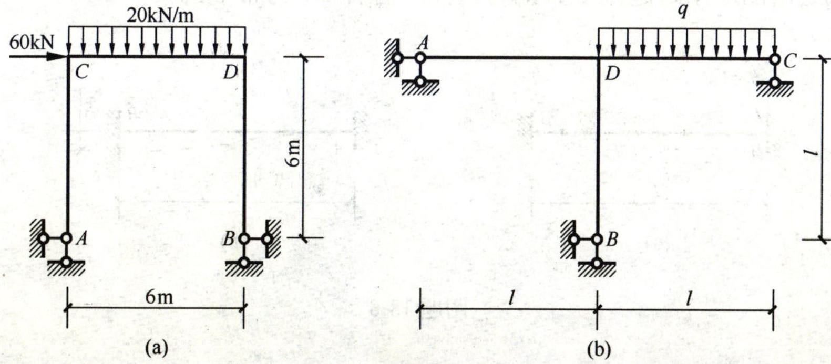

图题 13-3

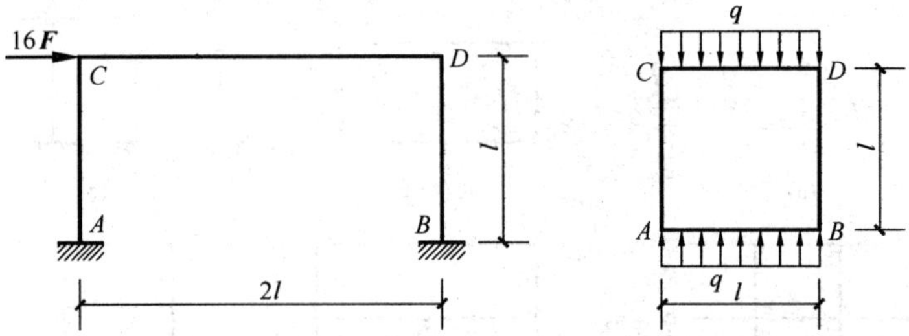

(c)　　　　　　　　(d)

图题 13-3（续）

13-4　试用力法计算图示桁架的轴力。设各杆 EA 相同。

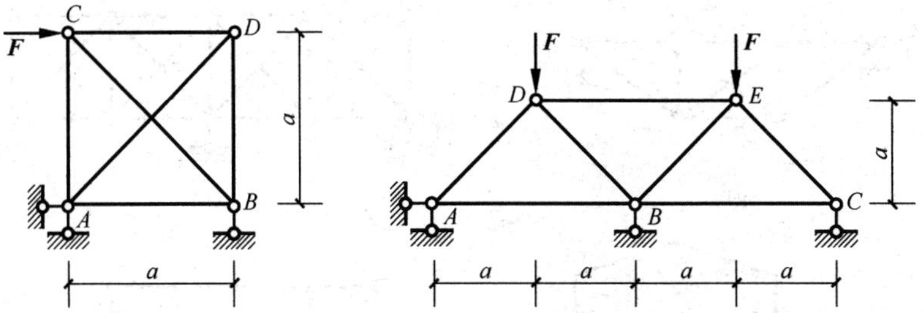

(a)　　　　　　　　(b)

图题 13-4

13-5　试用力法计算图示排架，并绘出弯矩图。

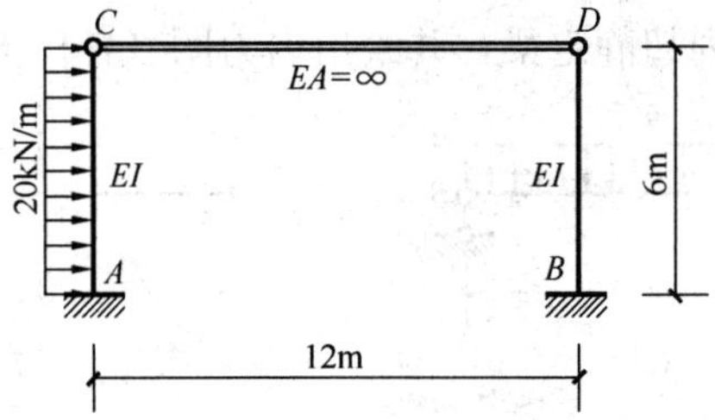

图题 13-5

13-6　试绘出图示单跨超静定梁的弯矩图（各杆 EI 为常数）。

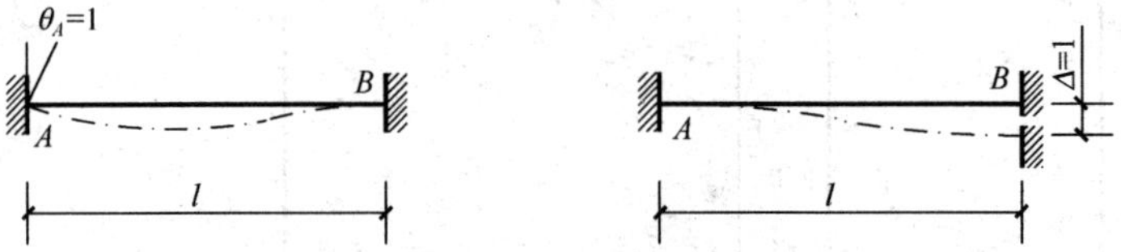

(a)　　　　　　　　(b)

图题 13-6

项目 14　位　移　法

学习要点及目标

◆ 理解位移法的基本原理和解题思路；

◆ 能运用位移法求解连续梁和简单刚架内力。

核心概念

位移法

引导案例

本章学习内容要求学生深刻理解位移法对超静定结构的认识，熟悉用位移法典型方程求解超静定结构的方法，熟练掌握直接平衡法求解超静定结构的方法。位移法是求解超静定结构的经典方法之一。

任务 1　位移法的基本原理

力法介绍的是以多余未知力为基本未知量，利用计算静定结构的位移，来求解超静定结构，是求解超静定结构的基本方法。力法的基本未知量数等于结构超静定次数。当结构的超静定次数较高时，用力法计算尤显复杂。

位移法是计算超静定结构的另一基本方法。它以结点位移作为基本未知量，利用结点的力矩和力的平衡，求解出基本未知量，继而计算结构的其他内力，这就是位移法。

下面以如图 14-1a 所示的两跨超静定梁为例，来说明位移法的基本原理。已知梁的 EI 为常数，在均布荷载 q 的作用下，将发生图中点画线所示的变形。该梁可看成由 AB、BC 两杆在 B 点刚性连结而成，在忽略两杆轴向变形和剪切变形的影响下，结点 B 只发生角位移 θ_B。

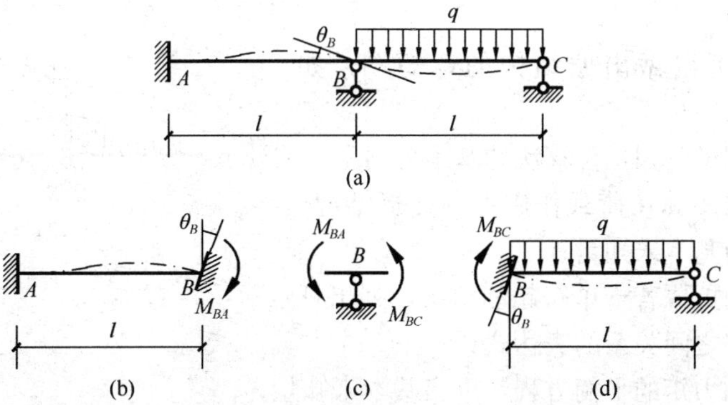

图 14-1

现在分别研究 AB、BC 两杆：由于刚性连结的性质与固定端支座相同。因此，在保持原结构变形的情况下，可将原来的两跨超静定梁分解为两个单跨超静定梁，如图 14-1b、d 所示。其中，杆 AB 等同于两端固定的单跨梁在固定端 B 发生角位移 θ_B；杆 BC 等同于左端固定右端铰支的单跨梁受荷载 q 作用，同时固定端 B 发生角位移 θ_B。据此，可以列出杆 AB、BC 杆端弯矩的表达式：

$$M_{AB}=\frac{2EI}{l}\theta_B \tag{a}$$

$$M_{BA}=\frac{4EI}{l}\theta_B \tag{b}$$

$$M_{BC}=\frac{3EI}{l}\theta_B-\frac{ql^2}{8} \tag{c}$$

$$M_{CB}=0$$

若能求出 θ_B，就能确定上列各杆端弯矩。

取 B 点研究，其受力情况如图 14-1c 所示。由 B 点的力矩平衡条件可得

$$M_{BA}+M_{BC}=0 \tag{d}$$

将杆端弯矩（b）、（c）两式代入（c）式得

$$\frac{4EI}{l}\theta_B+\frac{3EI}{l}\theta_B-\frac{ql^2}{8}=0$$

解得

$$\theta_B=\frac{ql^3}{56EI}$$

将求出的 θ_B 代回 AB、BC 杆的杆端弯矩表达式（a）、（b）、（c）中，即可求出各杆的杆端弯矩为

$$M_{AB}=\frac{2EI}{l}\times\frac{ql^3}{56EI}=\frac{ql^2}{28}$$

$$M_{BA}=\frac{4EI}{l}\times\frac{ql^3}{56EI}=\frac{ql^2}{14}$$

$$M_{BC}=\frac{3EI}{l}\times\frac{ql^3}{56EI}-\frac{ql^2}{8}=-\frac{ql^2}{14}$$

根据叠加原理，可以做出原结构的弯矩图，如图 14-2所示。

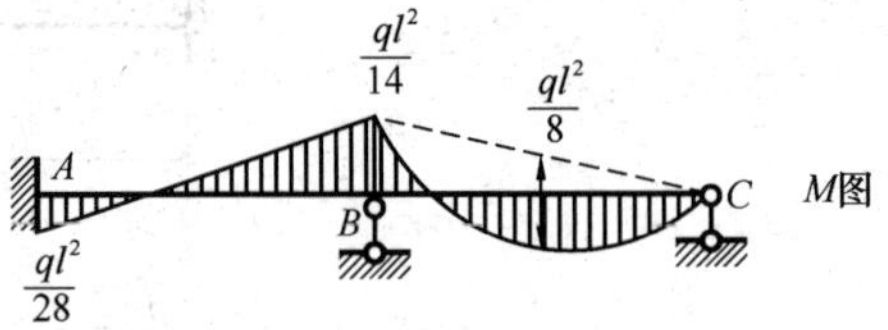

图 14-2

由这个简单例子可知，位移法的基本思路是：

（1）根据结构及其在荷载作用下的变形情况，确定结点位移作为基本未知量；

（2）将原结构拆成若干单跨超静定梁，列出杆端内力与结点位移之间关系的表达式；

（3）利用力和力矩的平衡方程，求出基本未知量；

（4）将求出的基本未知量代回到（2）中诸式，求各杆的杆端内力；

（5）根据叠加原理，绘出原结构的内力图。

任务 2　位移法的基本未知量

位移法是以结点位移作为基本未知量。所以，运用位移法计超静定算结构时，首先应确定基本未知量。

位移法的基本未知量包括**结点转角**和**独立结点线位移**。

14.2.1　结点转角

在结构中，相交于同一刚结点处的各杆杆端的转角是相等的。

如图 14-3 所示连续梁，刚结点 B、C 都没有线位移，但可以转动，结点转角分别为 θ_B 和 θ_C；该梁有刚结点 B 和 C 处的角位移 θ_B 和 θ_C 两个基本未知量。

如图 14-4 所示刚架，刚结点 D 的转角 θ_D 为基本未知量，A、B、C 点为铰结点，其角位移不作为基本未知量。

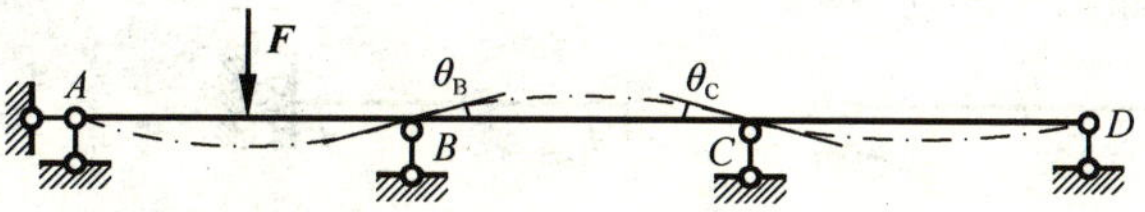

图 14-3

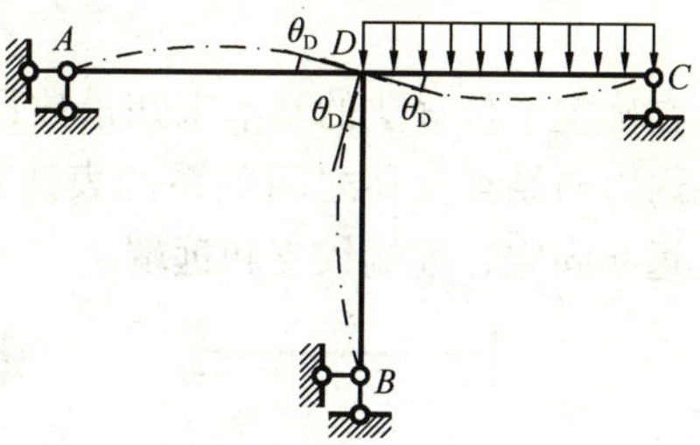

图 14-4

在位移法中：**结点转角的数目等于结构的刚结点数目。**

14.2.2　独立结点线位移

在位移法中，为了确定结点线位移的个数，通常作如下假设：

（1）忽略各杆轴向变形；

（2）弯曲变形后的曲线长度等于弦长。

由上述假设可知，尽管杆件发生变形，但杆长保持不变。例如，在图 14-4 所示的刚架中，结点 C、D 没有水平线位移，结点 D 也没有竖向线位移。该刚架无结点线位移。

如图 14-5 所示刚架，在力 $\boldsymbol{F}$ 作用下，刚架整体向右平移。由于杆 DE 和 EF 长度不变，因此结点 D、E、F 的水平线位移 Δ 均相等，这三个结点线位移可归结为一个。所以，该刚架有一个独立结点线位移。

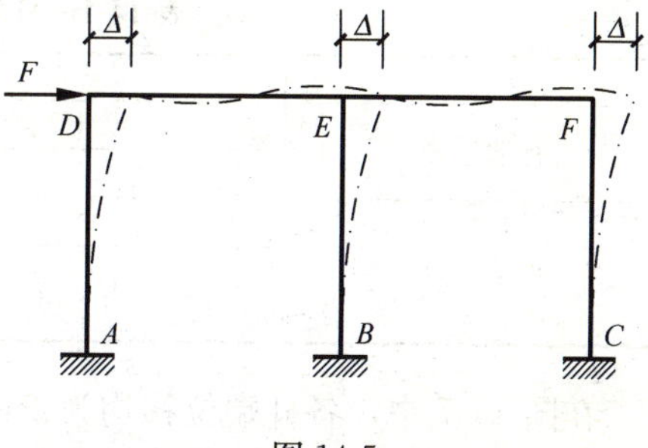

图 14-5

上述确定独立结点线位移数目的方法称为直观法。

除了直观法，还可以用铰化结点法确定独立结点线位移的数目。做法是：将原结构所有刚结点（包括固定端支座）都改为铰结点，然后进行几何组成分析，如果得到的铰结体系为几何不变体系，说明原结构没有结点线位移；若需增加链杆才能成为不变体系，则所增加的链杆数目，就等于原结构的独立结点线位移的数目。

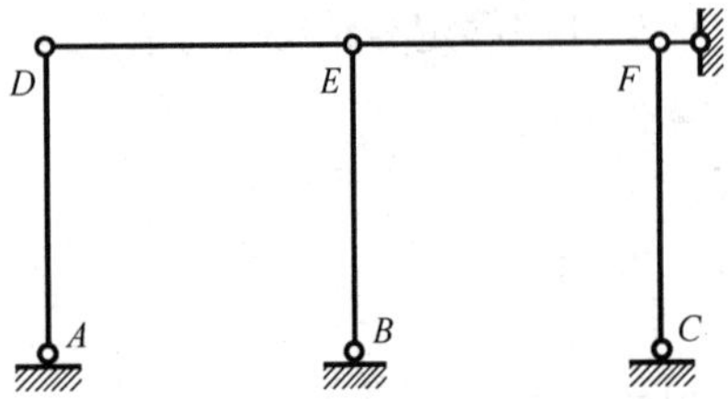

图 14-6

例如，如图 14-5 所示的刚架，将刚结点和固定端支座全部铰化后，需在铰 F 处增加一个链杆，铰结体系才能成为几何不变体系。故原结构有一个独立结点线位移，如图 14-6 所示。

位移法的基本未知量数目等于结点转角与独立结点线位移二者数目之和。

如图 14-5 所示刚架有一个独立结点线位移和三个结点转角，共四个基本未知量。

任务 3　单跨超静定梁的杆端内力

在确定了位移法的基本未知量数目后，就要将原结构分拆成若干单跨超静定梁，并列出杆端内力与结点位移之间关系的表达式。根据远端的约束不同，可将单跨超静定梁分为三种：远端固定、远端铰支和远端定向，如图 14-7 所示。

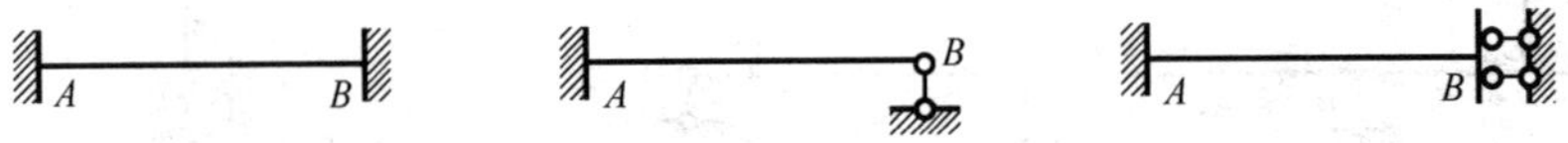

(a) 远端固定　(b) 远端铰支　(c) 远端定向

图 14-7

单跨超静定梁在杆端发生位移时的杆端内力，以及在荷载作用下的杆端内力，是位移法的分析基础。

14.3.1　杆端位移和杆端内力的正负规定

杆端位移和杆端内力的正号规定见表 14-1。

表 14-1　杆端位移与杆端内力的正号规定

项目	分类		正负规定
杆端位移	转　角		顺转为正
	结点线位移		
杆端内力	剪　力		
	弯　矩	对杆端	
		对支座或结点	逆转为正

在图 14-7 中，各杆端位移均为正向。

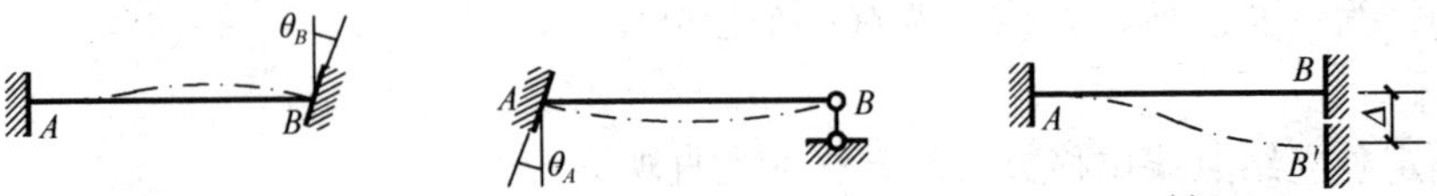

(a)　(b)　(c)

图 14-7

在图 14-8 中，各杆端内力均为正向。

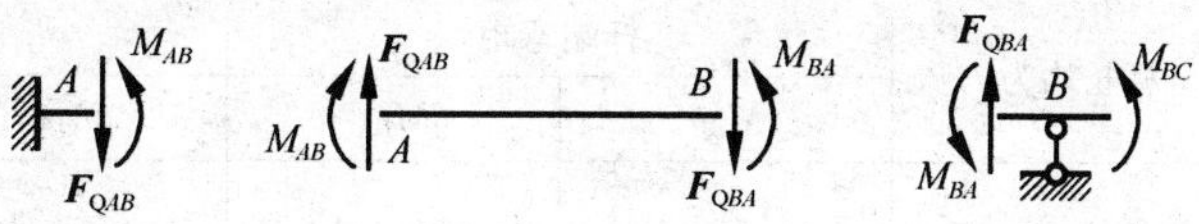

(a) 对支座　　(b) 对杆端　　(c) 对结点

图 14-8

14.3.2　杆端位移引起的杆端内力——形常数

对于单跨超静定梁，当杆端产生角位移或线位移时，都会引起杆端内力，这些杆端内力均可通过力法求得。由位移引起的杆端内力，是只与梁的几何尺寸和材料性质有关的常数，故称为形常数。

表 14-2 列出了单跨超静定梁在不同的杆端位移时的形常数。其中 $i=EI/l$，称为**线刚度**。

14.3.3　荷载引起的杆端内力——载常数

对于单跨超静定梁，仅由荷载作用而产生的杆端内力称为**固端内力**。固端内力又称为**载常数**，同样可通过力法求得。为区别于形常数，固端弯矩用 M^F 表示；固端剪力用 F_Q^F 表示。

表 14-3 列出了单跨超静定梁在不同荷载作用下的载常数。

14.3.4　等截面直杆的转角位移方程

当单跨超静定梁发生支座位移同时又受到荷载作用时，通过查表 14-2 和表 14-3，可以利用叠加原理，列出杆端内力与支座位移和荷载之间的关系式，这些关系式称为**转角位移方程**。

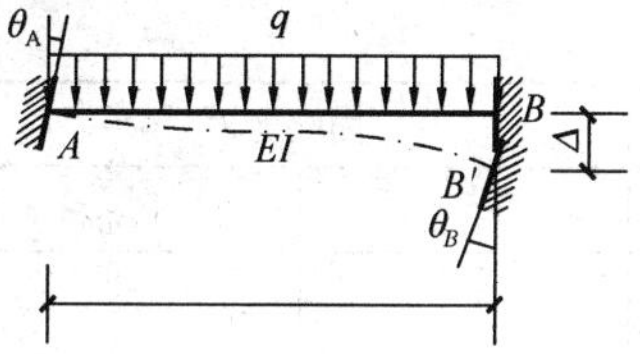

图 14-9

如图 14-9 所示，受到均布荷载 q 作用的单跨超静定梁，当梁的两支座分别发生转角 θ_A、θ_B，同时产生相对线位移为 Δ 时，按叠加原理，可以列出两杆端弯矩的转角位移方程：

$$M_{AB}=4i\theta_A+2i\theta_B-\frac{6i}{l}\Delta-\frac{ql^2}{12}$$

$$M_{BA}=2i\theta_A+4i\theta_B-\frac{6i}{l}\Delta+\frac{ql^2}{12}$$

对于其他单跨超静定梁，在支座位移且受到不同的荷载作用时，也都可以查表 14-2 和表 14-3 列出相应的转角位移方程。

表 14-2　单跨超静定梁的形常数

序号	简图及弯矩图（杆长均为 l）	杆端弯矩		杆端剪力	
		M_{AB}	M_{BA}	F_{QAB}	F_{QBA}
1	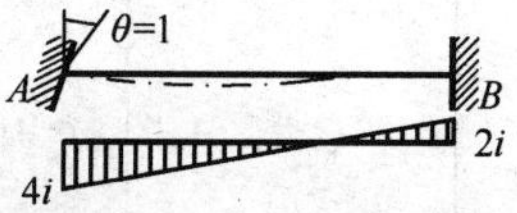	$4i$	$2i$	$-\frac{6i}{l}$	$-\frac{6i}{l}$

续表

序号	简图及弯矩图（杆长均为 l）	杆端弯矩		杆端剪力	
		M_{AB}	M_{BA}	F_{QAB}	F_{QBA}
2	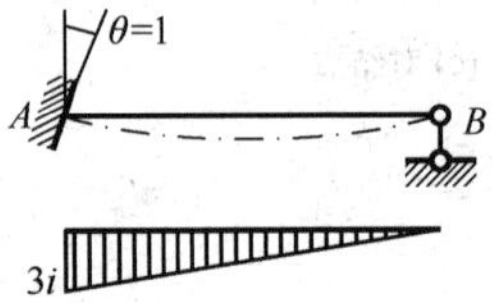	$3i$	0	$-\frac{3i}{l}$	$-\frac{3i}{l}$
3	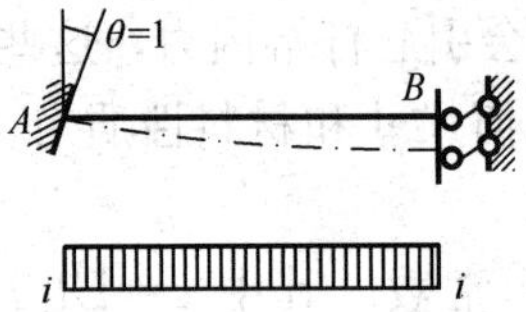	i	$-i$	0	0
4	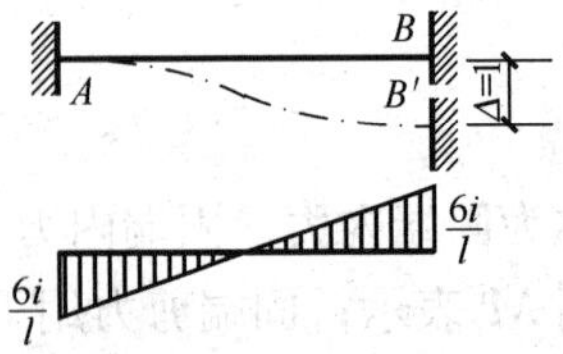	$-\frac{6i}{l}$	$-\frac{6i}{l}$	$\frac{12i}{l^2}$	$\frac{12i}{l^2}$
5	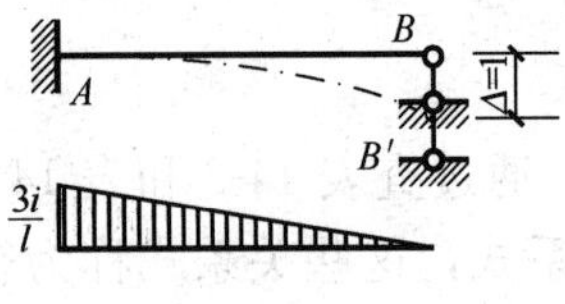	$-\frac{3i}{l}$	0	$\frac{3i}{l^2}$	$\frac{3i}{l^2}$

表 14-3　单跨超静定梁的载常数

序号	简图及弯矩图	固端弯矩		固端剪力	
		M_{AB}^{F}	M_{BA}^{F}	F_{QAB}^{F}	F_{QBA}^{F}
1	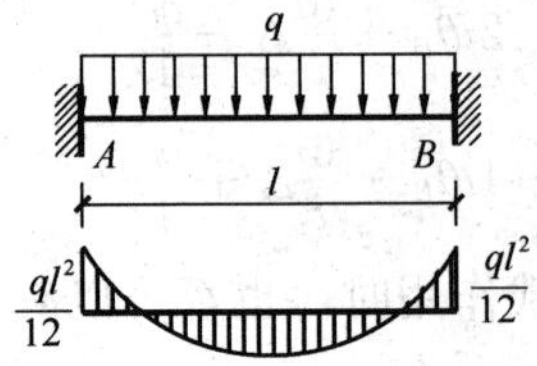	$-\frac{1}{12}ql^2$	$\frac{1}{12}ql^2$	$\frac{1}{2}ql$	$-\frac{1}{2}ql$
2	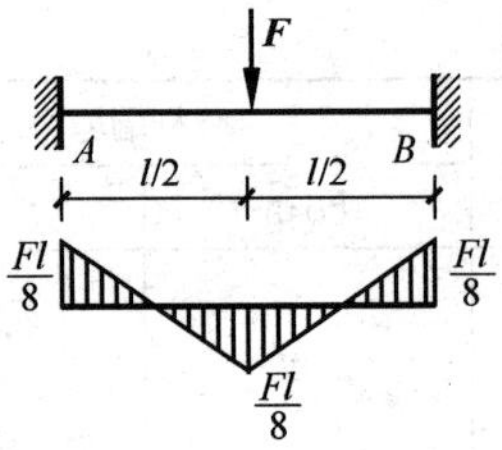	$-\frac{1}{8}Fl$	$\frac{1}{8}Fl$	$\frac{1}{2}F$	$-\frac{1}{2}F$

续表

序号	简图及弯矩图	固端弯矩		固端剪力	
		M_{AB}^F	M_{BA}^F	F_{QAB}^F	F_{QBA}^F
3	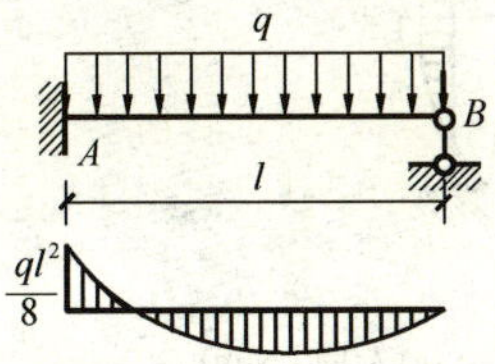	$-\frac{1}{8}ql^2$	0	$\frac{5}{8}ql$	$-\frac{3}{8}ql$
4	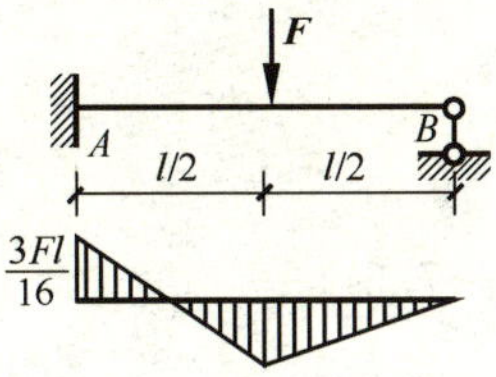	$-\frac{3}{16}Fl$	0	$\frac{11}{16}F$	$-\frac{5}{16}F$
5	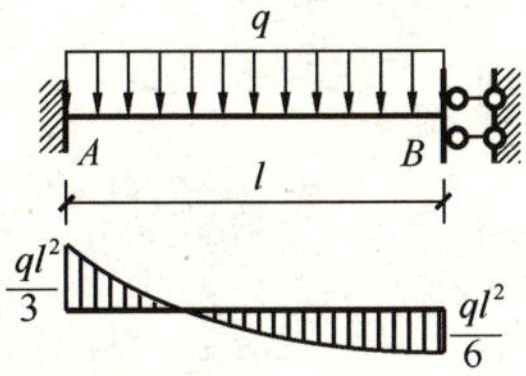	$-\frac{1}{3}ql^2$	$-\frac{1}{6}ql^2$	ql	0

任务4 位移法计算举例

位移法计算步骤如下：

(1) 确定基本未知量。

基本未知量可以在计算简图中标出，一般均假设为正向，即：结点转角为顺时针方向，结点线位移也使杆顺时针方向转动。

(2) 将原结构拆成若干单跨超静定梁，列出各杆杆端内力的转角位移方程。

(3) 对于一个结点转角，有该结点的力矩平衡方程与之对应；对于一个独立结点线位移，有结构中某一部分的剪力平衡方程与之对应。这样，就建立了位移法的基本方程。

(4) 解方程，求出基本未知量。

(5) 将求出的基本未知量代回第 (2) 中的各转角位移方程，求出各杆的杆端内力。

(6) 用叠加法作出最后弯矩图。

(7) 必要时，做出剪力图和轴力图。

下面举例说明。

例 14-1 用位移法计算如图 14-10a 所示刚架，做出弯矩图。

解 (1) 确定基本未知量。

此刚架只有一个刚结点 B，因此只有一个转角 θ_B。且无结点线位移，为无侧移刚架。

(2) 建立各杆的转角位移方程。

根据各杆的结构形式、杆端位移和荷载情况，查表 14-2、3，列出各杆的转角位移方程，然

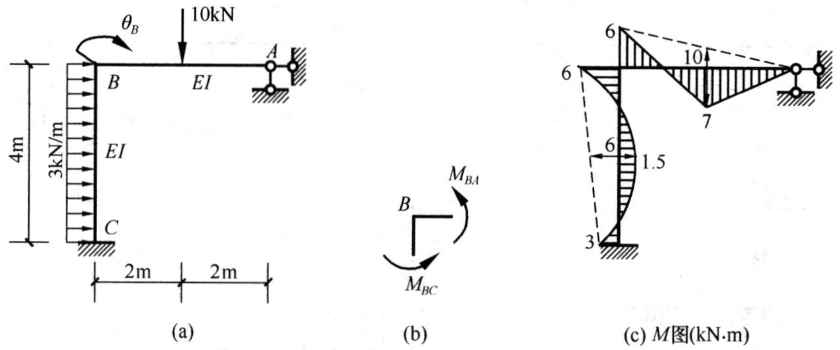

(a)　　(b)　　(c) M图(kN·m)

图 14-10

后叠加：

$$M_{BA}=3i\theta_B-\frac{3}{16}\times10\times4=3i\theta_B-7.5$$

$$M_{AB}=0$$

$$M_{BC}=4i\theta_B+\frac{3\times4^2}{12}=4i\theta_B+4$$

$$M_{CB}=2i\theta_B-\frac{3\times4^2}{12}=2i\theta_B-4$$

（3）建立位移法的基本方程。

如图 14-10b 所示，由刚结点 B 的力矩平衡条件$\sum M_B=0$ 可得

$$M_{BA}+M_{BC}=0$$

即

$$7i\theta_B=3.5$$

（4）求出基本未知量：

$$\theta_B=1/2i$$

（5）求各杆的杆端内力。

将求出的基本未知量代回（2）中各杆的转角位移方程。

$$M_{BA}=3i\theta_B-7.5=-6\text{kN}\cdot\text{m}$$

$$M_{BC}=4i\theta_B+4=6\text{kN}\cdot\text{m}$$

$$M_{CB}=2i\theta_B-4=-3\text{kN}\cdot\text{m}$$

（6）利用叠加法做出最后弯矩图，如图 14-10c 所示。

例 14-2　用位移法做如图 14-11a 所示结构的弯矩图。

解　这种结构称为铰结排架，常用于单层工业厂房的设计中。

（1）确定基本未知量。

铰结排架中没有刚结点，其横梁位置是厂房的屋架，轴向变形不予考虑。所以，各柱顶的水平位移均为 Δ。

（2）建立各杆的转角位移方程。

查表 14-2 的⑤号图，列出各柱顶剪力的转角位移方程：

$$\boldsymbol{F}_{Q1}=\frac{3i}{l^2}\Delta=\frac{3EI}{216}\Delta,\ \boldsymbol{F}_{Q2}=\frac{3i}{l^2}\Delta=\frac{6EI}{216}\Delta,\ \boldsymbol{F}_{Q3}=\frac{3i}{l^2}\Delta=\frac{3EI}{216}\Delta$$

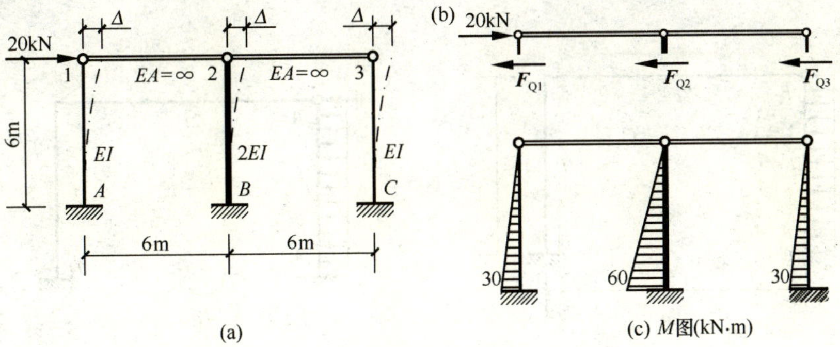

图 14-11

（3）建立位移法的基本方程。

如图 14-11b 所示，由柱顶的水平投影方程$\sum X=0$ 可得

$$\boldsymbol{F}_{Q1}+\boldsymbol{F}_{Q2}+\boldsymbol{F}_{Q3}=20$$

即

$$\frac{3EI}{216}\Delta+\frac{6EI}{216}\Delta+\frac{3EI}{216}\Delta=20$$

解得

$$\Delta=\frac{360}{EI}$$

（4）求各杆的杆端内力。

将Δ代回（2）中各柱顶剪力的转角位移方程可得

$$\boldsymbol{F}_{Q1}=5\text{kN}，\boldsymbol{F}_{Q2}=10\text{kN}，\boldsymbol{F}_{Q3}=5\text{kN}$$

（5）做出铰结排架的弯矩图，如图 14-11c 所示。

从此例可以看出：柱顶的水平力等于各柱顶剪力之和；各柱顶的剪力是按照各柱的 $\frac{3i}{l^2}$ 之比进行分配的；这样就可以直接求得各柱顶的剪力，这种方法称为**剪力分配法**。

例 14-3 用位移法做如图 14-12a 所示刚架的内力图。

解（1）确定基本未知量。

此刚架有一个独立结点线位移，有一个刚结点 C，因此基本未知量为刚结点 C 处的角位移 θ_C 和独立结点线位移Δ，为有侧移的刚架，如图 14-12b 所示。

一般把既有结点角位移，又有结点线位移的刚架称为有侧移的刚架。

（2）建立各杆的转角位移方程。

根据各杆的结构形式、杆端位移、荷载情况查表 14-2 和表 14-3，求出杆端力，然后叠加。

$$M_{AB}=-\frac{3i}{l}\Delta-\frac{ql^2}{8}$$

$$M_{BA}=0$$

$$M_{CB}=3(2i)\theta_C=6i\theta_C$$

$$M_{BC}=0$$

$$M_{CD}=4i\theta_C-\frac{6i}{l}\Delta$$

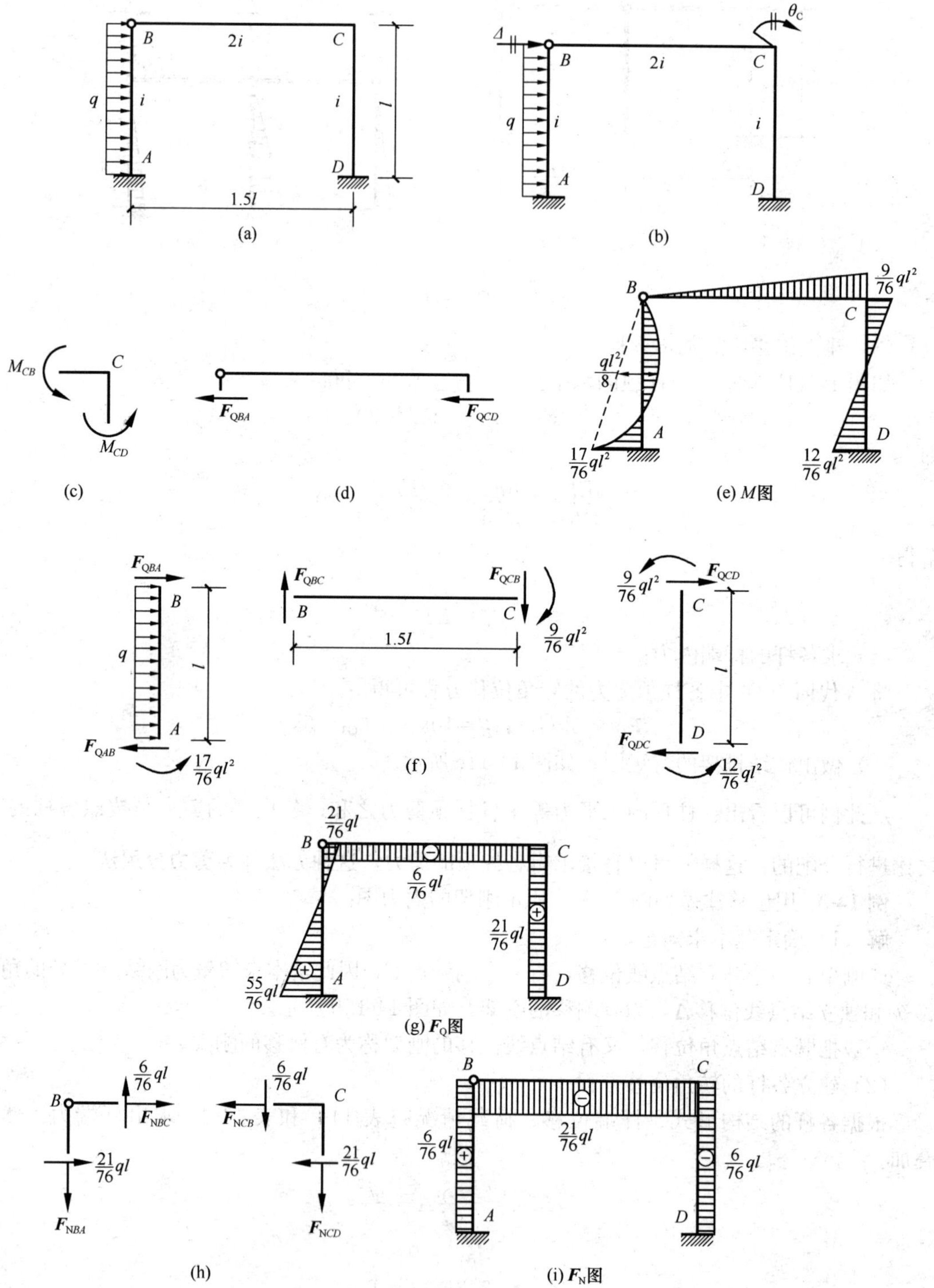

图 14-12

$$M_{DC}=2i\theta_C-\frac{6i}{l}\Delta$$

（3）建立位移法的基本方程。

对于有结点线位移的刚架，有以下两种基本方程：

① 刚结点 C 的力矩平衡方程：如图 14-12c 所示，由$\sum M_C=0$ 可得

$$M_{CB}+M_{CD}=0$$

即

$$6i\theta_C+4i\theta_C-\frac{6i}{l}\Delta=0 \tag{a}$$

② 有侧移柱 BA、CD 柱顶的剪力平衡方程：截开柱顶以上横梁 CB 为隔离体，如图 14-12d所示，由投影方程$\sum \boldsymbol{F}_X=0$ 可得

$$\boldsymbol{F}_{QBA}+\boldsymbol{F}_{QCD}=0$$

查表 14-2 和表 14-3，得出各柱的柱顶剪力，其中，

$$\boldsymbol{F}_{QBA}=\frac{3i}{l^2}\Delta-\frac{3}{8}ql$$

$$\boldsymbol{F}_{QCD}=-\frac{6i}{l}\theta_C+\frac{12i}{l^2}\Delta$$

即

$$-\frac{6i}{l}\theta_C+\frac{12i}{l^2}\Delta+\frac{3i}{l^2}\Delta-\frac{3}{8}ql=0 \tag{b}$$

这就是与独立结点线位移 Δ 相对应的力的投影平衡方程。

（4）求基本未知量 θ_C、Δ。

联立方程（a）、（b），可解得

$$\theta_C=\frac{3ql^2}{152i},\Delta=\frac{5ql^3}{152i}$$

（5）求各杆的杆端弯矩。

将求出的基本未知量，代回第（2）步各杆的转角位移方程，得

$$M_{DC}=-\frac{12ql^2}{76}$$

$$M_{CB}=\frac{9ql^2}{76}=-M_{CD}$$

$$M_{AB}=-\frac{17ql^2}{76}$$

（6）做 M 图。如图 14-12e 所示。

（7）做剪力图和轴力图。

用位移法计算刚架，首先求得的是结点位移，而不是力，所以无法直接做剪力图和轴力图。需根据弯矩图做剪力图，再根据剪力图做轴力图。具体作法如下：

由杆 AB、BC、CD 的隔离体，如图 14-12f，（计算剪力时不需画出杆端轴力）。分别建立平衡方程，可计算各杆杆端剪力，画剪力图，如图 14-12g 所示。

有了剪力图，可利用结点的平衡条件，求杆端轴力。由结点 C 和 B 的隔离体，如图 14-12h所示，（计算轴力时不需画出杆端弯矩）。分别建立平衡方程，可计算各杆杆端轴

力，画轴力图，如图 14-12i 所示。

对于工程中的对称结构，用位移法计算仍然可以利用项目 13 所述取半刚架的方法，选取半刚架计算简图进行计算。以减少基本未知量的个数，达到简化计算的目的。

本章介绍了直接利用平衡条件建立位移法方程的原理和解题方法。用位移法求解结构时，也可以通过建立位移法典型方程求解，具体方法读者可以参考其他书籍。

小　　结

位移法基于力法，是计算超静定结构的又一基本方法，也是力矩分配法的基础。其计算的难易程度与超静定的次数无关，而与结构结点位移的数量有关。

位移法的基本未知量是结构结点的位移，包括刚结点的转角位移和独立结点线位移。

位移法的基本方程是力矩或力的平衡方程。每一个转角位移都有一个刚结点的力矩平衡方程与之对应；每一个独立结点线位移都有一个柱顶剪力的平衡方程与之对应。平衡方程的个数等于基本未知量的个数。

位移法计算步骤如下：

（1）确定基本未知量；

（2）列出各杆杆端内力的转角位移方程；

（3）建立位移法的基本方程；

（4）解方程，求出基本未知量；

（5）将求出的基本未知量代回第（2）中的各转角位移方程，求出各杆端内力；

（6）用叠加法作出最后弯矩图；

（7）必要时，做出剪力图和轴力图。

思考题

14-1　位移法的基本原理是什么？

14-2　位移法的基本未知量有哪些？试确定图示各结构基本未知量的数目。

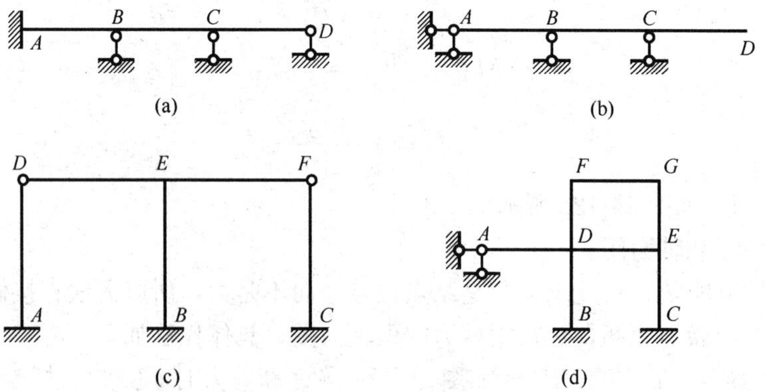

图思 14-2

14-3　位移法中对杆端转角、杆端相对线位移、杆端弯矩和杆端剪力的正负号是怎样规定的?

14-4　怎样由位移法所得的杆端弯矩画出杆件弯矩图?

习题

14-1　试用位移法计算连续梁，并做内力图。各杆 EI=常数。

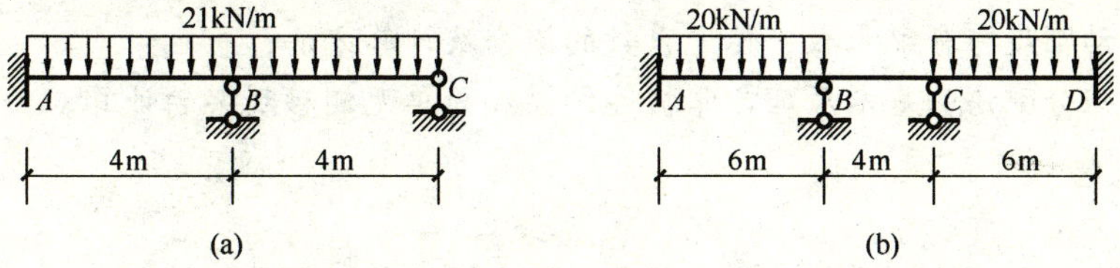

图题 14-1

14-2　试用位移法计算图示刚架，并作出弯矩图。各杆 EI=常数。

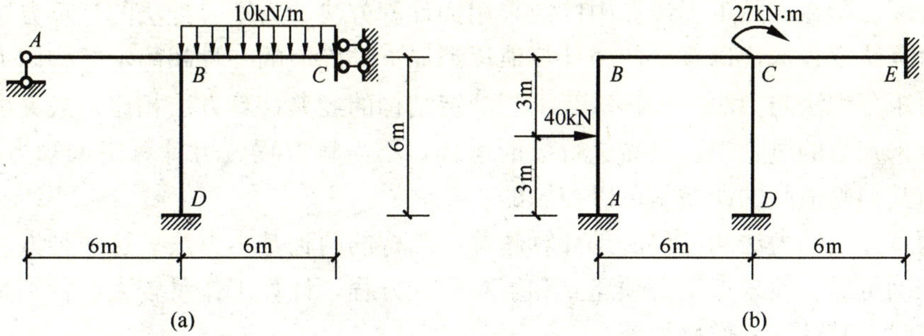

图题 14-2

14-3　试用位移法计算图示铰结排架，并作出弯矩图。

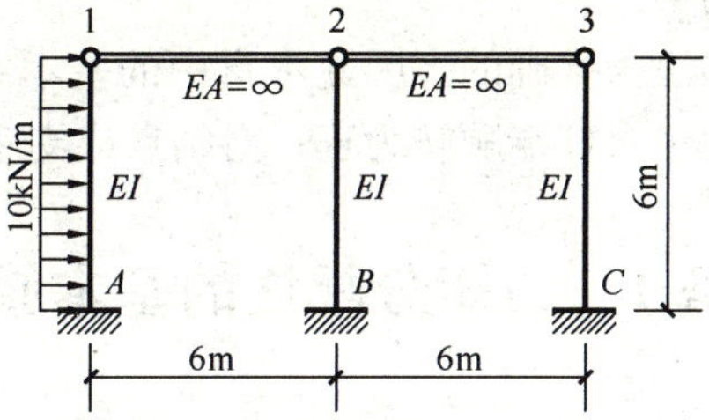

图题 14-3

项目 15　力矩分配法

学习要点及目标

◆ 掌握转动刚度、分配系数、传递系数的概念及计算方法；

◆ 理解力矩分配法的基本原理，掌握连续梁和简单无侧移刚架的计算。

核心概念

转动刚度、分配系数、传递系数、力矩分配法的基本原理等。

引导案例

力矩分配法是在实际工程计算中广泛采用的计算方法。力矩分配法的计算方法是通过按固定的数值算法反复迭代运算，使施计算值逐渐逼近准确值的一种超静定结构内力的近似计算方法。力矩分配法与力法、位移法等求超静定结构的经典计算方法相比，最突出的优点是在求解结构未知力的过程中，只需进行数值运算，不需解方程就可计算出未知力的近似值，且未知力与其精确值间的误差是可以控制的。

前面两章介绍的力法和位移法是计算超静定结构的两种基本方法。这两种方法的优点是计算结果准确可靠，而缺点是必须建立和解算联立方程，计算工作量较大，特别是基本未知量数目较多时，其计算工作更加繁重。

力矩分配法是工程中广为采用的一种实用方法。它是建立在位移法基础上的一种渐近计算法。这种方法在计算时遵循一定的规律，可避免解算联立方程组，十分简便。其缺点是只适合于计算连续梁和无侧移刚架。

由于力矩分配法是以位移法为基础的，因此本章中的基本结构及有关的正负号规定等，均与位移法相同。如弯矩仍规定对杆端顺转为正；对结点或支座逆转为正。

任务 1　力矩分配法的基本原理

15.1.1　基本概念

1. 转动刚度 *S*

对于任意支承形式的单跨超静定梁 AB，为使 A 端产生角位移 θ_A，则需在该端施加一力矩 M_{AB}。当 $\theta_A=1$ 时所须施加的力矩，称为 AB 杆在 A 端的**转动刚度**，并用 S_{AB} 表示。如图 15-1a所示。A 端称为近端，B 端称为远端。同样，使 B 端产生转角位移 $\theta_B=1$ 时施加的力矩为 B 端的转动刚度 S_{BA}，如图 15-1b 所示。

当近端转角 $\theta_A\neq1$ 时，需施加的力矩为

$$M_{AB}=S_{AB}\cdot\theta_A。$$

杆件的转动刚度 S_{AB} 除与杆件的线刚度 i 有关外，还与杆件的远端的支承情况有关。见表 15-1。

(a)　　　　　　　　(b)

图 15-1

2. 传递系数 C

对于单跨超静定梁而言，当近端发生转角而引起弯矩时，另一端远端一般也会引起弯矩。通常将远端弯矩与近端弯矩的比值，称为杆件由近端向远端的**传递系数**，并用 C 表示。梁 AB 由 A 端向 B 端的传递系数表示为

$$C_{AB}=\frac{M_{BA}}{M_{AB}}$$

显然，对于不同的远端支承，传递系数是不同的，见表 15-1。

表 15-1　单跨超静定梁的转动刚度与传递系数

远端支承情况	简　图	转动刚度	传递系数
固定	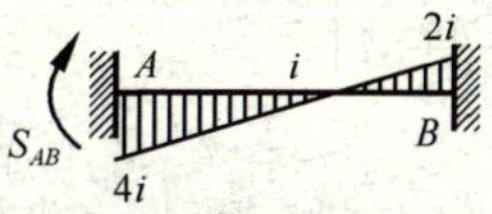	$4i$	0.5
铰支	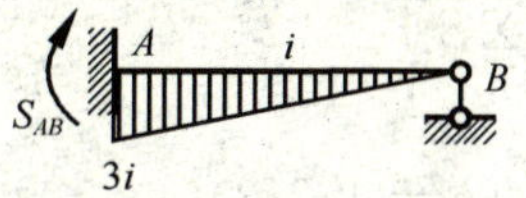	$3i$	0
滑动	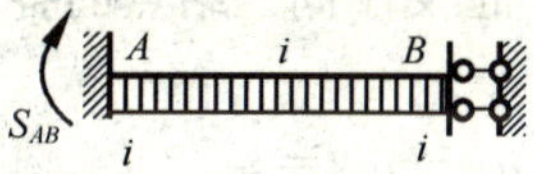	i	−1

15.1.2　力矩分配法的基本原理

下面，我们以具有结点外力矩的单结点结构为例，说明力矩分配法的基本原理。

图 15-2a 为一单结点结构，各杆均为等截面直杆，刚结点 A 为各杆的汇交点。设各杆的线刚度分别为 i_1、i_2 和 i_3。在结点力偶 M 作用下，各杆在结点 A 处将产生相同的转角 θ_{A}。各杆发生的变形如图中虚线所示。

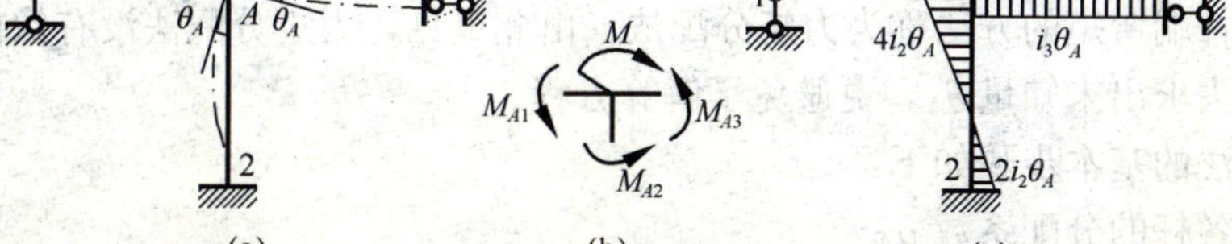

(a)　　　(b)　　　(c)

图 15-2

由转动刚度的定义可知

$$\left.\begin{aligned} M_{A1} &= S_{A1} \cdot \theta_A = 3i_1\theta_A \\ M_{A2} &= S_{A2} \cdot \theta_A = 4i_2\theta_A \\ M_{A2} &= S_{A3} \cdot \theta_A = i_3\theta_A \end{aligned}\right\} \tag{a}$$

利用结点 A（图 15-2b）的力矩平衡条件得

$$M = M_{A1} + M_{A2} + M_{A3} = (S_{A1} + S_{A2} + S_{A3})\theta_A$$

所以

$$\theta_A = \frac{M}{\sum S_{Ak}}(k = 1,2,3)$$

其中，$\sum S_{Ak}$ 为汇交于结点 A 的各杆件在 A 端的转动刚度之和。

将所求得的 θ_A 代入式（a），得

$$\left.\begin{aligned} M_{A1} &= \frac{S_{A1}}{\sum S_{Ak}}M \\ M_{A2} &= \frac{S_{A2}}{\sum S_{Ak}}M \\ M_{A3} &= \frac{S_{A3}}{\sum S_{Ak}}M \end{aligned}\right\} \tag{b}$$

令

$$\mu_{Ak} = \frac{S_{Ak}}{\sum S_{Ak}} \tag{15-1}$$

则式（b）各项可以合写为

$$M_{Ak} = \mu_{Ak} \cdot M(k = 1,2,3) \tag{15-2}$$

式中，μ_{Ak} 称为各杆在 A 端的**分配系数**。显然，汇交于同一结点的各杆杆端分配系数之和等于 1，即

$$\sum \mu_{Ak} = \mu_{A1} + \mu_{A2} + \mu_{A3} = 1$$

由上述可知，作用于结点 A 的外力偶 M，按各杆杆端的分配系数分配给了各杆的近端。

各杆的远端弯矩 M_{kA} 可以利用传递系数求出，即

$$M_{kA} = C_{Ak} \cdot M_{Ak} \tag{15-3}$$

本例中

$$M_{1A} = C_{A1} \cdot M_{A1} = 0$$

$$M_{2A} = C_{A2} \cdot M_{A2} = 0.5 \times 4i_2\theta_A = 2i_2\theta_A$$

$$M_{3A} = C_{A3} \cdot M_{A3} = -1 \times i_3\theta_A = -i_3\theta_A$$

最后，作出弯矩图如图 15-2c 所示。

上述求解杆端弯矩的方法称为**力矩分配法**。由此可见，力矩分配法没有像位移法那样列位移法方程，去求出未知量 θ_A，更避免了解算方程。

力矩分配法的基本步骤如下：

（1）计算各杆的分配系数 μ_{Ak}

$$\mu_{Ak} = \frac{S_{Ak}}{\sum S_{Ak}}$$

（2）由分配系数利用式（15-2）计算各杆近端的分配弯矩。为了区别杆件的最后杆端弯

矩，分配弯矩用 M^{μ}_{Ak} 表示。

$$M^{\mu}_{Ak}=\mu_{Ak}\cdot M$$

(3) 由各杆的传递系数利用式 (15-3) 计算各杆远端的传递弯矩，传递弯矩用 M^{C}_{kA} 表示。

$$M^{C}_{kA}=C_{Ak}\cdot M^{\mu}_{Ak}$$

(4) 做弯矩图。

例 15-1 图 15-3a 所示为两跨连续梁，各杆 EI 为常数，试作其弯矩图。

解 此连续梁为一单结点结构。根据位移法概念，可将 AB 和 BC 分别看成两端固定和一端固定一端铰支的单跨梁，在刚结点 B 处汇交。

(1) 计算各杆分配系数

因为超静定结构内力只与相对刚度有关，与绝对刚度无关。为计算方便，设 $EI=6$，则

$$i_{AB}=EI/l_{AB}=1,\ i_{BC}=EI/l_{BC}=2$$

利用式 (15-1) 计算

$$\mu_{BA}=\frac{S_{BA}}{\Sigma S_{B}}=\frac{4i_{AB}}{4i_{AB}+3i_{BC}}=\frac{4}{4\times1+3\times2}=\frac{4}{10}=0.4$$

$$\mu_{BC}=\frac{S_{BC}}{\Sigma S_{B}}=\frac{6}{10}=0.6$$

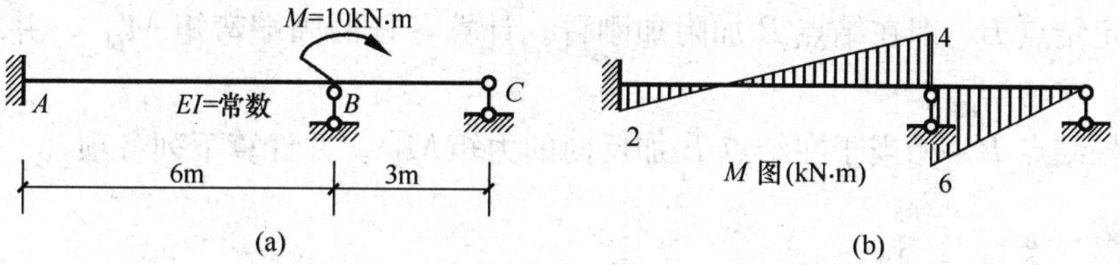

图 15-3

(2) 利用式 (15-2) 计算各杆分配弯矩

$$M^{\mu}_{BA}=\mu_{BA}\cdot M=0.4\times10=4\text{kN}\cdot\text{m}$$

$$M^{\mu}_{BC}=\mu_{BC}\cdot M=0.6\times10=6\text{kN}\cdot\text{m}$$

(3) 利用式 (15-3) 计算各杆传递弯矩

$$M^{C}_{AB}=C_{BA}\cdot M^{\mu}_{Ak}=0.5\times4=2\text{kN}\cdot\text{m}$$

$$M^{C}_{AB}=0$$

(4) 作弯矩图如图 15-3b 所示。

15.1.3　非结点荷载作用下单结点结构的计算

图 15-4a 所示为一等截面两跨连续梁，在荷载作用下，结点 B 产生转角 θ_B，设为正向。梁的变形曲线如图中虚线所示。

首先在结点 B 加上一阻止该结点转动的附加刚臂，此时连续梁 ABC 被分为两个单跨静定梁。然后将原荷载加于梁上，各杆将产生固端弯矩，变形曲线如图 15-4b 所示。结点 B 处附加刚臂上的约束力矩 M^{F}_{B}，可由图 15-4d 所示结点 B 的力矩平衡条件求得

$$\Sigma M^{F}_{Bk}=M^{F}_{B}+M^{F}_{BA}+M^{F}_{BC}=0$$

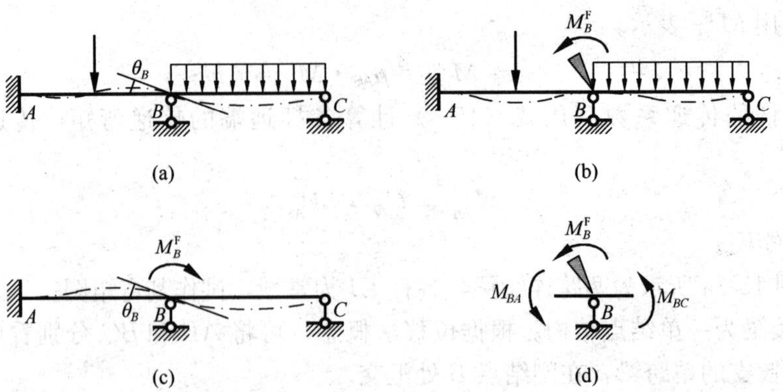

图 15-4

然而，在结点 B 并没有附加刚臂，更不存在约束力矩 M_B^F。为了消除附加刚臂的影响，可在结点 B 处加一个与 M_B^F 相反的力矩，即可恢复连续梁原来的变形，如图 15-4c 所示。也就是说：将图 b 和图 c 叠加，就得到原结构图 a 的实际情况了。

同时，实际的杆端弯矩也等于图 b 和图 c 的杆端弯矩叠加。其中图 b 为单跨梁的固端弯矩，查表 14-1 可得。图 c 中的各杆端弯矩可由前述的力矩分配法求得。

通过以上分析，我们将单结点结构力矩分配法的计算步骤归纳如下：

（1）固定结点 B，即在结点 B 加附加刚臂。计算各杆的固端弯矩 M_{BK}^F，并求出结点不平衡力矩 $M_B^F = \Sigma M_{BK}^F$。

（2）放松结点 B，相当于在结点 B 加反向的力矩 M_B^F。并计算下列各项

分配系数：$\mu_{Bk} = \dfrac{S_{BK}}{\Sigma S_B}$

分配弯矩：$M_{Bk}^{\mu} = \mu_{Bk} \cdot (-M_B^F)$

传递弯矩：$M_{kB}^{C} = C_{Bk} M_{Bk}^{\mu}$

（3）叠加，计算各杆杆端最后弯矩

$$M_{Bk} = M_{Bk}^F + M_{Bk}^{\mu}$$

$$M_{kB} = M_{kB}^F + M_{kB}^C$$

例 15-2 试用力矩分配法计算如图 15-5 所示的连续梁，并绘 M 图。

解 计算过程通常在梁的下方列表进行。现将各栏的计算说明如下：

（1）计算分配系数（设 $EI=6$）。

$$\mu_{BA} = \frac{S_{BA}}{\Sigma S_B} = \frac{3i_{BA}}{3i_{BA} + 4i_{BC}} = \frac{3}{3+4} = 0.429$$

$$\mu_{BC} = \frac{4}{3+4} = 0.571$$

将分配系数填入计算表的第 1 栏。

（2）计算固端弯矩，查表 14-1 得

$$M_{AB}^F = 0$$

$$M_{BA}^F = \frac{3Pl}{16} = \frac{3 \times 80 \times 6}{16} = 90\text{kN} \cdot \text{m}$$

$$M_{BC}^F = -M_{CB}^F = -\frac{ql^2}{12} = -\frac{20 \times 6^2}{12} = -60\text{kN} \cdot \text{m}$$

将各固端弯矩填入计算表的第 2 栏。

结点的不平衡力矩为

$$M_B^F = M_{BA}^F + M_{BC}^F = 90 - 60 = 30\text{kN} \cdot \text{m}$$

（3）计算分配弯矩和传递弯矩

分配弯矩为

$$M_{BA}^\mu = 0.429 \times (-30) = -12.9\text{kN} \cdot \text{m}$$

$$M_{BC}^\mu = 0.571 \times (-30) = -17.1\text{kN} \cdot \text{m}$$

传递弯矩为

$$M_{AB}^C = 0$$

$$M_{CB}^C = 0.5 \times (-17.1) = -8.6\text{kN} \cdot \text{m}$$

将它们填入计算表的第 3 栏。在结点 B 的分配弯矩下划横线，表明该结点已经达到平衡；在分配弯矩和传递弯矩之间划一箭头，表示弯矩传递的方向。

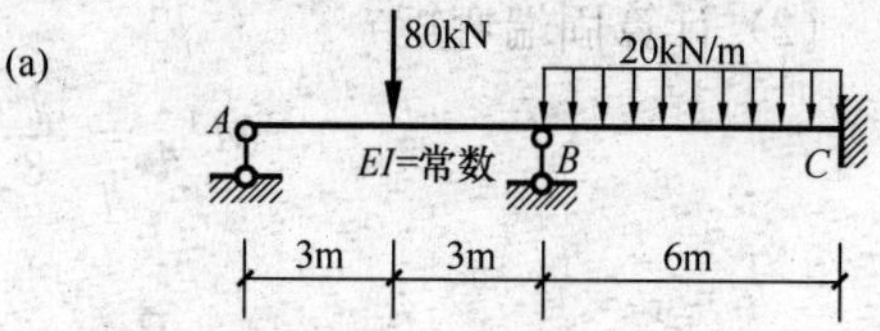

分配系数		3/7	4/7	
固端弯矩	0	90	−60	60
分配与传递		<u>−12.9</u>	<u>−17.1</u> ⟶	−8.6
最后弯矩	0	<u>77.1</u>	<u>−77.1</u>	51.4

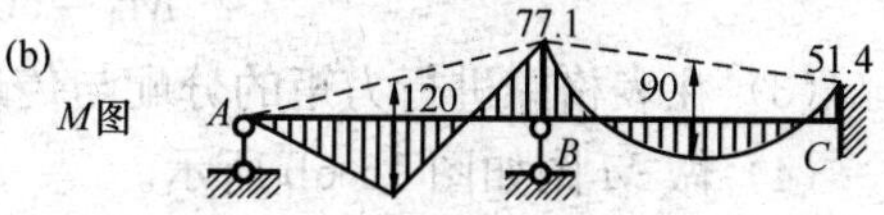

图 15-5

（4）计算各杆杆端最后弯矩，并填入计算表的第 4 栏。

$$M_{AB} = 0$$

$$M_{BA} = 90 - 12.9 = 77.1\text{kN} \cdot \text{m}$$

$$M_{BC} = -60 - 17.1 = -77.1\text{kN} \cdot \text{m}$$

$$M_{CB} = 60 - 8.6 = 51.4\text{kN} \cdot \text{m}$$

（5）利用叠加法，作 M 图如图 15-5b 所示。

例 15-3　试用力矩分配法计算如图 15-6a 所示刚架，并绘 M 图。

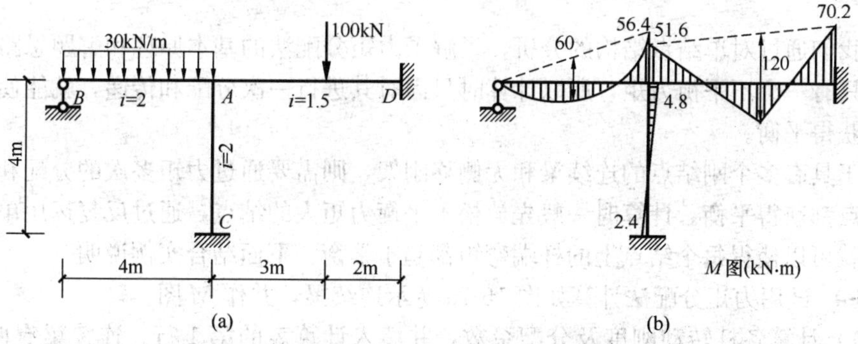

图 15-6

解（1）计算分配系数

$$\mu_{AB} = \frac{3 \times 2}{3 \times 2 + 4 \times 1.5 + 4 \times 2} = \frac{6}{20} = 0.3$$

$$\mu_{AD} = \frac{4 \times 1.5}{20} = 0.3$$

$$\mu_{AC} = \frac{4 \times 2}{20} = 0.4$$

（2）计算固端弯矩

$$M_{AB}^{F}=\frac{ql^2}{8}=\frac{30\times 4^2}{8}=60\text{kN}\cdot\text{m}$$

$$M_{AC}^{F}=0$$

$$M_{AD}^{F}=-\frac{Pab^2}{l^2}=-\frac{100\times 3\times 2^2}{5^2}=-48\text{kN}\cdot\text{m}$$

$$M_{DA}^{F}=\frac{Pa^2b}{l^2}=\frac{100\times 3^2\times 2}{5^2}=72\text{kN}\cdot\text{m}$$

结点的不平衡力矩为

$$M_{A}^{F}=60-0-48=12\text{kN}\cdot\text{m}$$

（3）在表格中进行力矩的分配与传递，并计算出最后弯矩。如表15-2所示。

（4）做M图如图15-6b所示。

表15-2　杆端弯矩的计算

结　点	B	A			C	D
杆　端	BA	AB	AD	AC	CA	DA
分配系数		0.3	0.3	0.4		
固端弯矩	0	60	−48	0	0	72
分配和传递弯矩	0	<u>−3.6</u>	<u>−3.6</u>	<u>−4.8</u>	−2.4	−1.8
最后弯矩	0	56.4	−51.6	−4.8	−2.4	70.2

任务2　力矩分配法计算连续梁及无侧移刚架

上节我们通过对单结点结构的分析，了解了力矩分配法的基本原理和解题思路。由于单结点结构只有一个不平衡力矩，所以计算时只需对其进行一次分配和传递，就能使结点上各杆的力矩获得平衡。

而对于具有多个刚结点的连续梁和无侧移刚架，则需要通过力矩多次的分配和传递，才能使各结点都获得平衡。计算时一般先放松不平衡力矩大的结点，通过反复运用单结点的运算手段，就可以使得每个结点上的杆端弯矩都趋于平衡。下面结合实例说明。

例15-4　试用力矩分配法计算如图15-7a所示连续梁，并作M图。

解（1）计算各杆转动刚度及分配系数，并填入计算表的第1行。连续梁有两个结点，需分别计算。设$EI=24$，则有

$$S_{BA}=4i_{BA}=4\times\frac{24}{8}=12, S_{BC}=4i_{BC}=4\times\frac{24}{6}=16=S_{CB}, S_{CD}=3i_{CD}=3\times\frac{24}{8}=9$$

$$\mu_{BA}=\frac{S_{BA}}{\sum S_B}=\frac{12}{12+16}=0.429, \mu_{BC}=\frac{S_{BC}}{\sum S_B}=\frac{16}{12+16}=0.571$$

$$\mu_{CB}=\frac{S_{CB}}{\sum S_C}=\frac{16}{16+9}=0.64, \mu_{CD}=\frac{S_{CD}}{\sum S_C}=\frac{9}{16+9}=0.36$$

（2）计算固端弯矩，并填入计算表的第2行。需分成三段单跨超静定梁分别计算

$$M_{AB}^{F}=-\frac{ql^2}{12}=-\frac{12\times 8^2}{12}=-64\text{kN}\cdot\text{m}$$

(a)

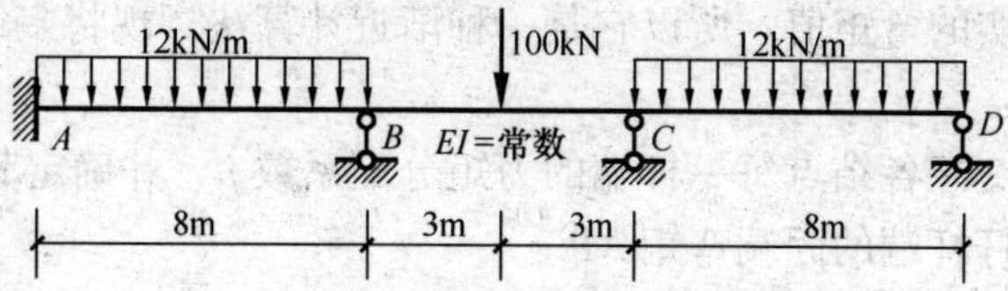

分配系数			0.429	0.571	0.64	0.36
固端弯矩		-64	64	-75	75	-96
分配与传递	C			6.72 ←	13.44	7.56
	B	0.92 ←	1.84	2.44 →	1.22	
	C			-0.39 ←	-0.78	-0.44
	B	0.09 ←	0.17	0.22 →	0.11	
	C				-0.07	-0.04
最后弯矩		-63	66	-66	89	-89

(b)

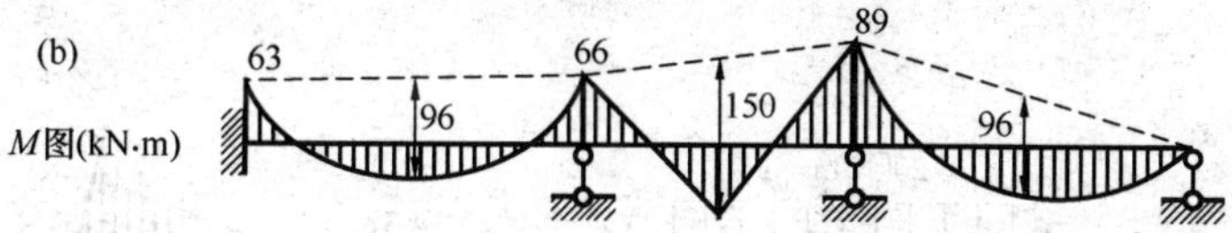

图 15-7

$$M_{BA}^{F} = \frac{ql^2}{12} = 64\text{kN}\cdot\text{m}$$

$$M_{BC}^{F} = -\frac{Pl}{8} = -\frac{100\times 6}{8} = -75\text{kN}\cdot\text{m}$$

$$M_{CB}^{F} = \frac{Pl}{8} = 75\text{kN}\cdot\text{m}$$

$$M_{CD}^{F} = -\frac{ql^2}{8} = -\frac{12\times 8^2}{8} = -96\text{kN}\cdot\text{m}$$

(3) 力矩分配和传递。

结点 C 不平衡力矩较大，从结点 C 开始分配。完成了结点 C 的第一次分配和传递后，结点 B 的不平衡力矩

$$M_{B}^{F} = 64-75+6.72 = -4.28\text{kN}\cdot\text{m}$$

结点 B 的第一次分配和传递后，结点 C 又有了新增的不平衡力矩，再进行结点 C 的第二次分配和传递。

如此循环若干轮次之后，不平衡力矩越来越小。而当其小到可以忽略不计时，便以不再传递作为结束。此时的结果就非常接近于最后的状态了。

(4) 将历次计算结果都记入图 15-7 的计算表中。最后将每一杆端历次的分配弯矩、传递弯矩和原来的固端弯矩竖向代数相加，便得到各杆端的最后弯矩。

演算过程及格式如图 15-7 计算表。

(5) 做弯矩图如图 15-7b 所示。

上述的计算方法同样可用于多结点无侧移刚架。

综上所述，力矩分配法的计算过程，是依次放松各结点，以消去其上的不平衡力矩，使其逐渐接近于真实的弯矩值，所以它是一种渐近计算法。现将多结点结构的力矩分配法计算步骤可归纳如下：

（1）求出汇交于各结点每一杆端的力矩分配系数 μ，并确定其传递系数 C；

（2）计算各杆杆端的固端弯矩 M^F；

（3）从不平衡力矩较大的结点开始，进行第一轮次的分配与传递，依次放松各结点，对相应的不平衡力矩进行分配与传递。

（4）循环步骤（3），直到最后的传递弯矩小到可以略去为止。（结束在分配上）

（5）求杆端最后弯矩。将各杆端的固端弯矩、历次的分配弯矩和历次的传递弯矩代数相加即为各杆端的最后弯距。

（6）利用叠加法做弯矩图，必要时根据弯矩图再做剪力图。

例 15-5　试用力矩分配法作图 15-8a 所示刚架的弯矩图。

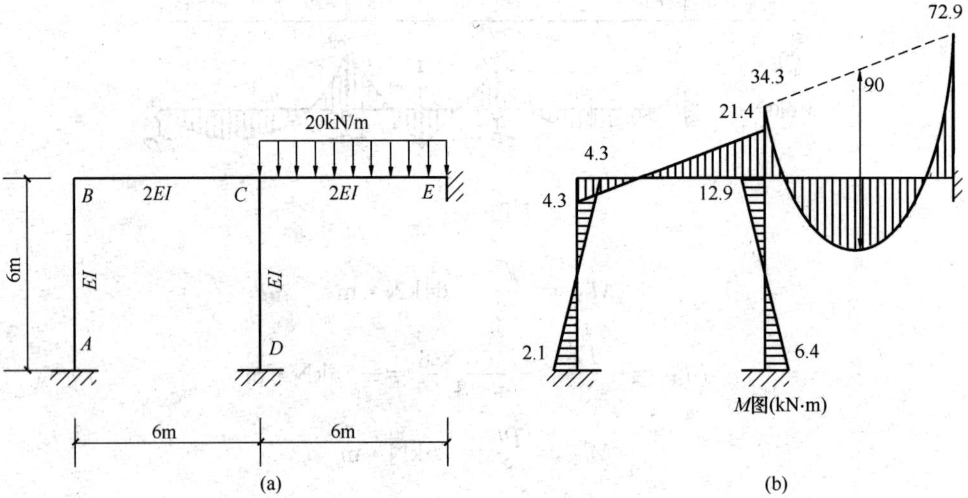

图 15-8

解（1）计算转动刚度，设 $EI=6$。

$$S_{BA}=S_{CD}=4\times 6/6=4$$

$$S_{BC}=S_{CB}=S_{CE}=4\times 12/6=8$$

计算分配系数为

$$\mu_{BA}=\frac{4}{4+8}=\frac{1}{3},\mu_{BC}=\frac{2}{3}$$

$$\mu_{CB}=\frac{8}{8+4+8}=0.4,\ \mu_{CD}=\frac{4}{8+4+8}=0.2,\ \mu_{CE}=\frac{8}{8+4+8}=0.4$$

（2）计算固端弯矩。

$$M_{CE}^{F}=-\frac{ql^2}{12}=-\frac{20\times 6^2}{12}=-60\text{kN}\cdot\text{m}$$

$$M_{DC}^{F}=\frac{ql^2}{12}=60\text{kN}\cdot\text{m}$$

（3）力矩分配和传递。如表 15-3 所示。

（4）做 M 图如图 15-8b 所示。

表 15-3　杆端弯矩的计算

结　点		A	B		C			E	D
杆　端		AB	BA	BC	CB	CD	CE	EC	DC
分配系数			0.333	0.667	0.4	0.2	0.4		
固端弯矩							−60	60	
分配与传递	C			12	24	12	24	12	6
	B	−2	−4	−8	−4				
	C			0.8	1.6	0.8	1.6		
	B	−0.13	−0.26	−0.54	−0.27				
	C				0.11	0.05	0.11		
最后弯矩		−2.1	−4.3	4.3	21.4	12.9	−34.3	72.9	6.4

小　结

力矩分配法是建立在位移法基础上的一种渐近计算法，适用于求解多跨连续梁和无侧移刚架。优点是可直接以杆端弯矩进行计算，没有基本未知量，更不需要解方程。

力矩分配法的解题步骤

（1）计算分配系数 μ，并确定其传递系数 C；

（2）计算各杆杆端的固端弯矩 M^F；

（3）力矩的分配与传递。

（4）求杆端最后弯矩。

（5）做弯矩图，必要时再做剪力图和轴力图。

思考题

15-1　转动刚度的物理意义是什么？与哪些因素有关？

15-2　分配系数如何确定？为什么汇交于同一结点的各杆端分配系数之和等于 1？

15-3　传递系数如何确定？常见的传递系数有几种？各是多少？

15-4　结点不平衡力矩的含义是什么？如何确定结点不平衡力矩？

15-5　用力矩分配法计算多结点结构时，应先从哪个结点开始？能否同时放松两个或两个以上的结点？

15-6　为什么说力矩分配法是一种渐近计算方法？

15-7　力矩分配法计算时，若结构对称，能否取半个结构计算？如何选取半个结构？

习题

15-1～15-10　试用力矩分配法计算图示结构，并作弯矩图（9、10 题利用对称性）。

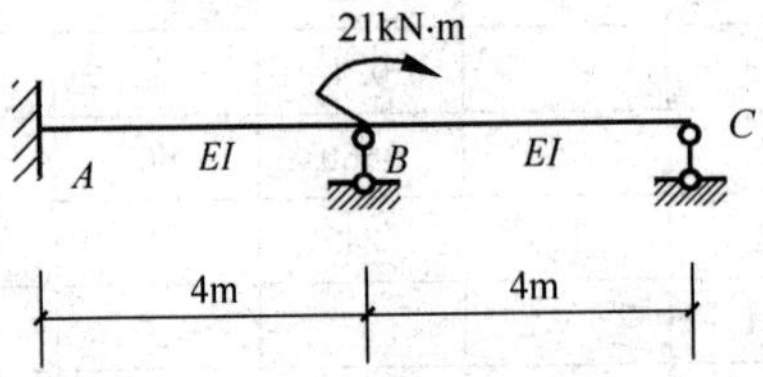

图题 15-1

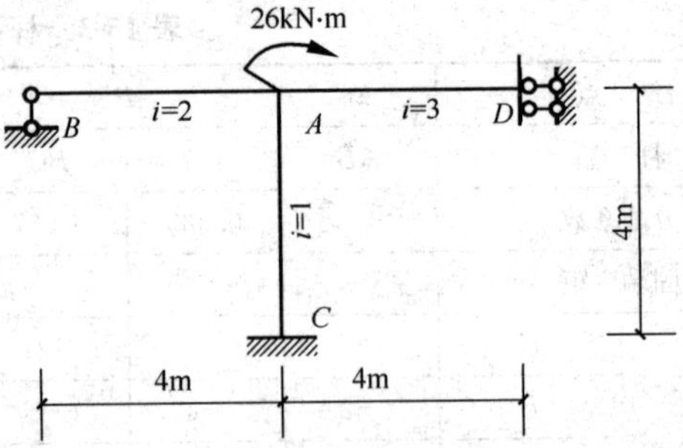

图题 15-2

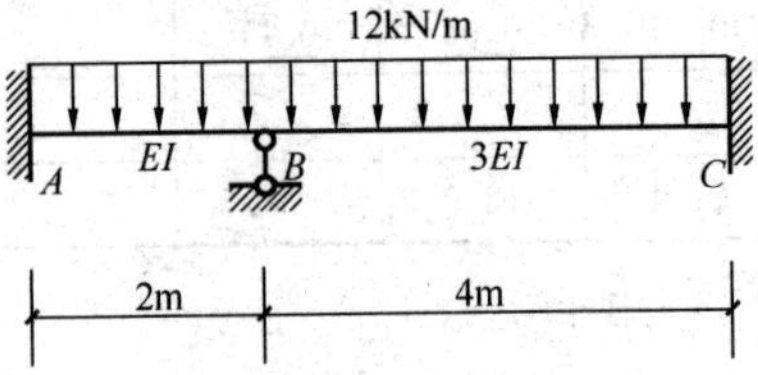

图题 15-3

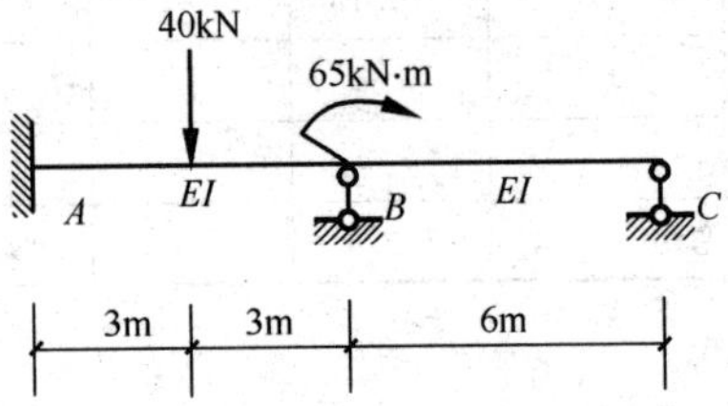

图题 15-4

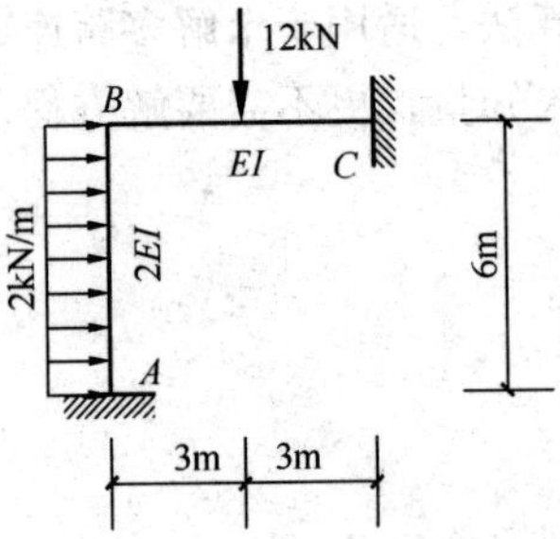

图题 15-5

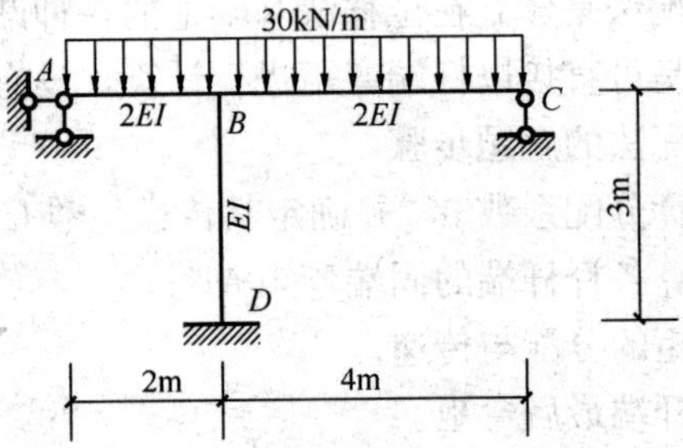

图题 15-6

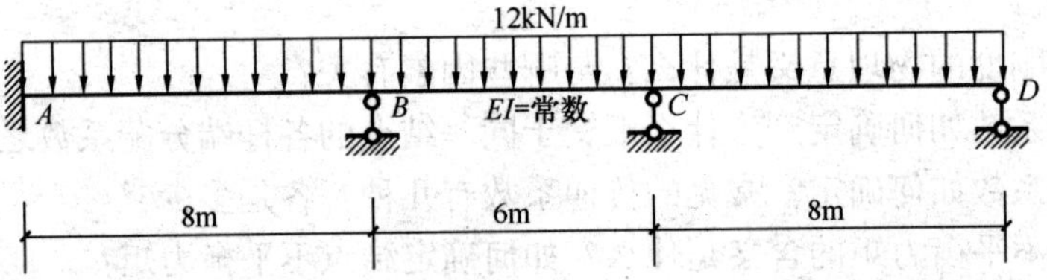

图题 15-7

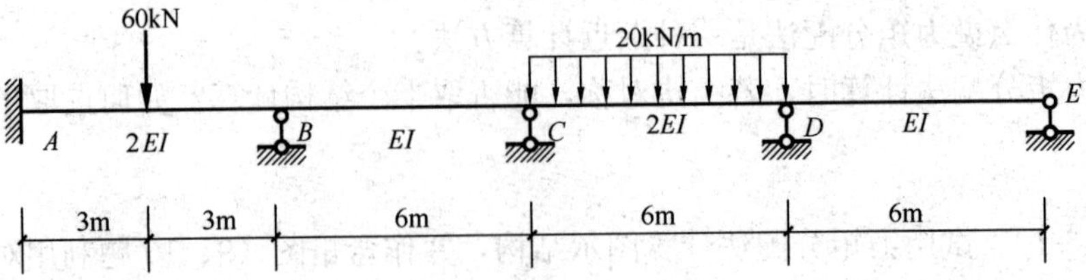

图题 15-8

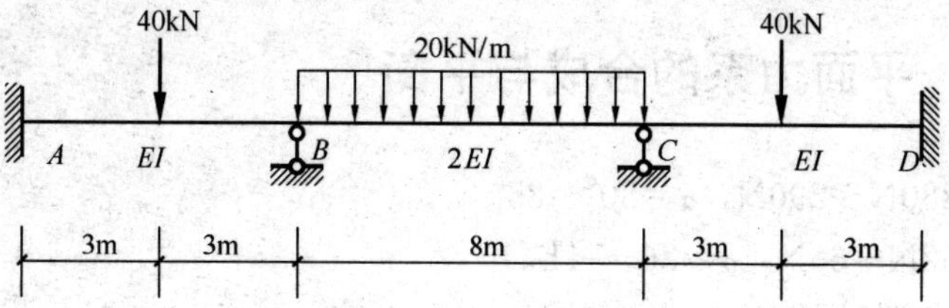

图题 15-9

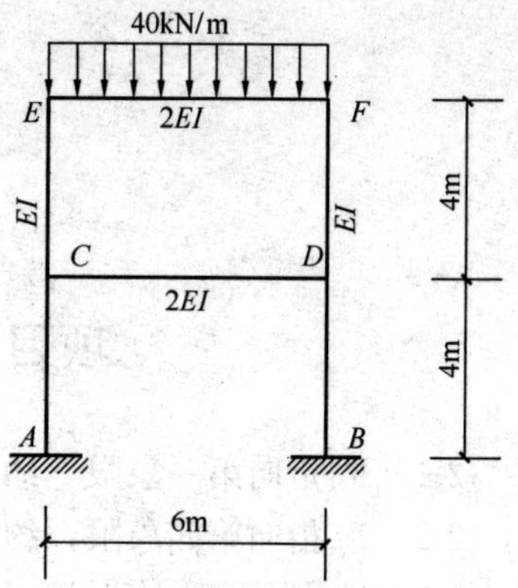

图题 15-10

部分参考答案

项目 2　平面力系的合成与平衡

2-1　$\boldsymbol{F}_R$指向第一象限，约为 280N～290N，$\alpha=80°\sim85°$

2-2　$\boldsymbol{F}_R$指向第四象限，约为 62N～66N，$\alpha=36°\sim41°$

2-3　60°斜面 $\boldsymbol{F}_{N1}$约为 7.3kN；45°斜面 $\boldsymbol{F}_{N2}$约为 9.0kN

2-4　$\boldsymbol{F}_A=\boldsymbol{F}_B=14.1$kN

2-5　$\boldsymbol{F}_R$位于第一象限，$\boldsymbol{F}_R=26.8$N，$\alpha=60°$

2-6　$\boldsymbol{F}_A=\boldsymbol{F}_B=14.14$kN

2-7　(a)$\boldsymbol{F}_{AC}=-11.55$kN　$\boldsymbol{F}_{BC}=5.77$kN　　(b)$\boldsymbol{F}_{AC}=-8.66$kN　$\boldsymbol{F}_{BC}=5$kN
(c)$\boldsymbol{F}_{AC}=\boldsymbol{F}_{BC}=7.07$kN

2-8　$\boldsymbol{F}_{AB}=1000$N　$\boldsymbol{F}_{BC}=1000$N　$\boldsymbol{F}_{BD}=1414$N　$\boldsymbol{F}_{DF}=1155$N　$\boldsymbol{F}_{DE}=1577$N

2-9　$\boldsymbol{F}_N=2.31$kN

2-10　(a)0　(b)$\boldsymbol{F}l\sin\alpha$　(c)$\boldsymbol{F}l\sin(\alpha+\beta)$　(d)$-\boldsymbol{F}a$　(e)$\boldsymbol{F}(l+a)$　(f)$\boldsymbol{F}\sqrt{a^2+b^2}\sin\alpha$

2-11　(1)$M_O(\boldsymbol{F})=73.9$N·m　　(2)$\boldsymbol{F}_B=296$N　　(3)垂直于 OB，$\boldsymbol{F}_{B\min}=209$N。

2-12　$\boldsymbol{F}=15$kN；$\boldsymbol{F}_{\min}=12$kN，垂直于 OB

2-13　(a)$\boldsymbol{F}_A=\boldsymbol{F}_B=\boldsymbol{F}/3$　　(b)$\boldsymbol{F}_A=\boldsymbol{F}_B=0.47\boldsymbol{F}$
(c)$M_A=2\boldsymbol{F}a$(顺)　　(d)$\boldsymbol{F}_A=\boldsymbol{F}_B=\boldsymbol{F}$

2-14　主矢 $\boldsymbol{F}'_R=4020$kN，指向第三象限，$\alpha=84.3°$；主矩 $M_O=4500$kN·m；最后结果位于 O 点之左，$d=1.12$m。

2-15　向 O 点与向 A 点的简化结果相同：$\boldsymbol{F}'_R=0$，$M_O=M_A=3\boldsymbol{F}l$；这是因为主矢为零时，主矩与简化中心的位置无关。

2-16　(a)$\boldsymbol{F}_{Ax}=5$kN(←)　　$\boldsymbol{F}_{Ay}=9.11$kN(↑)　　$\boldsymbol{F}_B=9.55$kN(↑)
(b)$\boldsymbol{F}_{Ax}=1.414$kN(←)　　$\boldsymbol{F}_{Ay}=2.914$kN(↑)　　$M_A=8.828$kN·m(逆)
(c)$\boldsymbol{F}_{Ax}=6$kN(→)　　$\boldsymbol{F}_{Ay}=8$kN(↑)　　$\boldsymbol{F}_B=4$kN(↑)

2-17　(a)$\boldsymbol{F}_{Ax}=8$kN(←)　　$\boldsymbol{F}_{Ay}=34$kN(↑)　　$\boldsymbol{F}_B=46$kN(↑)
(b)$\boldsymbol{F}_{Ax}=0$　　$\boldsymbol{F}_{Ay}=30$kN(↑)　　$M_A=9$kN·m(逆)

2-18　$\boldsymbol{F}_{Ax}=12$kN(←)　　$\boldsymbol{F}_{Ay}=3.4$kN(↑)　　$\boldsymbol{F}_B=15$kN(↗)

2-19　$\boldsymbol{F}_A=53.3$kN(↑)　　$\boldsymbol{F}_B=70.7$kN(↘)　　$\boldsymbol{F}_C=83.3$kN(↑)

2-20　$\boldsymbol{F}_{Ax}=40$kN(→)　　$\boldsymbol{F}_{Ay}=40$kN(↑)　　$\boldsymbol{F}_B=40$kN(←)

2-21　$\tan\alpha=0.8$　　$\alpha=38.67°$

2-22　(a)$\boldsymbol{F}_A=34$kN(↑)　$\boldsymbol{F}_B=26$kN(↑)
(b)$\boldsymbol{F}_A=\boldsymbol{F}_B=6$kN(↑)
(c)$\boldsymbol{F}_A=18$kN(↑)　$M_A=42$kN·m(逆)
(d)$\boldsymbol{F}_B=4$kN(↑)　$M_B=1.8$kN·m(逆)

(e)F_A=3kN(↑)　F_B=11kN(↑)　　(f)$F_A=F_B$=5kN(↑)

2-23　F_A=6.6kN(↑)　　F_B=6kN(↑)

2-24　(a)F_A=10kN(↑)　　F_C=40kN(↑)　　M_C=160kN·m(顺)

(b)F_A=5kN(↑)　　F_B=75kN(↑)　　F_D=20kN(↑)

2-25　(a)F_{Ax}=30kN(→)　F_{Ay}=45kN(↑)　F_B=30kN(↑)　F_C=15kN(↑)

(b)F_{Ax}=3kN(←)　F_{Ay}=8kN(↑)　F_{Bx}=3kN(→)　F_{By}=14kN(↑)

2-26　F_{Ax}=45kN(←)　　F_{Ay}=15kN(↑)　　F_{Bx}=15kN(→)　　F_{By}=15kN(↑)

2-27　F_{N1}=−10kN　　F_{N2}=−8kN　　F_{N3}=6kN

F_{Ax}=8kN(←)　　F_{Ay}=6.6kN(↑)　M_A=4.8kN·m(逆)

2-28　F_{Ax}=0　　F_{Ay}=48.33kN(↓)　　F_B=100kN(↑)　　F_D=8.33kN(↑)

2-29　(a)F_{DE}=22.6kN(↗)　F_{Ax}=0　F_{Ay}=8kN(↑)　M_A=16kN·m(逆)

(b)F_{DE}=11.3kN(↗)　F_{Ax}=0　F_{Ay}=4kN(↑)　M_A=8.6kN·m(逆)

(c)F_{DE}=11.3kN(↗)　F_{Ax}=4kN(→)　F_{Ay}=4kN(↑)　M_A=2.4kN·m(顺)

2-30　F_1=62.5kN(↑)　　F_2=57.7kN(↗)　　F_3=57.7kN(↖)　F_4=12.5kN(↓)

项目4　轴向拉伸和压缩

4-1　略

4-2　(a)AB段：$\sigma=F/A$　　BC段：$\sigma=-F/A$　总变形 $\Delta l_{AC}=Fa/EA$

(b)AB段：$\sigma=4F/A$　BC段：$\sigma=2F/A$　CD段：$\sigma=-F/A$　总变形 $\Delta l_{AD}=5Fa/EA$

4-3　σ_{max}=1MPa

4-4　上段：σ=−0.694MPa　　$\varepsilon=-2.31\times10^{-4}$

下段：σ=−0.877MPa　　$\varepsilon=-2.92\times10^{-4}$　　总变形 Δl=−1.863mm

4-5　σ=120MPa　　F=9.42kN

4-6　σ_{max}=6MPa

4-7　所需面积：A=312.5mm^2，可选 2L30×3

4-8　$d\geqslant$16.9mm

4-9　σ_1=119.4MPa　　σ_2=4MPa

4-10　(a)[F]=162kN　　(b)[F]=198kN

项目5　剪切与扭转

5-1　τ_{max}=99.5MPa　　$\sigma_{c\,max}$=125MPa

5-2　圆杆：σ_{max}=122MPa，τ=83.3MPa　销杆：σ_c=250MPa，τ=100MPa

5-3　100mm　(精确计算：96mm)

5-4　略

5-5　AB段 τ_{max}=22.27MPa；ϕ/l=0.58°/m；

BC段 τ_{max}=20.37MPa；ϕ/l=0.46°/m；C对A的扭转角为1.79°

5-6　$W=115\times10^3\text{mm}^3$　　实心圆轴 $D_1=67.1\text{mm}$，59.3×10^3

5-7　实心圆轴 $\tau_{max}=56.6\text{MPa}$，　　空心圆轴 $\tau_{max}=25.5\text{MPa}$

5-8　AB 段 $\tau_{max}=71\text{MPa}$，$\varphi/l=1.02°/\text{m}$；BC 段 $\tau_{max}=76\text{MPa}$，$\varphi/l=1.36°/\text{m}$

项目6　平面图形的几何性质

6-1　(a)$72\times10^3\text{mm}^3$　　(b)$3712\times10^3\text{mm}^3$　　(c)$1472\times10^3\text{mm}^3$

6-2　$y_C=267.5\text{mm}$　　$S_z=-18.7\times10^6\text{mm}^3$

6-3　工字形：$I_z=587.5\times10^6\text{mm}^4$　　74.07%

6-4　(a)$I_z=I_y=\pi(D^4-d^4)/64$　　(b)$I_z=10.54\times10^6\text{mm}^4$　　$I_y=122.67\times10^6\text{mm}^4$

6-5　(a)$I_z=3560.8\text{cm}^4$　　$I_y=491.3\text{cm}^4$

　　(b)$I_z=3560.8\text{cm}^4$　　$I_y=1869.6\text{cm}^4$

6-6　($y_C=12.8\text{cm}$)$I_z=2431\text{cm}^4$ $I_y=1027.6\text{cm}^4$

项目7　弯　　曲

7-1　(a)$F_{Q1}=0$　　$M_1=2\text{kN}\cdot\text{m}$　　$F_{Q2}=4\text{kN}$　　$M_2=8\text{kN}\cdot\text{m}$

　　(b)$F_{Q3}=8\text{kN}$　　$M_3=40\text{kN}\cdot\text{m}$　　$F_{Q4}=-16\text{kN}$　　$M_4=32\text{kN}\cdot\text{m}$

　　(c)$F_{Q5}=4\text{kN}$　　$M_5=8\text{kN}\cdot\text{m}$　　$F_{Q6}=-8\text{kN}$　　$M_6=8\text{kN}\cdot\text{m}$

　　　$F_{Q7}=4\text{kN}$　　$M_7=0$

7-2　(a)$F_{Q1}=-4\text{kN}$　　$M_1=0$　　$F_{Q2}=-4\text{kN}$　　$M_2=-8\text{kN}\cdot\text{m}$

　　　$F_{Q3}=4\text{kN}$　　$M_3=4\text{kN}\cdot\text{m}$

　　(b)$F_{Q1}=4\text{kN}$　　$M_1=8\text{kN}\cdot\text{m}$　　$F_{Q2}=-5\text{kN}$　　$M_2=8\text{kN}\cdot\text{m}$

　　　$F_{Q3}=-5\text{kN}$　　$M_3=-2\text{kN}\cdot\text{m}$　　$F_{Q4}=-5\text{kN}$　　$M_4=10\text{kN}\cdot\text{m}$

7-3

	(a)	(b)	(c)
F_Q图	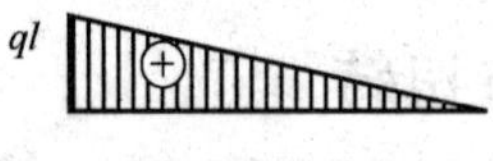		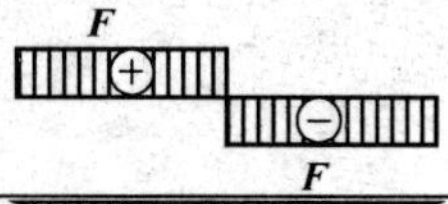
M图	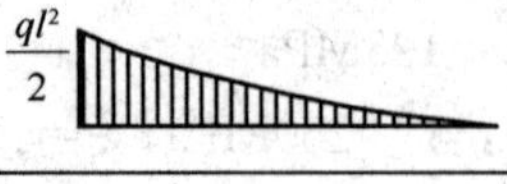	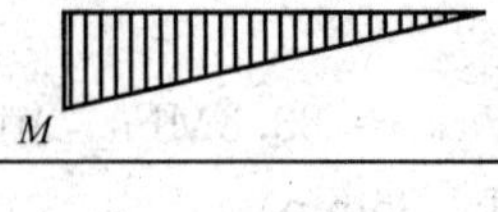	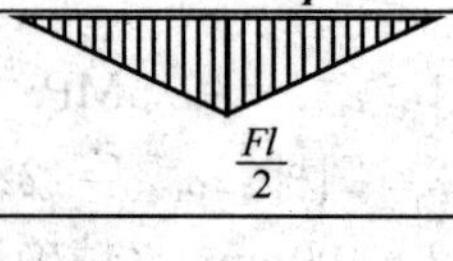

7-4

	(a)	(b)	(c)
F_Q图		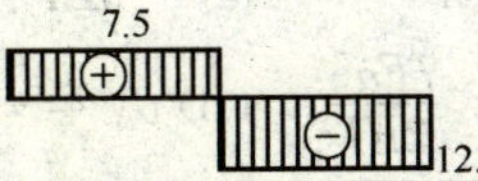	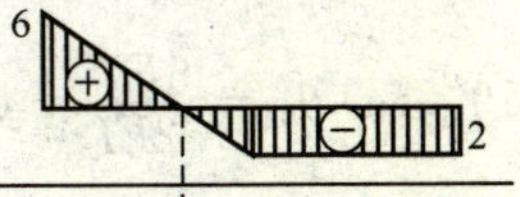
M图	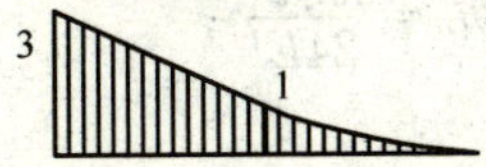	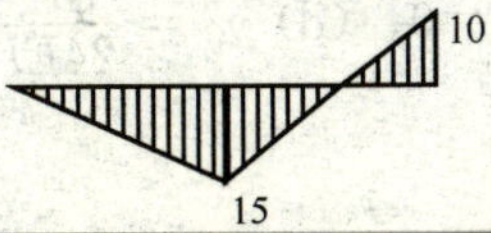	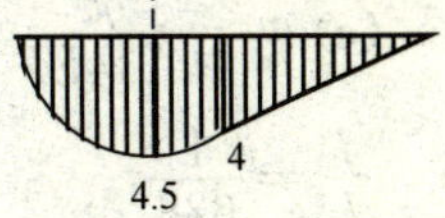
$\|M\|_{max}$	3kN·m	15kN·m	4.5kN·m

	(d)	(e)	(f)
F_Q图		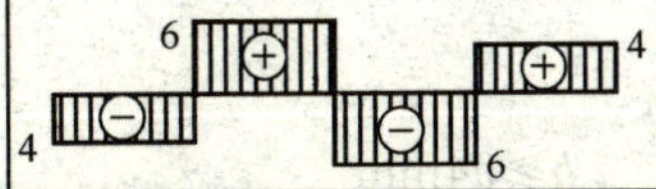	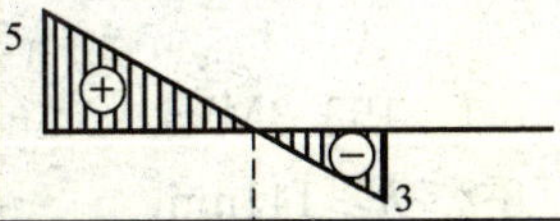
M图	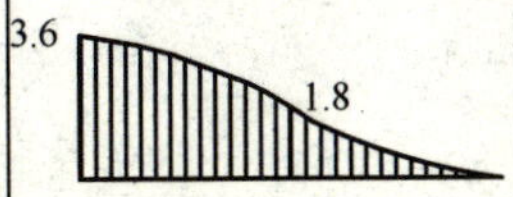	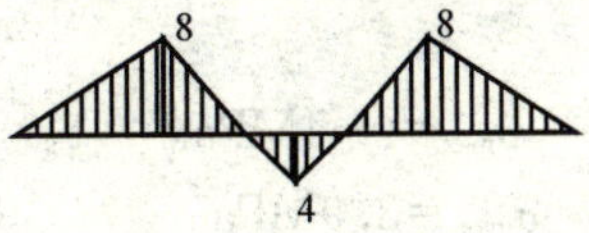	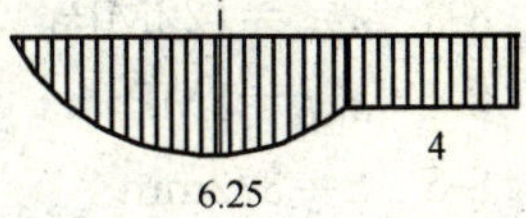
$\|M\|_{max}$	1.8kN·m	8kN·m	6.25kN·m

7-5　见 7-4

7-6

(a)

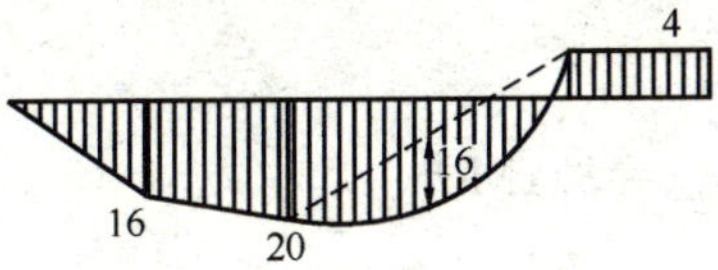

(b)

7-7　$\sigma_a=6\text{MPa}$　　$\sigma_b=3.6\text{MPa}$　　$\sigma_c=0$　　$\sigma_d=-6\text{MPa}$

7-8　(a)$\sigma_{max}=3.125\text{MPa}$；(b)$\sigma_{max}=63.29\text{MPa}$；(c)$\sigma^+_{max}=108.9\text{MPa}$，$\sigma^-_{max}=39.2\text{MPa}$

(d)$\sigma^+_{max}=33.88\text{MPa}$，$\sigma^-_{max}=56.47\text{MPa}$

7-9　$\sigma_{max}=123.8\text{MPa}$

7-10　截面 C：$\sigma^+_{max}=48.3\text{MPa}$，$\sigma^-_{max}=20.8\text{MPa}$

截面 B：$\sigma^+_{max}=29.8\text{MPa}$，$\sigma^-_{max}=67.9\text{MPa}$

7-11　$b\geqslant 168.7\text{mm}$

7-12　$W_z\geqslant 125\text{cm}^3$

7-13　$q\leqslant 14\text{kN/m}$

7-14　矩形：$\tau_{max}=2.08\text{MPa}$；工字形：$\tau_{max}=20.8\text{MPa}$；圆形：$\tau_{max}=1.06\text{MPa}$

7-15　$\sigma_{max}=161.8\text{MPa}$，略大于$[\sigma]=160\text{MPa}$，视为满足；$\tau_{max}=70.5\text{MPa}$

7-16　$b \geqslant 159$mm，且 $b \geqslant 144$mm

7-17　$\sigma_{max}=112$MPa；$\tau_{max}=121.6$MPa；主应力为 207MPa

7-18　(a)$\theta_B=\frac{ql^3}{6EI}$，$y_B=\frac{ql^4}{8EI}$；(b) $\theta_A=\frac{Ml}{3EI}$，$\theta_B=-\frac{Ml}{6EI}$，$y_C=\frac{Ml^2}{16EI}$；

7-19　(a) $\theta_B=\frac{5Fa^2}{2EI}$，$y_B=\frac{7Fa^3}{2EI}$；(b) $\theta_A=-\frac{7ql^3}{24EI}$，$\theta_B=\frac{ql^3}{8EI}$，$y_C=-\frac{19ql^4}{384EI}$；

(c) $\theta_C=\frac{ql^3}{144EI}$，$y_C=0$；(d) $y_C=\frac{qa^4}{24EI}$，$y_D=\frac{5qa^4}{24EI}$；

7-20　$\frac{f}{l}=\frac{1}{628}$

7-21　$W_z \geqslant 281.25\text{cm}^3$，选取 22a；$\frac{f}{l}=\frac{1}{242}$

项目 8　组合变形

8-1　153.3MPa

8-2　$h \geqslant 141$mm　　　$b \geqslant 94$mm

8-3　$\sigma_{max}=122$MPa

8-4　$\sigma_{max}^{+}=2$MPa　　　$\sigma_{max}^{-}=-4$MPa

8-5　$h=372$mm　　　$\sigma_{max}=3.9$MPa

项目 9　压杆稳定

9-1　$\boldsymbol{F}_{cr}=123.4$kN　　　$\sigma_{cr}=29.4$MPa

9-2　3m 杆：$\boldsymbol{F}_{cr}=3967$kN　　5m 杆：$\boldsymbol{F}_{cr}=2536$kN　　7m 杆：$\boldsymbol{F}_{cr}=1294$kN

9-3　$\boldsymbol{F}_{cr}=28.1$kN

9-4　$[\boldsymbol{F}]=176$kN

9-5　梁 ABC：$\sigma_{max}=123.1$MPa　　柱 BD：$\sigma_{max}=8.1$MPa

项目 10　平面体系的几何组成分析

(1)(3)(4)(5)(6)(7)(8)(9)(11)(13)(15)(17)(18)：无多不变

(2)(12)(16)：多一不变　　　(10)：可变体系

(14)：瞬变体系　　　(19)：多二不变　　　(20)：多四不变

项目 11　静定结构的内力分析

11-1

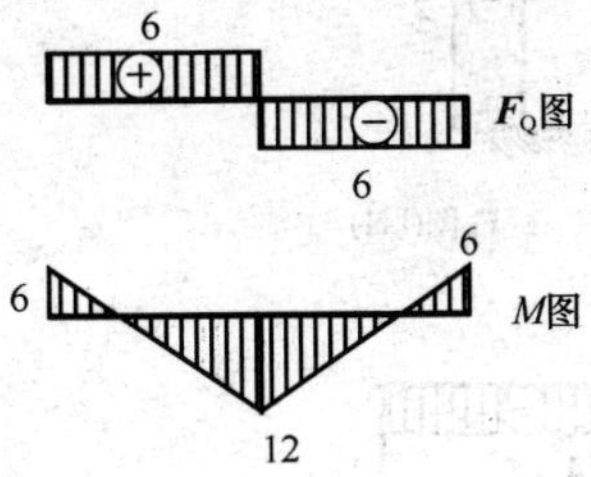

(a)

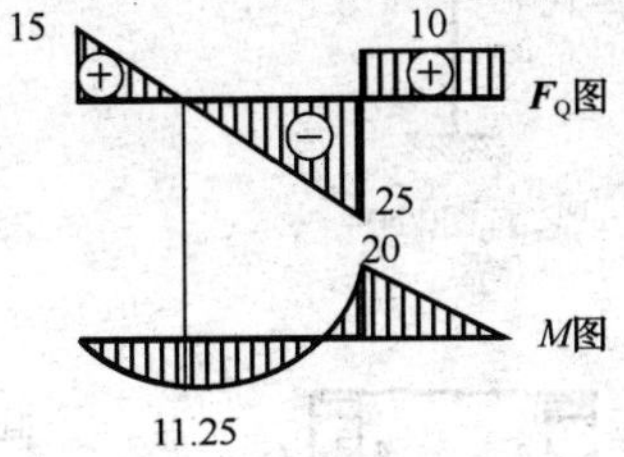

(b)

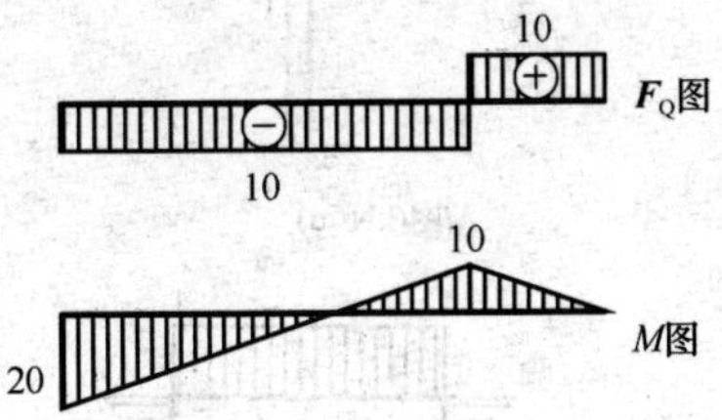

(c)

(d)

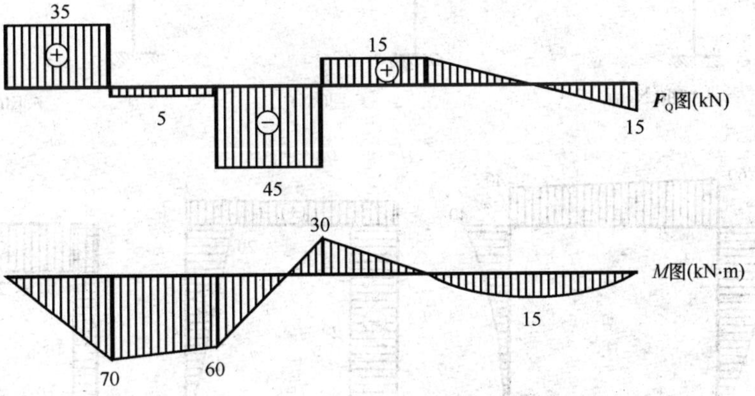

(e)

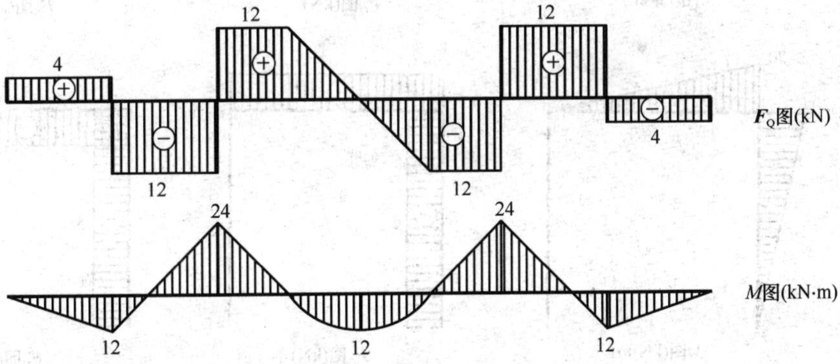

11-2　试作出图示各静定刚架的内力图。

(a)

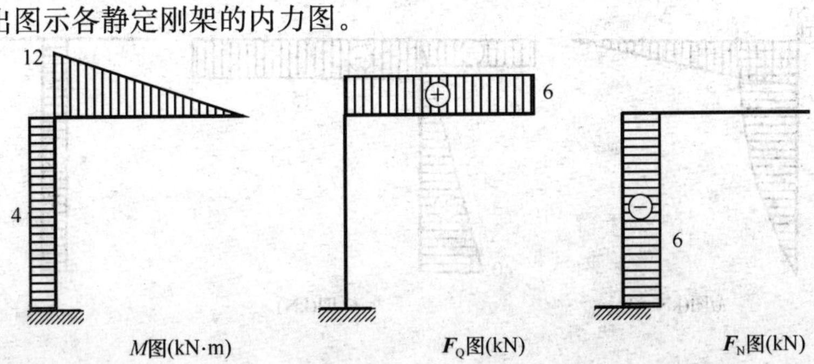

(b)

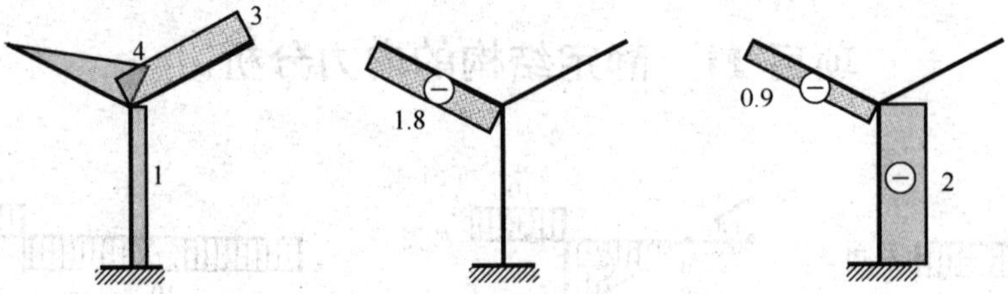

*M*图(kN·m)　　F_Q图(kN)　　F_N图(kN)

(c)

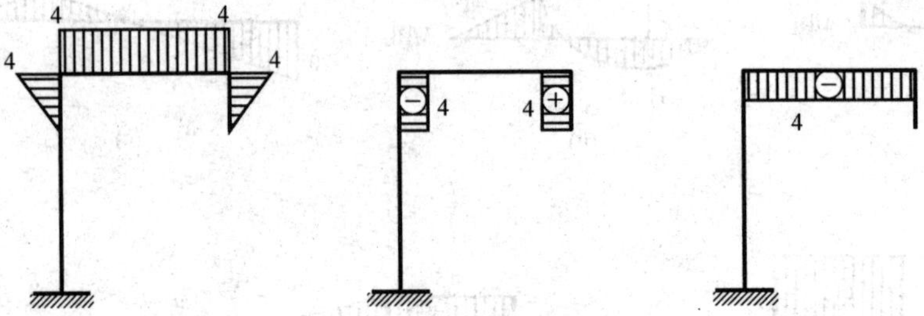

*M*图(kN·m)　　F_Q图(kN)　　F_N图(kN)

(d)

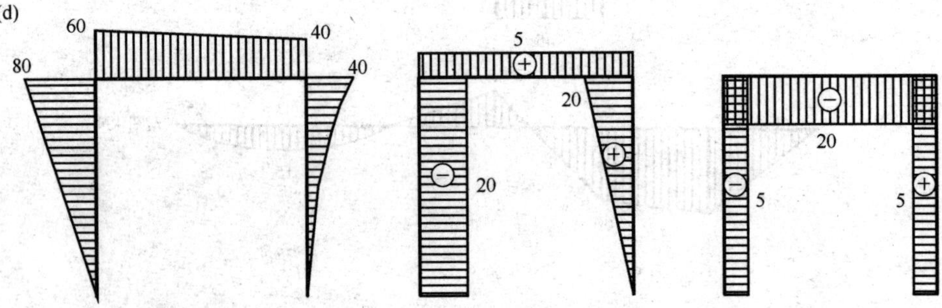

*M*图(kN·m)　　F_Q图(kN)　　F_N图(kN)

(e)

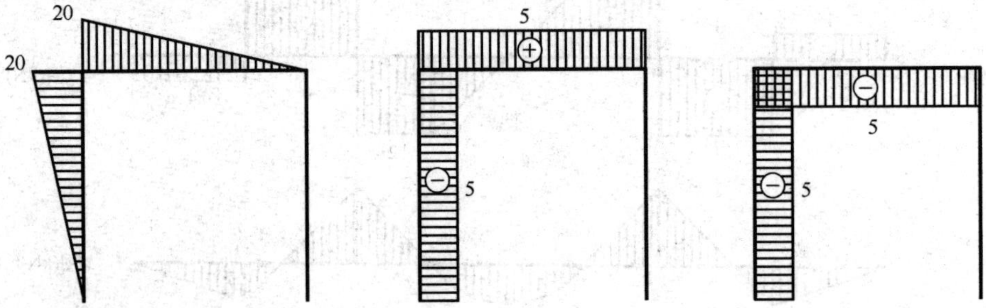

*M*图(kN·m)　　F_Q图(kN)　　F_N图(kN)

(f)

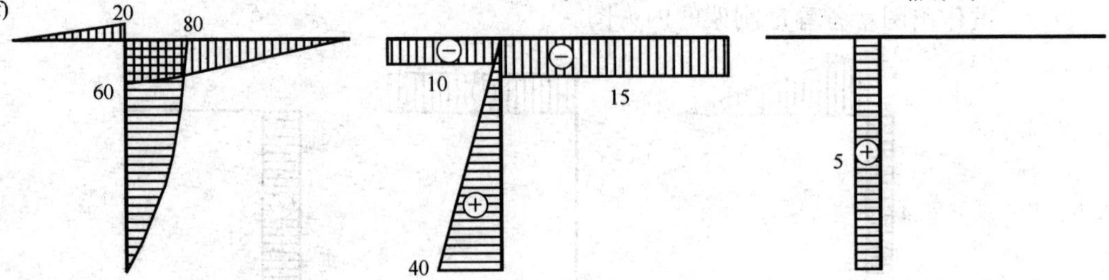

*M*图(kN·m)　　F_Q图(kN)　　F_N图(kN)

(g)

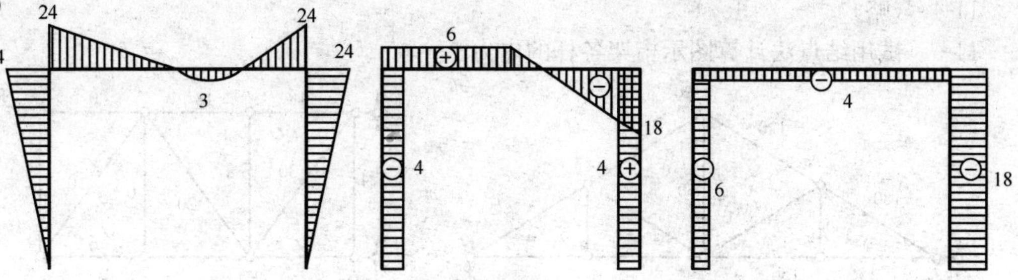

*M*图(kN·m)　　$\boldsymbol{F}_Q$图(kN)　　$\boldsymbol{F}_N$图(kN)

(h)

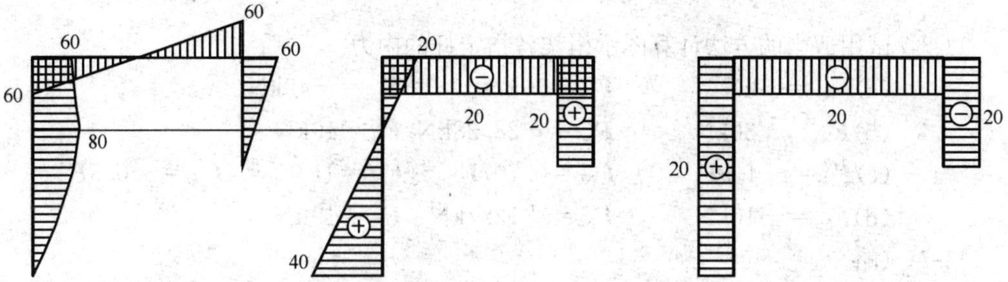

*M*图(kN·m)　　$\boldsymbol{F}_Q$图(kN)　　$\boldsymbol{F}_N$图(kN)

11-3　试作出图示各静定刚架的弯矩图。

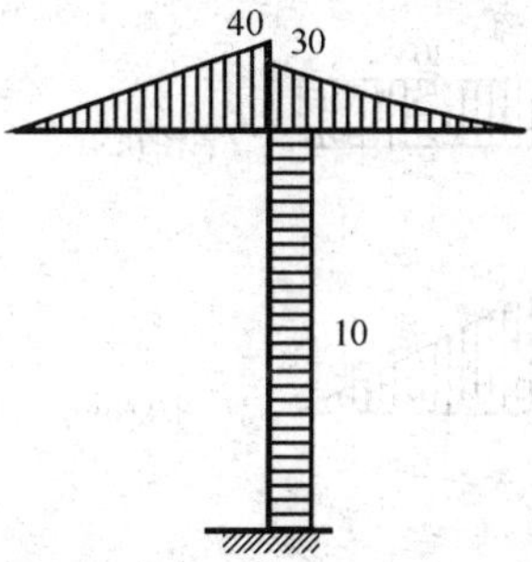

(a) *M*图(kN·m)

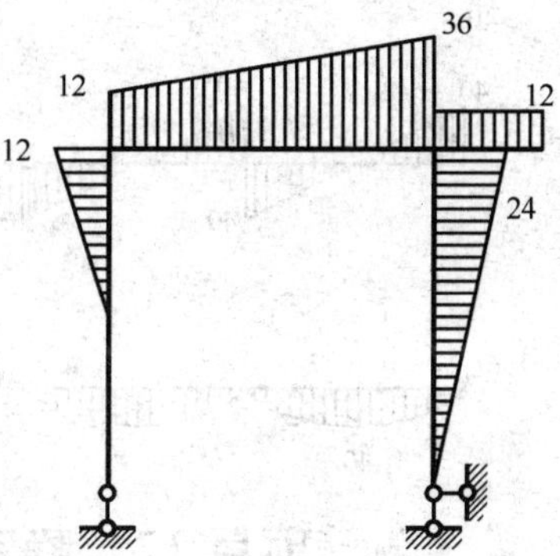

(b) *M*图(kN·m)

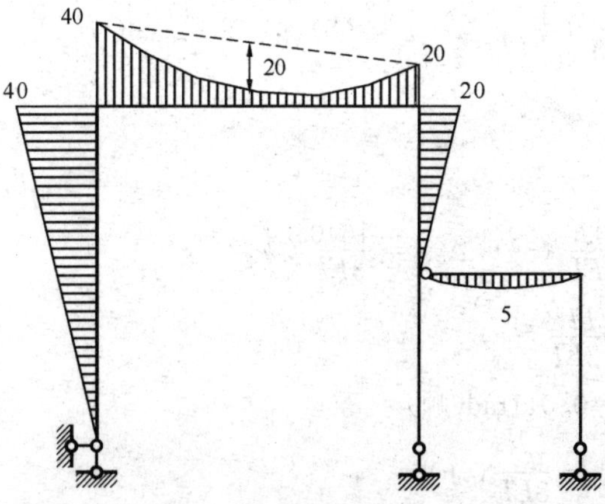

(c) *M*图(kN·m)

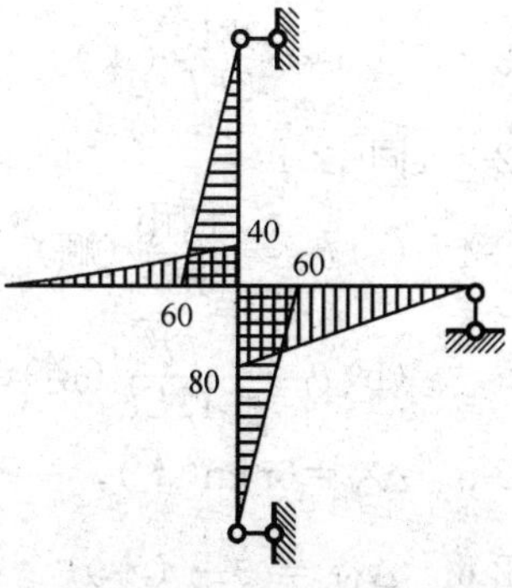

(d) *M*图(kN·m)

11-4 （略）

11-5 试用结点法计算图示桁架各杆的内力。

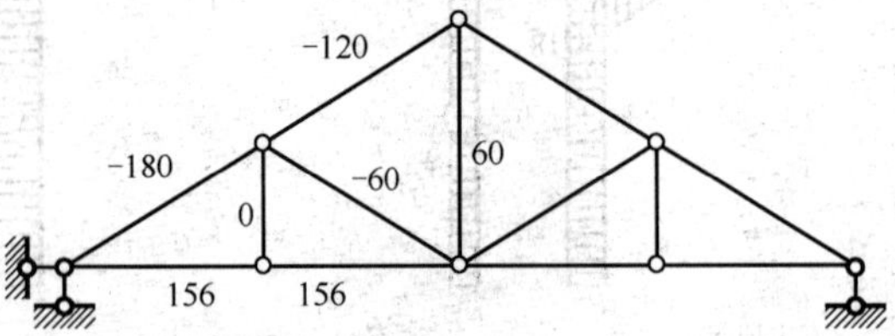

(a) F_N(kN)

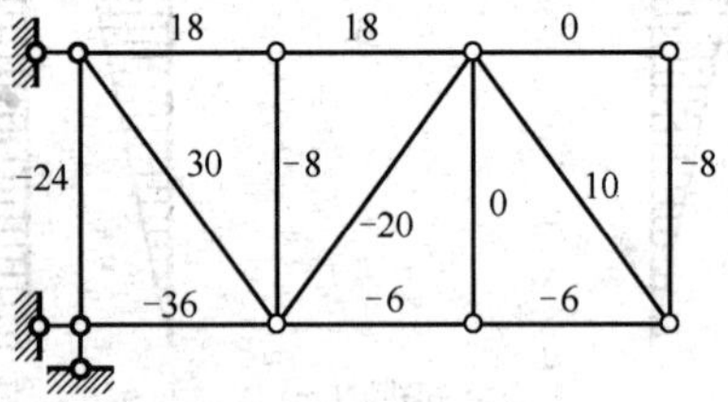

(b)F_N(kN)

11-6 试用适当的方法计算图示桁架各指定杆的内力。

(a)$F_{Na}=15kN$　　$F_{Nb}=50kN$　　$F_{Nc}=-45kN$

(b)$F_{Na}=-30kN$　　$F_{Nb}=-28.28kN$　　$F_{Nc}=10kN$

(c)$F_{Na}=-4.5F$　　$F_{Nb}=0.707F$　　$F_{Nc}=4F$　　$F_{Nd}=-0.5F$

(d)$F_{Na}=-10kN$　　$F_{Nb}=-12.7kN$　　$F_{Nc}=19kN$

11-7 （略）

11-8

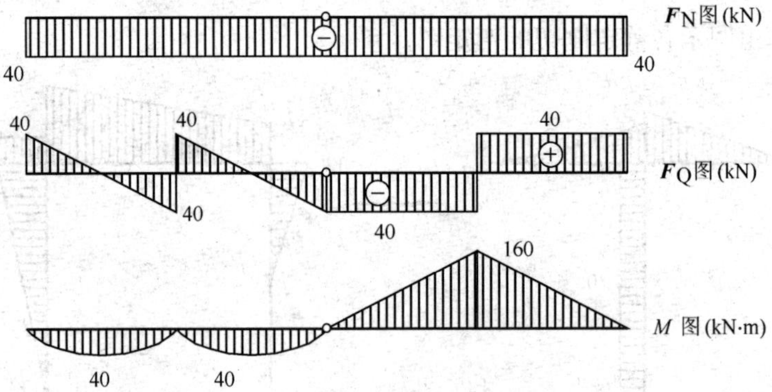

项目 12　静定结构的位移计算

12-1 (a) $\theta_A=\frac{ql^3}{6EI}$(逆)，$\Delta_{AV}=\frac{ql^4}{8EI}$(↓)；　　(b) $\Delta_{CV}=\frac{Fl^3}{48EI}$(↓)

12-2 $\Delta_{CV}=\frac{3810}{3EI}$(↓)

12-3 同 12-1

12-4 (a) $\theta_B=\frac{1310}{3EI}$(顺)，$\Delta_{BH}=\frac{2020}{3EI}$(→)，$\Delta_{BV}=\frac{1640}{3EI}$(↓)

(b) $\theta_D=\frac{Fl^2}{12EI}$(逆)，$\Delta_{BH}=\frac{7Fl^3}{12EI}$(→)

12-5 $\Delta_{CV}=6mm$(↑)，　　$\theta_B=0.011rad$(顺)

12-6 $\Delta_{AV}=\frac{ql^4}{8EI}$(↑)，　　$\Delta_{AH}=\frac{ql^4}{8EI}$(→)

12-7 $\Delta_{CD}=\frac{44qa^4}{3EI}$(←→)

12-8　$\Delta_{CH}=\dfrac{h\Delta}{l}(\rightarrow)$

12-9　$\Delta_{EV}=1.5\text{cm}(\uparrow)$

项目 13　力　　法

13-1(a)2　(b)6　(c)3　(d)10　(e)7　(f)15　(g)3　(h)5　(i)3　(j)3

13-2

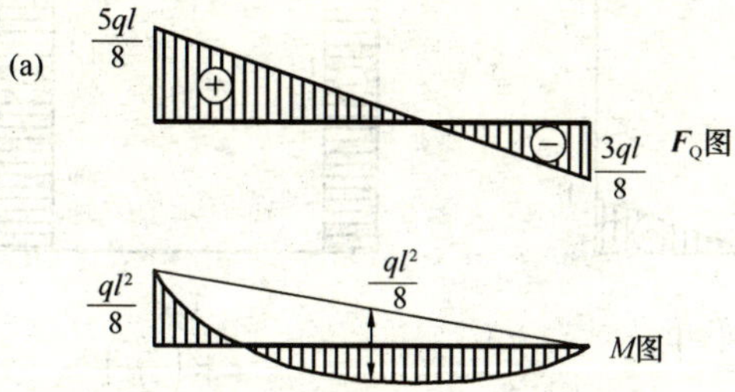

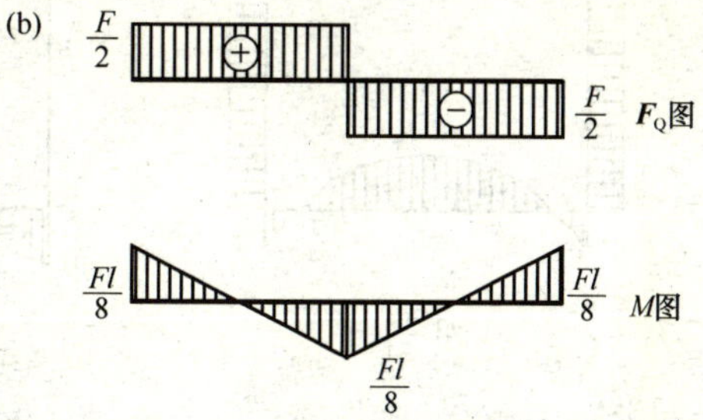

13-3

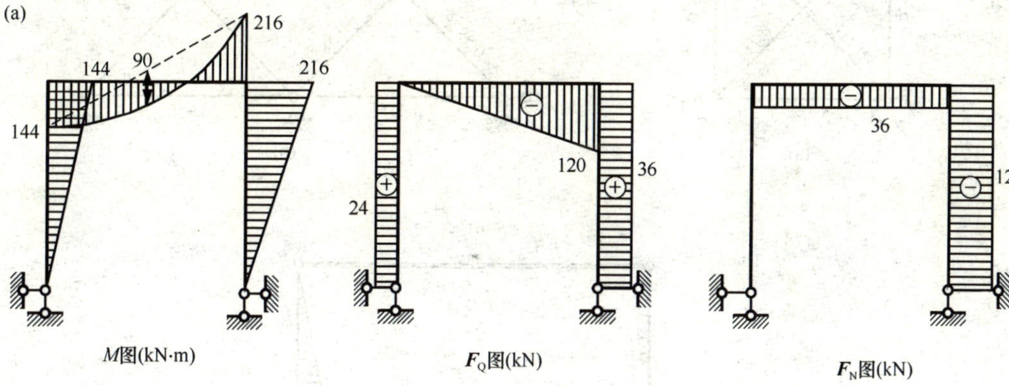

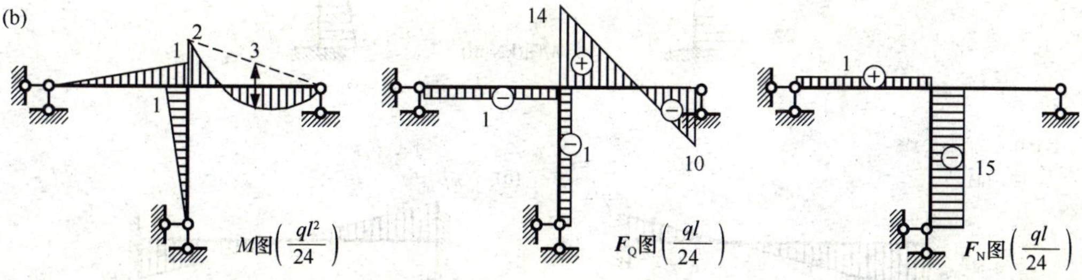

(c)

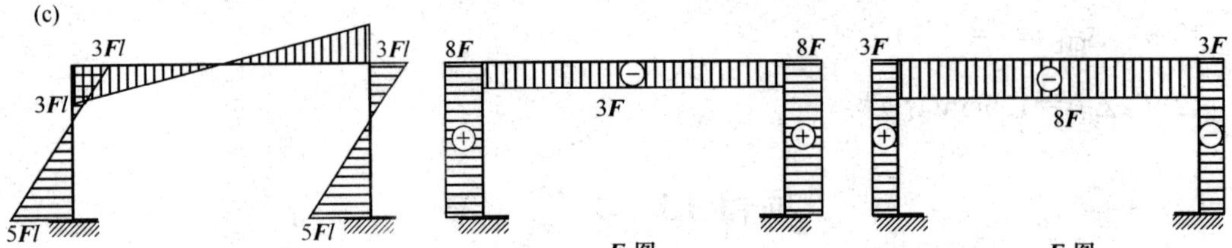

M图　　F_Q图　　F_N图

(d)

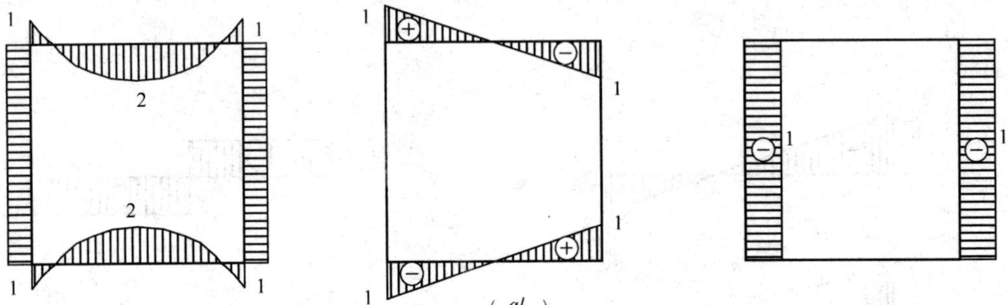

M图$\left(\dfrac{ql^2}{24}\right)$　　F_Q图$\left(\dfrac{ql}{2}\right)$　　F_N图$\left(\dfrac{ql}{2}\right)$

13-4

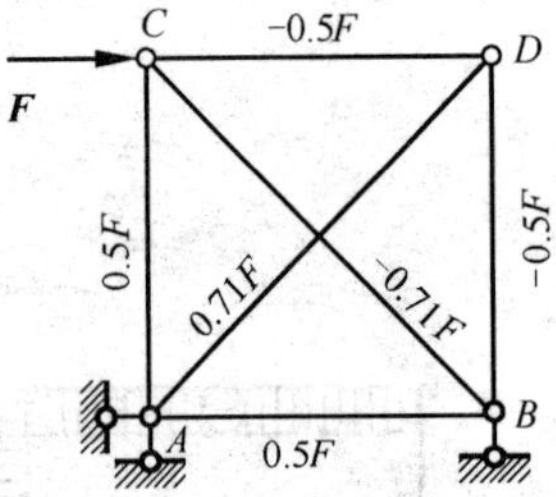

(a)

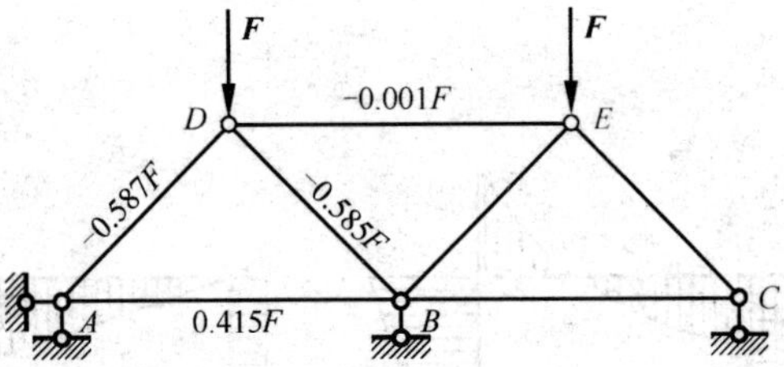

(b)

13-5

M图(kN·m)

13-6

(a)

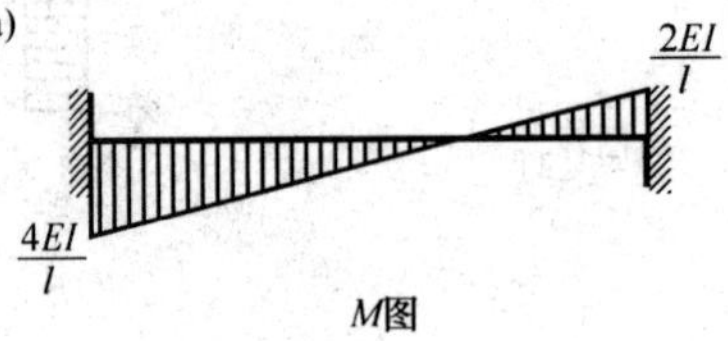

M图

(b)

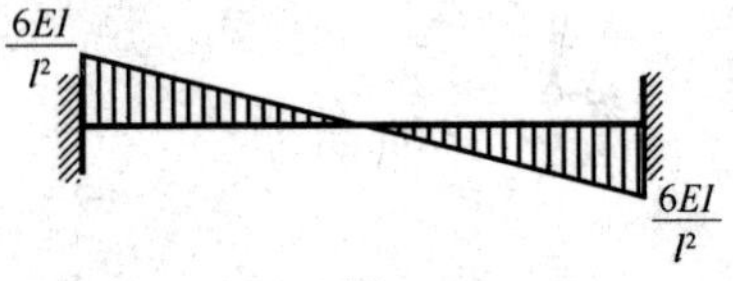

M图

项目 14　位移法

14-1

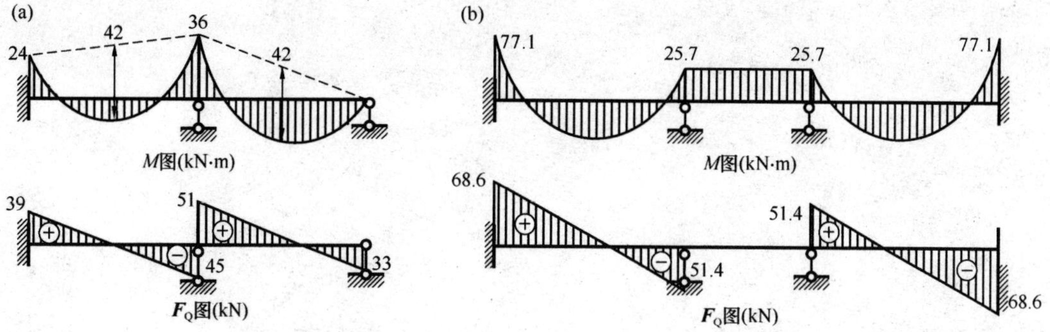

14-2

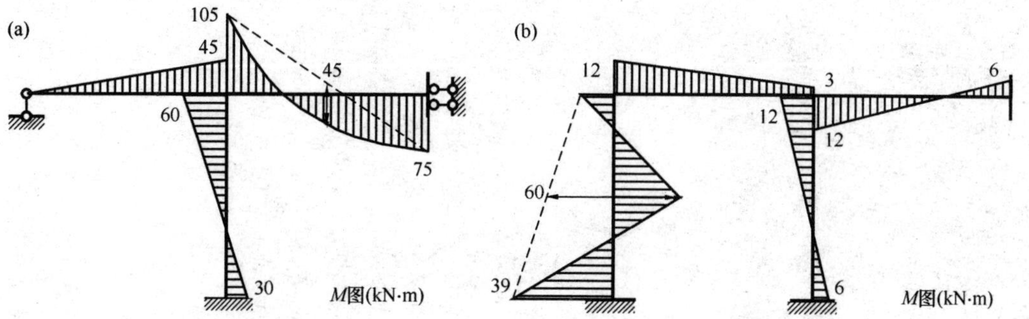

14-3

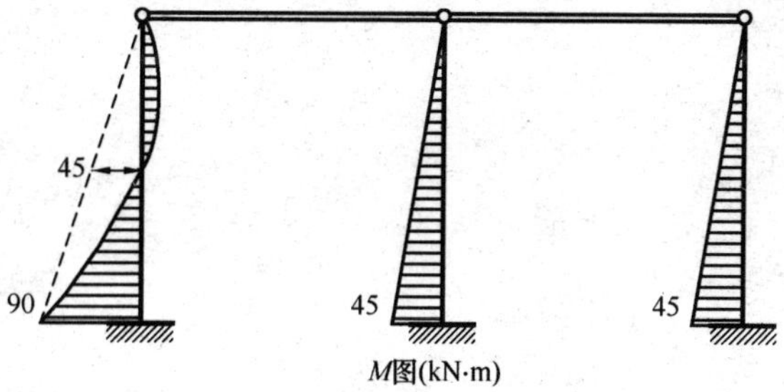

项目 15　力矩分配法

(单位均为 kN · m)

15-1	$M_{BA}=12$	$M_{BC}=9$	
15-2	$M_{AB}=12$	$M_{AC}=8$	$M_{AD}=6$
15-3	$M_{AB}=-1.6$	$M_{BA}=-M_{BC}=8.8$	$M_{CB}=19.6$
15-4	$M_{AB}=-20$	$M_{BA}=50$	$M_{BC}=15$
15-5	$M_{AB}=-4$	$M_{BA}=-M_{BC}=8$	$M_{CB}=9.5$
15-6	$M_{BA}=38.12$	$M_{BC}=48.43$	$M_{BD}=10.3$　$M_{DB}=5.15$
15-7	$M_{AB}=63$	$M_{BA}=-M_{BC}=66$	$M_{CB}=-M_{CD}=89$

15-8　$M_{BA}=-M_{BC}=15.8$　　$M_{CB}=-M_{CD}=20.3$　　$M_{DC}=-M_{DE}=26.6$

15-9　$M_{AB}=-8.1$　　$M_{BA}=-M_{BC}=73.8$

15-10　$M_{EC}=57.29$　　$M_{CE}=20.87$　　$M_{AC}=-5.22$

弯矩图略。

附录　常用型钢表

附录 A_1　热轧等边角钢截面特性

型号	单角钢 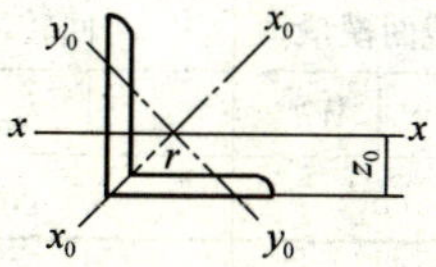										双角钢 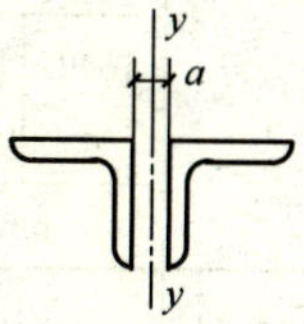			
	圆角 r	形心距 z_0	截面面积	质量	惯性矩 I_x	截面模量		回转半径			i_y，当 a 为下列数值：			
						W_x^{max}	W_x^{min}	i_x	i_{x_0}	i_{z_0}	6mm	8mm	10mm	12mm
	mm		cm^2	kg/m	cm^4	cm^3		cm			cm			
L20×3	3.5	6.0	1.13	0.89	0.40	0.67	0.29	0.59	0.75	0.39	1.08	1.16	1.25	1.34
L20×4		6.4	1.46	1.15	0.50	0.78	0.36	0.58	0.73	0.38	1.11	1.19	1.28	1.37
L25×3	3.5	7.3	1.43	1.12	0.82	1.12	0.46	0.76	0.95	0.49	1.28	1.36	1.44	1.53
L25×4		7.6	1.85	1.46	1.03	1.36	0.59	0.74	0.93	0.48	1.30	1.38	1.46	1.55
L30×3	4.5	8.5	1.75	1.37	1.46	1.72	0.68	0.91	1.15	0.59	1.47	1.55	1.63	1.71
L30×4		8.9	2.28	1.79	1.84	2.06	0.87	0.90	1.13	0.58	1.49	1.57	1.66	1.74
L36×3		10.0	2.11	1.66	2.58	2.58	0.99	1.11	1.39	0.71	1.71	1.75	1.86	1.95
L36×4		10.4	2.76	2.16	3.29	3.16	1.28	1.09	1.38	0.70	1.73	1.81	1.89	1.97
L36×5		10.7	3.38	2.65	3.95	3.70	1.56	1.08	1.36	0.70	1.74	1.82	1.91	1.99
L40×3	5	10.9	2.36	1.85	3.59	3.30	1.23	1.23	1.55	0.79	1.85	1.93	2.01	2.09
L40×4		11.3	3.09	2.42	4.60	4.07	1.60	1.22	1.54	0.79	1.88	1.96	2.04	2.12
L40×5		11.7	3.79	2.98	5.53	4.73	1.96	1.21	1.52	0.78	1.90	1.98	2.06	2.14
L45×3		12.2	2.66	2.09	5.17	4.24	1.58	1.40	1.76	0.90	2.06	2.14	2.21	2.29
L45×4		12.6	3.49	2.74	6.65	5.28	2.05	1.38	1.74	0.89	2.08	2.16	2.24	2.32
L45×5		13.0	4.29	3.37	8.04	6.19	2.51	1.37	1.72	0.88	2.11	2.18	2.26	2.34
L45×6		13.3	5.08	3.99	9.33	7.0	2.95	1.36	1.70	0.88	2.12	2.20	2.68	2.36
L50×3	5.5	13.4	2.97	2.33	7.18	5.36	1.96	1.55	1.96	1.00	2.26	2.33	2.41	2.49
L50×4		13.8	3.90	3.06	9.26	6.71	2.56	1.54	1.94	0.99	2.28	2.35	2.43	2.51
L50×5		14.2	4.80	3.77	11.21	7.89	3.13	1.53	1.92	0.98	2.30	2.38	2.45	2.53
L50×6		14.6	5.69	4.47	13.05	8.94	3.68	1.52	1.91	0.98	2.32	2.40	2.48	2.56
L56×3	6	14.8	3.34	2.62	10.19	6.89	2.48	1.75	2.20	1.13	2.49	2.57	2.64	2.71
L56×4		15.3	4.39	3.45	13.18	8.63	3.24	1.73	2.18	1.11	2.52	2.59	2.67	2.75
L56×5		15.7	5.42	4.25	16.02	10.2	3.97	1.72	2.17	1.10	2.54	2.62	2.69	2.77
L56×8		16.8	8.37	6.57	23.63	14.0	6.03	1.68	2.11	1.09	2.60	2.67	2.75	2.83

续表

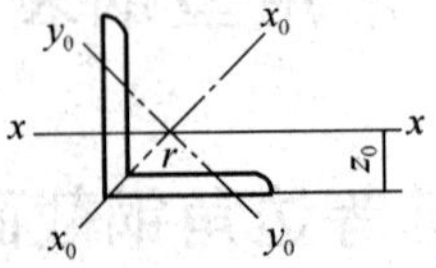

单角钢

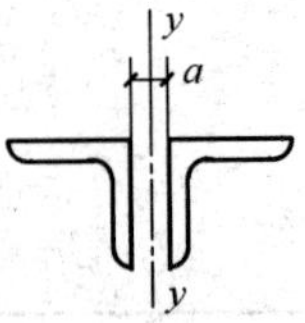

双角钢

型号	圆角 r	形心距 z_0	截面面积	质量	惯性矩 I_x	截面模量 W_x^{max}	截面模量 W_x^{min}	回转半径 i_x	回转半径 i_{x_0}	回转半径 i_{z_0}	i_y，当 a 为下列数值：6mm	8mm	10mm	12mm
	mm	mm	cm^2	kg/m	cm^4	cm^3	cm^3	cm	cm	cm	cm	cm	cm	cm
4		17.0	4.98	3.91	19.03	11.2	4.13	1.96	2.46	1.26	2.80	2.87	2.94	3.02
5		17.4	6.14	4.82	23.17	13.3	5.08	1.94	2.45	1.25	2.82	2.89	2.97	3.04
L63×6	7	17.8	7.29	5.72	27.12	15.2	6.0	1.93	2.43	1.24	2.84	2.91	2.99	3.06
8		18.5	9.52	7.47	34.46	18.6	7.75	1.90	2.40	1.23	2.87	2.95	3.02	3.10
10		19.3	11.66	9.15	41.09	21.3	9.39	1.88	2.36	1.22	2.91	2.99	3.07	3.15
4		18.6	5.57	4.37	26.39	14.2	5.14	2.18	2.74	1.40	3.07	3.14	3.21	3.28
5		19.1	6.88	5.40	32.21	16.8	6.32	2.16	2.73	1.39	3.09	3.17	3.24	3.31
L70×6	8	19.5	8.16	6.41	37.77	19.4	7.48	2.15	2.71	1.38	3.11	3.19	3.26	3.34
7		19.9	9.42	7.40	43.09	21.6	8.59	2.14	2.69	1.38	3.13	3.21	3.28	3.36
8		20.3	10.7	8.37	48.17	23.8	9.68	2.12	2.68	1.37	3.15	3.23	3.30	3.38
5		20.4	7.41	5.82	39.97	19.6	7.32	2.33	2.92	1.50	3.30	3.37	3.45	3.52
6		20.7	8.80	6.91	46.95	22.7	8.64	2.31	2.90	1.49	3.31	3.38	3.46	3.53
L75×7	9	21.1	10.16	7.98	53.57	25.4	9.93	2.30	2.89	1.48	3.33	3.40	3.48	3.55
8		21.5	11.50	9.03	59.96	27.9	11.2	2.28	2.88	1.47	3.35	3.42	3.50	3.57
10		22.2	14.13	11.09	71.98	32.4	13.6	2.26	2.84	1.46	3.38	3.46	3.53	3.61
5		21.5	7.91	6.21	48.79	22.7	8.34	2.48	3.13	1.60	3.49	3.56	3.63	3.71
6		21.9	9.40	7.38	57.35	26.1	9.87	2.47	3.11	1.59	3.51	3.58	3.65	3.72
L80×7	9	22.3	10.86	8.53	65.58	29.4	11.4	2.46	3.10	1.58	3.53	3.60	3.67	3.75
8		22.7	12.30	9.66	73.49	32.4	12.8	2.44	3.08	1.57	3.55	3.62	3.69	3.77
10		23.5	15.13	11.87	88.43	37.6	15.6	2.42	3.04	1.56	3.59	3.66	3.74	3.81
6		24.4	10.64	8.35	82.77	33.9	12.6	2.79	3.51	1.80	3.91	3.98	4.05	4.13
7		24.8	12.30	9.66	94.83	38.2	14.5	2.78	3.50	1.78	3.93	4.00	4.07	4.15
L90×8	10	25.2	13.94	10.95	106.47	42.1	16.4	2.76	3.48	1.78	3.95	4.02	4.09	4.17
10		25.9	17.17	13.48	128.58	49.7	20.1	2.74	3.45	1.76	3.98	4.05	4.13	4.20
12		26.7	20.31	15.94	149.22	56.0	23.6	2.71	3.41	1.75	4.02	4.10	4.17	4.25
6		26.7	11.93	9.37	114.95	43.1	15.7	3.10	3.90	2.00	4.30	4.37	4.44	4.51
7		27.1	13.80	10.83	131.86	48.6	18.1	3.09	3.89	1.99	4.31	4.39	4.46	4.53
8		27.6	15.64	12.28	148.24	53.7	20.5	3.08	3.88	1.98	4.34	4.41	4.48	4.56
L100×10	12	28.4	19.26	15.12	179.51	63.2	25.0	3.05	3.84	1.96	4.38	4.45	4.52	4.60
12		29.1	22.80	17.90	208.90	71.9	29.5	3.03	3.81	1.95	4.41	4.49	4.56	4.63
14		29.9	26.26	20.61	236.53	79.1	33.7	3.00	3.77	1.94	4.45	4.53	4.60	4.68
16		30.6	29.63	23.26	262.53	89.6	37.8	2.98	3.74	1.94	4.49	4.56	4.64	4.72

型号	单角钢 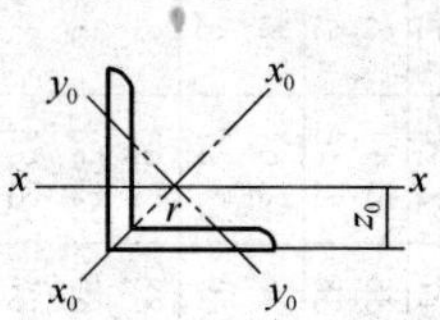										双角钢 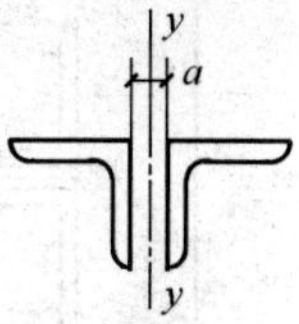			
	圆角 r	形心距 z_0	截面面积	质量	惯性矩 I_x	截面模量		回转半径			i_y，当 a 为下列数值：			
						W_x^{max}	W_x^{min}	i_x	i_{x_0}	i_{z_0}	6mm	8mm	10mm	12mm
	mm		cm^2	kg/m	cm^4	cm^3		cm			cm			
7	12	29.6	15.20	11.93	177.16	59.9	22.0	3.41	4.30	2.20	4.72	4.79	4.86	4.92
8		30.1	17.24	13.53	199.46	64.7	25.0	3.40	4.28	2.19	4.75	4.82	4.89	4.96
L110×10		30.9	21.26	16.69	242.19	78.4	30.6	3.38	4.25	2.17	4.78	4.86	4.93	5.00
12		31.6	25.20	19.78	282.55	89.4	36.0	3.35	4.22	2.15	4.81	4.89	4.96	5.03
14		32.4	29.06	22.81	320.71	99.2	41.3	3.32	4.18	2.14	4.85	4.93	5.00	5.07
8	14	33.7	19.75	15.50	297.03	88.1	32.5	3.88	4.88	2.50	5.34	5.41	5.48	5.55
L125×10		34.5	24.37	19.13	361.67	105	40.0	3.85	4.85	2.48	5.38	5.45	5.52	5.59
12		35.3	28.91	22.70	423.16	120	41.2	3.83	4.82	2.46	5.41	5.48	5.56	5.63
14		36.1	33.37	26.19	481.65	133	54.2	3.80	4.78	2.45	5.45	5.52	5.60	5.67
10		38.2	27.37	21.49	514.65	135	50.6	4.34	5.46	2.78	5.98	6.05	6.12	6.19
L140×12		39.0	32.51	25.52	603.68	155	59.8	4.31	5.43	2.76	6.02	6.09	6.16	6.23
14		39.8	37.57	29.49	688.81	173	68.8	4.28	5.40	2.75	6.05	6.12	6.20	6.27
16		40.6	42.54	33.39	770.24	190	77.5	4.26	5.36	2.74	6.09	6.16	6.24	6.31
10	16	43.1	31.50	24.73	779.53	180	66.7	4.98	6.27	3.20	6.78	6.85	6.92	6.99
L160×12		43.9	37.44	29.39	916.58	208	79.0	4.95	6.24	3.18	6.82	6.89	6.96	7.02
14		44.7	43.30	33.99	1048.36	234	91.0	4.92	6.20	3.16	6.85	6.92	6.99	7.07
16		45.5	49.07	38.52	1175.08	258	103	4.89	6.17	3.14	6.89	6.96	7.03	7.10
12		48.9	42.24	33.16	1321.35	271	101	5.59	7.05	3.58	7.63	7.70	7.77	7.84
L180×14		49.7	48.90	38.38	1514.48	305	116	5.56	7.02	3.57	7.66	7.73	7.81	7.87
16		50.5	55.47	43.54	1700.99	338	131	5.54	6.98	3.55	7.70	7.77	7.84	7.91
18		51.3	61.96	48.63	1875.12	365	146	5.50	6.94	3.53	7.73	7.80	7.87	7.94
14	18	54.6	54.64	42.89	2103.55	387	145	6.20	7.82	3.98	8.47	8.53	8.60	8.67
16		55.4	62.01	48.68	2366.15	428	164	6.18	7.79	3.96	8.50	8.57	8.64	8.71
L200×18		56.2	69.30	54.40	2620.64	467	182	6.15	7.75	3.94	8.54	8.61	8.67	8.75
20		56.9	76.51	60.06	2867.30	503	200	6.12	7.72	3.93	8.56	8.64	8.71	8.78
24		58.7	90.66	71.17	3338.25	570	236	6.07	7.64	3.90	8.65	8.73	8.80	8.87

附录 A_2　热轧不等边角钢截面特性

型号	单角钢 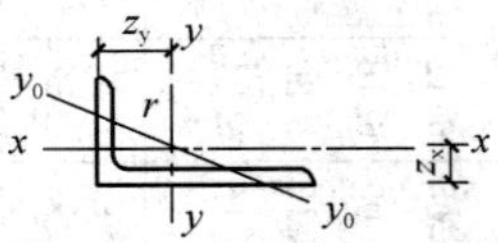										双角钢 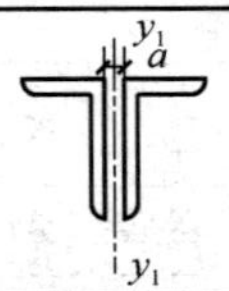				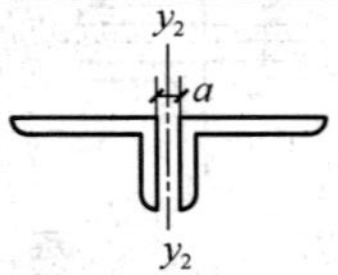			
	圆角	形心距		截面面积	质量	惯性矩		回转半径			i_{y_1}，当 a 为下列数值				i_{y_2}，当 a 为下列数值			
	r	z_x	z_y			I_x	I_y	i_x	i_y	i_{y_0}	6mm	8mm	10mm	12mm	6mm	8mm	10mm	12mm
	mm			cm^2	kg/m	cm^4		cm			cm				cm			
L25×16×3	3.5	4.2	8.6	1.16	0.91	0.22	0.70	0.44	0.78	0.34	0.84	0.93	1.02	1.11	1.40	1.48	1.57	1.65
L25×16×4		4.6	9.0	1.50	1.18	0.27	0.88	0.43	0.77	0.34	0.87	0.96	1.05	1.14	1.42	1.51	1.60	1.68
L32×20×3		4.9	10.8	1.49	1.17	0.46	1.53	0.55	1.01	0.43	0.97	1.05	1.14	1.22	1.71	1.79	1.88	1.96
L32×20×4		5.3	11.2	1.94	1.52	0.57	1.93	0.54	1.00	0.42	0.99	1.08	1.16	1.25	1.74	1.82	1.90	1.99
L40×25×3	4	5.9	13.2	1.89	1.48	0.93	3.08	0.70	1.28	0.54	1.13	1.21	1.30	1.38	2.06	2.14	2.22	2.31
L40×25×4		6.3	13.7	2.47	1.94	1.18	3.93	0.69	1.26	0.54	1.16	1.24	1.32	1.41	2.09	2.17	2.26	2.34
L45×28×3	5	6.4	14.7	2.15	1.69	1.34	4.45	0.79	1.44	0.61	1.23	1.31	1.39	1.47	2.28	2.36	2.44	2.52
L45×28×4		6.8	15.1	2.81	2.20	1.70	5.69	0.78	1.42	0.60	1.25	1.33	1.41	1.50	2.30	2.38	2.46	2.55
L50×32×3	5.5	7.3	16.0	2.43	1.91	2.02	6.24	0.91	1.60	0.70	1.38	1.45	1.53	1.61	2.49	2.56	2.64	2.72
L50×32×4		7.7	16.5	3.18	2.49	2.58	8.02	0.90	1.59	0.69	1.40	1.48	1.56	1.64	2.52	2.59	2.67	2.75
L56×36×3	6	8.0	17.8	2.74	2.15	2.92	8.88	1.03	1.80	0.79	1.51	1.58	1.66	1.74	2.75	2.83	2.90	2.98
L56×36×4		8.5	18.2	3.59	2.82	3.76	11.45	1.02	1.79	0.79	1.54	1.62	1.69	1.77	2.77	2.85	2.93	3.01
L56×36×5		8.8	18.7	4.42	3.47	4.49	13.86	1.01	1.77	0.78	1.55	1.63	1.71	1.79	2.80	2.87	2.96	3.04
L63×40×4	7	9.2	20.4	4.06	3.19	5.23	16.49	1.14	2.02	0.88	1.67	1.74	1.82	1.90	3.09	3.16	3.24	3.32
L63×40×5		9.5	20.8	4.99	3.92	6.31	20.02	1.12	2.00	0.87	1.68	1.76	1.83	1.91	3.11	3.19	3.27	3.35
L63×40×6		9.9	21.2	5.91	4.64	7.29	23.36	1.11	1.98	0.86	1.70	1.78	1.86	1.94	3.13	3.21	3.29	3.37
L63×40×7		10.3	21.5	6.80	5.34	8.24	26.53	1.10	1.96	0.86	1.73	1.80	1.88	1.97	3.15	3.23	3.30	3.39
L70×45×4	7.5	10.2	22.4	4.55	3.57	7.55	23.17	1.29	2.26	0.98	1.84	1.92	1.99	2.07	3.40	3.48	3.56	3.62
L70×45×5		10.6	22.8	5.61	4.40	9.13	27.95	1.28	2.23	0.98	1.86	1.94	2.01	2.09	3.41	3.49	3.57	3.64
L70×45×6		10.9	23.2	6.65	5.22	10.62	32.54	1.26	2.21	0.98	1.88	1.95	2.03	2.11	3.43	3.51	3.58	3.66
L70×45×7		11.3	23.6	7.66	6.01	12.01	37.22	1.25	2.20	0.97	1.90	1.98	2.06	2.14	3.45	3.53	3.61	3.69
L75×50×5	8	11.7	24.0	6.13	4.81	12.61	34.86	1.44	2.39	1.10	2.05	2.13	2.20	2.28	3.60	3.68	3.76	3.83
L75×50×6		12.1	24.4	7.26	5.70	14.70	41.12	1.42	2.38	1.08	2.07	2.15	2.22	2.30	3.63	3.71	3.78	3.86
L75×50×8		12.9	25.2	9.47	7.43	18.53	52.39	1.40	2.35	1.07	2.12	2.10	2.27	2.35	3.67	3.75	3.83	3.91
L75×50×10		13.6	26.0	11.6	9.10	21.96	62.71	1.38	2.33	1.06	2.16	2.23	2.31	2.40	3.72	3.80	3.88	3.96

续表

单角钢 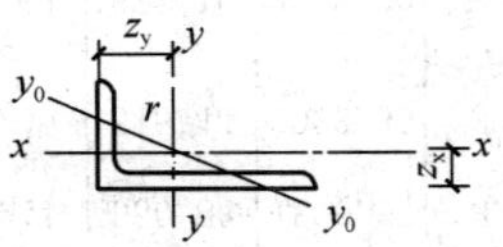

双角钢  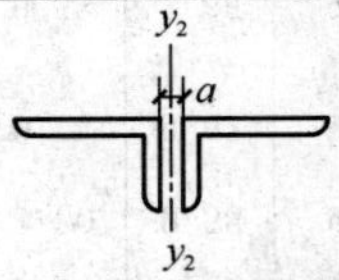

型号	圆角 r	形心距 z_x	形心距 z_y	截面面积	质量	惯性矩 I_x	惯性矩 I_y	回转半径 i_x	回转半径 i_y	回转半径 i_{y_0}	i_{y_1}，当 a 为下列数值 6mm	8mm	10mm	12mm	i_{y_2}，当 a 为下列数值 6mm	8mm	10mm	12mm
		mm		cm²	kg/m	cm⁴		cm			cm				cm			
L80×50×5	8	11.4	26.0	6.38	5.01	12.82	41.96	1.42	2.56	1.10	2.02	2.09	2.17	2.24	3.87	3.95	4.02	4.10
6		11.8	25.5	7.56	5.94	14.95	49.49	1.41	2.55	1.08	2.04	2.12	2.19	2.27	3.90	3.98	4.06	4.14
7		12.1	26.9	8.72	6.85	16.96	56.16	1.39	2.54	1.08	2.06	2.13	2.21	2.28	3.92	4.00	4.08	4.15
8		12.5	27.3	9.87	7.75	18.85	62.83	1.38	2.52	1.07	2.08	2.15	2.23	2.31	3.94	4.02	4.10	4.18
L90×56×5	9	12.5	29.1	7.21	5.66	18.32	60.45	1.59	2.90	1.23	2.22	2.29	2.37	2.44	4.32	4.40	4.47	4.55
6		12.9	29.5	8.56	6.72	21.42	71.03	1.58	2.88	1.23	2.24	2.32	2.39	2.46	4.34	4.42	4.49	4.57
7		13.3	30.0	9.88	7.76	24.36	81.01	1.57	2.86	1.22	2.26	2.34	2.41	2.49	4.37	4.45	4.52	4.60
8		13.6	30.4	11.18	8.78	27.15	91.03	1.56	2.85	1.21	2.28	2.35	2.43	2.50	4.39	4.47	4.55	4.62
L100×63×6	10	14.3	32.4	9.62	7.55	30.94	99.06	1.79	3.21	1.38	2.49	2.56	2.63	2.71	4.78	4.85	4.93	5.00
7		14.7	32.8	11.11	8.72	35.26	113.45	1.78	3.20	1.38	2.51	2.58	2.66	2.73	4.80	4.87	4.95	5.03
8		15.0	33.2	12.58	9.88	39.39	127.37	1.77	3.18	1.37	2.52	2.60	2.67	2.75	4.82	4.89	4.97	5.05
10		15.8	34.0	15.47	12.14	47.12	153.81	1.74	3.15	1.35	2.57	2.64	2.72	2.79	4.86	4.94	5.02	5.09
L100×80×6		19.7	29.5	10.64	8.35	61.24	107.04	2.40	3.17	1.72	3.30	3.37	3.44	3.52	4.54	4.61	4.69	4.76
7		20.1	30.0	12.30	9.66	70.08	123.73	2.39	3.16	1.72	3.32	3.39	3.46	3.54	4.57	4.64	4.71	4.79
8		20.5	30.4	13.94	10.95	78.58	137.92	2.37	3.14	1.71	3.34	3.41	3.48	3.56	4.59	4.66	4.74	4.81
10		21.3	31.2	17.17	13.48	94.65	166.87	2.35	3.12	1.69	3.38	3.45	3.53	3.60	4.63	4.70	4.78	4.85
L110×70×6		15.7	35.3	10.64	8.35	42.92	133.37	2.01	3.54	1.54	2.74	2.81	2.88	2.97	5.22	5.29	5.36	5.44
7		16.1	35.7	12.30	9.66	49.01	153.00	2.00	3.53	1.53	2.76	2.83	2.90	2.98	5.24	5.31	5.39	5.46
8		16.5	36.2	13.94	10.95	54.87	172.04	1.98	3.51	1.53	2.78	2.85	2.93	3.00	5.26	5.34	5.41	5.49
10		17.2	37.0	17.17	13.48	65.88	208.39	1.96	3.48	1.51	2.81	2.89	2.96	3.04	5.30	5.38	5.46	5.53
L125×80×7	11	18.0	40.1	14.10	11.07	74.42	227.98	2.30	4.02	1.76	3.11	3.18	3.25	3.32	5.89	5.97	6.04	6.12
8		18.4	40.5	15.99	12.55	83.49	256.77	2.28	4.01	1.75	3.13	3.20	3.27	3.34	5.92	6.00	6.07	6.15
10		19.2	41.4	19.71	15.47	100.67	312.04	2.26	3.98	1.74	3.17	3.24	3.31	3.38	5.96	6.04	6.11	6.19
12		20.0	42.2	23.35	18.33	116.67	364.41	2.24	3.95	1.72	3.21	3.28	3.35	3.43	6.00	6.08	6.15	6.23

续表

型号		单角钢 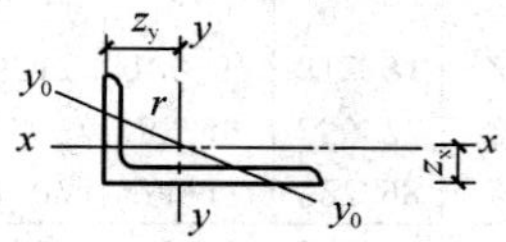											双角钢 				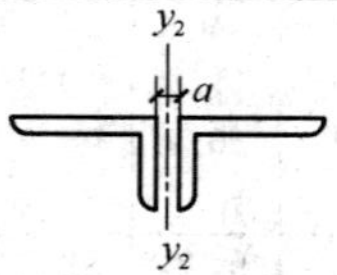			
		圆角 r	形心距		截面面积	质量	惯性矩		回转半径			i_{y_1}，当 a 为下列数值				i_{y_2}，当 a 为下列数值			
			z_x	z_y			I_x	I_y	i_x	i_y	i_{y_0}	6mm	8mm	10mm	12mm	6mm	8mm	10mm	12mm
			mm		cm^2	kg/m	cm^4		cm			cm				cm			
L140×90×	8	12	20.4	45.0	18.04	14.16	120.69	365.64	2.59	4.50	1.98	3.49	3.56	3.63	3.70	6.58	6.65	6.72	6.79
	10		21.2	45.8	22.26	17.46	146.03	445.50	2.56	4.47	1.96	3.52	3.59	3.66	3.74	6.62	6.69	6.77	6.84
	12		21.9	46.6	26.40	20.72	169.79	521.59	2.54	4.44	1.95	3.55	3.62	3.70	3.77	6.66	6.74	6.81	6.89
	14		22.7	47.4	30.47	23.91	192.10	594.10	2.51	4.42	1.94	3.59	3.67	3.74	3.81	6.70	6.78	6.85	6.93
L160×100×	10	13	22.8	52.4	25.32	19.87	205.03	668.69	2.85	5.14	2.19	3.84	3.91	3.98	4.05	7.56	7.63	7.70	7.78
	12		23.6	53.2	30.05	23.59	239.06	784.91	2.82	5.11	2.17	3.88	3.95	4.02	4.09	7.60	7.67	7.75	7.82
	14		24.3	54.0	34.71	27.25	271.20	896.30	2.80	5.08	2.16	3.91	3.98	4.05	4.12	7.64	7.71	7.79	7.86
	16		25.1	54.8	39.28	30.84	301.60	1003.04	2.77	5.05	2.16	3.95	4.02	4.09	4.17	7.68	7.75	7.83	7.91
L180×110×	10	14	24.4	58.9	28.37	22.27	278.11	956.25	3.13	5.80	2.42	4.16	4.23	4.29	4.36	8.47	8.56	8.63	8.71
	12		25.2	59.8	33.71	26.46	325.03	1124.72	3.10	5.78	2.40	4.19	4.26	4.33	4.40	8.53	8.61	8.68	8.76
	14		25.9	60.6	38.97	30.59	369.55	1286.91	3.08	5.75	2.39	4.22	4.29	4.36	4.43	8.57	8.65	8.72	8.80
	16		26.7	61.4	44.14	34.65	411.85	1443.06	3.06	5.72	2.38	4.26	4.33	4.40	4.47	8.61	8.69	8.76	8.84
L200×125×	12		28.3	65.4	37.91	29.76	483.16	1570.90	3.57	6.44	2.74	4.75	4.81	4.88	4.95	9.39	9.47	9.54	9.61
	14		29.1	66.2	43.87	34.44	550.83	1800.97	3.54	6.41	2.73	4.78	4.85	4.92	4.99	9.43	9.50	9.58	9.65
	16		29.9	67.0	49.74	39.05	615.44	2023.35	3.52	6.38	2.71	4.82	4.89	4.96	5.03	9.47	9.54	9.62	9.69
	18		30.6	67.8	55.53	43.59	677.19	2238.30	3.49	6.35	2.70	4.85	4.92	4.99	5.07	9.51	9.58	9.66	9.74

附录 B　热轧普通槽钢截面特性

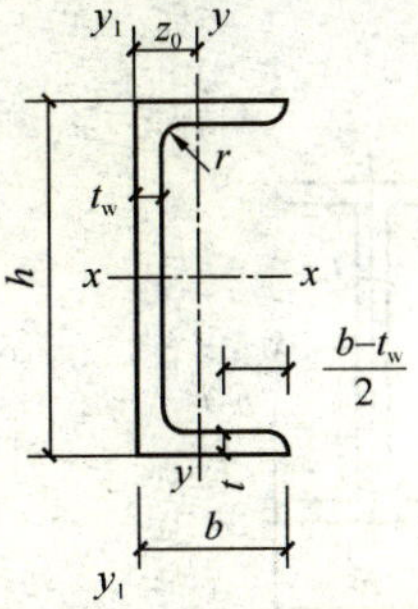

符号：同普通工字钢

长度：型号 5～8，长 5～12m；

型号 10～8，长 5～19m；

型号 20～40，长 6～19m；

型号	尺寸 h (mm)	b	t_w	t	r	截面面积 (cm²)	重量 (kg/m)	x-x 轴 I_x (cm⁴)	W_x (cm³)	i_x (cm)	y-y 轴 I_y (cm⁴)	W_y (cm³)	i_y (cm)	y_1-y_1 轴 I_{y_1} (cm⁴)	z_0 (cm)
5	50	37	4.5	7.0	7.0	6.93	5.44	26	10.4	1.94	8.3	3.55	1.10	20.9	1.35
6.3	63	40	4.8	7.5	7.5	8.45	6.63	51	16.1	2.45	11.9	4.50	1.18	28.4	1.36
8	80	43	5.0	8.0	8.0	10.25	8.05	101	25.3	3.15	16.6	5.79	1.27	37.4	1.43
10	100	48	5.3	8.5	8.5	12.75	10.01	198	39.7	3.95	25.6	7.80	1.41	54.9	1.52
12.6	126	53	5.5	9.0	9.0	15.69	12.32	391	62.1	4.95	38.0	10.2	1.57	77.1	1.59
14a	140	58	6.0	9.5	9.5	18.52	14.54	564	80.5	5.52	53.2	13.0	1.70	107	1.71
14b		60	8.0			21.32	16.73	609	87.1	5.35	61.1	14.1	1.69	121	1.67
16a	160	63	6.5	10.0	10.0	21.96	17.24	866	108	6.28	73.3	16.3	1.83	144	1.80
16b		65	8.5			25.16	19.75	935	117	6.10	83.4	17.6	1.82	161	1.75
18a	180	68	7.0	10.5	10.5	25.70	20.17	1270	141	7.04	98.6	20.0	1.96	190	1.88
18b		70	9.0			29.30	23.00	1370	152	6.84	111	21.5	1.95	210	1.84
20a	200	73	7.0	11.0	11.0	28.84	22.64	1780	178	7.85	128	24.2	2.11	244	2.01
20b		75	9.0			32.84	25.78	1910	191	7.64	144	25.9	2.09	268	1.95
22a	220	77	7.0	11.5	11.5	31.85	25.00	2390	218	8.67	158	28.2	2.23	298	2.10
22b		79	9.0			36.25	28.45	2570	234	8.42	176	30.1	2.31	326	2.03
a		78	7.0			34.92	27.41	3370	270	9.82	176	30.6	2.24	322	2.07
25b	250	80	9.0	12.0	12.0	39.92	31.34	3530	282	9.41	196	32.7	2.22	353	1.98
c		82	11.0			44.92	35.26	3690	295	9.07	218	35.9	2.21	384	1.92
a		82	7.5			40.03	31.43	4760	340	10.9	218	35.7	2.33	388	2.10
28b	280	84	9.5	12.5	12.5	45.63	35.82	5130	366	10.6	242	37.9	2.30	428	2.02
c		86	11.5			51.23	40.22	5500	393	10.4	268	40.3	2.29	463	1.95
a		88	8.0			48.51	38.08	7600	475	12.5	305	46.5	2.50	552	2.24
32b	320	90	10.0	14.0	14.0	54.91	43.11	8140	509	12.2	336	49.2	2.47	593	2.16
c		92	12.0			61.31	48.13	8690	543	11.9	374	52.6	2.47	643	2.09
a		96	9.0			60.91	47.81	11900	660	14.0	455	63.5	2.73	818	2.44
36b	360	98	11.0	16.0	16.0	68.11	53.47	12700	703	13.6	497	66.9	2.70	880	2.37
c		100	13.0			75.81	59.12	13400	746	13.4	536	70.0	2.67	948	2.34
a		100	10.5			75.07	58.93	17600	879	15.3	592	78.8	2.81	1070	2.49
40b	400	102	12.5	18.0	18.0	83.07	65.21	18600	932	15.0	640	82.5	2.78	1140	2.44
c		104	14.5			91.07	71.49	19700	986	14.7	688	86.2	2.75	1220	2.42

附录C 热轧普通工字钢截面特性

符号：h——高度；b——翼缘宽度；

t_w——腹板厚度；t——翼缘平均厚度；

I——截面惯性矩；W——截面模量；

i——回转半径；S_x——半截面的面积矩。

长度：型号 10～18，长 5～19m；

型号：20～63，长 6～19m

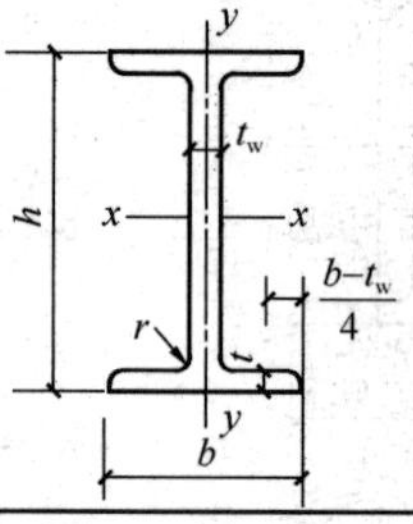

型号	尺寸					截面面积 (cm^2)	重量 (kg/m)	x-x 轴				y-y 轴		
	h	b	t_w	t	r			I_x	W_x	i_x	I_x/S_x	I_y	W_y	i_y
	mm							cm^4	cm^3	cm		cm^4	cm^3	cm
10	100	68	4.5	7.6	6.5	14.35	11.26	245	49	4.14	8.59	33	9.7	1.52
12.6	126	74	5.0	8.4	7.0	18.12	14.22	488	79	5.20	10.8	47	12.7	1.61
14	140	80	5.5	9.1	7.5	21.52	16.89	712	102	5.76	12.0	64	16.1	1.73
16	160	88	6.0	9.9	8.0	26.13	20.51	1130	141	6.58	13.8	93	21.2	1.89
18	180	94	6.5	10.7	8.5	30.76	24.14	1660	185	7.36	15.4	122	26.0	2.00
20a	200	100	7.0	11.4	9.0	35.58	27.93	2370	237	8.15	17.2	158	31.5	2.12
20b		102	9.0			39.58	31.07	2500	250	7.96	16.9	169	33.1	2.06
22a	220	110	7.5	12.3	9.5	42.13	33.07	3400	309	8.99	18.9	225	40.9	2.31
22b		112	9.5			46.63	36.52	3570	325	8.78	18.7	239	42.7	2.27
25a	250	116	8.0	13.0	10.0	48.54	38.11	5020	402	10.20	21.6	280	48.3	2.40
25b		118	10.0			53.54	42.03	5280	423	9.94	21.3	309	52.4	2.40
28a	280	122	8.5	13.7	10.5	55.40	43.49	7110	508	11.3	24.6	345	56.6	2.50
28b		124	10.5			61.00	47.89	7480	534	11.1	24.2	379	61.2	2.49
32a	320	130	9.5	15.0	11.5	67.16	52.72	11100	692	12.8	27.5	460	70.8	2.62
32b		132	11.5			73.56	57.74	11600	726	12.6	27.1	502	76.0	2.61
32c		134	13.5			79.96	62.77	12200	760	12.3	26.8	544	81.2	2.61
36a	360	136	10.0	15.8	12.0	76.48	60.04	15800	875	14.4	30.7	552	81.2	2.69
36b		138	12.0			83.68	65.69	16500	919	14.1	30.3	582	84.3	2.64
36c		140	14.0			90.88	71.34	17300	962	13.8	29.9	612	87.4	2.60
40a	400	142	10.5	16.5	12.5	86.11	67.60	21700	1090	15.9	34.1	660	93.2	2.77
40b		144	12.5			94.11	73.88	22800	1140	15.6	33.6	692	96.2	2.71
40c		146	14.5			102.11	80.16	23900	1190	15.2	33.2	727	99.6	2.65
45a	450	150	11.5	18.0	13.5	102.45	80.42	32200	1430	17.7	38.6	855	114	2.89
45b		152	13.5			111.45	87.49	33800	1500	17.4	38.0	894	118	2.84
45c		154	15.5			120.45	94.55	35300	1570	17.1	37.6	938	122	2.79
50a	500	158	12.0	20	14	119.30	93.65	46500	1860	19.7	42.8	1122	142	3.07
50b		160	14.0			129.30	101.50	48600	1940	19.4	42.4	1171	146	3.01
50c		162	16.0			139.30	109.35	50600	2080	19.0	41.8	1220	151	2.96
56a	560	166	12.5	21	14.5	135.44	106.32	65600	2340	22.0	47.7	1370	165	3.18
56b		168	14.5			146.64	115.11	68500	2440	21.6	47.2	1487	174	3.16
56c		170	16.5			158.84	123.90	71400	2550	21.3	46.7	1558	183	3.16
63a	630	176	13.0	22	15	154.66	121.41	93900	2980	24.6	54.2	1701	193	3.31
63b		178	15.0			167.26	131.30	98100	3160	24.2	53.5	1812	204	3.29
63c		180	17.0			179.86	141.19	102000	3300	23.8	52.9	1925	214	3.27

参考文献

[1] 沈伦序. 建筑力学[M]. 北京：高等教育出版社，1990.
[2] 梁圣复. 建筑力学[M]. 北京：机械工业出版社，2002.
[3] 杨力彬，赵萍. 建筑力学[M]. 北京：机械工业出版社，2009.
[4] 于英. 建筑力学[M]. 北京：中国建筑工业出版社，2007.